“十二五”职业教育国家规划教材
经全国职业教育教材审定委员会审定

全国高职高专院校药学类与食品药品类专业“十三五”规划教材

生物化学

第3版

（供药学类、药品制造类、食品药品管理类、食品类专业用）

主　编　毕见州　何文胜
副主编　闫　波　张静文　田　野　周志涵　杜建红
编　者　（以姓氏笔画为序）
韦小玲（广西卫生职业技术学院）
田　野（天津医学高等专科学校）
毕见州（山东药品食品职业学院）
闫　波（安徽医学高等专科学校）
孙艳宾（山东药品食品职业学院）
杜建红（山西药科职业学院）
杨卫兵（河南应用技术职业学院）
何文胜（福建生物工程职业技术学院）
张颖囡（山东药品食品职业学院）
张静文（重庆医药高等专科学校）
周志涵（湖南食品药品职业学院）
谢琳娜（福建生物工程职业技术学院）

中国医药科技出版社

内容提要

本教材为全国高职高专院校药学类与食品药品类专业“十三五”规划教材之一，系根据生物化学教学大纲的基本要求和课程特点编写而成。全书分十二章，第一章为绪论，简要介绍生物化学的研究内容、与医药学的关系以及生物药物概述；第二至四章介绍了生物大分子蛋白质、核酸、酶的化学组成、结构、理化性质、生理功能等；第五章介绍了维生素的来源、结构、性质、生化作用等；第六至十章介绍了糖类、脂类、蛋白质和核酸在体内的代谢过程及代谢紊乱的调节和相关药物等；第十一章介绍了肝脏生化中的肝脏的生物转化作用，胆汁、胆汁酸、胆色素的代谢等；第十二章介绍了生物化学关键技术的原理和操作；此外相应的章节还融入了对应的生物药物种类、作用、临床使用和分离鉴定等内容。本教材有较强的实用性和针对性，注重理论知识与实践技能相结合，以培养学生理论联系实际、分析解决问题的能力。

本教材可供高职高专院校药学类、药品制造类、食品药品管理类、食品类专业使用，也可作为企业相关技术人员的参考资料。

图书在版编目（CIP）数据

生物化学／毕见州，何文胜主编. —3 版 . —北京：中国医药科技出版社，2017. 1
全国高职高专院校药学类与食品药品类专业“十三五”规划教材
ISBN 978-7-5067-8750-5

Ⅰ. ①生…　Ⅱ. ①毕…　②何…　Ⅲ. ①生物化学-高等职业教育-教材　Ⅳ. ①Q5

中国版本图书馆 CIP 数据核字（2016）第 321762 号

美术编辑　陈君杞
版式设计　锋尚设计

出版　中国医药科技出版社
地址　北京市海淀区文慧园北路甲 22 号
邮编　100082
电话　发行：010-62227427　邮购：010-62236938
网址　www. cmstp. com
规格　787×1092mm 1/16
印张　16
字数　374 千字
初版　2008 年 7 月第 1 版
版次　2017 年 1 月第 3 版
印次　2018 年 1 月第 2 次印刷
印刷　三河市双峰印刷装订有限公司
经销　全国各地新华书店
书号　ISBN 978-7-5067-8750-5
定价　39. 00 元

出 版 说 明

全国高职高专院校药学类与食品药品类专业“十三五”规划教材（第三轮规划教材），是在教育部、国家食品药品监督管理总局领导下，在全国食品药品职业教育教学指导委员会和全国卫生职业教育教学指导委员会专家的指导下，在全国高职高专院校药学类与食品药品类专业“十三五”规划教材建设指导委员会的支持下，中国医药科技出版社在2013年修订出版“全国医药高等职业教育药学类规划教材”（第二轮规划教材）（共40门教材，其中24门为教育部“十二五”国家规划教材）的基础上，根据高等职业教育教改新精神和《普通高等学校高等职业教育（专科）专业目录（2015年）》（以下简称《专业目录（2015年）》）的新要求，于2016年4月组织全国70余所高职高专院校及相关单位和企业1000余名教学与实践经验丰富的专家、教师悉心编撰而成。

本套教材共计57种，其中19种教材配套“爱慕课”在线学习平台。主要供全国高职高专院校药学类、药品制造类、食品药品管理类、食品类有关专业［即：药学专业、中药学专业、中药生产与加工专业、制药设备应用技术专业、药品生产技术专业（药物制剂、生物药物生产技术、化学药生产技术、中药生产技术方向）、药品质量与安全专业（药品质量检测、食品药品监督管理方向）、药品经营与管理专业（药品营销方向）、药品服务与管理专业（药品管理方向）、食品质量与安全专业、食品检测技术专业］及其相关专业师生教学使用，也可供医药卫生行业从业人员继续教育和培训使用。

本套教材定位清晰，特点鲜明，主要体现在如下几个方面。

1.坚持职教改革精神，科学规划准确定位

编写教材，坚持现代职教改革方向，体现高职教育特色，根据新《专业目录》要求，以培养目标为依据，以岗位需求为导向，以学生就业创业能力培养为核心，以培养满足岗位需求、教学需求和社会需求的高素质技能型人才为根本。并做到衔接中职相应专业、接续本科相关专业。科学规划、准确定位教材。

2.体现行业准入要求，注重学生持续发展

紧密结合《中国药典》（2015年版）、国家执业药师资格考试、GSP（2016年）、《中华人民共和国职业分类大典》（2015年）等标准要求，按照行业用人要求，以职业资格准入为指导，做到教考、课证融合。同时注重职业素质教育和培养可持续发展能力，满足培养应用型、复合型、技能型人才的要求，为学生持续发展奠定扎实基础。

3.遵循教材编写规律，强化实践技能训练

遵循“三基、五性、三特定”的教材编写规律。准确把握教材理论知识的深浅度，做到理论知识“必需、够用”为度；坚持与时俱进，重视吸收新知识、新技术、新方法；注重实践技能训练，将实验实训类内容与主干教材贯穿一起。

4.注重教材科学架构，有机衔接前后内容

科学设计教材内容，既体现专业课程的培养目标与任务要求，又符合教学规律、循序渐进。使相关教材之间有机衔接，坚持上游课程教材为下游服务，专业课教材内容与学生就业岗位的知识和能力要求相对接。

5.工学结合产教对接，优化编者组建团队

专业技能课教材，吸纳具有丰富实践经验的医疗、食品药品监管与质量检测单位及食品药品生产与经营企业人员参与编写，保证教材内容与岗位实际密切衔接。

6.创新教材编写形式，设计模块便教易学

在保持教材主体内容基础上，设计了“案例导入”“案例讨论”“课堂互动”“拓展阅读”“岗位对接”等编写模块。通过“案例导入”或“案例讨论”模块，列举在专业岗位或现实生活中常见的问题，引导学生讨论与思考，提升教材的可读性，提高学生的学习兴趣和联系实际的能力。

7.纸质数字教材同步，多媒融合增值服务

在纸质教材建设的同时，本套教材的部分教材搭建了与纸质教材配套的“爱慕课”在线学习平台（如电子教材、课程PPT、试题、视频、动画等），使教材内容更加生动化、形象化。纸质教材与数字教材融合，提供师生多种形式的教学资源共享，以满足教学的需要。

8.教材大纲配套开发，方便教师开展教学

依据教改精神和行业要求，在科学、准确定位各门课程之后，研究起草了各门课程的《教学大纲》(《课程标准》)，并以此为依据编写相应教材，使教材与《教学大纲》相配套。同时，有利于教师参考《教学大纲》开展教学。

编写出版本套高质量教材，得到了全国食品药品职业教育教学指导委员会和全国卫生职业教育教学指导委员会有关专家和全国各有关院校领导与编者的大力支持，在此一并表示衷心感谢。出版发行本套教材，希望受到广大师生欢迎，并在教学中积极使用本套教材和提出宝贵意见，以便修订完善，共同打造精品教材，为促进我国高职高专院校药学类与食品药品类相关专业教育教学改革和人才培养作出积极贡献。

中国医药科技出版社

2016年11月

教材目录

序号	书 名	主 编	适用专业
1	高等数学（第2版）	方媛璐　孙永霞	药学类、药品制造类、食品药品管理类、食品类专业
2	医药数理统计*（第3版）	高祖新　刘更新	药学类、药品制造类、食品药品管理类、食品类专业
3	计算机基础（第2版）	叶　青　刘中军	药学类、药品制造类、食品药品管理类、食品类专业
4	文献检索△	章新友	药学类、药品制造类、食品药品管理类、食品类专业
5	医药英语（第2版）	崔成红　李正亚	药学类、药品制造类、食品药品管理类、食品类专业
6	公共关系实务	李朝霞　李占文	药学类、药品制造类、食品药品管理类、食品类专业
7	医药应用文写作（第2版）	廖楚珍　梁建青	药学类、药品制造类、食品药品管理类、食品类专业
8	大学生就业创业指导△	贾　强　包有或	药学类、药品制造类、食品药品管理类、食品类专业
9	大学生心理健康	徐贤淑	药学类、药品制造类、食品药品管理类、食品类专业
10	人体解剖生理学*△（第3版）	唐晓伟　唐省三	药学、中药学、医学检验技术以及其他食品药品类专业
11	无机化学△（第3版）	蔡自由　叶国华	药学类、药品制造类、食品药品管理类、食品类专业
12	有机化学△（第3版）	张雪昀　宋海南	药学类、药品制造类、食品药品管理类、食品类专业
13	分析化学*△（第3版）	冉启文　黄月君	药学类、药品制造类、食品药品管理类、食品类专业
14	生物化学*△（第3版）	毕见州　何文胜	药学类、药品制造类、食品药品管理类、食品类专业
15	药用微生物学基础（第3版）	陈明琪	药品制造类、药学类、食品药品管理类专业
16	病原生物与免疫学	甘晓玲　刘文辉	药学类、食品药品管理类专业
17	天然药物学△	祖炬雄　李本俊	药学、药品经营与管理、药品服务与管理、药品生产技术专业
18	药学服务实务	陈地龙　张　庆	药学类及药品经营与管理、药品服务与管理专业
19	天然药物化学△（第3版）	张雷红　杨　红	药学类及药品生产技术、药品质量与安全专业
20	药物化学*（第3版）	刘文娟　李群力	药学类、药品制造类专业
21	药理学*（第3版）	张　虹　秦红兵	药学类，食品药品管理类及药品服务与管理、药品质量与安全专业
22	临床药物治疗学	方士英　赵　文	药学类及药品经营与管理、药品服务与管理专业
23	药剂学	朱照静　张荷兰	药学、药品生产技术、药品质量与安全、药品经营与管理专业
24	仪器分析技术*△（第2版）	毛金银　杜学勤	药品质量与管理、药品生产技术、食品检测技术专业
25	药物分析*△（第3版）	欧阳卉　唐　倩	药学、药品质量与安全、药品生产技术专业
26	药品储存与养护技术（第3版）	秦泽平　张万隆	药学类与食品药品管理类专业
27	GMP实务教程*△（第3版）	何思煌　罗文华	药品制造类、生物技术类和食品药品管理类专业
28	GSP实用教程（第2版）	丛淑芹　丁　静	药学类与食品药品类专业

序号	书　名	主　编	适用专业
29	药事管理与法规*（第 3 版）	沈　力　吴美香	药学类、药品制造类、食品药品管理类专业
30	实用药物学基础	邸利芝　邓庆华	药品生产技术专业
31	药物制剂技术*（第 3 版）	胡　英　王晓娟	药品生产技术专业
32	药物检测技术	王文洁　张亚红	药品生产技术专业
33	药物制剂辅料与包装材料△	关志宇	药学、药品生产技术专业
34	药物制剂设备（第 2 版）	杨宗发　董天梅	药学、中药学、药品生产技术专业
35	化工制图技术	朱金艳	药学、中药学、药品生产技术专业
36	实用发酵工程技术	臧学丽　胡莉娟	药品生产技术、药品生物技术、药学专业
37	生物制药工艺技术	陈梁军	药品生产技术专业
38	生物药物检测技术	杨元娟	药品生产技术、药品生物技术专业
39	医药市场营销实务*△（第 3 版）	甘湘宁　周凤莲	药学类及药品经营与管理、药品服务与管理专业
40	实用医药商务礼仪（第 3 版）	张　丽　位汶军	药学类及药品经营与管理、药品服务与管理专业
41	药店经营与管理（第 2 版）	梁春贤　俞双燕	药学类及药品经营与管理、药品服务与管理专业
42	医药伦理学	周鸿艳　郝军燕	药学类、药品制造类、食品药品管理类、食品类专业
43	医药商品学*△（第 2 版）	王雁群	药品经营与管理、药学专业
44	制药过程原理与设备*（第 2 版）	姜爱霞　吴建明	药品生产技术、制药设备应用技术、药品质量与安全、药学专业
45	中医学基础△（第 2 版）	周少林　宋诚挚	中医药类专业
46	中药学（第 3 版）	陈信云　黄丽平	中药学专业
47	实用方剂与中成药△	赵宝林　陆鸿奎	药学、中药学、药品经营与管理、药品质量与安全、药品生产技术专业
48	中药调剂技术*（第 2 版）	黄欣碧　傅　红	中药学、药品生产技术及药品服务与管理专业
49	中药药剂学（第 2 版）	易东阳　刘　葵	中药学、药品生产技术、中药生产与加工专业
50	中药制剂检测技术*△（第 2 版）	卓　菊　宋金玉	药品制造类、药学类专业
51	中药鉴定技术*（第 3 版）	姚荣林　刘耀武	中药学专业
52	中药炮制技术（第 3 版）	陈秀瑷　吕桂凤	中药学、药品生产技术专业
53	中药药膳技术	梁　军　许慧艳	中药学、食品营养与卫生、康复治疗技术专业
54	化学基础与分析技术	林　珍　潘志斌	食品药品类专业用
55	食品化学	马丽杰	食品营养与卫生、食品质量与安全、食品检测技术专业
56	公共营养学	周建军　詹　杰	食品与营养相关专业用
57	食品理化分析技术△	胡雪琴	食品质量与安全、食品检测技术专业

* 为“十二五”职业教育国家规划教材，△为配备“爱慕课”在线学习平台的教材。

全国高职高专院校药学类与食品药品类专业“十三五”规划教材

建设指导委员会

前言
PREFACE

为贯彻国家中长期教育改革和发展规划纲要（2010-2020年），落实《国务院关于加快发展现代职业教育的决定》要求，充分体现教育部《关于深化职业教育教学改革，全面提高人才培养质量的若干意见》，以及为深入贯彻落实教育部《普通高等学校高等职业教育（专科）专业目录（2015年）》等文件精神，进一步推动高等职业教育教学改革，中国医药科技出版社组织规划全国高职高专院校药学类与食品药品类专业“十三五”规划教材的出版工作。

本教材编写内容在前两版的基础上，进一步优化整合，以适应高等职业教育教学发展的需要，以及满足医药行业飞速发展对高端技能型人才的需求。全书分十二章，第一章为绪论，简要介绍生物化学的研究内容、与医药学的关系以及生物药物概述；第二至四章介绍了生物大分子蛋白质、核酸、酶的化学组成、结构、理化性质、生理功能等；第五章介绍了维生素的来源、结构、性质、生化作用等；第六至十章介绍了糖类、脂类、蛋白质和核酸在体内的代谢过程及代谢紊乱的调节和相关药物等；第十一章介绍了肝脏生化中的肝脏的生物转化作用，胆汁、胆汁酸、胆色素的代谢等；第十二章介绍了生物化学关键技术的原理和操作；此外相应的章节还融入了对应的生物药物种类、作用、临床使用和分离鉴定等内容。

本教材的主要特色如下。

1. 优化整合教材内容，即把“生物化学基本理论”“生物化学技术”和“生物药物”三部分优化整合在一起，力求以“实用、适用”为准则，在上一版的基础上，对内容进一步整合，增加了肝脏生化、常用的生化仪器设备的使用操作等内容，增删一些实训任务，如删除了学生难以理解的生物氧化一章，把后者中“能量的产生、储存和利用”的部分内容纳入糖代谢一章中，降低了学生学习的难度，更有利于课程教学内容的衔接。同时为满足学生了解新知识、新技术的需求，本教材还纳入一些最新的学科发展和生化技术的内容。

2. 创新编写模式，即教材在编排中充分体现“以学生为中心”的理念，尊重学生的职业认知规律，每章设置有“学习目标”“案例导入”“本章小结”“拓展阅读”“目标检测”等模块，以增强教材内容的可读性、趣味性，提升学生学习能力。

3. 免费配套数字化资源，即本教材免费配套“爱慕课”在线学习平台，包括数字教材、教学课件、视频及练习题等内容，使教学资源更加丰富和立体化，促进学生自主学习，为提高教育教学水平和质量提供支撑。

本教材有较强的实用性和针对性，可供高职高专院校药学类、药品制造类、食品药品管理类、食品类专业使用，也可作为企业相关技术人员的参考资料。

本教材的编写分工如下：周志涵编写第一章、毕见州编写第二章、杨卫兵编写第三章、何文胜编写第四章、张颖囡编写第五章、孙艳宾编写第六章、韦小玲编写第七章、田野编写第八章、谢琳娜编写第九章、闫波编写第十章、张静文编写第十一章、杜建红编写第十二章。

作者在编写本教材过程中，参考了国内外许多专家和学者的著作，在此表示衷心的感谢！由于编者水平有限，不当之处在所难免，恳请广大读者批评指正。

编　者

2016 年 10 月

目 录
CONTENTS

第四章

酶

第五章

维生素

第九章 核酸代谢与蛋白质的生物合成

第十章 代谢调控总论

第十一章 肝脏生化

第一章
绪　论

学习目标

知识要求　**1. 掌握**　生物化学、生物药物的概念。
2. 熟悉　熟悉生物化学的研究内容、生物药物的分类。
3. 了解　生物化学的发展过程、在药学中的地位和作用以及生物药物的研究发展前景。

技能要求　通过对本章的学习，知道生物化学原理和技术在工作实际中的具体应用和对后续课程学习的重要性。

第一节　生物化学的研究内容

一、生物化学的概念

生物化学（biochemistry）是生命的化学，具有明显的生物学与化学的特色，它是从分子水平来研究活生物体（包括人类、动物、植物和微生物）内基本物质的化学组成、结构特征、理化性质以及这些物质在体内发生化学变化的规律及其与生理功能之间关系的一门学科。传统生物化学主要采用化学的原理和方法来揭示生命的奥秘，而现代生物化学已融入了生理学、细胞生物学、遗传学、免疫学、生物信息学等的理论和技术，使其成为一门研究手段多样、研究范围广泛、研究意义深远的前沿学科，同时也是为多个领域、多门学科提供原理和研究方法的基础学科。

二、生物化学的研究内容

生物化学的研究对象是活细胞和生物体，研究内容十分广泛，其研究的主要目的是从分子水平上探讨生命现象的本质并把这些基础理论、基本原理和技术应用于相关学科领域、生产实践及临床用药指导中，从而为控制生物并改造生物，征服自然并改造自然，保障人类健康和提高人类生存质量服务。现代生物化学的研究内容主要集中在以下几个方面。

（一）生物体的化学组成、结构和功能

诺贝尔奖得主亚瑟-肯伯格认为：所有的生命体都有一个共同的语言，这个语言就是化学。区别于解剖学，从化学的角度构成人体的物质是蛋白质、核酸、糖类、脂类、无机盐和水等，另外还有含量较少而对生命活动极为重要的维生素、激素、微量元素等。其中蛋白质、核酸、糖类、脂类属于生物大分子，也称之为生物信息分子，是一切生命现象的物质基础，对这些物质的化学组成、分子结构、理化性质、生物学功能进行研究时，是从相对静止的角度把这些物质孤立起来进行考虑，较少涉及它们之间的变化及相互关系，这些内容我们称为静态生物化学。

（二）物质代谢及其调节控制

生物区别于非生物的最重要特征是新陈代谢，包括合成代谢和分解代谢，即生物体内

各种基本物质在生命过程中，不断地与外环境进行有规律的物质交换，为生命活动提供所需的能量，更新体内基本物质的化学组成。因此，正常的物质代谢是正常生命过程的必要条件，若物质代谢发生紊乱则可引起疾病。人体内的各种代谢途径之间通过复杂的调控机制，彼此协调和制约，从而保证生物体内内环境的稳定和各种组织器官功能的正常发挥。研究物质在体内代谢的动态过程及其调节规律是生物化学的中心内容，通常称为动态生物化学。

（三）遗传信息的储存、传递、表达和调控

现代生物化学已经开始从分子生物学的角度揭示生命的本质特征，而生物体的一个重要特征就是遗传。按照遗传中心法则将储存在DNA分子中的遗传信息以基因（gene）为单位进行复制、转录、翻译，从而完成蛋白质的合成，体现生命特征，使生物性状能够代代相传。生物体内对基因的复制和表达存在着一整套严密的调控机制，保证了基因表达与否、表达的量、表达的时间和部位，能够满足细胞结构和功能的需求并适应内外环境的变化。遗传信息的储存、传递、表达和调控是现代生物化学研究的重要内容，又被称为信息生物化学。

（四）生物化学技术

利用生物化学技术可以对生化物质进行分离、纯化，为将来从事药学及制药工作奠定基础。本书主要介绍了膜分离技术、层析技术、电泳技术、光谱技术等基本原理与操作，体现做与学的同步。

三、生物化学发展过程

生物化学是一门既古老又年轻的学科。在我国四千多年前的酿酒、公元前12世纪已知的制酱和制醋等仅是对生物化学知识的简单应用，直到20世纪初生物化学才成为一门独立的学科，目前已成为自然学科中发展最快、占据主导地位的学科之一。

近代生物化学的发展人为分为三个阶段：初期、快速发展时期以及分子生物学的崛起。

（一）初期阶段

从18世纪中叶至20世纪初，这一时期的研究主要以生物体的化学组成为主，取得的主要成绩包括：1777年法国Lavoisier阐明了呼吸的化学本质，开创了生物氧化及能量代谢的研究；1828年德国Wöhler由氰酸铵合成尿素，开创有机物人工合成先河；1877年，德国Hopper-Seyle提出“Biochemie”一词，建立生理化学学科；1897年，德国Buchner兄弟发现无细胞酵母提取液可发酵糖类生成酒精，奠定了近代酶学的基础，1903年德国Neuberg提出“biochemistry”一词，至此，生物化学成为一门独立的学科。

（二）快速发展阶段

20世纪初期至20世纪中期，生物化学进入蓬勃发展时期，即动态生物化学阶段。例如：在营养方面，发现了人类必需氨基酸、必需脂肪酸及多种维生素，如1911年波兰的Funk鉴定出糙米中对抗脚气病的物质是胺类，提出维生素的概念；在内分泌方面，1904年英国的Atarling和Bayliss发现了促胰液素并于1905年提出激素的概念，此后，多种激素被发现并分离、合成；在酶学方面，1926年美国的Sumner结晶出脲酶，提出酶的化学本质是蛋白质；在物质代谢方面，基本确定体内主要物质的代谢途径，包括糖代谢途径的酶促反应过程、脂肪酸β-氧化、尿素循环及三羧酸循环等，例如，1937年英国的Kerbs创立了三羧酸循环理论，奠定物质代谢的基础；在生物能研究中，提出了生物能产生过程中的ATP循环学说；在遗传学上，1944年美国的Avery完成肺炎球菌转化试验，发现DNA是遗传物质。

（三）分子生物学崛起

20 世纪 50 年代以来，生物化学进入了快速发展时期，推动着生命科学各个领域间的交叉渗透和深入研究。1953 年美国的 Waston 和英国的 Crick 创立了 DNA 双螺旋结构模型及 60 年代中期遗传中心法则的初步确立、遗传密码的发现，为揭示遗传信息传递规律奠定了基础，标志着生物化学发展进入分子生物学时代。1973 年美国 Cohen 建立了体外重组 DNA 方法，标志着基因工程的诞生，极大地推动了医药工业和农业的发展，产生了大量转基因动植物和基因剔除动物模型、创建了基因诊断与基因治疗技术。1981 年 Cech 发现了核酶（ribozyme），打破了酶的化学本质都是蛋白质的传统概念。1985 年 Mullis 发明了聚合酶链反应（polymerase chain reaction，PCR）技术，使人们能够在体外高效率扩增 DNA。1990 年开始实施的人类基因组计划（human genome project，HGP）于 2001 年完成了人类基因组“工作草图”，2003 年绘制成功人类基因组序列图，首次在分子层面为人类提供了一份生命“说明书”，为人类的健康和疾病的研究带来根本性的变革。2009 年三位诺贝尔奖获得者发现了端粒和端粒酶保护染色体的机制，为人类防治癌症、揭示衰老等提供了崭新的视角。

值得一提的是，20 世纪以来，我国生物化学家在营养学、临床生化、蛋白质变性学说、人类基因组等研究领域都做出了积极的贡献。20 世纪 20 年代，我国生物化学家吴宪等创立了血滤液的制备和血糖测定法，提出了蛋白质变性学说。1963 年童第周首次成功克隆了脊椎动物（鱼类）。1965 年，我国科学家首先人工合成了具有生物活性的结晶牛胰岛素；1971 年又完成了用 X 射线衍射方法测定牛胰岛素的分子空间结构；1981 年采用了有机合成和酶促相结合的方法成功地合成了酵母丙氨酸-tRNA。2003 年贺福初带领的团队进行的人类肝脏蛋白质组计划取得了阶段性的新进展，已系统构建了国际上第一张人类器官蛋白质组“蓝图”。此外，在酶学、蛋白质结构、生物膜结构与功能方面的研究都有举世瞩目的成就。近年来，我国的基因工程、蛋白质工程、新基因的克隆与功能、疾病相关基因的定位克隆及其功能研究均取得了重要的成果。

课堂互动

查一查因研究生物化学相关内容获得诺贝尔奖的科学家有哪些？其主要研究内容是什么？

四、生物化学的学习方法

生物化学作为高职高专院校医药类专业一门专业基础课程，对后续专业课程的学习起着非常重要的作用。然而，生物化学研究范围涉及生命过程的各个环节，内容抽象，结构繁多，代谢途径纵横交错且相互联系。掌握科学的学习方法，对于本课程的学习能起到事半功倍的作用。

课前预习：做到温故知新；课后复习：抓住重点难点；掌握学习规律，理顺课程的基本框架，学会抓住线条，利用列表、图片等，前后联系，灵活记忆。

利用现代智能手机、iPad 和电脑等通信设备，通过相关的微课、慕课、共享课程等各种网络课程，进行自主学习，迅速掌握知识点和技能点，这是对课堂教学的有力补充，有利于提高学习效率。

第二节 生物化学在药学和药品制造中的地位与作用

生物化学是现代药学、药品制造的重要理论基础，是药学及药品制造各专业的重要专业基础学科，是从事药学研究、药学服务、药物研究和生产及质量安全与控制的必要基础学科。

一、生物化学与药学的关系

生物化学为药学研究领域特别是新药的发现和研究提供了重要的理论基础和技术手段。生物化学和分子生物学已渗透到药学领域的药物化学、中药学、药理学、药物制剂、药物分析等多个学科之中，并成为当代药学学科发展的先导。如生物化学的研究不仅可以从分子水平阐明活细胞内发生的全部化学过程，而且可以阐明许多疾病的发病机制，为新药合理设计提供依据，以减少寻找新药的盲目性；同时，应用现代生物化学技术，从生物体获取的生理活性物质除可直接开发成有临床价值的生物药物外，还可从中寻找到结构新颖的先导物，设计合成新的化学实体。

课堂互动

夜盲症是由于什么原因导致的呢？读一读乙型肝炎的检查单。

二、生物化学与药品生产技术专业的联系

生物化学在制药工业生产中起着非常重要的作用。生物化学学科的发展促进了制药工业产品更新、技术进步和行业发展。以生物化学、微生物学和分子生物学为基础发展起来的生物技术制药工业，已经成为制药工业的一个新门类。各种生物技术已经广泛应用于制药工业中；愈来愈多的重组药物，如人胰岛素、人生长素、干扰素、白细胞介素-2、促红细胞生成素、组织纤溶酶原激活剂和乙肝疫苗等均已在临床广泛使用，新的蛋白质工程药物种类正在日益增加。应用生物工程技术改造传统制药工业，已成为行业技术的主力军，生物制药技术和传统的制药技术已经融为一体，迅速发展成为新型的工业生产模式。

鉴于生物化学在药学和制药行业中的地位和作用，作为药学、药品生产技术专业的学生，通过本门课程的学习，既可以理解生命现象的本质，又可以把生物化学原理和技术应用于药物的研究、制备、检测、储运养护和临床使用中，同时为进一步学习其他后续课程奠定扎实的生物化学基础。

第三节 生物药物的研究内容

一、生物药物的概念

生物药物（biopharmaceutics）是指利用生物体、生物组织或其成分，综合运用生物学、生物化学、物理化学、生物技术和药学等学科的原理和方法制造的一大类用于预防、诊断和治疗的制品。

广义的生物药物包括从动物、植物、微生物等生物体中制取的各种天然生物活性物质及其人工合成或半合成的天然物质类似物。现代生物药物已形成四大种类：①应用重组DNA技术（包括基因工程技术、蛋白质工程技术）制造的重组多肽、蛋白质类药物；②基因药物，如基因治疗剂、基因疫苗、反义药物和核酶等；③天然生物药物，即来自动物、植物、微生物和海洋生物的天然提取物；④合成与半合成的生物药物。其中①②类属生物技术药物，在我国按“新生物制品”研制申报，③④类按来源不同，按化学药物或中药类研制申报。

2015年版《中国药典》对生物类药物进行了多项标准提高和新增内容：总论中增加了人用疫苗总论、人用重组单克隆抗体产品总论、人用重组DNA蛋白制品总论；各论中增加了预防类4种（包括3种细菌疫苗和水痘减毒活疫苗），治疗类9种，如静注乙型肝炎人免疫球蛋白、人纤维蛋白黏合剂、注射用重组人白介素-11等；提高了对疫苗、血液制品、抗毒素、抗血清、重组DNA蛋白制品、体外诊断试剂等标准；新增21种检测方法，如干扰素生物学活性测定法、生物制品标准物质、药品微生物实验室质量管理指导原则等；2015年版《中国药典》收载的生物药物品种总数多于欧、美、英、日药典，体现了生物药物在医药领域的作用日益增强。

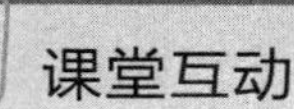

课堂互动

查一查2015年版《中国药典》关于生物药物的相关内容。

二、生物药物的特点

（一）药理学特性

1. 治疗的针对性强 生物药物治疗的生理、生化机制合理，疗效可靠。如细胞色素c用于治疗组织缺氧所引起的一系列疾病，效果显著。

2. 药理活性高 生物药物是体内原先存在的生理活性物质，通过现代生物制药技术制得，具有高效的生理活性。如注射用的纯ATP可直接供给机体能量。

3. 毒副作用小、营养价值高 生物药物如蛋白质、核酸、糖类、脂类等的化学组成更接近人体的正常生理物质，对人体不仅无害，而且还是重要的营养物质。

4. 生理不良反应、副作用时有发生 生物药物来自生物材料，生物体之间的种属差异或同种生物体之间的个体差异都很大，所以在临床用药时常会出现免疫反应和过敏反应。

（二）生产、制备的特殊性

1. 制备工艺复杂 生物药物的原料是生物体，原料中的有效成分含量低、杂质种类多，因此提取、分离纯化工艺复杂。

2. 稳定性差 生物药物的分子结构中具有特定的活性部位，该部位有严格的空间结构，一旦结构破坏，生物活性也就随着消失。如蛋白质类和酶类药物在提取和制剂过程中具有较严格的要求。

3. 易腐败 生物药物具有较高的营养价值，但易染菌、腐败。因此生产过程中应严格控制低温和灭菌。

4. 注射用药有特殊要求 生物药物易被肠道中的酶所分解，所以多采用注射给药，比口服药要求更高，应具有更严格的均一性、安全性、稳定性、有效性。同时对其理化性质、检验方法、剂型、剂量、处方、储存方式等也有明显的要求。

（三）检验的特殊性

生物药物具有特殊的生理生化功能，因此生物药物不仅要有理化检验指标，更要有生物活性检验指标。

三、生物药物的来源

（一）动物来源

许多生物药物来源于动物的脏器，如动物的组织、器官、腺体、胎盘、骨、毛发和蹄甲等。动物组织和器官主要来源于猪、牛、羊等哺乳类动物，另外还有家禽和海洋生物。

（二）微生物来源

微生物易于培养、繁殖快、产量高、成本低，便于大规模生产，许多复杂的化学反应可以利用微生物酶专一地完成，因此用微生物作为原料制备生物药物的前景十分广阔，尤其是利用微生物发酵工艺生产生物药物，已成为近代生物工程的重要分支。利用微生物发酵工程可以生产氨基酸、乳酸、糖类、核苷酸、维生素、酶、辅酶、柠檬酸、苹果酸，以及多肽、蛋白质、激素等物质。

（三）植物来源

从植物中草药中可以提取出很多提高免疫功能、抗肿瘤、抗辐射等的活性多糖及各种蛋白酶抑制剂。但药用植物品种繁多，从植物中提取生物药物的品种尚不多。近年来利用植物材料寻找有效的生物药物已逐渐引起人们的重视。

（四）现代生物技术产品

现代生物技术产品包括利用基因工程技术生产的重组多肽、蛋白质类药物、基因疫苗、单克隆抗体及多种细胞生长因子，利用转基因动、植物生产的生物药物及利用蛋白质工程技术改造天然蛋白质，创造功能更优良的蛋白质类药物。利用现代生物技术生产的生物药物将是生物药物的最重要来源。

（五）化学合成

可利用化学合成或半合成法生产一些小分子生物药物，如氨基酸、多肽、各种胆酸、维生素、激素、核酸降解物及其衍生物等。采用化学合成的方法还可以对天然生物药物进行修饰改构，以提高其产量和质量。

（六）血液及其他分泌物

血液，包括人血及各种动物血都含有非常丰富的生物活性物质。凡以血为原料生产的生物制品统称为血液制品。

尿液、胆汁和动物的其他分泌物中也含有生物活性物质，可以提取多种药物。

（七）海洋生物

海洋生物是开发生物药物的重要材料。目前从海藻类植物、鱼类等多种海洋生物中提取出可用于预防和治疗肿瘤、心脑血管疾病等的生物活性物质。

四、生物药物的分类

生物药物的有效成分多数是比较清楚的，所以按生物药物的化学本质和化学特性可以分为8类。

1. 氨基酸及其衍生物类药物 这类药物主要包括天然氨基酸、氨基酸衍生物及氨基酸的混合物。

2. 多肽和蛋白质类药物 多肽和蛋白质的化学本质相同，但相对分子质量有差异。蛋白质类药物有血清白蛋白、丙种球蛋白、胰岛素等；多肽类药物有神经肽、抗菌肽、降钙素等。

3. 酶和辅助因子类药物 酶类药物按功能分，主要有消化酶类、消炎酶类、心血管疾病治疗酶类、抗肿瘤酶类、氧化还原酶类等。辅助因子类药物（又称为辅酶类药物）种类多，结构各异。

4. 核酸及其降解物和衍生物类药物 这类药物包括核酸、多聚核苷酸、单核苷酸、核苷、碱基等；此外还包括核苷酸、核苷、碱基的类似物及其衍生物等。

5. 糖类药物 这类药物包括单糖类、寡糖类和多糖类，其中以多糖中的黏多糖为主。

6. 脂类药物 这类药物包括不饱和脂肪酸类、磷脂类、胆酸类、固醇类和色素类等。各种脂类药物的结构和性质相差很大，因此它们的药理作用和临床应用都不同。

7. 细胞生长因子类药物 细胞因子是人类或动物各类细胞分泌的具有多种生物活性的因子，是近年来发展最迅速的生物药物之一，也是生物技术在该领域中应用最多的产品，主要包括干扰素、白细胞介素、肿瘤坏死因子、集落刺激因子等。

8. 生物制品类药物 生物制品是以微生物、细胞、动物或人源组织和体液等为原料，应用传统技术或现代生物技术制成，用于预防、治疗和诊断人类疾病的制剂。

五、生物药物的临床应用

（一）作为治疗药物

对于许多常见病和多发病，生物药物都有很好的疗效。对于遗传病和延缓机体衰老及危害人类健康最严重的一些疾病，如肿瘤、糖尿病、心血管疾病、乙型肝炎、内分泌障碍、免疫性疾病等生物药物将发挥更好的治疗作用。按其药理作用主要分以下几大类。

1. 内分泌障碍治疗剂 如胰岛素、甲状腺素等各种激素类。

2. 维生素类药物 主要起营养作用，用于维生素缺乏症。某些维生素，大剂量使用时有一定治疗和预防癌症、感冒和骨病的作用。

3. 中枢神经系统药物 L-多巴（治疗神经震颤）、人工牛黄（镇静、抗惊厥）、脑啡肽（镇痛）。

4. 血液和造血系统药物 抗贫血药（血红素）、抗凝血药（肝素）、抗血栓药（尿激酶、组织纤溶酶原激活剂、蛇毒溶栓酶）、止血药（凝血酶）、血容量扩充剂（右旋糖酐）、凝血因子制剂（凝血因子Ⅷ和Ⅸ）。

5. 呼吸系统药物 平喘药（前列腺素、肾上腺素）、祛痰药（乙酰半胱氨酸）等。

6. 心血管系统药物 抗高血压药（血管舒缓素）、降血脂药（弹性蛋白酶、猪去氧胆酸）、冠心病防治药（硫酸软骨素 A、类肝素、冠心舒）等。

7. 消化系统药物 助消化药（胰酶、胃蛋白酶）、溃疡治疗剂（胃膜素）、止泻药（鞣酸蛋白）等。

8. 抗病毒药物 主要有三种作用类型：①抑制病毒核酸的合成，如碘苷、三氟碘苷；②抑制病毒合成酶，如阿糖腺苷、阿昔洛韦；③调节免疫功能，如异丙肌苷、干扰素等。

9. 抗肿瘤药物 主要有核酸类抗代谢物（阿糖胞苷、6-巯基嘌呤、氟尿嘧啶）、抗癌天然生物大分子（天冬酰胺酶、PSK）、提高免疫力抗癌剂（白介素-2、干扰素、集落细胞刺激因子）、抗体类药物等。

10. 自身免疫性疾病治疗药物 主要有治疗风湿性关节炎、银屑病的抗 TNF-α 的抗体类药物（enbrel、remicade、humira）等。

11. 遗传性疾病治疗药物 凝血因子Ⅶα（novoseven）用于治疗血友病等。

12. 抗辐射药物 超氧化物歧化酶、2-巯基丙酰甘氨酸等。

13. 计划生育用药 口服避孕药（复方炔诺酮）等。

14. 生物制品类治疗药 各种人血免疫球蛋白（破伤风免疫球蛋白、乙型肝炎免疫球蛋白）、抗毒素（精制白喉抗毒素）和抗血清（蛇毒抗血清）等。

（二）作为预防药物

常见的预防药物有菌苗、疫苗、类毒素及冠心病防治药物（如改造肝素和多种不饱和脂肪酸）。特别是近年发展起来的基因疫苗，已经在许多难治性感染性疾病、自身免疫性疾病、过敏性疾病和肿瘤的预防等领域显示出广泛的应用前景。

（三）作为诊断药物

临床上使用的诊断试剂绝大部分来源于生物药物。诊断用药有体内（注射）和体外（试管）两大使用途径。诊断用药发展迅速，品种繁多，剂型也不断改进，正朝着特异、敏感、快速和简便方向发展。

1. 免疫诊断试剂 利用生物药物高度特异性和敏感性的抗体结合反应，检验样品中有无相应的抗原或抗体，可为临床提供疾病诊断依据，主要有诊断抗原和诊断血清。常见诊断抗原有：①细菌类，如伤寒、副伤寒菌、布氏菌、结核杆菌等；②病毒类，如乙肝表面抗原血凝制剂、乙型脑炎和森林脑炎抗原、麻疹血凝素；③毒素类，如链球菌溶血素 O、锡克及狄克诊断液等。诊断血清包括：①细菌类，如痢疾菌分型血清；②病毒类，如流感肠道病毒诊断血清；③肿瘤类，如甲胎蛋白诊断血清；④抗毒素类，如霍乱 OT。

2. 酶诊断试剂 已普遍使用的常规检测项目有血清胆固醇、脂肪、葡萄糖、血氨、尿素、乙醇、抗菌肽及血清丙氨酸转氨酶和天冬氨酸转氨酶等。目前已有 40 余种酶诊断试剂盒供临床使用，如人绒毛膜促性腺激素诊断盒、艾滋病诊断盒等。

3. 器官功能诊断药物 利用某些药物对器官功能的刺激作用、排泄速度或味觉等检查器官的功能损害程度。如磷酸组胺、促甲状腺素释放激素、促性腺激素释放激素和甘露醇等。

4. 放射性核素诊断药物 放射性核素诊断药物有聚集于不同组织或器官的特性，故进入体内后，可检测其在体内的吸收、分布、转运、利用及排泄等情况，从而显出器官功能及其形态，以供疾病的诊断。如 ^{131}I 血清白蛋白用于测定心脏放射图、心输出量及脑扫描；柠檬酸 ^{59}Fe 用于诊断缺铁性贫血。

5. 诊断用单克隆抗体（McAb） McAb 的特点之一是专一性强，一个 B 细胞所产生的抗体只针对抗原分子上的一个特异抗原决定簇。应用 McAb 诊断血清能专一检测病毒、细菌、寄生虫或细胞的一个抗原分子片段，因此测定时可以避免交叉反应。

6. 基因诊断芯片 基因诊断芯片是基因芯片（genechip，DNA chip）的一大类，它是将大量的分子识别基因探针固定在微小基片上，与被检测的标记的核酸样品进行杂交，通过检测每个探针分子的杂交强度而获得大量基因序列信息。目前主要应用于疾病的分型与诊断，如用于急性脊髓白血病和急性淋巴细胞白血病的分型，以及对乳腺癌、前列腺癌的分型及各类癌症或其他疾病的基因诊断。

六、生物药物的发展前景

（一）天然生物药物的研究发展前景

许多生物活性成分作为生物药物在临床广泛使用，而且随着生命科学的发展，人们也在不断发现新的活性物质，这些活性物质除可开发为生物药物外，还可作为应用现代生物技术生产重组药物，以及通过组合化学与合理药物设计提供新的药物作用靶标和设计合成新的化学实体。

1. 深入研究开发人体来源的新型生物药物 如人体血浆蛋白质、胎盘因子、尿液成分等，目前已利用的不多，关键是要提高纯化技术水平和效率。

2. 扩大和深入研究开发动物来源的天然活性物质 从鸟类、昆虫类、爬行类、两栖类等动物中寻找具有特殊功能的天然药物，已研究成功蛇毒降纤维酶、蛇毒镇痛肽，还发现多种抗肿瘤蛇毒成分。

3. 大力开发海洋生物活性物质和海洋药物 人们对海洋生物的了解还知之甚少，海洋活性物质和海洋药物的开发潜力巨大，虽已有许多海洋药物应用到临床，但新的活性成分不断发现，今后将加快多肽、萜类、聚醚类、海洋毒素等化合物的筛选及结构改造，以获得更有价值的海洋药物；另外海洋活性物质在功能食品、医用材料、化妆品和海洋中成药等方面也是亟待开发的重要领域。

4. 综合应用现代生物技术，加速天然生物药物的创新和产业化 通过基因工程、发酵工程、酶工程、细胞工程、抗体工程、组织工程等现代生物技术的综合应用，不仅可以进行天然活性物质的规模化生产，而且可以对天然生物大分子进行结构修饰和改造，结合生物药物的创新设计和结构模拟，再通过合成或半合成技术，创制和生产新型生物药物。

5. 中西结合创制新型生物药物 我国的中医药具有悠久的历史，近年利用生物化学技术和原理整理和发掘了许多祖国医药遗产和民间验方，如人工麝香、天花粉蛋白、骨肽注射液、香菇多糖等。把中医药的经验和现代生物技术有效结合，是实现中药现代化的重要途径。如应用生物分离技术从斑蝥、全蝎、地龙、蜈蚣等动物类中药分离纯化活性成分，再应用DNA重组技术克隆表达生产出生物药物。

（二）生物技术药物研究发展前景

近年来，生物技术药物的品种和市场份额明显增加，随着人类基因组计划的实现，新的靶基因或靶蛋白将成为开发生物药物的源泉。

1. 生物技术药物的发展已进入蛋白质工程药物发展的新时期 蛋白质工程技术可以提高重组蛋白的活性、改善药物的稳定性、提高生物利用度、延长其在体内的半衰期、降低药物的免疫原性等。如天然胰岛素制剂在储存中易形成二聚体和六聚体，延缓胰岛素从注射部位进入血液，会增加抗原性。通过蛋白质工程技术改变胰岛素B链中某些氨基酸残基，使其结构发生改变（但不影响生理功能），则可以降低聚合作用，产生快速作用胰岛素。

2. 发展新型生物技术药物、疫苗和治疗性抗体 新型生物技术药物近期发展的重点有5个类型：单克隆抗体、反义药物、基因治疗剂、可溶性治疗蛋白药物和疫苗。在进入临床试验的364种生物技术药物中，有175种用于肿瘤治疗。正在研究的以疫苗为最多，基因疫苗在研发及临床使用上尤其活跃，已有35种艾滋病疫苗进入临床试验。

3. 新的高效表达系统的研究与应用也取得了重大进展 除原有的*E. coli*、啤酒酵母（如用毕赤酵母生产人血白蛋白）和哺乳动物细胞作为生物技术药物最重要的表达或生产系统外，其他的表达系统研究也如火如荼，如真菌、昆虫、转基因动物和转基因植物表达系统，也已有许多品种进入临床试验。

4. 生物技术药物新剂型研究迅速发展 生物技术药物多数在体内易降解失活，半衰期较短，生物利用度低。目前研究主攻方向是开发方便、安全、合理的给药途径和新剂型。一是植入剂和缓控释注射液；二是非注射剂型，如呼吸道吸入、直肠给药、鼻腔、口服和透皮给药等。继2004年第一个吸入型胰岛素被FDA批准上市以来，已有6种吸入型胰岛素在做后期临床试验。

本章小结

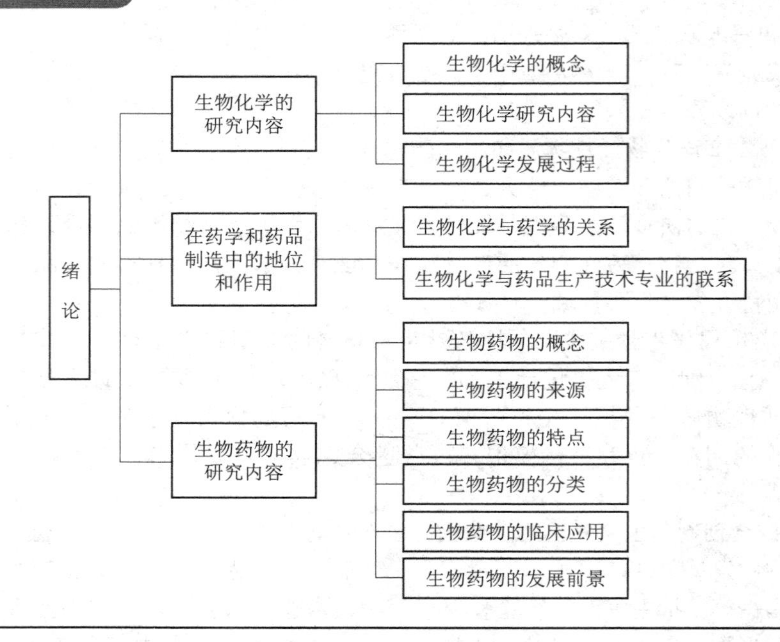

目标检测

一、单项选择题

1. 1965 年我国在世界上首先人工合成了有生物活性的（　　）。
   A. tRNA　　B. 生长激素　　C. 结晶牛胰岛素　　D. 猪胰岛素
2. 研究构成生物体的基本物质的化学组成、结构、性质、功能属于（　　）。
   A. 静态生物化学　　B. 动态生物化学
   C. 信息生物化学　　D. 生物化学技术
3. 下列物质不属于生物大分子的是（　　）。
   A. 蛋白质　　B. 维生素　　C. 核酸　　D. 糖类
4. 下列打破了酶的化学本质都是蛋白质的传统概念的事件是（　　）。
   A. DNA 双螺旋结构模型的创立　　B. 遗传中心法则的确立
   C. 体外重组 DNA 方法的建立　　D. 核酶的发现
5. 下列不是生物药物药理学特性的是（　　）。
   A. 治疗的针对性强　　B. 药理活性高
   C. 毒副作用小　　D. 稳定性差

二、简答题

1. 生物化学的研究内容包括哪些？
2. 请解释一下生物药物的概念并说明它的特点。

第二章

蛋白质的化学

学习目标

知识要求 **1. 掌握** 氨基酸的结构和结构特点，蛋白质的理化性质及应用。

2. 熟悉 蛋白质的分子结构以及结构与功能的关系；蛋白质的功能与分类。

3. 了解 氨基酸、肽、蛋白质类药物。

技能要求 依据蛋白质的理化性质，运用生物化学技术对蛋白质（氨基酸、肽类）进行分离、纯化、分析和鉴定。

蛋白质（protein，Pr）是由20种氨基酸（amino acid，AA）组成的生物大分子物质。它是生物体中含量最丰富的物质（约占人体干重的45%），甚至朊病毒（prion）仅含有蛋白质而不含核酸。蛋白质不仅是构成组织细胞的结构成分（即结构蛋白），如结缔组织的胶原蛋白、血管和皮肤的弹性蛋白、膜蛋白等；更是体内一些特定生理功能的活性蛋白，如催化功能、调节功能、防御功能、运输和贮存功能等。可见，蛋白质是一切生命的物质基础，没有蛋白质就没有生命。

本章主要介绍蛋白质的组成、结构、理化性质、生理功能以及常用的分离纯化技术和蛋白质类药物等知识。通过学习蛋白质的基本知识，可为学好后续内容如核酸、酶、蛋白质的生物合成等章节和后续专业知识如药理知识、生物制药技术等奠定必备的基础，另外，旨在运用这些知识分析和解决实际工作中的具体问题。

第一节　蛋白质的化学组成

案例导入

案例：截至2008年9月21日，很多食用三鹿集团生产的婴幼儿奶粉的婴儿被发现患有肾结石，其中接受门诊治疗咨询且已康复的婴幼儿累计39965人，死亡4人，该事件引起各国的高度关注和对乳制品安全的担忧。经检测发现国内包括伊利、蒙牛、光明、圣元及雅士利在内的22个厂家69批次产品中都检出三聚氰胺（melamine，$C_3H_6N_6$），俗称密胺、蛋白精。三聚氰胺是一种三嗪类含氮杂环有机物，分子中含有6个非蛋白氮（含氮量约为66.67%），且是白色晶体，几乎无味。

讨论：1. 为什么这些厂家要在奶粉中添加三聚氰胺？

2. 三聚氰胺可导致婴幼儿出现哪些病患？

一、蛋白质的元素组成

组成蛋白质的主要元素有C、H、O、N，有些蛋白质含有少量的P或金属元素Fe、Cu、

Zn、Mn、Co 等，个别的含 I。各种不同生物蛋白质中 N 的含量很接近，平均为 16%，因此，用凯氏定氮法测定生物样品中的含氮量即可推算出蛋白质的含量。

样品中蛋白质含量（g）= 样品中含氮量（g）×6.25

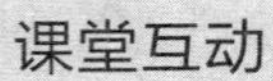

课堂互动

某品牌奶粉，按照标准冲调 100ml，用凯氏定氮法测得含氮量为 0.416g，那么 100ml 奶液中蛋白质的含量为多少呢？

二、蛋白质的基本结构单位——氨基酸

人体内所有蛋白质都是由 20 种氨基酸（amino acid）组成的多聚体，因此蛋白质的基本结构单位是氨基酸。蛋白质在酸、碱、酶的作用下可产生游离氨基酸。自然界的氨基酸已经发现有 300 余种，但组成人体蛋白质的氨基酸仅有 20 种。

（一）氨基酸的结构特点

因 α-碳原子上连接一个羧基、一个氨基，故称为 α-氨基酸。此外氨基酸上还有一个侧链 R，不同的氨基酸其侧链各异，除甘氨酸外，其余氨基酸的 α-碳原子均为不对称碳原子，有 D 型和 L 型两种旋光异构体，构成天然蛋白质的氨基酸均为 L 型，D 型氨基酸不参与蛋白质的组成；另外，脯氨酸是 α-亚氨基酸。L-氨基酸和 D-氨基酸的结构通式如下：

$$\begin{array}{c} COOH \\ | \\ H_2N-C-H \\ | \\ R \end{array} \qquad\qquad \begin{array}{c} COOH \\ | \\ H-C-NH_2 \\ | \\ R \end{array}$$

L-氨基酸结构通式　　　　D-氨基酸结构通式

（二）氨基酸的分类

组成蛋白质的 20 种氨基酸，根据其侧链 R 基团结构和理化性质不同，分为五类（表 2-1）。

表 2-1　氨基酸的分类

分类	名称	缩写代号	结构式	相对分子质量	pI
非极性氨基酸	丙氨酸（alanine）	丙，Ala，A	$H_3C-\underset{NH_2}{CH}-COOH$	89.06	6.0
	缬氨酸（valine）	缬，Val，V	$\begin{matrix}H_3C\\H_3C\end{matrix}>CH-\underset{NH_2}{CH}-COOH$	117.09	5.96
	亮氨酸（leucine）	亮，Leu，L	$\begin{matrix}H_3C\\H_3C\end{matrix}>CH-CH_2-\underset{NH_2}{CH}-COOH$	131.11	5.98
	异亮氨酸（isoleucine）	异亮，Ile，I	$H_3C-CH_2-\underset{CH_3}{CH}-\underset{NH_2}{CH}-COOH$	131.11	6.02

续表

分类	名称	缩写代号	结构式	相对分子质量	pI
非极性氨基酸	脯氨酸(proline)	脯，Pro，P	COOH, NH	115.13	6.30
	蛋氨酸(methionine)	蛋，Met，M	$H_3C—S—CH_2—CH_2—CH(NH_2)—COOH$	149.15	5.74
	甘氨酸(glycine)	甘，Gly，G	$H—CH(NH_2)—COOH$	75.05	5.97
不带电荷的极性氨基酸	丝氨酸(serine)	丝，Ser，S	$HO—CH_2—CH(NH_2)—COOH$	105.6	5.68
	苏氨酸(threonine)	苏，Thr，T	$H_3C—CH(OH)—CH(NH_2)—COOH$	119.8	6.17
	半胱氨酸(cysteine)	半胱，Cys，C	$HS—CH_2—CH(NH_2)—COOH$	121.2	5.17
	天冬酰胺(asparagine)	天胺，Asn，N	$H_2N—C(=O)—CH_2—CH(NH_2)—COOH$	132.12	5.41
	谷氨酰胺(glutamine)	谷胺，Gln，Q	$H_2N—C(=O)—(CH_2)_2—CH(NH_2)—COOH$	146.15	5.65
芳香族氨基酸	苯丙氨酸(phenylalanine)	苯丙，Phe，F	$—CH_2—CH(NH_2)—COOH$	165.09	5.48
	色氨酸(tryptophan)	色，Tre，W	$—CH_2—CH(NH_2)—COOH$ (N, H)	204.22	5.89
	酪氨酸(tyrosine)	酪，Tyr，Y	$HO—$ $—CH_2—CH(NH_2)—COOH$	181.09	5.66
酸性氨基酸	天冬氨酸(aspartic acid)	天，ASP，D	$HOOC—CH_2—CH(NH_2)—COOH$	133.60	2.77
	谷氨酸(glutamic acid)	谷，Glu，E	$HOOC—(CH_2)_2—CH(NH_2)—COOH$	147.08	3.22

续表

分类	名称	缩写代号	结构式	相对分子质量	pI
碱性氨基酸	赖氨酸 (lysine)	赖，Lys，K	$H_2N—CH_2—(CH_2)_2—CH(NH_2)—COOH$	146.13	9.74
	精氨酸 (arginine)	精，Arg，R	$H_2N—C(=NH)—NH—CH_2—(CH_2)_2—CH(NH_2)—COOH$	174.14	10.76
	组氨酸 (histidine)	组，His，H	咪唑环(N, NH)$—CH_2—CH(NH_2)—COOH$	155.16	7.59

1. 非极性氨基酸 包括四种带有脂肪烃侧链的氨基酸（丙氨酸、亮氨酸、异亮氨酸和缬氨酸）；一种含硫氨基酸（蛋氨酸，又称甲硫氨酸）和一种亚氨基酸（脯氨酸）。甘氨酸也属此类。这类氨基酸在水中溶解度较小。

2. 不带电荷的极性氨基酸 这类氨基酸的侧链 R 具有一定的极性，在水中的溶解度较非极性氨基酸大。包括两种含羟基的氨基酸（丝氨酸和苏氨酸）；两种具有酰胺基的氨基酸（谷氨酰胺和天冬酰胺）和一种含巯基的氨基酸（半胱氨酸）。

3. 芳香族氨基酸 包括苯丙氨酸、酪氨酸和色氨酸。苯丙氨酸也属于非极性氨基酸，酪氨酸的酚羟基和色氨酸的吲哚基在一定条件下可解离。这类氨基酸具有紫外吸收的性质。

4. 带正电荷的碱性氨基酸 在生理条件下（pH 7.35~7.45），这类氨基酸带正电荷，包括赖氨酸、精氨酸和组氨酸。

5. 带负电荷的酸性氨基酸 在生理条件下，这类氨基酸带负电荷，包括天冬氨酸和谷氨酸。

蛋白质水解后，还发现其他几种氨基酸，如 L-羟脯氨酸、L-羟赖氨酸、胱氨酸和四碘甲腺原氨酸等，它们都是 20 种基本氨基酸的衍生物。

此外，生物界还发现 150 多种非蛋白质氨基酸，不参与蛋白质的组成，它们在某些生命活动中发挥重要作用。如 D-丙氨酸参与细菌细胞壁肽聚糖的组成；D-苯丙氨酸参与组成短杆菌肽 S；瓜氨酸和鸟氨酸是尿素合成的中间产物；γ-氨基丁酸（GABA）在脑中含量较高，对中枢神经系统有抑制作用。目前，一些非蛋白质氨基酸已作为药物用于临床。

第二节 蛋白质的分子结构

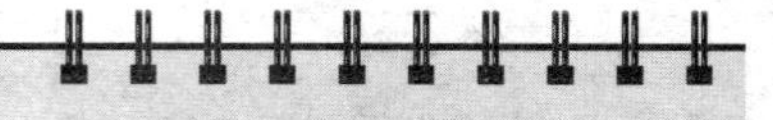

案例导入

案例：胰岛素于 1921 年由加拿大医生班廷（F. Banting）和贝斯特（C. Best）首先发现。1953 年英国化学家 F. Sanger 首次测定了牛胰岛素的氨基酸序列，使人类对蛋白质的认识深入到分子水平，F. Sanger 于 1958 年获得诺贝尔化学奖。1965 年 9 月 17 日，中国科学家率先合成了具有全部生物活性的结晶牛胰岛素，开创了人工合成蛋白质的先河，这项成果于 1982 年荣获中国自然科学奖一等奖。

讨论：1. 胰岛素被用于治疗什么疾病？这种疾病在中国发病概率高吗？

2. 你知道牛胰岛素中氨基酸是如何连接的吗？

3. 你知道人胰岛素是用什么生化技术生产的吗？人（猪、牛）胰岛素都可以用于临床治疗吗？

蛋白质分子是由多个氨基酸通过共价键（主要是肽键和二硫键）相连形成的生物大分子，结构极其复杂，其复杂而多样的结构赋予每种蛋白质特有的性质和生理功能，蛋白质的分子结构分为四个层次，即一级、二级、三级和四级结构，后三者统称为空间结构或空间构象（conformation）。由一条肽链形成的蛋白质只有一级、二级和三级结构，由两条或两条以上多肽链形成的蛋白质才可能有四级结构（图 2-1）。

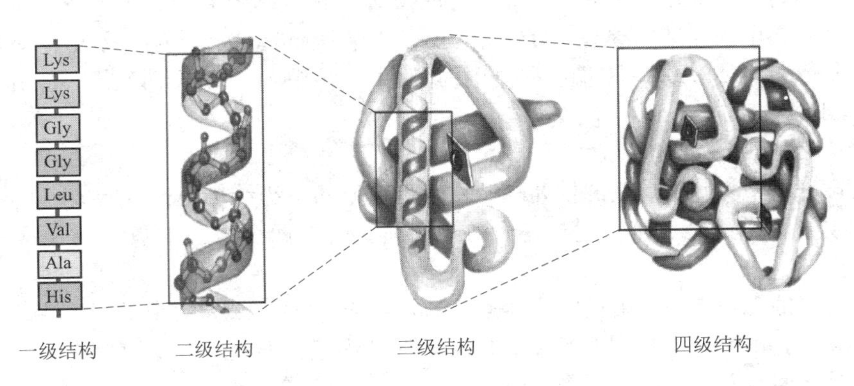

图 2-1　蛋白质的结构层次

一、蛋白质的一级结构

（一）肽键和肽键平面

一个氨基酸分子的α-羧基与另一个氨基酸分子的α-氨基之间脱水缩合所形成的共价键称为肽键（peptide bond）。

$$H_2N-\underset{\textstyle R_1}{CH}-\overset{\textstyle O}{\overset{\|}{C}}-\boxed{OH+H}-\underset{\textstyle H}{N}-\underset{\textstyle R_2}{CH}-COOH \xrightarrow{-H_2O} H_2N-\underset{\textstyle R_1}{CH}-\boxed{\overset{\textstyle O}{\overset{\|}{C}}-\underset{\textstyle H}{N}}-\underset{\textstyle R_2}{CH}-COOH$$

肽键中的 C—N 键具有部分双键的性质，不能自由旋转，而且与之相邻的 2 个α-碳原子由于受到侧链 R 基团和肽键中 H 和 O 原子空间位阻的影响，也不能自由旋转，因此，组成肽键的 4 个原子（C、O、N、H）和与之相邻的 2 个α-碳原子均位于同一个平面上，构成肽键平面（peptide plane）或肽单位（peptide unit）（图 2-2），但 2 个α-碳原子单键是可以自由旋转的，其自由旋转的角度决定了两个相邻的肽键平面的相对空间位置。

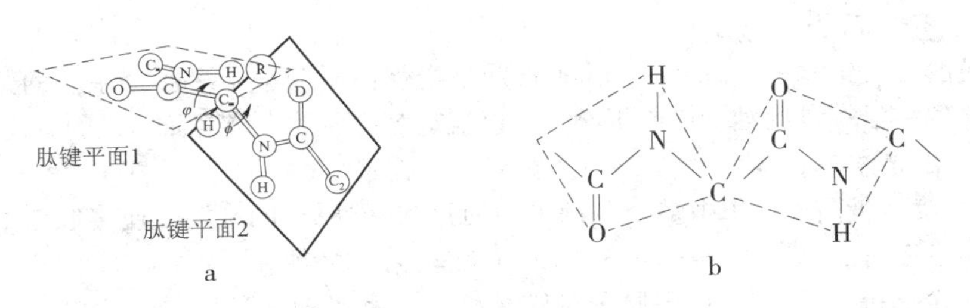

图 2-2　肽键平面（肽单位）

（二）肽和多肽链

氨基酸通过肽键相连形成的化合物称为肽（peptide）。两个氨基酸之间脱水缩合形成的肽叫作二肽，依此类推，三肽、四肽……，一般10个以下氨基酸组成的肽，称为寡肽（oligopeptide）；十个以上氨基酸组成的肽，称为多肽（polypeptide）。肽链分子中的氨基酸相互衔接，形成长链，称为多肽链（poly-peptide chain）。多肽链中的α-碳原子和肽键的若干重复结构称为主链（backbone），而各氨基酸残基的侧链基团R多称为侧链（side chain）。多肽链主链有自由的氨基和羧基，分别称为氨基末端（amino terminal）或N-末端和羧基末端（carboxyl terminal）或C-末端。肽链中的氨基酸分子因脱水缩合而残缺，故称为氨基酸残基（residue）。

（三）蛋白质的一级结构

蛋白质分子中氨基酸残基的排列顺序称为蛋白质的一级结构（primary structure）。一级结构中的主要化学键是肽键，此外还含有二硫键，是由两个半胱氨酸巯基（—SH）脱氢而成。

牛胰岛素的一级结构是由英国化学家F. Sanger于1953年测定完成的。牛胰岛素有A和B两条肽链，A链有21个氨基酸残基，B链有30个氨基酸残基，A链内形成一个二硫键，

两条链之间有两个二硫键（图2-3）。

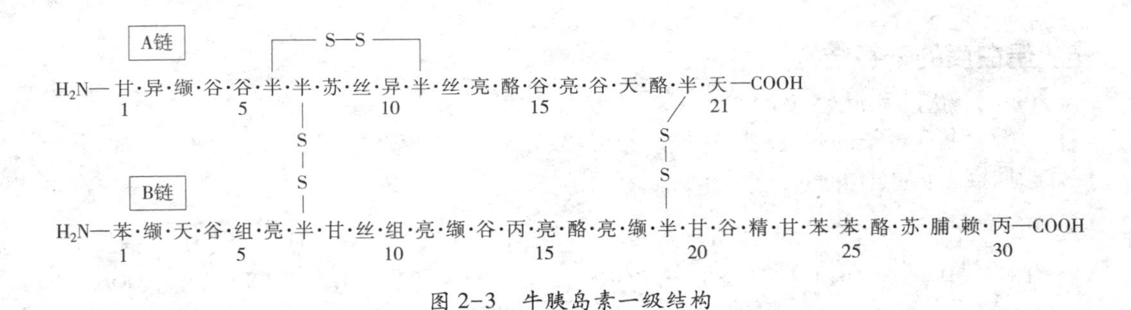

图2-3 牛胰岛素一级结构

不同的蛋白质其一级结构不同，一级结构是蛋白质空间结构和特异性生物学功能的基础，一级结构的改变往往会导致疾病的发生，但一级结构并不是决定蛋白质空间结构的唯一因素。

二、蛋白质的空间结构

蛋白质的空间结构是指蛋白质分子中原子和基团在三维空间上的排列、分布及肽链的走向。空间结构（或称空间构象）是以一级结构为基础的，是表现蛋白质生物学功能或活性所必需的。

（一）蛋白质的二级结构

蛋白质的二级结构（secondary structure）是指蛋白质分子中多肽链主链的某一段（包含若干肽单位）沿一定的轴盘旋或折叠，并以氢键为主要的次级键而形成的有规则的构象。如α-螺旋、β-折叠、β-转角等，不涉及侧链R的构象。

1. α-螺旋 蛋白质分子中多个肽键平面通过α-碳原子的旋转，使多肽链的主链沿中心轴盘曲成稳定的α-螺旋（α-helix）构象（图2-4）。特征如下：

（1）多个肽键平面通过α-碳原子旋转，相互紧密盘曲成稳固的右手螺旋（图2-5）。肽键平面与螺旋长轴平行。

（2）主链呈螺旋式上升，每隔3.6个氨基酸残基上升一圈，螺距是0.54nm。

（3）相邻两圈螺旋之间形成的链内氢键，是维持α-螺旋稳定的次级键。脯氨酸是亚氨基酸，形成肽键后N上无氢原子，不能形成氢键，故不能形成α-螺旋。

（4）侧链R位于螺旋的外侧，其形状、大小及电荷影响α-螺旋的形成。

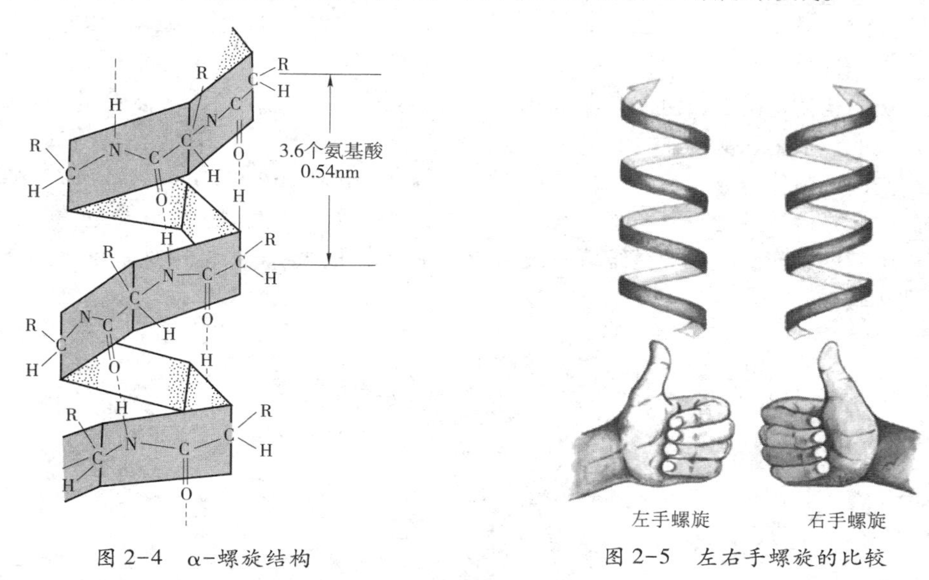

图 2-4　α-螺旋结构

图 2-5　左右手螺旋的比较

2. β-折叠　β-折叠（β-pleated sheet）也叫β-片层（β-sheet），是蛋白中常见的二级结构，β-折叠中多肽链的主链相对较伸展，多肽链的肽平面之间呈手风琴状折叠（图2-6）。结构特点如下：

（1）肽链的伸展使肽键平面之间一般折叠成锯齿状。

（2）两条以上肽链（或同一条肽链的不同部分）平行排列，相邻肽链之间的氢键是维持稳定的主要次级键。

（3）肽链平行的走向有顺式和反式两种，肽链的N-末端在同侧的为顺式，否则为反式，反式结构较顺式更加稳定。

（4）侧链R位于片层的上下。

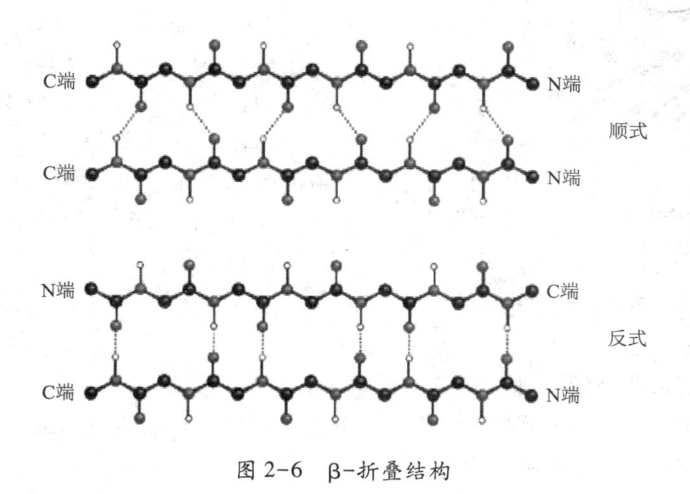

图 2-6　β-折叠结构

3. β-转角 多肽链的主链经过180°回折结构称为β-转角（β-turn）。由转角处第1个氨基酸残基羰基上的氧与第4个氨基酸残基亚氨基上的氢形成的氢键维持该构象的稳定。

4. 无规卷曲 蛋白质多肽链中肽键平面不规则排列而形成的松散结构称为无规卷曲（random coil）。

（二）蛋白质的三级结构

在二级结构的基础上，由于相距较远的氨基酸残基的相互作用使多肽链进一步折叠、盘曲，形成的包括主、侧链在内的整条肽链的空间排布，这种一条多肽链中所有原子或基团在三维空间的整体排布，称为蛋白质的三级结构（tertiary structure），见图2-7。维持三级结构的主要是侧链R之间所形成的各种次级键，如疏水键、氢键、盐键和范德华力，有时也有二硫键的参与。疏水键是维持三级结构的主要作用力。三级结构是蛋白质具有生物活性的结构基础。

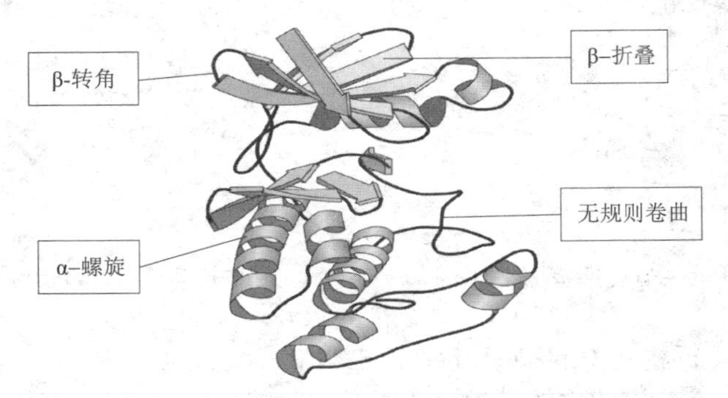

图2-7 常见蛋白激酶三级结构示意图

（三）蛋白质的四级结构

由两条或两条以上的具有独立三级结构的多肽链之间通过非共价键相连形成的更复杂的空间构象，称为蛋白质的四级结构（quarternary structure）。每一条具有完整三级结构的多肽链称为一个亚基（subunit），一个亚基一般由一条多肽链组成，但有的亚基由两条或两条以上肽链组成，这些肽链间以二硫键连接。胰岛素虽然含有两条肽链，但两条肽链之间以两个二硫键相连，所以胰岛素不具有四级结构。

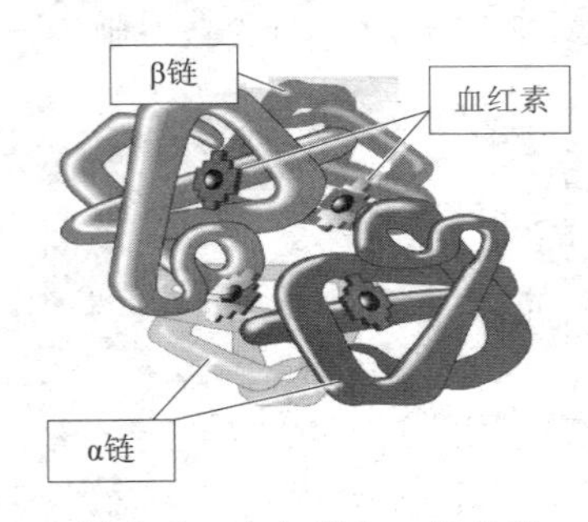

图2-8 血红蛋白四级结构示意图

一般亚基单独存在没有活性，只有聚合形成四级结构才有生物学功能。如过氧化氢酶由4个相同的亚基构成；血红蛋白（hemoglobin，Hb）（图2-8）则是由2个α亚基和2个β亚基组成的四聚体，如果一个亚基单独存在，虽可结合氧且亲和力增强，但在机体组织中难以释放，失去原有运输氧的功能。

三、蛋白质结构与功能的关系

（一）一级结构与生物学功能的关系

1. 一级结构中"关键"部分相同，其生物学功能也相同 蛋白质一级结构是空间结构的基础，也是生物学功能的基础。一级结构相似也会具有相似的空间结构与功能。如不同哺乳动物的胰岛素都是由A和B两条肽链组成，且二硫键的位置和空间构象也极相似，一级结构仅有个别氨基酸的差异，然而都具有相似的调节血糖的生理功能（表2-2）。

表 2-2　三种哺乳动物胰岛素氨基酸的差异

来源	氨基酸残基序号			
	A_8	A_9	A_{10}	B_{30}
人	Thr	Ser	Ile	Thr
牛	Ala	Ser	Val	Ala
猪	Thr	Ser	Ile	Ala

A 表示 A 链，A_n 表示 A 链的第 n 位氨基酸。

2. 一级结构中“关键”部分变化，其生物学功能也改变　一级结构中起关键作用的氨基酸残基缺失或被替代，严重影响空间构象乃至生物学功能，甚至产生“分子病”。比如正常人血红蛋白 β 亚基的第 6 位谷氨酸被缬氨酸替代，使原来水溶性的血红蛋白聚集成丝，相互黏着，导致红细胞变成镰刀形而极易破碎，产生贫血（图 2-9），这种由于蛋白质分子氨基酸序列改变而导致的疾病，称之为“分子病”。该病是由基因上遗传信息的突变所致。

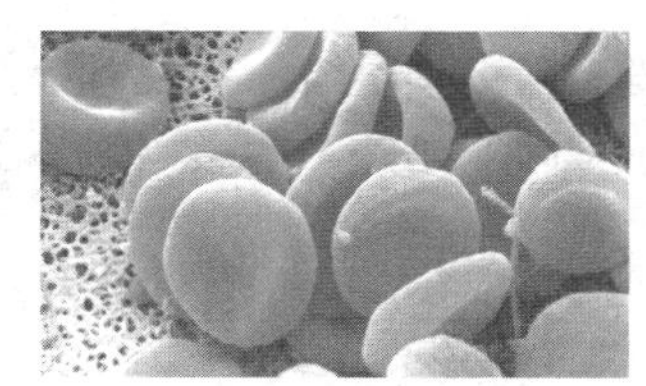
正常人红细胞

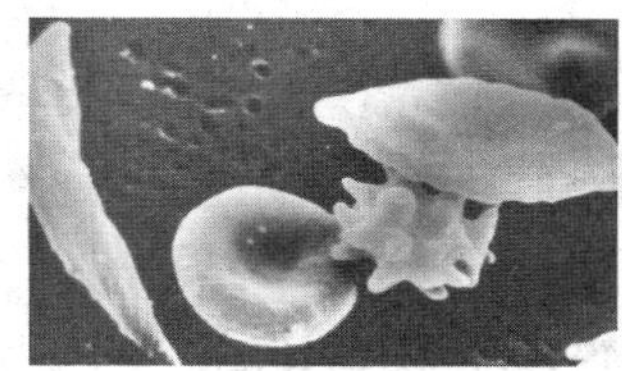
镰状红细胞

图 2-9　正常人红细胞和镰状红细胞

并非一级结构中每个氨基酸都很重要，细胞色素 c 中，某些位置即使置换数十个氨基酸残基，其功能依然不变。

拓展阅读

镰状红细胞贫血症

镰状红细胞贫血是一种隐性遗传性贫血症，患者异常的血红蛋白使红细胞变得僵硬，在显微镜下看上去为镰刀状，这种镰状红细胞不能通过毛细血管，加上血红蛋白的凝胶化使血液黏滞度增大，堵塞微血管，引起局部供血和供氧不足，产生脾肿大、胸腹疼痛等临床表现。镰状红细胞比正常红细胞更容易衰老死亡，从而导致贫血。本病无特殊治疗方法，宜预防感染和防止缺氧。溶血发作时可予供氧、补液和输血等支持疗法。唯一能使患者痊愈的治疗方法是干细胞移植。

（二）空间结构与功能的关系

蛋白质的生物学功能不仅与一级结构有关，更重要的依赖于空间结构，没有适当的空间结构，蛋白质就不能发挥它的生物学功能。

1. 蛋白质前体的活化　许多蛋白质通常以无活性或活性很低的蛋白质原形式存在，只有一定条件下，才转变为有特定构象的蛋白质而表现其生物活性。如胰岛素的前体胰岛素原，猪胰岛素原是由84个氨基酸残基组成的一条多肽链，其活性仅为胰岛素的10%，在体内经特异蛋白水解酶作用才产生具有A、B两条链的胰岛素。胰岛素具有特定的空间结构，从而表现其完整的生物活性。同样酶原的激活也是这个道理。

2. 蛋白质的变构现象 有些蛋白质受某些因素的影响，一级结构不变而空间构象发生一定的变化，导致其生物学功能的改变，称为蛋白质的变构效应（allosteric effect）。导致人类发生疾病的，又有人称之为“蛋白质构象病”。目前发现的蛋白质构象病有20多种，如人纹状体脊髓变性病、阿尔茨海默病、帕金森病和疯牛病等。

疯牛病是朊病毒蛋白（prion protein，PrP）引起的一组人和动物神经退行性病变，临床症状是痴呆、丧失协调性以及神经系统障碍。此类疾病有遗传性、传染性和偶发性等特点，以潜伏期长、病程缓慢，进行性脑功能紊乱，无缓解康复，终至死亡为特征。朊病毒蛋白有正常型（PrP^{c}）和致病型（PrP^{sc}）两种构象，这两者一级结构相同，但空间结构不同，PrP^{c}含有36.1%的α-螺旋、11.9%的β-折叠，而PrP^{sc}含有30%的α-螺旋、43%的β-折叠，PrP^{sc}一旦形成，可导致更多的PrP^{c}向PrP^{sc}转变，上述构象转变即可导致疯牛病。美国加州大学医学院Stanley B Prusiner教授因发现了朊病毒蛋白及其致病机制，1997年被授予诺贝尔生理学或医学奖。

第三节 蛋白质的理化性质

一、蛋白质的两性电离和等电点

蛋白质由氨基酸组成，除了其分子末端的α-NH_2和α-COOH可以解离成正、负离子外，许多氨基酸残基侧链上尚有不少可解离的基团，比如—NH_2、—COOH、—OH、咪唑基、胍基。所以蛋白质是两性电解质。蛋白质解离成正、负离子的趋势相等，即成为兼性离子，净电荷为零，此时溶液的pH称为蛋白质的等电点（isoelectric point，pI）。各种蛋白质具有特定的等电点，除了与溶液的pH有关外，还与所含氨基酸的种类和数目有关，体内多数蛋白质的等电点在5左右，所以在生理条件下（pH 7.35~7.45），蛋白质多以阴离子形式存在。

$$\mathrm{Pr}\begin{matrix}\diagup COOH\\ \diagdown NH_3^+\end{matrix} \underset{H^+}{\overset{OH^-}{\rightleftharpoons}} \mathrm{Pr}\begin{matrix}\diagup COO^-\\ \diagdown NH_3^+\end{matrix} \underset{H^+}{\overset{OH^-}{\rightleftharpoons}} \mathrm{Pr}\begin{matrix}\diagup COO^-\\ \diagdown NH_2\end{matrix}$$

pH<pI 正离子　　pH=pI 兼性离子　　pH>pI 负离子

在等电点状态下蛋白质的溶解度、导电性、黏度最低，可采用等电点沉淀法分离制备蛋白质，但此法一般结合其他沉淀法联合应用。另外，在一定的pH条件下，不同的蛋白质所带电荷不同，可用离子交换层析法和电泳法分离纯化。

课堂互动

两种蛋白质的pI分别为5.35和7.80，在pH 6.5的缓冲溶液中电泳，泳向阳极的是哪种蛋白质？

二、蛋白质的胶体性质

蛋白质是生物大分子化合物，其颗粒大小介于1~100nm之间，属于胶粒的范畴，因此蛋白质溶液是胶体溶液，具有胶体溶液的性质，如不能透过半透膜，具有布朗运动、丁达尔现象等。

蛋白质是一种比较稳定的亲水胶体，所谓稳定，在这里指的是“不易沉淀”。蛋白质颗粒表面大多为亲水基团，可吸引一层水分子，使颗粒表面形成一层水化膜，就像颗粒表面穿了一层外衣，阻止蛋白质颗粒相互聚集而沉淀；另外，在非等电点状态，蛋白质颗粒带有同性电荷，pH>pI，带有负电荷；pH<pI，带有正电荷；同性电荷相互排斥，使蛋白质颗粒不易聚集而沉淀。蛋白质分子之间同性电荷的排斥作用和水化膜的隔离作用是维持蛋白质胶体溶液稳定的两大因素，如果去掉这两个稳定的因素，蛋白质极易从溶液中沉淀。

利用蛋白质胶体溶液性质可以分离纯化蛋白质。

三、蛋白质的变性和复性

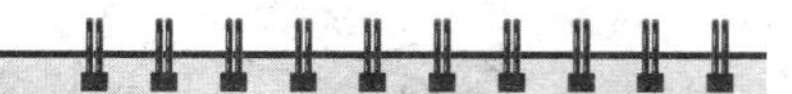

案例导入

案例：重组人血管内皮抑制素（化学本质是蛋白质）是一种抗肿瘤的药物，系采用大肠埃希菌作为蛋白表达体系生产的，主要通过抑制肿瘤新生血管形成，阻断肿瘤细胞的营养供应，最终达到“饿死”肿瘤细胞的目的。其在生产过程中先加入8mol/L尿素，之后逐渐降低尿素浓度，直至完全除去尿素达到分离纯化的目的。

讨论：1. 加入8mol/L尿素的目的是什么？
2. 如何除去尿素？除去尿素的目的是什么？
3. 你知道除去尿素可采用哪些方法和技术吗？

在某些理化因素的作用下，蛋白质分子的空间构象发生改变或破坏，导致其生物活性丧失和某些理化性质的改变，这种现象叫作蛋白质的变性作用（denaturation）。

1. 变性因素　物理因素有高温、紫外线、X射线、超声波和剧烈震荡、高压、搅拌和研磨等。化学因素包括强酸、强碱、尿素、去污剂（如十二烷基磺酸钠，SDS）、有机溶剂（如浓乙醇）、重金属盐（Hg^{2+}、Ag^{+}）和生物碱试剂（如三氯醋酸）等。

2. 变性本质　一般认为，变性的发生主要破坏了维持空间构象的二硫键和次级键，不涉及氨基酸序列的改变和肽键的断裂，仅仅是天然构象的紊乱，一级结构不被破坏。

3. 变性作用的特征

（1）生物化学丧失　生物活性是指蛋白质表现其生物学功能的能力。如果蛋白质变性，则生物学功能会丧失。如血红蛋白失去运输O_2和CO_2的能力，酶失去催化活性，多肽和蛋白质类激素失去对物质代谢的调节能力等。

（2）某些理化性质的改变　变性的蛋白质疏水基团外露，溶解度降低，所以变性的同时易产生沉淀；蛋白质溶液的黏度增加、旋光度改变、pI有所提高；同时，色氨酸、酪氨酸和苯丙氨酸残基外露，紫外吸收能力也会增强；变性后的分子结构松散，容易被蛋白酶水解，含蛋白类的煮熟的牛肉容易消化就是这个道理。

4. 变性的应用　在工业生产和临床中，常利用变性的因素进行灭菌和消毒，如蒸汽灭菌，乙醇、紫外线的消毒；中草药有效成分的提取或其注射液的制备也常用变性的方法

（加热、浓乙醇等）除去杂蛋白；生化制品包括多肽、激素、酶制剂和其他生物制品如疫苗等，在生产和储运过程中也要有效防止其变性失活。

若蛋白质的变性程度较轻，去除变性因素，有些蛋白质可恢复或部分恢复其原有的构象和生物活性，称为复性（renaturation）。构象可以恢复的叫作可逆变性，构象不能恢复者称为不可逆变性。

核糖核酸酶的变性与复性及其功能的丧失与恢复就是一个典型的例子。核糖核酸酶（化学本质是蛋白质）是由124个氨基酸残基组成的一条多肽链，含有4对二硫键，将天然的核糖核酸酶在8mol/L的尿素中用β-巯基乙醇处理，破坏了维持空间构象的一些次级键和二硫键，分子变成一条松散的肽链，酶完全失活，但用透析法除去尿素和β-巯基乙醇，此酶经氧化又自发恢复其原有的构象，同时酶的活性也恢复（图2-10）。

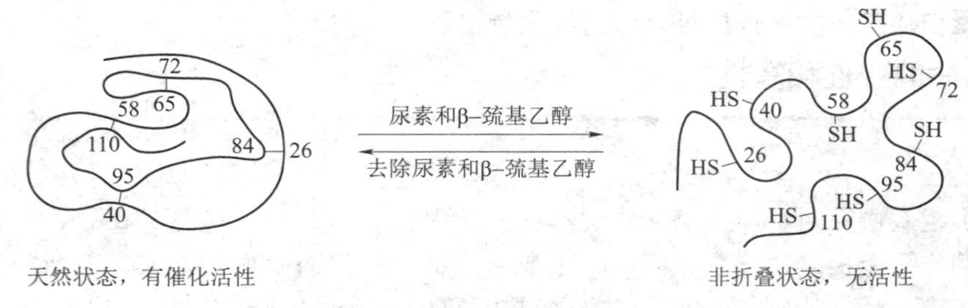

图2-10 牛胰核糖核酸酶的变性和复性

四、蛋白质的沉淀

蛋白质颗粒相互聚集从溶液中析出的现象称为蛋白质的沉淀。

1. 中性盐沉淀（盐析） 向蛋白质溶液中加入高浓度的中性盐，破坏了蛋白质的水化层并中和其电荷，使蛋白质颗粒相互聚集而沉淀，这种现象称为盐析（salting out）。常用的中性盐包括$(NH_4)_2SO_4$、NaCl、Na_2SO_4等。混合蛋白质可用不同的盐浓度使其分别沉淀，这种方法称为分级沉淀，又叫分段盐析。盐析出的蛋白质不变性。本法常用于各种蛋白质类生物活性物质的分离制备。

课堂互动

向鸡蛋清蛋白中加入高浓度的NaCl溶液，鸡蛋清蛋白会发生什么现象？

2. 有机溶剂沉淀 在蛋白质溶液中加入一定量的与水互溶的有机溶剂（如乙醇、甲醇和丙酮），破坏蛋白质表面的水化层，使蛋白质颗粒相互聚集而沉淀。有机溶剂沉淀常引起变性，用此法分离制备生物活性蛋白质时，应确保在低温下操作，尽可能缩短操作时间，同时也要掌握好有机溶剂的浓度。

课堂互动

向蛋白质溶液中加入乙醇，一是高浓度乙醇，作用时间长，常温操作；二是低浓度乙醇，作用时间短，低温操作。两者各会发生什么现象？其原理是什么？

3. 加热沉淀 加热可使蛋白质变性沉淀，但与 pH 密切相关。在 pI 时加热最易沉淀，但偏离 pI 即使加热也不易沉淀。比如，在链霉素的生产中就是采用加热除去菌体蛋白的方法达到分离纯化的目的。

4. 重金属盐沉淀 蛋白质在 pH>pI 的条件下带负电荷，可与重金属离子（Ag^{+}、Hg^{2+}、Pb^{2+}）结合成不溶性蛋白盐而变性沉淀。临床上常用口服大量蛋白质（如牛奶、蛋清）和催吐剂抢救误服重金属中毒的病人。

5. 生物碱试剂沉淀 蛋白质在 pH<pI 的条件下带正电荷，与生物碱试剂（鞣酸、苦味酸、钨酸）和三氯醋酸、磺基水杨酸、硝酸等结合成不溶性的盐而沉淀。无蛋白血滤液的制备、中草药注射液中蛋白的检查以及鞣酸、苦味酸的收敛作用皆以此原理为依据。

五、蛋白质的紫外吸收

色氨酸、酪氨酸和苯丙氨酸由于含有共轭双键，在 280nm 附近有最大吸收峰（图 2-11），其中色氨酸的最大吸收峰最接近 280nm，由于多数蛋白质含酪氨酸和色氨酸残基，故测定蛋白质在 280nm 处的光吸收度，是定量分析溶液中蛋白质浓度快速简便的方法。

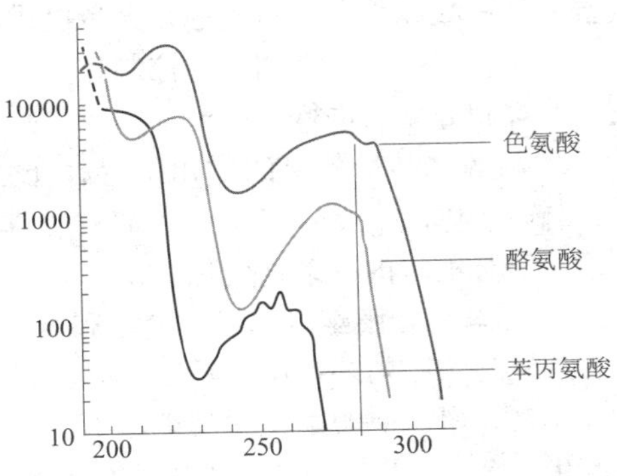

图 2-11 蛋白质的紫外吸收

六、蛋白质的呈色反应

（一）双缩脲反应

含两个或两个以上肽键的蛋白质和多肽，在碱性条件下与 $CuSO_4$ 共热，形成紫色或红色的络合物。肽键越多，反应的颜色越深。氨基酸和二肽无此反应，此法可用于蛋白质的定性和定量测定，亦可测定蛋白质的水解程度，水解越完全，颜色越浅。

（二）Folin-酚反应

Folin-酚反应又称酚试剂反应或 Lowry 法。在碱性条件下，蛋白质分子中的酪氨酸、色氨酸可与酚试剂（主要成分是磷钨酸-磷钼酸）反应生成蓝色化合物（钨蓝-钼蓝）。在 680nm 处有最大吸收。蓝色的强度与蛋白质的量成正比。此法是测定蛋白质浓度的常用方法。

（三）茚三酮反应

在 pH 5~7 时，蛋白质与茚三酮丙酮液加热可产生蓝紫色（脯氨酸显黄色）。凡是含—NH_2 的化合物皆有此反应，可用于氨基酸、蛋白质、肽类化合物的定性和定量测定。

第四节 蛋白质的功能和分类

一、蛋白质的生理功能

1. 生物催化作用 生物体内，物质代谢的全部生化反应几乎都是在酶的催化下完成的，而多数酶的化学本质是蛋白质。

2. 代谢调节作用 激素主要对物质代谢起调节作用，其中一类属于多肽和蛋白质类激素，如胰岛素、胰高血糖素、生长素等。

3. 免疫保护作用 抗体、补体和各种免疫分子其化学本质都是蛋白质。抗体是一种免疫球蛋白，能与侵入机体的抗原（如细菌、病毒等）进行特异性结合，以免除抗原对机体的侵害。抗体可用于许多疾病的治疗和预防。

4. 转运和贮存作用 血红蛋白具有运输 O_2 和 CO_2 的作用；血浆蛋白与胆固醇（酯）、脂肪和磷脂结合构成血浆脂蛋白，血浆脂蛋白是脂类物质在血液中的运输形式；血浆运铁蛋白转运铁，并在肝中形成铁蛋白复合物而贮存。许多药物（如氢化可的松）吸收后也常与血浆蛋白结合而转运。

5. 运动与支持作用 躯体运动、血液循环、呼吸与消化等功能活动主要靠肌动蛋白和肌球蛋白来完成；细菌的鞭毛和纤毛也赋予细菌运动的特性；胶原蛋白、弹性蛋白和角蛋白可维持器官、细胞的正常形态，抵御外界伤害，保证机体的正常生理活动。

6. 控制生长和分化作用 生物体的生长、繁殖、遗传、变异等都与核蛋白密切相关，核蛋白是核酸和蛋白质组成的结合蛋白质；另外，遗传信息多以蛋白质的形式表达，同时，蛋白质对基因的表达有调节和控制作用，通过控制和调节基因的表达来保证机体正常的生长、发育和分化的进行。

7. 接收和传递信息的作用 受体蛋白包括跨膜蛋白和胞内蛋白，如蛋白质类激素受体、胞内甾体激素受体以及一些药物受体。受体和配基结合，并接收信息，将信息放大、传递，引起细胞内一系列变化。

8. 参与生物膜组成作用 磷脂和蛋白质是生物膜的基本组成。蛋白质掺入膜内或附于膜上，它与细胞内外物质的转运有关，也是能量转换的重要场所。

总之，蛋白质的生物学功能极其繁多，比如有些毒性蛋白（细菌外毒素、蛇毒蛋白、蓖麻蛋白等），侵入人体后可引起各种毒性反应，甚至危及生命；有些蛋白具有抗冻功效，南极水域中某些鱼类，血液中有抗冻蛋白，可保护血液不被冻凝，使鱼类在低温下得以生存。此外，在高等动物的记忆和识别方面，蛋白质也起着很重要的作用。

二、蛋白质的分类

（一）根据分子组成分类

蛋白质根据分子组成分类，可分为单纯蛋白质和结合蛋白质。单纯蛋白质只由氨基酸组成；结合蛋白质则由蛋白质和非蛋白的辅基组成。常见的辅基有色素类、糖类、脂类、磷酸和金属离子等。

（二）根据分子形状和空间构象分类

蛋白质根据分子形状和空间构象分类，可分为球状蛋白质及纤维状蛋白质。蛋白质分子的长短轴之比大于10的为纤维状蛋白质，多属结构蛋白，较难溶于水，作为细胞坚实的支架或连接各细胞、组织和器官，如结缔组织中的胶原蛋白，其长轴为300nm，而短轴仅为1.5nm；长短轴之比小于10的为球状蛋白质，多属功能蛋白，水溶性较好，如酶、免疫球蛋白等。

第五节 蛋白质的分离纯化和含量测定

一、蛋白质的提取

一些蛋白质以可溶形式存在于体液中，可直接提取。但多数蛋白质存在于细胞内或特定的细胞器中，需先破碎细胞，然后以适当的溶剂提取。细胞破碎的方法有很多种。如动物细胞可用匀浆法和超声破碎法；植物细胞可先用纤维素酶处理，再用研磨法；对于不同的微生物细胞，采用不同的方法，例如，对于细菌添加溶菌酶，再配合研磨法，细菌的包涵体则用差速离心法分离。

总的要求是既要尽量提取所需蛋白质，又要防止蛋白酶的水解和其他因素对蛋白质特定构象的破坏作用。蛋白质的粗提液可进一步分离纯化。

二、蛋白质的分离纯化

（一）根据溶解度不同的分离纯化方法

1. 盐析法 盐析沉淀的蛋白质一般保持着天然构象而不变性。有时不同盐浓度可有效地使蛋白质分级沉淀。对不同的蛋白质进行盐析时，需要采用不同的盐浓度和不同的pH。盐析时的pH多选择在pI附近。例如，在pH 7.0附近时，血清白蛋白溶于半饱和的$(NH_4)_2SO_4$中，球蛋白沉淀下来；当$(NH_4)_2SO_4$达到饱和浓度时，清蛋白也随之析出。所以盐析可将蛋白质初步分离。

2. 低温有机溶剂沉淀法 此法沉淀蛋白质的选择性较高，且无需脱盐，较为常用。但应注意低温操作，以避免蛋白质变性。如用丙酮沉淀时，必须在0~4℃低温条件下进行，丙酮用量一般为10倍的蛋白质溶液体积。除了丙酮之外，也常用乙醇，例如，用冷乙醇从血清中分离制备人清蛋白和球蛋白。

另外还有等电点沉淀法，此法常和其他沉淀法联合应用；近年来新兴的免疫沉淀法，是指将某一纯化蛋白免疫动物，获得抗该蛋白的特异抗体，形成抗原抗体复合物，然后从复合物中分离获得抗原蛋白，这就是免疫沉淀法。

（二）根据分子大小和形状不同的分离纯化方法

1. 透析 利用蛋白质大分子对半透膜的不可通过性而与小分子物质分开。如火棉胶、玻璃纸等，可用来做成透析袋，把含有杂质的蛋白质溶液放于袋内，置于流动的水或缓冲液中，小分子透出，大分子蛋白质留于袋内。常用于盐析法除去中性盐，以及离心法纯化蛋白质混入的氯化铯、蔗糖等小分子物质。

2. 超滤 利用超滤膜在一定的压力或离心力的作用下，大分子物质被截留而小分子物质则滤过排出。选择不同孔径的超滤膜可截留不同相对分子质量的物质。常用于蛋白质溶液的浓缩、脱盐和分级纯化等。

3. 凝胶过滤层析（gel filtration chromatography） 其原理是按照蛋白质相对分子质量大小进行分离的技术，又称分子筛层析或排阻层析。常用的凝胶有葡聚糖凝胶、聚丙烯酰胺和琼脂糖凝胶等。当蛋白质分子的直径大于凝胶的孔径时，被排阻于凝胶之外；小于孔径者则进入凝胶。在层析洗脱时，大分子受阻小而最先流出；小分子受阻大而最后流出，从而使相对分子质量不同的蛋白质分开。

4. 离心分离法 离心分离是利用机械的快速旋转所产生的离心力，将不同密度的物质分离开来的方法。超速离心机可产生比地心吸引力（*g*）大60万倍以上的离心力（即600000*g*），蛋白质分子可以在此力场中沉降，沉降速度与蛋白质相对分子质量的大小、分子的形状、密度及溶剂的密度有关。目前，超速离心法是分离生物高分子普遍使用的有效方法。

（三）根据带电性质不同的分离纯化方法

1. 离子交换层析 离子交换层析（ion-exchange chromatography）是利用蛋白质两性解离特性和pI作为分离依据的一种方法，应用广泛，是蛋白质分离纯化的重要手段。离子交换剂包括离子交换纤维素、离子交换凝胶、大孔离子交换树脂等。利用离子交换层析分离纯化蛋白质是依据各种蛋白质分子表面所带电荷情况不同，造成其与离子交换剂吸附能力存在差异，利用适宜条件加以洗脱，即可达到分离纯化蛋白质的目的。

2. 电泳法 电泳（electrophoresis）是指带电粒子在电场中向着与其本身所带电荷相反的电极移动的现象。在一定条件下，各种蛋白质分子因所带电荷性质、数量及分子大小不同，其在电场中的电泳迁移率各异，这样就达到了分离不同蛋白质的目的。

由于电泳装置、电泳支持物的不断改进以及电泳目的的不同，逐步形成了形式多样、方法各异但本质相同的电泳技术，主要包括醋酸纤维素薄膜电泳、聚丙烯酰胺凝胶电泳、等电聚焦电泳、免疫电泳和二维电泳等。

（四）根据配基特异性不同的分离纯化方法

亲和层析（affinity chromatography）是根据具有特异亲和力的化合物之间能可逆结合与解离的性质建立的层析方法，是一种具有高度专一性分离纯化蛋白质的有效方法。例如，分离纯化抗原，首先选用与抗原相应的抗体为配基，用化学方法使之与固体载体相连接。常用的固体载体有琼脂糖凝胶、葡聚糖凝胶等。然后将连有抗体的固相载体装入层析柱，使含有抗原的混合物通过此柱，相应的抗原被抗体特异地结合，而非特异性抗原等杂质不能被吸附而直接流出层析柱。改变条件，使抗原抗体复合物分离，此时即可得到纯化的抗原。

三、蛋白质的含量测定

1. 凯氏定氮法（Kjeldahl） 是测定蛋白质含量的经典方法，此法的缺点是时间较长且易受非蛋白氮化合物的干扰。

2. 双缩脲法 此法简便，受蛋白质氨基酸组成影响小；但灵敏度低、样品用量大，蛋白质的浓度范围 0.5~10mg/ml。

3. Folin-酚法（Lowry 法） 是测定蛋白质浓度的常用方法，优点是操作简便、灵敏度高，可测定微克水平的蛋白质含量，缺点是标准蛋白质中显色氨基酸的量应与样品接近，此外，酚类物质的存在可产生干扰，导致分析出现误差。

课堂互动

采用 Folin-酚法，测定注射用促肝细胞生长素（一种从新鲜乳猪肝脏中提取的多肽类生化制剂，主要用于肝炎、肝硬化及肝癌的治疗）的含量，若辅料中加入甘露醇，会对测定结果产生何种影响？为什么？

4. 紫外分光光度法 此法操作简便、快速，测定蛋白质浓度范围 0.1~1.0mg/ml。若样品中含有其他具有紫外吸收的杂质，如核酸等，可产生较大的误差，故应适当校正。

$$蛋白质的浓度（mg/ml）= 1.55A_{280} - 0.75A_{260}$$

式中，A_{280}、A_{260}分别为 280nm 和 260nm 时的吸收度。

5. 考马斯亮蓝法（bradford 法） 这是一种迅速、可靠的通过染料法测定蛋白质浓度的方法。考马斯亮蓝 G250 有红、蓝两种颜色的形式，在一定浓度的乙醇及酸性条件下，可配成淡红色溶液，当与蛋白质结合后，产生蓝色化合物，在 595nm 波长处有吸收，反应迅速而稳定。此法的特点是快速、灵敏度范围一般是 25~200μg/ml，最小可测 2.5μg/ml 蛋白质；氨基酸、肽、Tris、糖等无干扰。

6. BCA 比色法 在碱性溶液中，蛋白质将 Cu^{2+} 还原为 Cu^{+} 再与 BCA 试剂（4,4′-二羧酸-2,2′二喹啉钠）生产紫色复合物，在 562nm 波长处有最大吸收，此法与 lowry 法相比几乎没有干扰物质的影响，其灵敏度范围一般为 10~1200μg/ml。

第六节　多肽和蛋白质类药物

一、多肽和蛋白质类药物的概述

（一）氨基酸及其衍生物类

氨基酸及其衍生物类包括天然氨基酸和氨基酸混合物及衍生物。复合氨基酸制剂用于营养补充；谷氨酸、精氨酸、鸟氨酸可降低血氨，用于治疗肝硬化、肝昏迷；赖氨酸可促进生长发育，为儿童、产妇、恢复期病人的优良营养剂；甘氨酸用于肌无力症与缺铁性贫血的治疗；甲硫氨酸用于脂肪肝、肝炎、肝硬化的防治；天冬氨酸可保护心肌；L-胱氨酸用于抗过敏、脱发症、肝炎、白细胞减少症；半胱氨酸用于抗辐射和解毒；精氨酸-阿司匹林有镇痛和消炎作用。氨基酸的衍生物如*N*-乙酰半胱氨酸用于化痰，L-多巴（L-二羟苯丙氨酸）可治疗帕金森病等。

（二）多肽类

多肽类药物包括三大类：一类是多肽类激素；第二类是多肽类细胞生长调节因子；第三类是其他包括含多肽类的生物药物和重组多肽类药物（表2-3）。

表2-3　多肽类药物的分类

分类	小类	药物
多肽类激素	垂体多肽激素	促皮质素、促黑激素、脂肪水解激素、催产素、加压素
	下丘脑激素	促甲状腺素释放激素、生长素抑制激素、促性腺激素释放激素等
	甲状腺激素	甲状旁腺激素、降钙素等
	胰岛激素	胰高血糖素、胰解痉多肽等
	胃肠道激素	胃泌素、胆囊收缩素-促胰酶素、肠泌素、肠血管活性肽、抑胃素、缓激肽等
	胸腺激素	胸腺素、胸腺肽、胸腺血清因子等
多肽类细胞生长调节因子		表皮生长因子、转移因子、心钠素等
其他类		骨宁、眼生素、血活素、氨肽素、妇血宁、脑氨肽、蜂毒、蛇毒、胚胎素、神经营养素、胎盘提取物、花粉提取物、脾水解物、肝水解物、心脏激素、醋酸格拉替雷、醋酸亮丙瑞林、醋酸奥曲肽、艾塞那肽、脑苷肌肽等

（三）蛋白质类药物

蛋白质类药物的分类及代表药物见表2-4。

表2-4　蛋白质类药物

分类	小类	药物
蛋白质类激素	垂体蛋白质激素	生长素、催乳激素、促甲状腺素、促黄体生成激素、促卵泡激素等
	促性腺激素	人绒毛膜促性腺激素、绝经尿促性腺激素、血清促性腺激素等
	胰岛素及其他蛋白质激素	胰岛素、胰抗脂肝素、松弛素、尿抑胃素等

续表

分类	小类	药物
血浆蛋白质		白蛋白、纤维蛋白溶酶原、血浆纤维结合蛋白、免疫丙种球蛋白及各种免疫球蛋白、纤维蛋白原、抗凝血酶Ⅲ、凝血因子Ⅷ、凝血因子Ⅸ等
蛋白质类细胞生长调节因子		干扰素α、β、γ，白细胞介素1~7、神经生长因子、肝细胞生长因子、血小板衍生的生长因子、肿瘤坏死因子、集落刺激因子、组织纤溶酶原激活因子、促红细胞生成素、骨形态发生蛋白等
黏蛋白		胃膜素、硫酸糖肽、内在因子等
胶原蛋白		明胶、阿胶等
碱性蛋白		硫酸鱼精蛋白等
蛋白酶抑制剂		胰蛋白酶抑制剂、大豆蛋白酶抑制剂等
凝集素		植物血凝素、刀豆蛋白A

二、常见的多肽和蛋白质类药物

1. 醋酸格拉替雷（glatiramer acetate） 醋酸格拉替雷是一种人工合成的多肽制剂，由谷氨酸、丙氨酸、酪氨酸和赖氨酸四种氨基酸组成。于1996年获美国FDA核准用于治疗多发性硬化症。2011年全球销售额达到36亿美元。

2. 醋酸亮丙瑞林（leuprorelin acetate） 醋酸亮丙瑞林，是一种自然产生的促性腺激素释放激素或促黄体生成释放激素的合成九肽类似物。适应证较广，包括子宫内膜异位症、子宫肌瘤、绝经前乳腺癌、前列腺癌，以及中枢性性早熟等。

3. 醋酸奥曲肽（octreotide acetate） 醋酸奥曲肽是一种人工合成的天然生长抑素的八肽衍生物，它保留了与生长抑素类似的药理作用，且作用持久。适应证包括肢端肥大症；缓解与功能性胃肠胰内分泌瘤有关的症状和体征；并对具有类癌综合征表现的类癌肿瘤、血管活性肠肽瘤（VIP瘤）、胰高糖素瘤有效。

4. 艾塞那肽（exenatide） 艾塞那肽是第一个肠降血糖素类似物，是人工合成的由39个氨基酸组成的肽酰胺，为皮下注射剂。作为改善血糖控制的辅助疗法，适用于正在服用磺脲类药物二甲双胍或磺脲类复方药，却不能有效控制血糖的2型糖尿病患者。

5. 重组人白介素-2（recombinant human interleukin-2，IL-2） IL-2是一个相对分子质量约15000的淋巴因子。它能促进T淋巴细胞增殖，并激活由淋巴细胞激活的杀伤细胞，还可促进淋巴细胞分泌抗体和干扰素，具有抗病毒、抗肿瘤和增强机体免疫功能等作用。临床用于肾细胞癌、黑色素瘤、乳腺癌、膀胱癌、肝癌、直肠癌、淋巴瘤、肺癌等恶性肿瘤的治疗；手术、放化疗后的治疗，以增强机体免疫能力；用于后天或先天免疫缺陷症的治疗；各种自身免疫病的治疗，如类风湿关节炎、系统性红斑狼疮等；对某些病毒性、杆菌性疾病，如乙型肝炎、麻风病、肺结核、白色念珠菌感染等具有一定的治疗作用。

6. 脑蛋白水解物（cerebroprotein hydrolysate） 本品是从健康猪新鲜大脑组织复合蛋白酶水解、分离和精制而得的，含游离氨基酸约16种，并含少量肽。可以通过血脑屏障，用于改善失眠、头痛、记忆力下降、头昏及烦躁等症状，可促进脑外伤后遗症、脑血管疾病后遗症、脑炎后遗症、急性脑梗死和急性脑外伤的康复。个别病例可引起轻微的ALT升高及过敏性皮疹，畏寒或体温稍增加。

7. 重组人红细胞生成素（recombinant human erythropoietin） 具有与天然红细胞生成素基本一致的生物学作用，作用于骨髓中的造血祖细胞，能促进其增殖和分化，对慢性肾功能衰竭性贫血有明显的治疗作用。应用红细胞生成素的尿毒症病人进行血液透析后，其左心室心肌比未用红细胞生成素者明显减轻。

8. 人血白蛋白（albumin prepared from human plasma） 为由575个氨基酸残基组成的一条多肽链，有两种制品：一种是从健康人血浆中分离制得的，称人血清白蛋白；另一种是从健康产妇胎盘血中分离制得的，成胎盘血白蛋白。预防和治疗循环血容量减少，抢救休克，烧伤的早期和后期治疗，低蛋白血症和水肿等。

本章小结

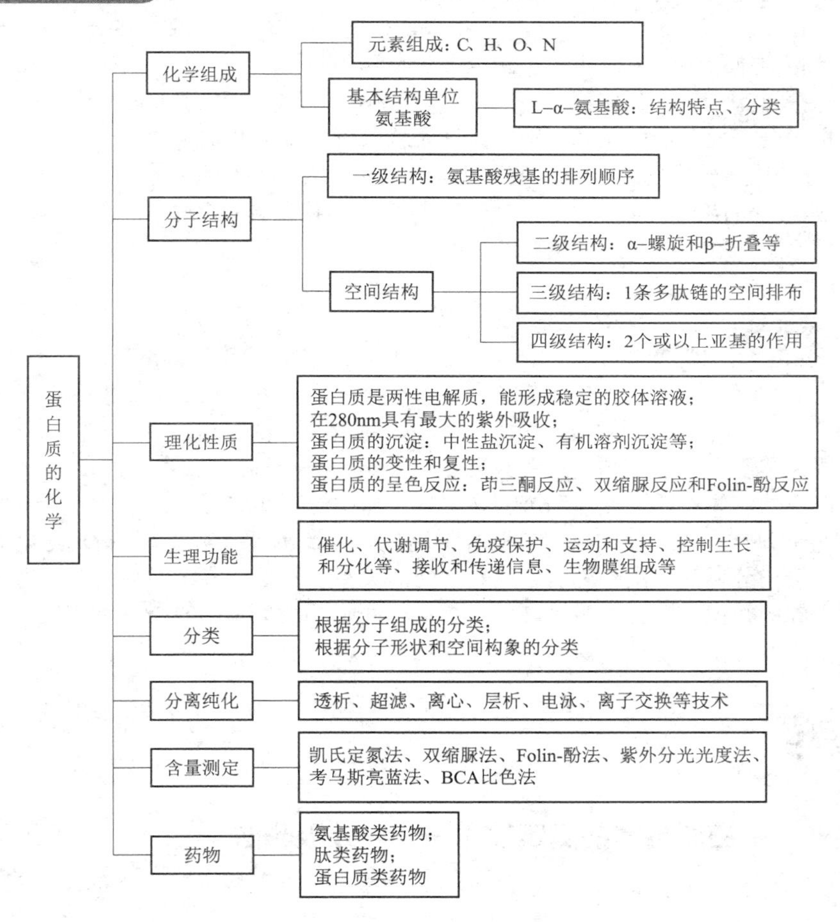

目标检测

一、单项选择题

1. 蛋白质的基本结构单位是（　　）。
   A. 肽键平面　　B. 核苷酸　　C. 肽　　D. 氨基酸
2. 蛋白质变性（　　）。
   A. 由肽键断裂而引起　　B. 都是不可逆的
   C. 可使其生物活性丧失　　D. 紫外吸收能力降低

3. 分子病主要是哪种结构异常（　　）？
   A. 一级结构　　B. 二级结构　　C. 三级结构　　D. 四级结构
4. 下列关于蛋白质结构叙述中不正确的是（　　）。
   A. 所有蛋白质都有四级结构　　B. α-螺旋为二级结构的一种形式
   C. 一级结构决定空间结构　　D. 亚基单独存在，不具活性
5. 从组织提取液中沉淀活性蛋白质而又不使其变性的方法是加入（　　）。
   A. 硫酸铵　　B. 强酸　　C. 氯化汞　　D. 三氯醋酸
6. 在以下混合蛋白质溶液中，各种蛋白质的 pI 分别为 4.3、5.0、5.4、6.5、7.4，电泳时欲使其都泳向正极，缓冲溶液的 pH 应该是（　　）。
   A. pH 8.1　　B. pH 5.2　　C. pH 6.0　　D. pH 7.4
7. 最易受非蛋白氮影响的蛋白质含量测定方法是（　　）。
   A. 考马斯亮蓝法　B. 凯氏定氮法　　C. 双缩脲法　　D. Folin-酚法
8. 凝胶层析法分离混合蛋白质时，洗脱后最先从层析柱流出的是（　　）。
   A. 相对分子质量较小的组分　　B. 相对分子质量较大的组分
   C. 沉降速度快的组分　　D. 与载体亲和力弱的组分
9. 蛋白质的水解产物是氨基酸，主要断裂的是（　　）。
   A. 氢键　　B. 疏水键　　C. 二硫键　　D. 肽键
10. 蛋白质紫外吸收的最大吸收峰是（　　）。
   A. 260nm　　B. 280nm　　C. 680nm　　D. 400nm

二、问答题

1. 说明构成天然蛋白质的氨基酸有哪些特点。
2. 说明蛋白质的胶体性质、变性和沉淀在实际工作中有哪些应用。
3. 说明蛋白质分离纯化的基本步骤；若根据带电性质不同，可采用哪些方法分离纯化蛋白质？
4. 蛋白质的结构分哪些层次？说明各层次之间的关系以及维持各级结构的作用力。
5. 结合所学到的知识，简要说明氨基酸、多肽、蛋白质类药物在生产、使用、销售、运输和贮存中应注意哪些问题？

实训项目

实训一　蛋白质含量的测定技术——紫外吸收法

一、实训目的

通过实训，进一步明确紫外吸收法测定蛋白质含量的原理，学会蛋白质样品的制备和蛋白质含量的测定技术；进一步熟悉分析天平的使用；能正确使用移液管、离心机和紫外分光光度计。

二、实训要求

1. 根据教师下达的实训任务，各小组制定出实训工作计划并组织实施。

2. 请同学们按照实训方法和步骤来进行准确的操作，按照规范要求使用各种仪器设备，做到安全第一，对实训中出现的问题能及时查找原因，排除安全隐患。

3. 及时做好实训工作记录，并能对实训数据进行正确的分析和处理，写出实训报告，

报告中要求有方法步骤、数据处理、结果、讨论以及总结改进等。

4. 能对实训所用的仪器设备进行简单的维护和保养，并按规定做好使用记录。

5. 要求大家要团结协作，勇于创新，爱护环境。

6. 实训操作结束后，要求各小组以PPT形式进行汇报总结，做出自评和互评。

三、实训内容

（一）实训原理

蛋白质分子中含有色氨酸、酪氨酸、苯丙氨酸，使蛋白质在280nm波长处有最大吸收值。在一定浓度范围内（0.1～1.0mg/ml），蛋白质溶液的光吸收值（A_{280}）与其含量成正比，可用作定量测定。

该方法的优点：迅速、简便、不消耗样品，低浓度盐类不干扰测定结果。因此，广泛应用于柱层析分离中蛋白质洗脱情况的检测。此法的缺点：对于测定那些与标准蛋白质中色氨酸、酪氨酸含量差异较大的蛋白质，有一定误差；若样品中含有核酸等具有紫外吸收的物质，也会出现较大的干扰，可用280/260nm吸收差法进行校正，以减少核酸对蛋白质含量测定的干扰。

不同种类的蛋白质和核酸的紫外吸收是不同的，即使经过校正，测定结果也存在一定的误差，但可作为初步定量的依据。

（二）试剂和器材

1. 试剂

（1）标准蛋白质溶液：结晶牛血清蛋白，经微量凯氏定氮法测定蛋白氮含量，根据其纯度配制成1mg/ml蛋白质溶液。如需保存应放置于4℃的冰箱中。

（2）样品蛋白质溶液：鸡蛋的球蛋白，制备方法见下。

（3）饱和$(NH_4)_2SO_4$溶液；1mol/L NaOH溶液。

2. 器材 试管1.5cm×15cm，试管架；移液器1ml、2ml、5ml、10ml；离心机（10000r/min）；紫外分光光度计。

（三）实训方法和步骤

1. 样品蛋白质溶液的制备

（1）取鸡蛋清10ml，加入80ml 0.1mol/L NaOH溶液，摇匀，作为蛋白质的母液。

（2）用移液器取5ml母液，加入5ml $(NH_4)_2SO_4$溶液，用离心机（10000r/min）离心4分钟。

（3）弃去上清液，得沉淀即为鸡蛋的球蛋白，将10ml 1mol/L NaOH溶液加入球蛋白中，摇匀，即为样品蛋白质溶液。

2. 标准曲线的制作 取9支试管编号，按表2-5依次加入标准蛋白质溶液和NaOH溶液，摇匀。选用光程为1cm的石英比色杯，在280nm波长处分别测定各管溶液的A_{280}值。以A_{280}值为纵坐标，以蛋白质含量为横坐标，绘制标准曲线。要求做好实训记录。

表2-5 标准蛋白质溶液和NaOH溶液的加入量

试管编号	1	2	3	4	5	6	7	8	9
标准蛋白质溶液（ml）	0	0.5	1.0	1.5	2.0	2.5	3.0	3.5	4.0
NaOH（ml）	4.0	3.5	3.0	2.5	2.0	1.5	1.0	0.5	0
蛋白质含量（mg/ml）	0	0.125	0.250	0.375	0.500	0.625	0.750	0.875	1.00
A_{280}									

3. 样品蛋白质的含量测定

第一种方法：标准曲线法。

取待测的样品蛋白质溶液 1ml，加入 1mol/L NaOH 3ml，摇匀，按上述方法在 280nm 波长处测吸收值，并从标准曲线上查出样品蛋白质的含量（mg/ml）。

$$样品蛋白质的含量=稀释倍数\times n$$

式中，n 为从标准曲线上查出的蛋白质含量，mg/ml。

第二种方法：280nm 与 260nm 波长处吸收差法。

分别测定样品蛋白质在 280nm 和 260nm 波长处的吸收值，按照下述公式计算蛋白质的含量（mg/ml）。

$$样品蛋白质含量=1.55A_{280}-0.75A_{260}$$

（四）温馨提示

1. 紫外分光光度计的使用要有对照，严格按照仪器的使用说明操作，并有使用记录。
2. 离心机的使用中注意离心管放置的位置要对称，质量要等同。
3. 样品和标准液的配制一定要摇匀。
4. 标准蛋白质溶液的配制中应根据 n 的含量来计算蛋白质的含量。

（五）实训思考

1. 本法与其他蛋白质含量测定方法比较，有何优缺点？
2. 应用本法测定蛋白质含量，应考虑排除哪些因素的干扰？

四、实训评价

评价细则参见表 2-6。

表 2-6 蛋白质含量测定技术（紫外吸收法）的评价细则

指标类别	教学和学习要求	评价要素	标准分值	评分
知识要求	1. 认知蛋白质的紫外吸收原理、离心分离原理、分光光度法测定原理 2. 理解标准曲线法的含义	能说明分光光度计测定蛋白质浓度的原理；以及标准曲线法的应用	10	
技能要求	1. 按照要求快速、规范使用移液器、普通的分析天平、紫外分光光度计和离心机 2. 能正确绘制标准曲线 3. 学会沉淀法制备样品蛋白质 4. 对实训中发现的问题，能分析查找原因，解决事故隐患 5. 具有对数据进行统计处理及误差分析的能力 6. 能对使用的仪器、设备进行简单的维护和保养 7. 能按照实训步骤进行操作，做到安全第一 8. 迅速准确记录实训现象和数据，学会实训报告书写细则	规范使用移液器，操作不规范扣 3 分，取样不准确扣分扣 3 分	10	
		规范使用分析天平，操作不规范扣分 3 分	10	
		规范使用离心机，操作不规范扣 6 分	10	
		按照步骤有序安全操作	10	
		在线填写实训记录，结束后填写扣 3 分	10	
		报告内容详细，条理清晰，有结果讨论和反馈改进	20	

续表

指标类别	教学和学习要求	评价要素	标准分值	评分
素质要求	1. 具有团结协作的精神和勇于创新的意识，具有沟通交流能力、分析问题和解决问题能力 2. 具有实事求是、严肃严谨的工作态度 3. 检查和整理好现场 4. 虚心接受实训室辅助教师的指导和同学协助提醒	不迟到、早退 实训前后现场检查和整理现场 实训室辅助教师评价 同学互评和自评	20	
指导教师评阅意见				
评价总分				
教师签名		评阅日期		

注：本书各实训项目的实训要求和实训评价内容，参阅实训一：蛋白质含量的测定技术——紫外吸收法。

实训二　氨基酸的分离鉴定技术——纸层析法或薄层层析法

一、实训目的

通过实训，进一步明确氨基酸纸层析法的基本原理和方法，熟记层析分离的步骤和操作方法；练习利用毛细管点样的操作。

二、实训内容

（一）实训原理

纸层析法（paper chromatography）是生物化学上分离、鉴定氨基酸混合物的常用技术，可用于蛋白质的氨基酸成分的定性鉴定和定量测定。

纸层析法是用滤纸作为惰性支持物的分配层析法，纸层析所用展层溶剂大多由有机溶剂和水组成。其中滤纸纤维素上吸附的水是固定相，展层用的有机溶剂是流动相。因为滤纸纤维与水的亲和力强，与有机溶剂的亲和力弱，因此在展层时，水是固定相，有机溶剂是流动相。

在层析时，将样品点在距滤纸一端2~3cm的某一处，该点称为原点；然后在密闭容器中层析溶剂沿滤纸的一个方向进行展层，溶剂由下向上移动的称上行法；由上向下移动的称下行法。这样混合氨基酸在两相中不断分配，由于分配系数（K_d）不同，即不同的氨基酸在相同的溶剂中溶解度不同，氨基酸随流动相移动的速率就不同，结果它们分布在滤纸的不同位置上而形成距原点距离不等的层析点。

物质被分离后在纸层析图谱上的位置可用比移值（rate of flow，R_f）来表示。所谓R_f，是指在纸层析中，从原点至层析点中心的距离（X）与原点至溶剂前沿的距离（Y）的比值：

$$R_f=\frac{\text{原点到层析点中心的距离}（X）}{\text{原点到溶液前沿的距离}（Y）}$$

R_f值的大小与物质的结构、性质、溶剂系统、层析滤纸的质量和层析温度等因素有关。在一定条件下，某种物质的R_f值是常数。

本实验采用纸层析法分离氨基酸。氨基酸是无色的，利用茚三酮反应，可将氨基酸层析点显色作定性、定量用。

（二）试剂和器材

1. 试剂

（1）展层剂（扩展剂） 水合正丁醇∶醋酸=4∶1，即将20ml正丁醇和5ml冰醋酸放入分液漏斗中，与15ml水混合，充分振荡，静置后分层，放出下层水层后备用。

（2）显色剂 0.1%水合茚三酮正丁醇溶液，即0.5g茚三酮溶于100ml正丁醇，即得0.5%茚三酮正丁醇溶液，贮于棕色瓶中备用。

（3）氨基酸溶液 5g/L的赖氨酸（Lys）、缬氨酸（Val）、脯氨酸（Pho）、混合氨基酸的异丙醇（10%）溶液，其中10%异丙醇是体积百分比。

2. 器材 层析缸、层析滤纸（新华1号）或薄层硅胶G板、点样用毛细管（或微量点样器）、吹风机、烘箱（或真空干燥箱）、喉头喷雾器、直尺、剪刀、一次性手套、铅笔、分液漏斗（250ml）。

（三）实训方法和步骤

1. 纸层析法

（1）准备滤纸 取层析滤纸一张，裁剪成12cm×10cm大小。在纸的一端距边缘2cm处用铅笔画一直线，在直线上每间隔2cm做一记号，标出4个原点。裁剪滤纸时注意带一次性手套，以免手上的油迹污染层析纸。

（2）点样 用毛细管将各氨基酸样品点在4个原点上，用量10~20μl，每点在纸上扩散的直径，最大不超过3mm，越小越好。可用吹风机冷风吹干或自然干后再点一次，且每次的点样点要重合。

（3）展层 用镊子将点好样的滤纸小心放入层析缸中，使之直立，点样的一端在下，扩展剂的液面需低于点样线1cm，盖上缸盖。待溶剂上升9cm左右时，用镊子取出滤纸，铅笔画出溶剂的前沿，自然干燥或用吹风机热风吹干（或置于干燥箱中）干燥2分钟取出。

（4）显色 用喷雾器均匀喷上0.1%茚三酮正丁醇溶液，然后置干燥箱中烘烤3分钟（100℃）或用热风吹干，直至氨基酸斑点显色，用铅笔画出轮廓。

（5）计算各种氨基酸的R_f值。

2. 薄层层析法

（1）准备薄层板 可以直接购买薄层板，临用前一般应在110℃活化30分钟；也可以自己制作。

（2）点样 将薄层板铺有硅胶部分平放在干净的桌面上，用石英刀将薄层板切成宽约4cm、长约6cm大小，在薄层板的一端距边缘1~1.5cm处用铅笔画一条直线，平均分成4个点。用毛细管吸取少量氨基酸样品分别点在这4个位置上，每点完一点，立刻用吹风机吹干后再点一次，且每次的点样点要重合。

（3）展层 在层析缸中倒入少量展层剂（液面为1cm左右），用镊子将点好样的薄层板小心放入层析缸中，使之直立，点样的一端在下，扩展剂的液面需低于点样线约5mm，盖上缸盖。待溶剂上升5cm左右时，取出薄层板，自然干燥或用吹风机吹干。

（4）显色和R_f值的计算操作同上述的纸层析。

（四）温馨提示

1. 拖尾现象是指展层、显色后在层析分配图上，所看到的某一种氨基酸的分子位移，不是如标准图谱所示的那样完整地显示在某一位置上，而是像笤帚似的前端粗圆而逐渐细小下来，宛如拖着一个尾巴。其图所呈颜色也是由浓渐淡。样品点不要吹得太干燥，否则，样品物质的分子会牢吸在层析纸的纤维上，出现“拖尾”现象。不要用热风吹，最好用冷风或自然干燥。

2. 为节省时间，本实验只饱和层析缸，不饱和点样滤纸，此步骤可最先做。在层析缸饱和20分钟后，做点样准备和点样操作。

3. 点样设计时，一般将混合样设计在中间位置较好，以免边沿效应影响混合样的分离。

4. 显色时一定要在通风橱内进行，并将层析滤纸置于干净大白瓷盘内，再喷洒显色剂，以免污染工作台。

（五）实训思考

1. 何谓 R_f 值？影响 R_f 值的主要因素是什么？

2. 怎样制备扩展剂？

4. 为什么层析缸要预先饱和呢？

实训三　血清蛋白质的分离——醋酸纤维薄膜电泳法

一、实训目的

能熟练说出蛋白质电泳分离的原理和方法；熟练操作和使用电泳仪；熟记电泳的步骤和操作方法；进一步练习点样操作。

二、实训内容

（一）实训原理

醋酸纤维薄膜电泳（CAME）是以醋酸纤维薄膜（CAM）作支持物的一种区带电泳技术，将血清样品点样于醋酸纤维薄膜上，在pH 8.6的缓冲液中电泳时，血清蛋白质均带负电荷而移向正极。由于血清中各蛋白组分等电点不同而致使表面净电荷量不等，加上各蛋白组分的分子大小和形状各异，因而电泳迁移率不同，彼此得以分离。电泳后，CAM经染色和漂洗，可清晰呈现清蛋白、α_1、α_2、β、γ球蛋白5条区带。

（二）试剂与器材

1. 试剂

（1）巴比妥缓冲液（pH 8.6，I=0.06）：取巴比妥钠12.76g，巴比妥1.66g，加蒸馏水加热溶解后稀释至1L。

（2）氨基黑10B染色液：取氨基黑10B 0.5g，甲醇50ml，冰醋酸10ml，加水至100ml。

（3）漂洗液：95%乙醇45ml、冰醋酸5ml、蒸馏水50ml。

（4）血清蛋白

2. 器材　盖玻片、染色皿、漂洗器、镊子、电泳仪、水平电泳槽、醋酸纤维薄膜（8mm×2mm）。

（三）实训方法和步骤

1. 薄膜的准备　距离边缘1.5cm用铅笔作好标记，粗糙面用于点样，然后将薄膜放进缓冲液中，自然浸润，约20分钟。

2. 电泳槽的准备　水平放置，将缓冲液注入电泳槽中，两边的缓冲液高度要一致，架上滤纸桥，盖上电泳槽盖。

3. 点样　将充分浸透（指膜上没有白色斑痕）的薄膜取出，用滤纸吸去膜上过多的缓冲液，盖玻片蘸取血清（10~20pl），垂直印在CAM粗糙面的加样线上，待样品全部渗入薄膜内后，移开盖玻片。

4. 电泳　加样后，将薄膜条架于支架两端，点样面朝下，点样侧置于负极端。薄膜应平直无弯曲，加上槽盖平衡5分钟。正确连接电泳槽与电泳仪对应的正负极，开启电源通电。电压10~15V/cm膜总宽。电泳40~60分钟，泳动距离达3.5~4.0cm时即可断电。

5. 染色 电泳完毕后断电，用镊子取出薄膜条投入染液5~10分钟，染色过程中不时轻轻晃动染色皿，使染色充分。

6. 漂洗 从染液中取出薄膜条并尽量沥去染液，投入漂洗皿中反复漂洗，直至背景漂净为止，待干后观察条带。

（四）温馨提示

1. 点样要少、轻、直、匀。
2. 不要将薄膜吸得过干。
3. 漂洗时不要用镊子来回拉动。

（五）实训思考

1. 为什么薄膜的点样面朝下，点样端置于阴极？
2. 用醋酸纤维薄膜作为电泳的支持物有何优点？

第三章

核酸的化学

学习目标

知识要求 1. **掌握** 核酸的分类、分子组成及其生物学功能；核酸的理化性质及其应用。

2. **熟悉** 两类核酸的分子结构及其区别。

3. **了解** 各种核酸类药物及临床应用。

技能要求 学会核酸分离纯化的基本方法，并能熟练运用离心沉淀技术对核酸进行分离纯化。

核酸与蛋白质结合形成核蛋白，以核蛋白的形式存在于生物细胞内。天然核酸可分为两大类：即脱氧核糖核酸（deoxyribonucleic acid，DNA）和核糖核酸（ribonucleic acid，RNA）。脱氧核糖核酸主要分布于细胞核中，少量存在于细胞器（如线粒体、叶绿体和质粒）中，是遗传信息的储存和携带者。核糖核酸主要存在于细胞质中，参与遗传信息的转录和表达，根据分子结构和功能的不同，动物、植物和微生物细胞的核糖核酸又可以分为三类：即信使核糖核酸（messenger RNA，mRNA）、核糖体核糖核酸（ribosomal RNA，rRNA）和转运核糖核酸（transfer RNA，tRNA）。在某些病毒中，RNA也可以作为遗传信息的载体。

核酸不仅在生长繁殖、遗传变异、细胞分化等生命活动中发挥积极作用，而且也与肿瘤发生、辐射损伤、病毒感染和代谢疾病等密切相关。本章将着重分析核酸的化学组成、分子结构和分离纯化技术。

第一节 核酸的化学组成

案例导入

案例：痛风是一组嘌呤代谢紊乱所致的疾病，其临床特点为高尿酸血症及由此而引起的痛风性急性关节炎反复发作、痛风石沉积、痛风石性慢性关节炎和关节畸形，常累及肾脏，引起慢性间质性肾炎和尿酸肾结石形成。本病可分原发性和继发性两大类。原发性者少数由于酶缺陷引起，常伴高脂血症、肥胖、糖尿病、高血压病、动脉硬化和冠心病等。继发性者可由肾脏病、血液病及药物等多种原因引起。

讨论：1. 痛风的病因是什么？

2. 你还知道核酸知识在药学领域或临床上有哪些应用？

一、核酸的元素组成

核酸是一类主要由 C、H、O、N 和 P 等元素组成的化合物。其中，磷在核酸中的含量比较恒定，平均为 9%~10%。因此，只要测定核酸样品中的含磷量，就可以推算出该样品中的核酸含量。

课堂互动

蛋白质中是否也存在类似含量比较恒定的元素呢？其含量平均是多少？有何意义？

二、核酸的基本结构单位——单核苷酸

核酸水解首先生成单核苷酸（mononucleotide）。单核苷酸是组成核酸的基本结构单位。单核苷酸还可以进一步分解成核苷（nucleoside）和磷酸，核苷再进一步分解成碱基（base）和戊糖（pentose）。

核酸的逐步水解过程可表示如下：

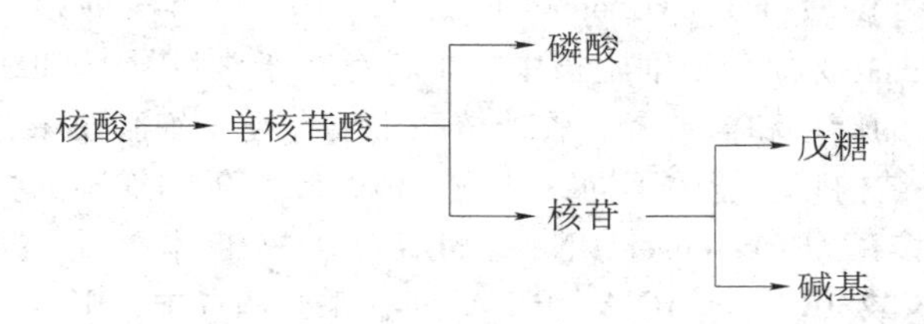

（一）基本成分

1. 碱基 核酸结构中的碱基分为两类，即嘌呤碱（pyrimidine）和嘧啶碱（purine）。常见的嘌呤碱有两种：腺嘌呤（adenine，A）和鸟嘌呤（guanine，G）；常见的嘧啶碱有三种：胞嘧啶（cytosine，C）、尿嘧啶（uracil，U）和胸腺嘧啶（thymine，T）。其中 RNA 和 DNA 都有的碱基是腺嘌呤、鸟嘌呤和胞嘧啶，而尿嘧啶通常只存在于 RNA 中，胸腺嘧啶只存在于 DNA 中。

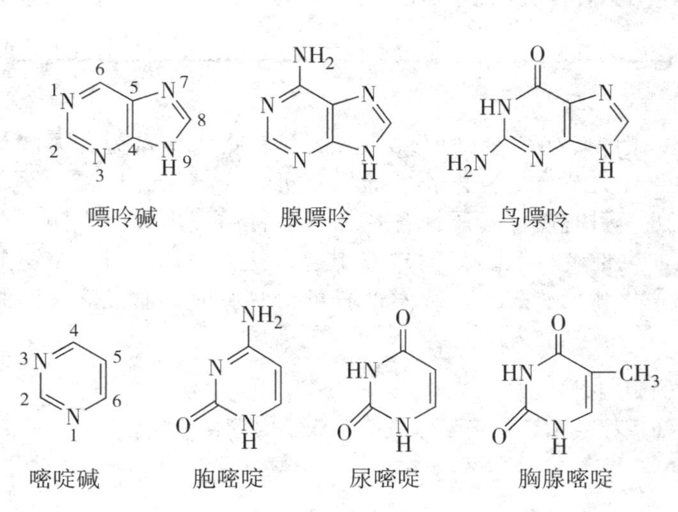

除了以上常见的碱基之外，生物体内还存在其他嘌呤碱基或嘧啶碱基的衍生物，这些碱基有的很少见，称为稀有碱基。例如，次黄嘌呤（hypoxanthine）、黄嘌呤（xanthine）和二氢尿嘧啶（dihydrouracil）等。

2. 戊糖 戊糖在两类核酸中的形式不同，主要分为两类，即β-D-核糖和β-D-2′-脱氧核糖。核糖存在于RNA中，而脱氧核糖存在于DNA中。戊糖的碳原子标以C-1′、C-2′……C-5′，是为了区别碱基的原子编号。

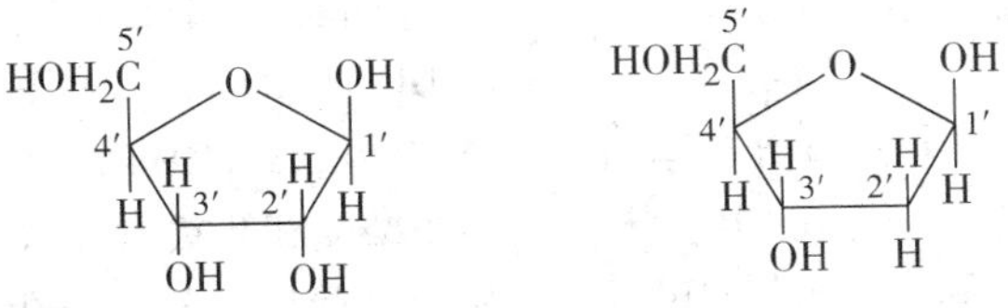

β-D-核糖　　β-D-2′-脱氧核糖

3. 磷酸 DNA和RNA的组成中都含有磷酸（H_3PO_4）。

课堂互动

DNA和RNA的化学组成有哪些相同点和不同点呢？

（二）核苷

核苷（nucleoside）是由戊糖和碱基通过糖苷键缩合而成的化合物。糖苷键由戊糖C-1′上的羟基与嘧啶碱的N-1或嘌呤碱的N-9上的氢脱水缩合而成。分为核糖核苷与脱氧核糖核苷两类。

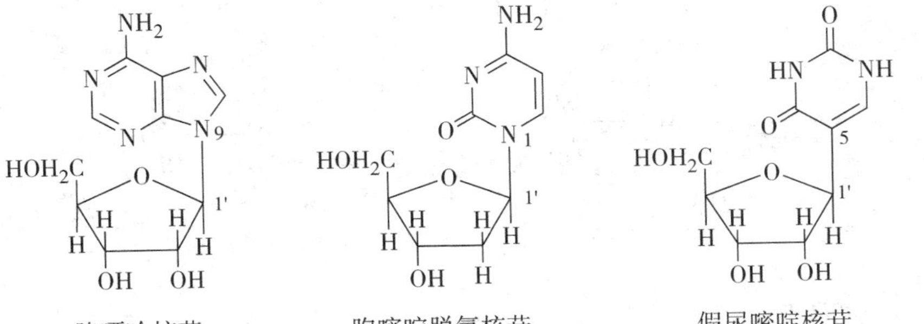

腺嘌呤核苷　　胞嘧啶脱氧核苷　　假尿嘧啶核苷

tRNA中含有少量假尿嘧啶核苷，其结构特殊，核糖不是与尿嘧啶的N-1相连接，而是与嘧啶环的C-5′相连接。

（三）核苷酸

核苷分子中戊糖上的羟基与磷酸脱水缩合形成单核苷酸（mononucleotide）。虽然核苷戊糖上的羟基都有可能与磷酸酯化形成核苷酸，但参与核酸组成的单核苷酸均为5′-核苷酸。组成DNA的基本组成单位有脱氧腺苷酸（dAMP）、脱氧鸟苷酸（dGMP）、脱氧胞苷酸（dCMP）和脱氧胸苷酸（dTMP）；组成RNA的基本组成单位有腺苷酸（AMP）、鸟苷酸（GMP）、胞苷酸（CMP）、尿苷酸（UMP）。

三、生物体内重要的核苷酸衍生物

单核苷酸除了参与合成核酸外，生物体内还有多种游离的核苷酸衍生物。在生命活动中发挥着极为重要的作用。

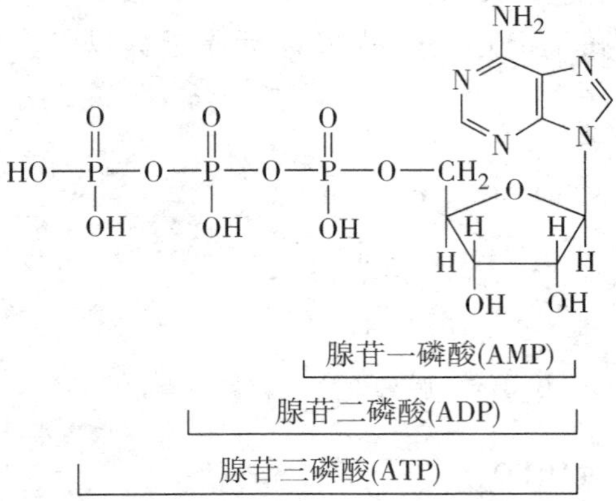

（一）多磷酸核苷酸

在一定条件下核苷一磷酸（NMP 或 dNMP）可以进一步磷酸化，5′位连接两个磷酸基团或三个磷酸基团形成核苷二磷酸（NDP 或 dNDP）和核苷三磷酸（NTP 或 dNTP）。如 AMP 磷酸化生成 ADP，ADP 再进一步磷酸化生成 ATP（图 3-1）。ATP 是重要的能量载体，是能量生成、储存和利用的中心物质。

腺苷一磷酸(AMP)

腺苷二磷酸(ADP)

腺苷三磷酸(ATP)

图 3-1　AMP、ADP 和 ATP 结构

（二）环化核苷酸

单核苷酸分子中 5′-磷酸基可以与戊糖 C-3′上的羟基脱水缩合形成 3′,5′-环核苷酸。生物体内常见的环化核苷酸有 3′,5′-环腺苷酸（cAMP）和 3′,5′-环鸟苷酸（cGMP），它们是细胞信号转导过程中的第二信使，具有放大激素作用信号和缩小激素作用信号的功能。目前临床使用的丁酰 cAMP 就是 cAMP 的衍生物，对冠心病有明显疗效。cGMP 对细胞代谢也有调节功能。

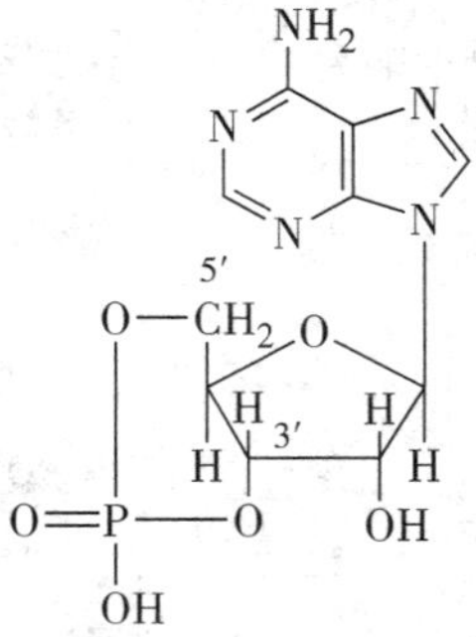

3′, 5′-cAMP 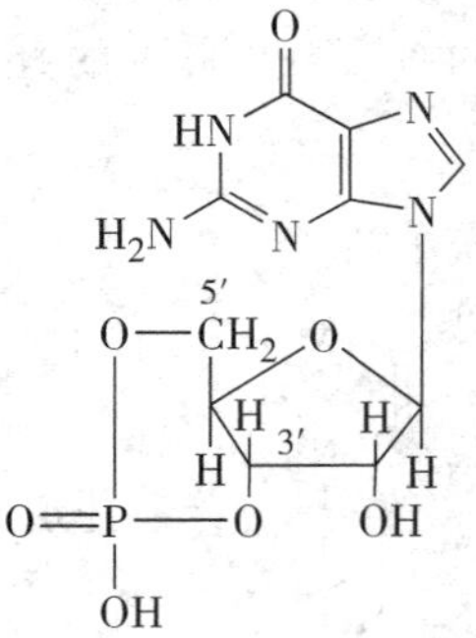　　3′, 5′-cGMP

（三）辅酶类核苷酸

生物体内某些核苷酸衍生物参与酶的组成，以辅基或辅酶的形式参与新陈代谢过程。在代谢过程中以载体形式传递氢或者其他化学基团。常见的辅酶类核苷酸有辅酶 I（NAD）、辅酶Ⅱ（NADP）、辅酶 A（CoA）等。

重点：掌握两类核酸的生物学作用和分子组成，知道核酸的基本组成单位。

第二节 核酸的分子结构

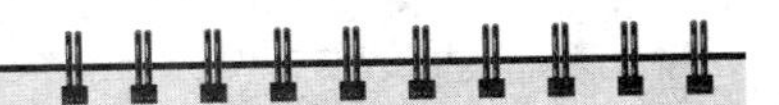

案例导入

案例：1953年4月25日，Crick（克里克）和Watson（沃森）在英国杂志*Nature*上公开了他们的DNA模型。经过在剑桥大学的深入学习后，两人将DNA的结构描述为双螺旋，双螺旋的两部分，由四种化学物质组成的碱基对扁平环连接。他们谦逊地暗示说，遗传物质可能就是通过它来复制的。这一设想是令人震惊的，DNA恰恰就是传承生命的遗传模板。意大利热那亚大学的纳米材料系负责人恩佐-迪-法布里奇奥和他的研究团队成功拍摄到了之前只能通过X射线结晶衍射技术间接观察到的双螺旋结构照片。该研究发表于最新一期*Nano Letters*上。

讨论：1. DNA的二级结构都是右手的双螺旋吗？

2. 你知道碱基互补配对原则是什么吗？

一、核酸的一级结构

核酸的一级结构主要是核酸分子中的单核苷酸按照一定顺序连接而成。单核苷酸之间结构上的主要区别是碱基的不一样，核酸的一级结构也可用碱基的排列顺序表示。

核酸分子中的单核苷酸之间通过磷酸二酯键（一个核苷酸戊糖C-3′上的羟基与相邻核苷酸戊糖C-5′上的磷酸基团结合，后者分子中戊糖C-3′上的羟基又可与另一个核苷酸戊糖C-5′上的磷酸基团结合）连接，形成一条多核苷酸长链（图3-2）。

在多核苷酸长链两端，具有游离的5′-磷酸基的一端，称为5′-磷酸末端（5′-P），简称5′-端。具有游离的3′-羟基的一端，称为3′羟基末端（3′-OH），简称3′-端。核酸分子具有方向性，核苷酸的排列顺序和书写规则必须是5′-端→3′-端。

二、核酸的空间结构

（一）DNA的空间结构

1. DNA的二级结构 DNA的二级结构是由美国物理学家Watson和英国生物学家Crick根据大量实验数据于1953年提出。DNA的二级结构是双螺旋结构（图3-3）。

DNA双螺旋结构的要点如下：

（1）DNA的双螺旋结构是由两条反向平行的多聚脱氧核苷酸链围绕一个中心轴形成的右手螺旋结构。

（2）磷酸基与脱氧核糖在双螺旋结构外侧，组成双螺旋结构的基本框架。碱基连接在双螺旋结构的内侧。

（3）双螺旋的直径为2nm。顺轴方向，每隔0.34nm有一个核苷酸，两个相邻核苷酸之间的夹角为36°。每圈双螺旋有10对核苷酸，螺距为3.4nm。

（4）双螺旋结构中的两条链以氢键相连。碱基之间可以形成氢键。由于受双螺旋空间形状所限，在DNA分子中，碱基配对必须遵循碱基互补配对规则。即A与T之间可形成两个氢键，G与C之间可形成三个氢键。

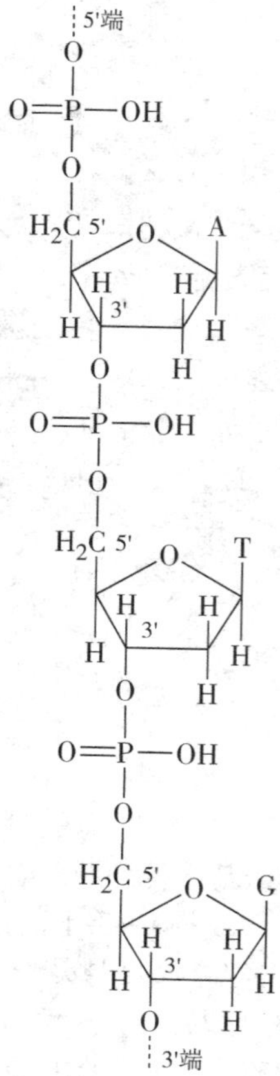

图 3-2 DNA 分子中多核苷酸链的一个小片段

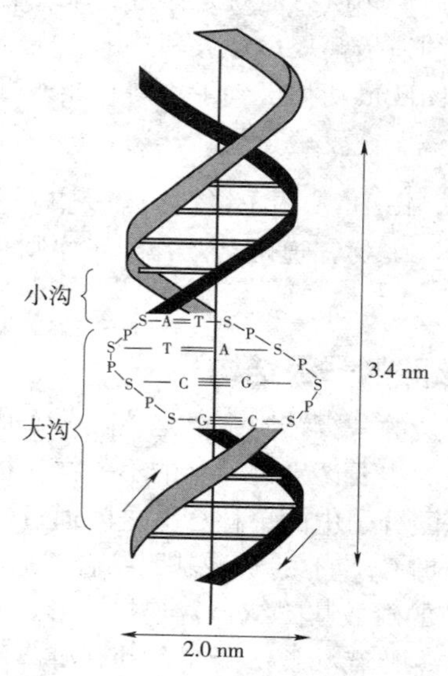

图 3-3 DNA 分子双螺旋结构模型

（5）DNA 双螺旋结构稳定的作用力有三种。①氢键：碱基对之间的氢键使两条链缔合形成空间平行关系，维系双螺旋结构的横向稳定；②碱基堆积力：碱基之间层层堆积形成 DNA 分子内部一个疏水核心，维系双螺旋结构的纵向稳定；③离子键：DNA 分子中的磷酸残基阴离子与介质中阳离子的正电荷之间形成的离子键，可降低 DNA 双链之间的静电排斥力。

2. DNA 的三级结构 DNA 是长度可观的生物大分子，因此，DNA 双链需要进一步盘绕和折叠后，才能组装在细胞核内。DNA 在双螺旋结构的基础上通过盘绕和折叠所形成的空间构象称为 DNA 的三级结构。

超螺旋结构是 DNA 三级结构的一种主要形式。在 DNA 的双螺旋结构中，一周包括 10 个核苷酸，能量处于最低状态，如果组成环状 DNA 分子，只能通过扭曲降低双链内部的张力，这种扭曲称为超螺旋结构。包括正超螺旋和负超螺旋，正超螺旋中螺旋圈数较多，更为紧密；负超螺旋中的螺旋圈数有所减少。

原核生物的 DNA 大多是闭合的环状双螺旋分子，环状 DNA 都是超螺旋。如质粒 DNA、病毒 DNA、噬菌体 DNA 等，大肠埃希菌的超螺旋结构见图 3-4。

真核生物的 DNA 是在超螺旋的基础上与蛋白质结合成为染色质（chromatin）或染色体

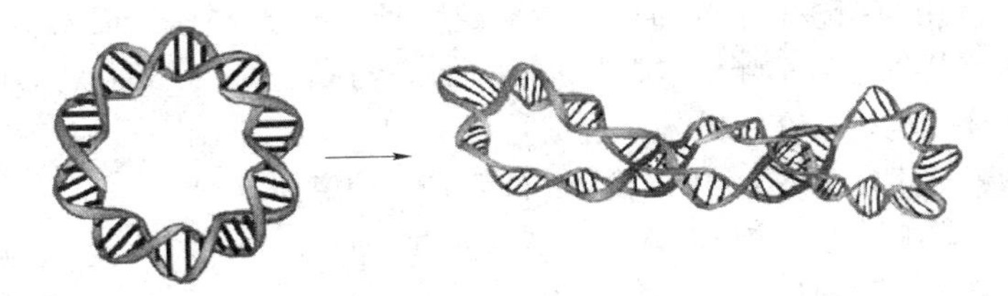

图 3-4 大肠埃希菌的超螺旋结构

(chromosome)。染色质可在细胞分裂期进一步折叠螺旋化形成染色体，染色质的基本组成单位是核小体（nucleosome）。核小体包括核心颗粒和连接区两部分。核心颗粒由组蛋白中的 H_2A、H_2B、H_3、H_4形成的八聚体和缠在外近两圈的 DNA 组成；连接区由组蛋白中的 H_1 和 DNA 链组成。形成的核小体结构见图 3-5。

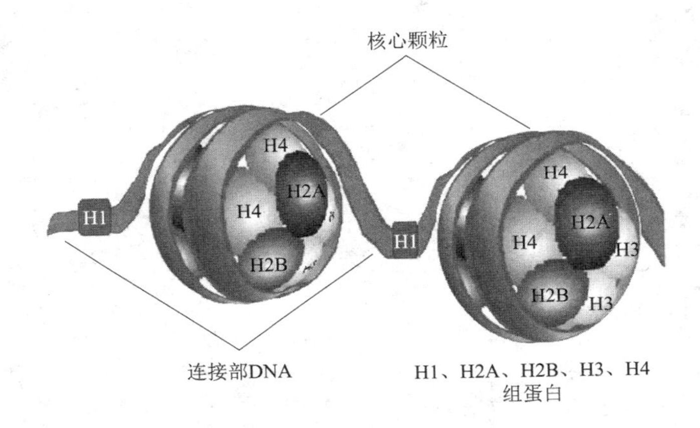

图 3-5 核小体示意图

核小体的形成，有效缩短了 DNA 分子的长度。核小体再进一步盘旋折叠，就可以全部容纳在直径约为 10μm 的细胞核中。

拓展阅读

人类基因组计划

1986 年 3 月，美国政府开始组织和讨论人类基因组计划（Human Genome Project，HGP）。该计划对人类 23 对染色体的全部 DNA 进行测序，并绘制相关的遗传图谱、物理图谱和序列图谱。1990 年 HGP 正式启动。此后，英、法、德、日等国相继加入该计划。我国于 1999 年跻身 HGP，并承担 1% 的测序任务。2001 年 2 月，设在美国国立卫生研究院的人类基因组国家研究中心与 Celera 公司联合公布了人类基因组序列草图。至此，人类历史上第一次由多国数千名科学家参与的国际性科研合作项目宣告完成。

（二）RNA 的空间结构

RNA 的结构是由核糖核苷酸通过磷酸二酯键按照一定顺序连接而成的单股多聚核苷酸链。局部区域的碱基进行碱基配对（A 与 U 配对、G 与 C 配对），形成局部双螺旋结构。不参与配对的碱基往往被排斥在双链外，形成环状突起。在此基础上进一步折叠，形成 RNA 分子的三级结构。这里以 tRNA 为例，简要介绍 RNA 的空间结构。

1. tRNA 的二级结构 各种 tRNA 的二级结构呈三叶草形（图 3-6）。配对碱基形成的局部双螺旋称为臂，不配对的单链部分称为环。包括五部分，分别是氨基酸臂（与相应活化的氨基酸相互连接的部位）、二氢尿嘧啶环［环内含有二氢尿嘧啶（DHU）］、反密码环（含有三个碱基组成的反密码子）、额外环（不同的 tRNA 含有碱基的数量不同）和 TψC 环（环中含有 T-ψ-C 碱基序列）。

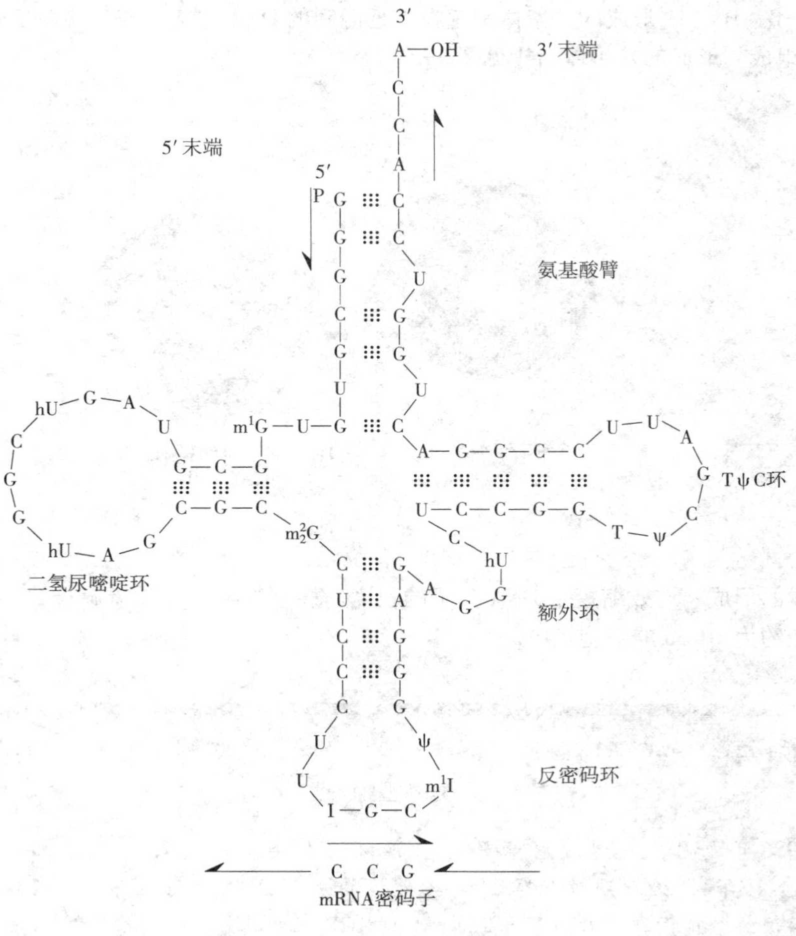

图 3-6 tRNA 的二级结构

2. tRNA 的三级结构 tRNA 的三级结构是在三叶草结构的基础上进一步折叠形成的呈倒 L 形的结构（图 3-7）。氨基酸臂和反密码环分别在倒 L 形结构的两端，TψC 环和 DHU 环在倒 L 形结构的拐角处。

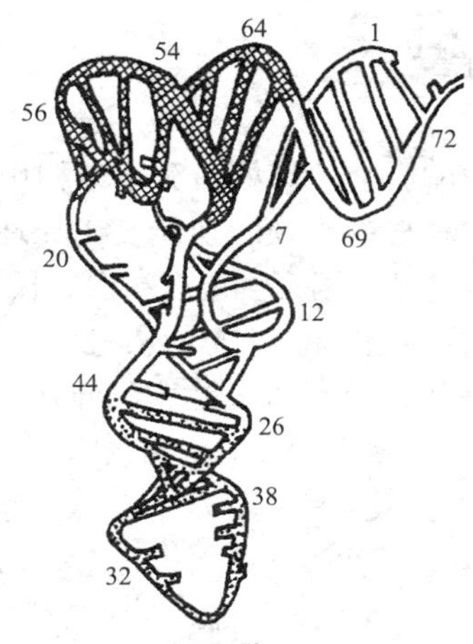

图 3-7 $tRNA^{Phe}$的三级结构

重点：掌握 DNA 二级结构名称和结构特点。
难点：知道 RNA 的结构形式。

第三节 核酸的理化性质

一、核酸的一般性质

1. 分子大小 核酸是生物体内的大分子化合物。相对分子质量比较大，一般在 10^6 ~ 10^{10}之间。不同生物、不同种类 DNA 相对分子质量差异很大；RNA 相对分子质量的差异也在数百到数百万之间。

2. 溶解度与黏度 生物体内的核酸都属于极性化合物，一般微溶于水，而不溶于乙醇、乙醚和三氯甲烷等有机溶剂。DNA 易溶于高盐浓度（1mol/L 的 NaCl 溶液）中；RNA 易溶于低盐浓度（0.14mol/L 的 NaCl 溶液）中。

生物体内的 DNA 分子比较细长，即使是很稀的浓度也有很大的黏度。当 DNA 变性时，黏度下降，可用黏度作为 DNA 变性的指标。RNA 的黏度比 DNA 黏度小。

3. 酸碱性 核酸分子中既含有酸性的磷酸基，又有碱性基团，所以核酸属于两性电解质。核酸分子中磷酸基团的酸性强，碱基的碱性较弱，核酸具有较强的酸性。

不同的酸碱环境会影响核酸双螺旋结构中碱基对之间氢键的稳定性。例如，在 pH 4.0~11.0 之间 DNA 最为稳定。在此范围之外，DNA 结构中的氢键容易断裂。

二、核酸的紫外吸收

核酸分子结构中的嘌呤碱基及嘧啶碱基都含有共轭双键。对波长 260nm 的紫外光具有强烈的吸收作用。利用这一特性，可用紫外分光光度法对核酸浓度进行测定。

课堂互动

蛋白质中是否也存在类似的紫外吸收峰呢？其最大吸收峰值是多少？

三、核酸的变性、复性和杂交

（一）核酸的变性

由于某些外界理化因素的影响，会破坏核酸分子结构中的氢键和碱基堆积力，导致核酸空间结构发生改变，从而导致核酸的生物学功能丧失和理化性质的改变，这种现象称为核酸的变性。能够引起核酸变性的理化因素主要有高温、极端的pH、有机溶剂和尿素等。

加热引起DNA的变性称为热变性。将DNA的稀盐溶液加热到80～100℃几分钟，DNA双螺旋结构中的氢键就会遭到破坏，导致两条链彼此分开，形成无规则线团，引起一系列性质变化。例如，对波长260nm紫外光的吸光度比变性前明显升高，即增色效应（hyperchromic effect）（图3-8）。

DNA热变性的过程，不是随着温度的升高缓慢进行，而是在一个很小的临界温度范围内突然进行并快速完成。通常把A_{260}达到最大值一半时所对应的温度称为“熔点”或熔解温度（melting temperature），用符号T_m表示（图3-9）。DNA的T_m值介于70～85℃之间。

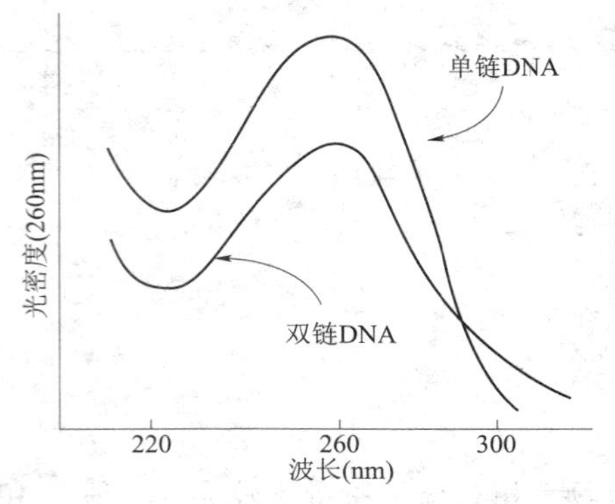

图3-8 DNA在解链过程中表现出增色效应

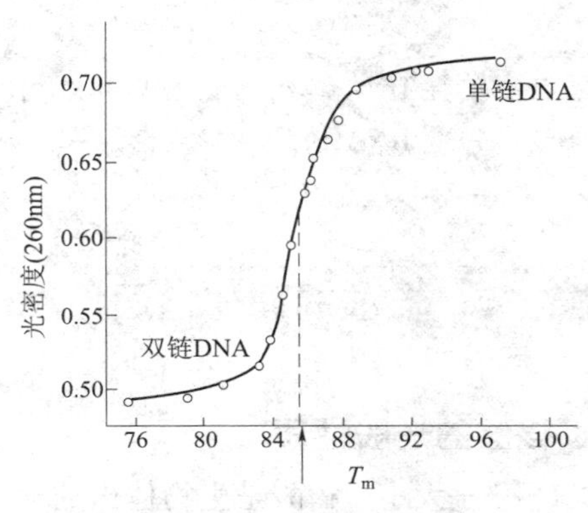

图3-9 DNA解链温度曲线

（二）核酸的复性

变性DNA在一定条件下，可使两条彼此分开的链重新通过氢键的连接而形成双螺旋结构，这一过程称为复性（renaturation）。复性后DNA的物理化学性质可以部分恢复。将热变性DNA快速冷却降至低温时，DNA不会复性，只有在缓慢冷却降温时才可以复性。

（三）核酸的分子杂交

不同来源的单链核酸分子结合形成杂化的双链核酸分子的过程称为分子杂交（hybridization）。可发生在DNA与DNA之间、DNA与RNA之间、RNA与RNA之间。分子杂交的基础是核酸的变性与复性。热变性的DNA在复性时，异源DNA之间在某些区域有相同的序列，则会形成杂交DNA分子。核酸杂交已成为核酸研究中一项常规的技术，被广泛应用于生物化学、分子生物学和医学等领域。在医学上，该技术目前已应用于多种遗传性疾病的基因诊断、传染病病原体的检测和恶性肿瘤的基因分析等。

重点：掌握核酸的变性和复性的实际应用。
难点：知道核酸的分子杂交技术的实际应用。

第四节 核酸的分离纯化和含量测定

核酸是大分子化合物，核酸分离纯化的关键是保持核酸的天然状态，避免由于受到外界理化因素的影响而发生变性作用。因此，在核酸的分离纯化过程中，应避免酸、碱、高温等条件。分离过程中还应避免剧烈搅拌。

一、核酸的提取

分离提取核酸的方法是先破碎细胞，提取核蛋白使其与其他细胞成分分离。再用蛋白质变性剂（苯酚）、去垢剂（十二烷基硫酸钠）或蛋白酶处理除去蛋白质。最后所获得的核酸溶液再用乙醇等使其沉淀，进行纯化。

（一）DNA 的分离纯化

真核细胞中的 DNA 是与蛋白质结合在一起以核蛋白形式存在的。DNA 蛋白（DNP）在 0.14mol/L 氯化钠溶液中溶解度最小，利用这一性质可以将 DNP 从破碎后的细胞匀浆中分离出来。而 DNP 蛋白中的蛋白质部分可用下列方法除去：

1. 苯酚提取法 水饱和的新蒸馏苯酚与 DNP 振荡后，冷冻离心。DNA 溶于上层水相中，中间残留物也含有部分 DNA，变性蛋白质在酚层内。

2. 去垢剂法 用十二烷基硫酸钠等去垢剂可使蛋白质变性。这种方法可以获得一种很少降解的 DNA。

3. 酶法 用广谱蛋白酶使蛋白质水解。若 DNA 制品中有少量 RNA 杂质，可用核糖核酸酶除去。

（二）RNA 的分离纯化

细胞内的 RNA 主要有三类：mRNA、rRNA 和 tRNA。可先将细胞匀浆进行差速离心，制得细胞核、核糖体和线粒体等细胞器和细胞质。然后再从这些细胞器中分离某一类 RNA。

RNA 在细胞内常与蛋白质结合。从 RNA 提取液中除去蛋白质有以下方法。

1. 用 90% 苯酚提取，离心后，蛋白质和 DNA 留在酚层，而 RNA 在上层水相内，再做进一步分离。

2. 用 2mol/L 盐酸胍溶液溶解大部分蛋白质，经过冷却，RNA 便从溶液中沉淀出来，然后用三氯甲烷除去少量残余蛋白质。

3. 在 10% 氯化钠溶液中加热至 90℃，然后离心除去不溶物，最后加入乙醇使 RNA 沉淀，或调解酸碱度至等电点使 RNA 沉淀。

二、核酸的含量测定

（一）定磷法

由于在核酸的元素组成中，磷的含量相对稳定。因此，通过对样品中含磷量的测定，可以计算出样品中核酸的含量。过程如下：先用强酸作用于核酸，使核酸分子中的有机磷转化为无机磷；其次无机磷与钼酸结合形成磷钼酸，磷钼酸再还原为钼蓝，钼蓝在 660nm 处有最大吸收值。可用比色法测定核酸样品中的含磷量。

（二）定糖法

DNA 结构中含有脱氧核糖，RNA 结构中含有核糖，根据这两种糖的颜色反应可对 RNA 和 DNA 进行定量测定。

1. 脱氧核糖的测定 DNA 分子中的脱氧核糖在强酸（浓硫酸或浓盐酸）的作用下脱水生成 ω-羟基-γ-酮戊醛，该化合物可与二苯胺反应生成蓝色化合物，在 595nm 处有最大吸收，可用比色法测定。

2. 核糖的测定 RNA 分子中的核糖在强酸（浓硫酸或浓盐酸）作用下脱水生成糠醛，糠醛可与地衣酚溶液（3,5-二羟基甲苯）反应产生深绿色化合物。当有 Fe^{3+} 存在时，反应更灵敏。反应产物在 660nm 有最大吸收，可用比色法测定。

（三）紫外吸收法

紫外吸收法利用的是核酸结构中的嘌呤环和嘧啶环具有紫外吸收的特点。用紫外吸收法测定核酸含量时，要求根据在 260nm 处测出样品 DNA 或 RNA 溶液的 A_{260} 值，再计算出样品中 DNA 或 RNA 的含量。

重点：掌握分离提取核酸的基本方法。
难点：知道两类核酸常用的鉴别方法。

第五节　碱基、核苷酸和核酸类药物

一、核酸类药物概述

核酸与生物的生长、发育、繁殖、遗传和变异密切相关，是生物遗传的物质基础。具有预防、诊断和治疗作用的碱基、核苷、核苷酸、核酸及其衍生物称为核酸类药物。

按照结构和化学组成的不同，核酸类药物包括以下四大类。

（一）碱基及其衍生物类

多数是经过人工化学修饰的碱基衍生物，主要有别嘌呤醇、硫代鸟嘌呤、氯嘌呤、氟胞嘧啶和氟尿嘧啶等。

（二）核苷及其衍生物类

按照结构中碱基或核糖的不同，包括：①腺苷类，有腺苷、腺苷甲硫氨酸、阿糖腺苷等；②尿苷类，有尿苷、乙酰氮杂尿苷、碘苷、氟苷等；③胞苷类，有阿糖胞苷、环胞苷、氟环胞苷等；④肌苷类，有肌苷、肌苷二醛、异丙肌苷等；⑤脱氧核苷类，有氮杂脱氧胞苷、脱氧硫鸟苷、三氟胸苷等。

（三）核苷酸及其衍生物类

主要包括：①单核苷酸类，有腺苷酸、尿苷酸、环腺苷酸、双丁酰环腺苷酸、辅酶 A 等；②核苷二磷酸类，有尿二磷葡萄糖、胞二磷胆碱等；③核苷三磷酸类，有腺苷三磷酸、鸟苷三磷酸等；④核苷酸类混合物，有 5′-核苷酸、2′,3′-核苷酸等。

（四）多核苷酸类

包括黄素腺嘌呤二核苷酸、聚肌胞苷酸、聚腺尿苷酸等。

二、常见的核酸类药物

核酸类药物广泛应用于临床，对某些疾病具有一定的治疗作用。临床常用的核酸类药物主要有：

1. 5-氟尿嘧啶（5-flurouracil） 5-氟尿嘧啶属于抗代谢抗肿瘤药物。能干扰 DNA 的合成，对 RNA 的合成也有抑制作用。临床上用于结肠癌、直肠癌、乳腺癌、卵巢癌、皮肤癌、肝癌、膀胱癌等的治疗。

2. 6-巯基嘌呤（mercaptopurine） 6-巯基嘌呤属于抑制嘌呤合成途径的细胞周期特异性药物。能阻止鸟苷酸的合成，从而抑制 RNA 和 DNA 的合成。临床上用于绒毛膜上皮癌、恶性葡萄胎、急性淋巴细胞白血病及急性非淋巴细胞白血病、慢性粒细胞白血病的急变期等的治疗。

3. 别嘌呤醇（allopurinol） 别嘌呤醇可以使体内尿酸形成减少，进而降低血中尿酸浓度，减少尿酸盐在骨、关节及肾脏的沉着，是唯一能抑制尿酸合成的药物，可阻断痛风病的发展、缓解痛风病症状。临床上用于慢性痛风病。

4. 腺苷三磷酸（adenine triphosphate） 腺苷三磷酸（ATP）是体内组织细胞一切生命活动所需能量的直接来源。有改善机体代谢的作用，适用于因细胞损伤后细胞酶减退引起的疾病。临床上用于心力衰竭、心肌炎、心肌梗死、脑动脉硬化、冠状动脉硬化、急性脊髓灰质炎的治疗。

5. 肌苷（inosine） 肌苷能活化丙酮酸氧化酶系，提高辅酶A的活性，活化肝功能。使处于低能缺氧状态下的组织细胞继续进行代谢，有助于受损肝细胞功能的恢复。临床上用于急性肝炎、慢性肝炎、肝硬化、白细胞减少、血小板减少等疾病的治疗。也可作为眼科疾病（中心性视网膜炎、视神经萎缩）的辅助用药。

6. 阿糖腺苷（adenine arabinoside） 阿糖腺苷具有抑制病毒DNA合成功能。对疱疹病毒、水痘、带状疱疹病毒、腺病毒、伪狂犬病毒等DNA病毒有抑制作用。对大多数RNA病毒无效。临床上用于慢性乙型肝炎、带状疱疹性脑炎、带状疱疹性角膜炎等的治疗。

7. 胞二磷胆碱（cytidine diphosphochline） 胞二磷胆碱是核苷衍生物，促进卵磷脂生物合成和抗磷脂酶A作用，与蛋白分解酶抑制剂合用，可保护和修复胰腺组织。可改善头部外伤后或脑手术后意识障碍的意识状态及脑电图，促进脑卒中偏瘫病人的上肢运动功能的恢复，对促进大脑功能的恢复、促进苏醒有一定的作用。

8. 聚肌胞苷酸（polycytidylic acid） 聚肌胞苷酸是一种高效的干扰素诱导剂，有广谱抗病毒作用及免疫抑制作用，曾试用于治疗带状疱疹、疱疹性角膜炎、病毒性肝炎等及预防流感，有一定疗效。

重点： 知道常见的核酸类药物及其应用。

本章小结

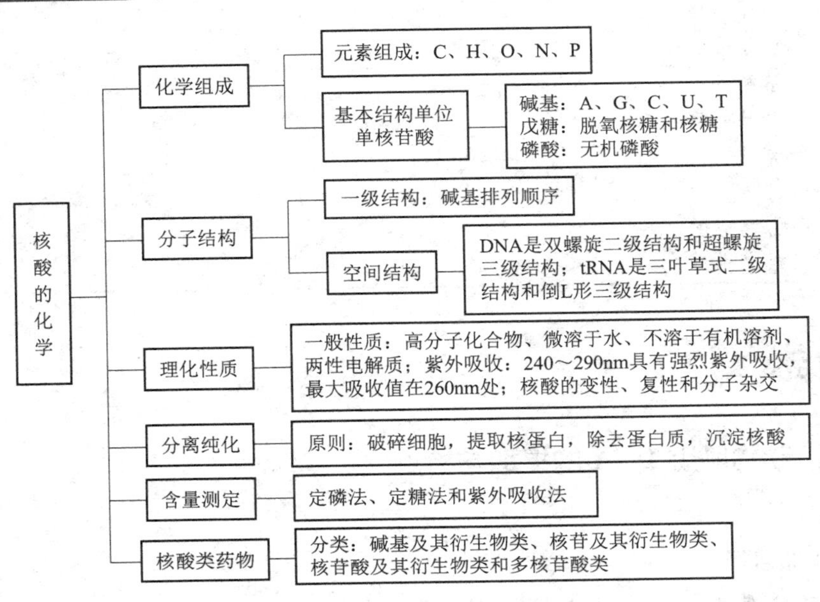

目标检测

一、单项选择题

1. 核酸中单核苷酸之间的连接方式是（　　）。
   A. 肽键　　B. 氢键
   C. 3′,5′-磷酸二酯键　　D. 糖苷键
2. tRNA 的三级结构是（　　）。
   A. 三叶草式　　B. 倒 L 形　　C. 双螺旋结构　　D. 发夹结构
3. 紫外分光光度法测定核酸溶液浓度时，最常用的波长是（　　）。
   A. 280nm　　B. 260nm　　C. 240nm　　D. 220nm
4. 核酸变性后可发生下列哪种现象（　　）？
   A. 减色效应　　B. 增色效应　　C. 失去对紫外线的吸收能力
   D. 黏度增加
5. 稀有碱基主要存在于哪一种核酸中（　　）？
   A. DNA　　B. RNA　　C. tRNA　　D. mRNA

二、问答题

1. 简述核酸分离纯化的基本原理。
2. 简述维持 DNA 双螺旋结构稳定的主要因素。
3. 从以下几个方面比较蛋白质和核酸的区别：

类比项目	蛋白质	核酸	
		DNA	RNA
结构组成单位			
组成单位的连接键			
分子结构			
分子大小			
溶解性质			
两性电解质			
紫外吸收			
变性			
分离纯化方法			
含量测定方法			

实训项目

实训　动物肝脏 DNA 的提取与检测

一、实训目标

通过实训，掌握 DNA 提取与检测的原理；学会从动物肝脏中提取 DNA 的操作技术；

知道鉴别 DNA 的方法；能熟练使用离心机和组织捣碎机。

二、实训内容

（一）实训原理

生物体组织细胞中的脱氧核糖核酸（DNA）大部分与蛋白质结合，以脱氧核糖核蛋白（DNP）的形式存在。由于 DNP 在 0.14mol/L 氯化钠溶液中的溶解度最小，可以利用 0.14mol/L 氯化钠溶液将 DNP 从组织细胞中抽提出来。再用十二烷基硫酸钠（SDS）处理 DNP，使 DNA 与蛋白质分开，再用三氯甲烷-异丙醇将溶液中的蛋白质沉淀除去，再加入适量预冷的乙醇，可得到 DNA 粗品。在酸性环境中，DNA 结构中的脱氧核糖可与二苯胺试剂共热反应生成蓝色物质，用于鉴别提取出的 DNA。

（二）试剂和器材

1. 试剂

（1）0.14mol/L NaCl-0.01mol/L EDTA 溶液：称取 NaCl 8.18g，EDTA 3.72g，溶于蒸馏水中，用 NaOH 调 pH 至 8.0，定容至 1000ml。

（2）50g/L SDS 溶液：SDS 5g 溶于 50% 乙醇 100ml 中。

（3）氯仿

（4）95% 乙醇

（5）0.5mol/L 过氯酸溶液：取过氯酸（70%）10ml，用蒸馏水稀释至 110ml，即得 1mol/L 过氯酸。取 1mol/L 过氯酸 50ml 用蒸馏水稀释至 100ml，即得 0.5mol/L 过氯酸溶液。

（6）TE 缓冲液（pH 8.0）：10mmol/L Tris-HCl（pH 8.0），1mmol/L EDTA（pH 8.0）。

（7）二苯胺试剂：称取二苯胺 1.5g，溶于 100ml 冰乙酸中，再加入浓 H_2SO_4 1.5ml，贮存于棕色瓶（现用现配）。

2. 器材 离心机、离心试管、组织捣碎机、振荡器、手术剪、刻度吸管、烧杯、玻璃棒、天平、冰箱、量筒等。

（三）实训方法和步骤

1. 肝脏的前期预处理：先除去肝脏表面的脂肪或结缔组织等杂物，再用预先在冰浴中冷却的 0.14mol/L NaCl-0.01mol/L EDTA 溶液反复冲洗。用不锈钢剪刀将洗净的猪肝脏剪成小块，放入组织捣碎机中。

2. 称取处理过的新鲜乳猪肝脏 10g，用不锈钢剪刀将猪肝脏剪成小块，放入组织捣碎机中，加入 0.14mol/L NaCl-0.01mol/L EDTA 溶液 20ml，制备 DNA 匀浆。

3. 将匀浆液于 10000r/min 离心 4 分钟，弃去上清液，收集沉淀（内含 DNP），沉淀中加 3 倍体积冷 0.14mol/L NaCl-0.01mol/L EDTA 溶液，搅匀，再次于 10000r/min 离心 4 分钟，弃去上清液，所得沉淀即为 DNP 粗制品，转移至烧杯中。

4. 向沉淀中加入冷 0.14mol/L NaCl-0.01mol/L EDTA 溶液，使总体积达到 40ml，在缓慢搅拌的同时滴加 50g/L SDS 溶液 10ml，边加边搅拌。

5. 加入 2.9g NaCl，缓慢搅拌 10 分钟，此时溶液变得黏稠并略带透明。

6. 加入等体积预冷三氯甲烷，震荡 10 分钟。10000r/min 离心 4 分钟。上层为水相（含 DNA 钠盐），中层为变性的蛋白沉淀，下层为三氯甲烷混合液。

7. 用吸管小心吸取上层水相，弃去沉淀，再重复抽提 1 次。

8. 取 10ml 上清液放入干燥小烧杯中，加入 2 倍体积预冷 95% 乙醇。边滴加边用玻璃棒搅拌。随着乙醇的不断加入，可见溶液中出现黏稠状物质，并能逐步缠绕于玻璃棒上，黏稠丝状物即是 DNA。将所得 DNA 溶解于 TE 缓冲液中。

9. 取 2ml 样品液，加入 5ml 0.5mol/L 过氯酸溶液中，室温放置 5 分钟，再加入二苯胺试剂 2ml，60℃恒温水浴保温 1 小时，观察颜色变化，有无蓝色化合物生成。

（四）温馨提示

1. 提取过程中加入乙二胺四乙酸（EDTA）除去溶液中的 Mg^{2+}，避免核酸在提取过程中被降解。

2. 使用离心机前，对相应的离心试管及其内容物必须进行平衡调节。

（五）实训思考

从肝脏中提取的 DNA 为什么要溶解于 TE 缓冲液中？

第四章

酶

学习目标

知识要求 **1. 掌握** 酶的概念；酶分子组成；酶促反应的特点；酶的活性中心；影响酶促反应速度的因素。

2. 熟悉 酶原、同工酶、调节酶的概念和作用。

3. 了解 酶的命名和分类；酶类药物的分离纯化。

技能要求 1. 学会优化酶促反应的基本方法和技术。

2. 学会微量移液器的使用。

1926年美国化学家James Sumner第一次从刀豆中提取出了脲酶结晶，并提出酶（enzyme）的本质是蛋白质。现已鉴定出生物体内4000多种酶，并有数百种酶已得到结晶，经过研究发现并非所有酶的化学本质都是蛋白质，1982年美国学者Sidney Altman和Thomas R. Cech从对四膜虫的研究中发现，其rRNA的前体本身具有催化功能，并首次提出了“核酶”的概念，改变了人们长期以来形成的“酶都是蛋白质”观念。

由于酶的高效性、专一性和作用条件的温和性，使得酶所催化的反应是普通的化学催化反应所无法比拟的。所以，酶广泛应用于医药、保健、食品、美容等领域，特别是近30年来，酶的许多研究成果已为新药设计开发、疾病预防、诊断和治疗等提供全新的理论依据。本章重点介绍酶的概念、酶促反应的特点、影响酶促反应的因素和酶类药物等。

第一节 概述

案例导入

案例：1897年，德国化学家Edward Buchner（爱德华·毕希纳）用砂粒研磨酵细胞，把所有的细胞全部研碎，并成功地提取出一种液体。他发现这种液体依然能够像酵母细胞一样完成发酵任务。

讨论：1. 请分析这种液体之所以还具有发酵作用是因为它具有什么成分？

2. 如果将这种液体加热后，还有发酵作用吗？

3. 现在市面上销售的水果酵素主要成分是什么？口服能补充人体的酶吗？

一、酶的概念

酶是活细胞合成的具有高效催化作用的生物催化剂。生物体内一切化学反应，几乎都是在酶催化下进行的，酶是生物体内新陈代谢必不可少的物质，酶量与酶活性的异常改变都会引起代谢的紊乱乃至生命活动的停止。

在酶学中，酶催化的化学反应称为酶促反应，被酶催化的物质叫底物（substrate，S），催化所产生的物质叫产物（product，P），酶的催化能力称酶活性，当因某种因素使酶失去催化能力称酶的失活。

二、酶的命名和分类

（一）酶的命名

酶的命名方法有习惯命名法和系统命名法两种。

1. 习惯命名法 根据酶催化的反应性质和底物来命名。如催化水解蛋白质的酶称为蛋白酶，同一类酶可以加上来源予以区别，如胃蛋白酶、胰蛋白酶等。

2. 系统命名法 命名原则：以酶所催化的整体反应为依据，标明酶的所有底物与反应性质，各底物名称之间用“:”隔开。如L-天冬氨酸：α-酮戊二酸氨基转移酶。

国际酶学委员会为每一个酶从常用的习惯命名法中挑选一个推荐名称，并赋予分类编号，如L-天冬氨酸：α-酮戊二酸氨基转移酶的推荐名称为天冬氨酸氨基转移酶，分类编号为EC 2.6.1.1。其中EC表示国际酶学委员会规定的命名，第一个数字“2”代表酶所属的大类（转移酶类），第二个数字“6”代表该大类中的亚类（氨基转移酶类），第三个数字“1”代表次亚类（以羟基为受体的氨基转移酶），第四个数字“1”代表次亚类中的流水编号。

（二）酶的分类

根据酶所催化的反应类型，可以将酶分为六大类：

1. 氧化还原酶类 催化底物进行氧化还原反应的酶，如L-乳酸脱氢酶、细胞色素氧化酶等。

2. 转移酶类 催化底物之间进行某些基团转移的酶，如氨基转移酶、甲基转移酶等。

3. 水解酶类 催化底物发生水解反应的酶，如蛋白酶、淀粉酶等。

4. 裂解（合）酶类 催化底物共价键断裂，使一分子底物生成两分子产物或者催化两分子底物结合成一分子产物的酶，如醛缩酶、柠檬酸裂解酶等。

5. 异构酶类 催化各种同分异构体之间相互转化反应的酶，如磷酸葡萄糖变位酶、磷酸葡萄糖异构酶等。

6. 合成酶类（连接酶类） 催化两分子底物合成一分子产物，同时偶联有ATP消耗的酶，如葡萄糖激酶、氨基酰-tRNA合成酶等。

三、酶的催化特性

酶是生物催化剂，具有一般催化剂的共性：在化学反应的前后没有质和量的改变；加速化学反应而不改变反应的平衡点；只能催化热力学允许的化学反应；降低活化能等。但是酶作为生物催化剂还具有一般催化剂所没有的特点。

（一）高度的催化效率

酶具有极高的催化效率，酶促反应速度通常比非催化反应的速度高 $10^{6}\sim10^{20}$ 倍，比一般催化剂高 $10^{7}\sim10^{13}$ 倍。例如，脲酶催化尿素的水解速度是 H^{+} 催化作用的 7×10^{12} 倍，蔗糖酶催化蔗糖水解速度是 H^{+} 催化作用的 2.5×10^{12} 倍。酶与一般催化剂能加快反应速度的原理都是降低反应的活化能。

（二）高度的专一性

酶的高度专一性（特异性）是指酶对所催化的反应和所作用的底物有严格的选择性。

根据酶对底物选择的严格程度不同，酶的特异性分为绝对专一性、相对专一性、立体异构专一性三类。

1. 绝对专一性 有些酶只能作用于特定结构的底物或进行专一的反应，产生特定结构的产物，这种专一性称为绝对专一性。例如，脲酶只能催化尿素水解生成NH_3和CO_2，而不能催化与尿素结构相似的衍生物水解。

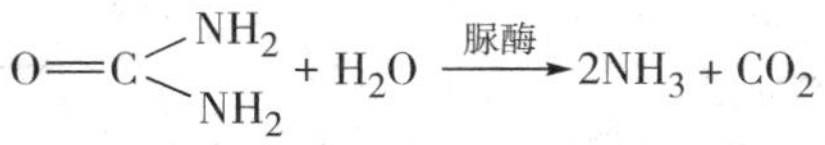

$$O{=}C(NH_2)_2 + H_2O \xrightarrow{\text{脲酶}} 2NH_3 + CO_2$$

尿素

$$O{=}C(NHCH_3)(NH_2) + H_2O \xrightarrow{\text{脲酶}}\!\!\!\!\!\!\!/\quad$$

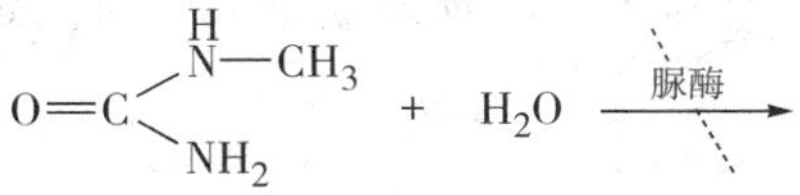

甲基尿素

2. 相对专一性 有些酶作用于一类化合物或一种化学键，这种对底物不太严格的选择性称为相对专一性。例如，脂肪酶不仅水解脂肪，也可以水解简单的酯；蔗糖酶不仅水解蔗糖，也可以水解棉籽糖中相同的糖苷键。

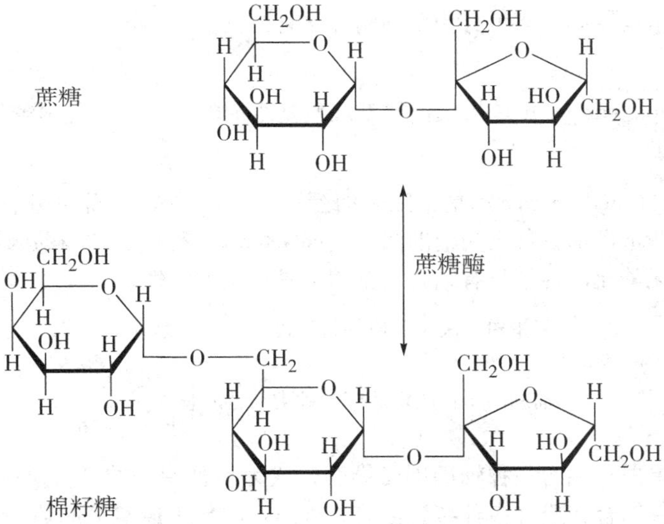

蔗糖

蔗糖酶

棉籽糖

3. 立体异构专一性 有些酶仅作用于底物立体异构体中的一种，这种选择性称为立体异构专一性。例如，L-乳酸脱氢酶只能催化L-乳酸脱氢，对D-乳酸没有作用；延胡索酸酶只能作用于延胡索酸（反丁烯二酸），而对马来酸（顺丁烯二酸）则无作用。

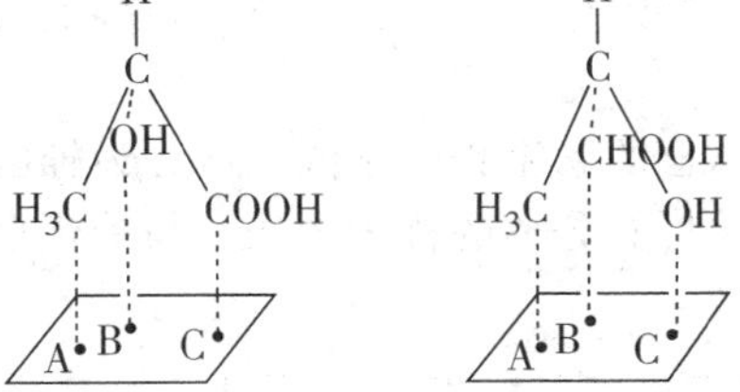

L-乳酸　　D-乳酸

（三）酶活性的可调节性

酶促反应可受多种因素的调节，以适应机体对不断变化的内外环境的需要。如通过酶合成或降解来对酶的含量进行调节；通过酶构象改变或修饰来对酶的活性进行调节。

（四）高度的不稳定性

因绝大多数酶的主要成分是蛋白质，凡能影响蛋白质结构稳定性的因素都可以影响酶的活性，甚至使酶失活。因此酶所催化的反应往往都是在比较温和的常温、常压、接近中性的pH条件下进行的，在生产、保存酶制剂和临床测定酶活性时应避免这些因素的影响。

重点：酶的概念、酶的催化特点。

第二节　酶的化学组成

根据酶化学组成不同，酶可分为单纯酶和结合酶两类。

一、单纯酶

单纯酶（simple enzyme）是指仅由氨基酸残基组成的酶。如各种水解酶。

二、结合酶

结合酶（conjugated enzyme）是指除了酶蛋白（apoenzyme）部分外，还有一些非蛋白部分的酶。其中非蛋白部分称之为辅助因子（cofactors）。酶蛋白和辅助因子结合构成全酶，两者单独存在均无催化活性，只有结合成全酶才具有生物活性。

全酶
- 酶蛋白：决定反应的特异性
- 辅助因子：决定反应的种类与性质
  - 金属离子
  - 小分子有机物

通常一种酶蛋白只能与一种辅助因子结合，成为一种特异的酶；但一种辅助因子往往能与不同的酶蛋白结合构成许多种特异性酶。例如：L-乳酸脱氢酶的辅助因子是NAD^+，而NAD^+不仅是L-乳酸脱氢酶的辅助因子，也是很多脱氢酶如L-苹果酸脱氢酶等酶的辅助因子。

酶蛋白在酶促反应中主要起识别底物的作用，酶促反应的高效性、特异性以及高度不稳定性均取决于酶蛋白；辅助因子是金属离子或小分子有机物，金属离子有K^+、Na^+、Mg^{2+}等，小分子有机物中最常见的是维生素及其衍生物，在酶促反应中传递电子、质子或转移某些基团。

辅助因子按其与酶蛋白结合的紧密程度不同，可分为辅酶和辅基两类。与酶蛋白结合疏松，可用透析和超滤等方法将其分离的称为辅酶；与酶蛋白结合牢固，不易用透析和超滤等方法将其分离的称为辅基。

重点：结合酶组成特点、辅酶的概念及作用。

第三节 酶的分子结构与催化机制

案例导入

案例：某医院急诊室接收了一位重症患者。患者主诉暴食暴饮后，突发肚子痛，疼痛难忍，疼痛影响到左腰背部，继而出现呕吐，将胃的食物全部吐出。体检发现腹软，中上腹压痛，无反跳痛。

讨论：1. 该患者可能患什么疾病？

2. 产生急性胰腺炎的机制是什么？

3. 酶原存在的意义。

4. 酶原激活的过程及实质。

一、酶的分子结构

（一）酶的必需基团

酶的分子结构是酶发挥功能的物质基础，各种酶的生物学活性之所以有专一性和高效性都是由其分子结构的特殊性决定的。酶的分子结构中存在许多基团，例如，$—NH_2$、—COOH、—SH、—OH 等，但并不是所有基团都与酶活性有关。与酶活性有关的基团称为酶的必需基团。

（二）酶的活性中心

有些必需基团在一级结构上相距很远，但在形成特定空间结构时彼此靠近，集中在一起形成具有特定空间构象的区域，该区域中能与底物结合并将底物催化转变为产物，称为酶的活性中心或活性部位（图 4-1）。

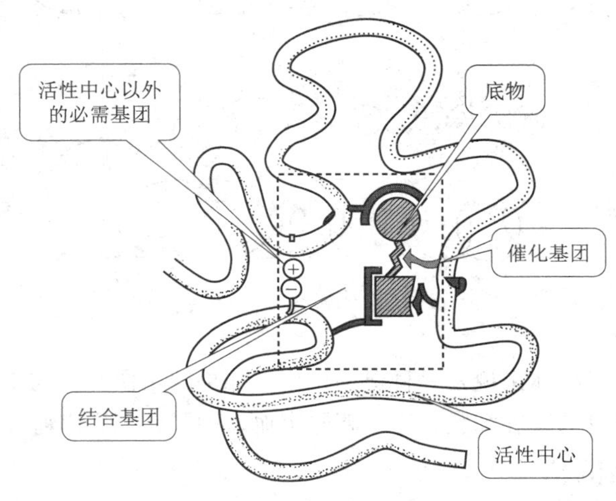

图 4-1 酶的活性中心示意图

酶的活性中心是酶分子空间结构中的特定区域，或为凹陷，或为裂缝，也可以通过凹陷或者裂缝深入到分子内部，含有较多疏水氨基酸残基，这种疏水环境有利于底物与酶形成复合物。活性中心相似的酶具有相似的催化作用，活性中心一旦被其他物质所占据或被某些理化因素破坏，则酶的催化活性丧失。对于结合酶来说，辅基或辅酶往往参与活性中心的组成。

酶的活性中心内与底物直接作用的必需基团，称为活性中心内的必需基团。其中直接与底物结合的基团称为结合基团，决定酶的特异性；催化底物反应并将其转变为产物的基团称为催化基团，决定酶的催化能力。

酶活性中心外还有一些基团虽然不与底物直接作用，却与维持整个分子的空间构象有关，这些基团可使活性中心的各个有关基团保持最适的空间位置，间接地对酶的催化作用发挥其必不可少的作用，这些基团称为活性中心外的必需基团。

二、酶原与酶原的激活

体内大多数酶合成后即有生物活性，但有些酶在细胞内初合成或初分泌时没有催化活性，这些无活性的酶的前身称为酶原。

在一定条件下，无活性的酶原分子转变为有活性酶的过程称为酶原激活。酶原的激活一般是通过某些蛋白水解酶的作用，水解一个或几个特定的肽键，使蛋白质分子构象发生变化，其实质是活性中心形成或者暴露，从而形成有活性的酶。

胰蛋白酶原的激活就是其结构中赖氨酸-异亮氨酸之间的肽键被打断，失去一个六肽，断裂后的 N 端肽链的其余部分解脱张力的束缚，使它能像一个放松的弹簧一样卷起来，这样就使酶蛋白的构象发生变化，并由于把与催化有关的组氨酸带至丝氨酸 183 附近，形成一个合适的排列，因而就自动地产生了活性中心。激活胰蛋白酶原的蛋白水解酶是肠激酶，而胰蛋白酶一旦生成后，也可自身激活（图 4-2）。

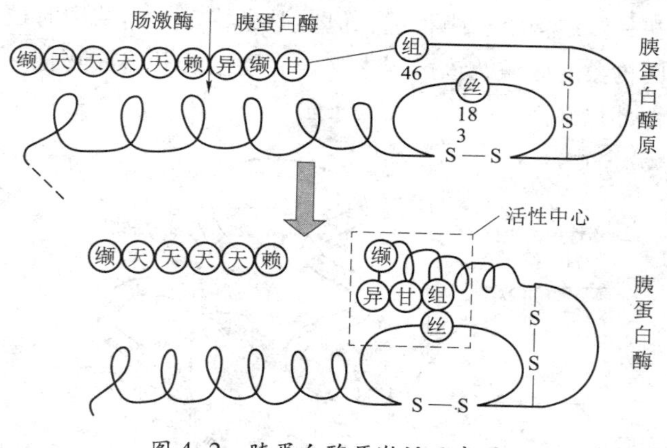

图 4-2 胰蛋白酶原激活示意图

酶原的存在形式对机体来说是一种保护作用。如果胰蛋白酶原在未进小肠前就被激活，激活的蛋白酶水解自身的胰腺细胞，导致胰腺出血、肿胀，发生出血性胰腺炎。

三、酶的催化作用机制

（一）酶的催化作用机制

酶之所以具有高的催化效率，是因为它极大地降低了反应的活化能（图 4-3）。例如：H_2O_2分解反应，在无催化剂存在时，反应所需活化能为 75kJ/mol；用胶状钯作催化剂时，只需活化能 50kJ/mol；当使用过氧化氢酶催化时，活化能下降到 8kJ/mol。由于过氧化氢酶的催化，使活化能大幅度降低，能达到发生反应的活化状态的分子就大幅度增加，反应速度增加百万倍以上。

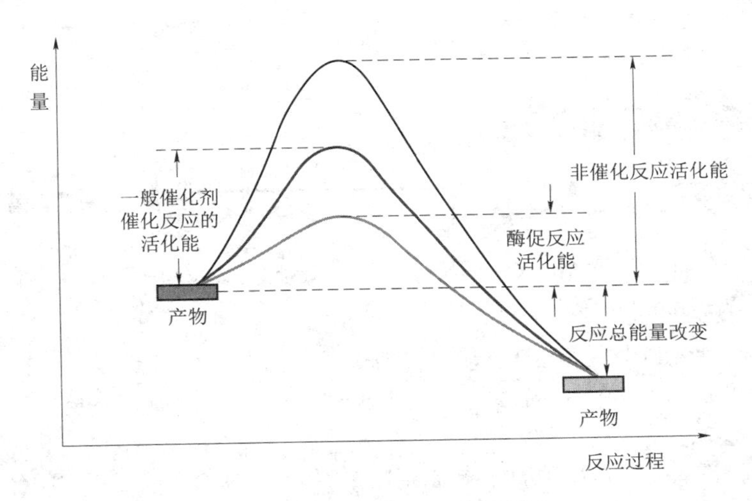

图 4-3　催化剂对活化能的影响

（二）中间产物学说

酶之所以能降低反应的活化能从而加快反应速度，是因为在酶促反应中酶（E）总是先与底物（S）相互作用形成不稳定的酶-底物复合物（ES），致使 S 分子内的某些化学键发生极化，呈现不稳定状态或称过渡态，大大降低了反应的活化能，使反应加速进行，ES 快速分解成酶（E）和产物（P）。

$$E+S \rightleftharpoons ES \longrightarrow E+P$$

酶与底物结合形成中间产物目前存在两种学说。一是锁钥学说，认为酶的活性中心的构象与底物的结构（外形）正好互补，就像锁和钥匙一样是刚性匹配的，这里把酶的活性中心比作钥匙，底物比作锁（图 4-4）。另外一种是诱导契合学说，这是为了修正锁钥学说的不足而提出的一种理论。它认为，酶的活性中心与底物的结构不是刚性互补而是柔性互补。当酶与底物靠近时，底物能够诱导酶的构象发生变化，使其活性中心变得与底物的结构互补；底物在酶的诱导下也发生变形，处于不稳定的过渡态，过渡态的底物与酶的活性中心结合，大幅度降低反应活化能，使化学反应加快（图 4-5）。

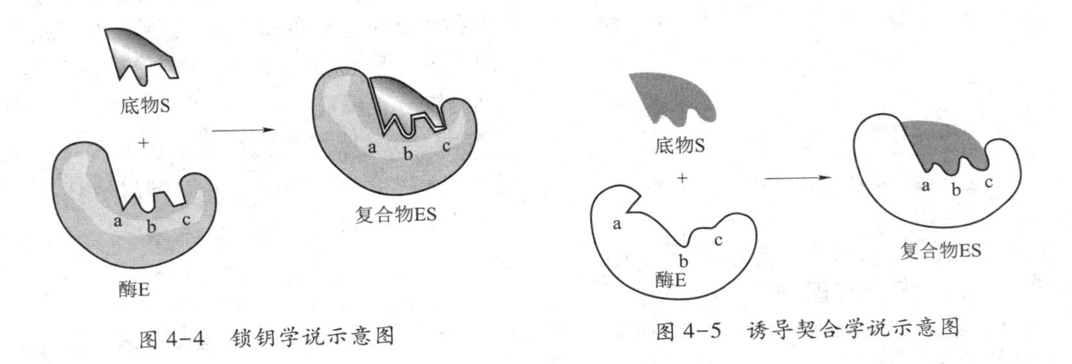

图 4-4　锁钥学说示意图

图 4-5　诱导契合学说示意图

重点：酶的活性中心、必需基团、酶原的激活。
难点：酶的催化作用机制。

第四节　酶促反应动力学

案例导入

案例：为了把有油渍、汗渍的衣服洗干净，很多人都会选择加酶洗衣粉，因为它的洗涤效果比普通的洗衣粉好得多。

讨论：1. 加酶洗衣粉中通常加什么酶（淀粉酶、蛋白酶、脂肪酶），为什么？
2. 为了提高加酶洗衣粉的效果，冬季使用时常将水温调整到25～35℃，为什么？
3. 加酶洗衣粉要加多种酶才能提高洗涤效果，这体现了酶促反应的什么特点？

酶促反应动力学主要研究酶催化的反应速度以及影响反应速度的各种因素。影响酶促反应速度的因素主要有底物浓度、酶浓度、pH、温度、抑制剂和激活剂等。在研究某一因素对酶促反应速度的影响时，应该维持反应中其他因素不变，而只改变所要研究的因素。为了避免反应产物以及其他因素的影响，酶促反应速度是指酶促反应开始的初速度，即底物浓度被消耗5%以内的反应速度。

一、底物浓度对酶促反应速度的影响

（一）矩形双曲线

在酶浓度恒定的条件下，底物浓度对反应速度的影响呈矩形双曲线（图4-6）。

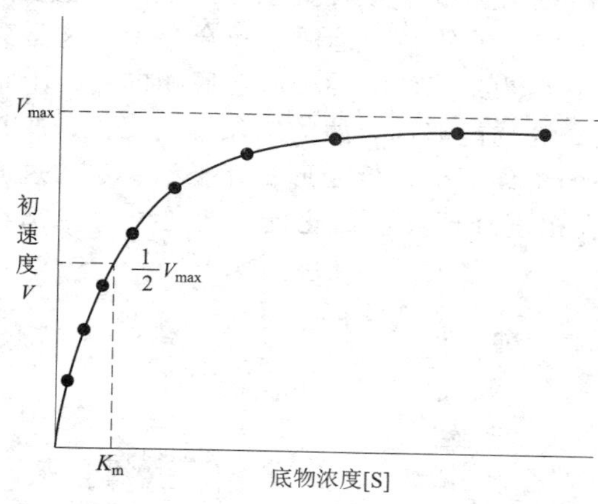

图4-6　底物浓度对反应初速度的影响

根据中间产物学说，酶促反应中，酶先与底物形成中间复合物，再转变成产物，并重新释放出游离的酶。

1. 当底物浓度很低时，酶未被底物饱和，反应速度与底物浓度成正比关系，称为一级反应。

2. 当底物浓度加大后，酶逐渐被底物饱和，反应速度的增加和底物的浓度就不成正比，反应速度增加的幅度不断下降，称为混合级反应。

3. 继续增加底物浓度至极大值，所有酶分子均被底物饱和，此时的反应速度不会进一步加快，此时的反应速度称为最大反应速度，用 V_{max} 表示，称为零级反应。

（二）米氏方程

1913年，Michaelis和Menten两位科学家根据中间产物学说提出了酶促反应速度与底物关系的数学方程式——米氏方程（Michaelis equation），定量地描述了酶促反应速度和底物浓度的关系。

$$V=\frac{V_{max}[S]}{K_m+[S]}$$

式中，V：酶促反应速度；[S]：底物浓度；V_{max}：最大反应速度；K_m：米氏常数。

1. 米氏常数的概念 当酶促反应处于 $V=1/2V_{max}$ 时，米氏方程可变为：

$$\frac{V_{max}}{2}=\frac{V_{max}[S]}{K_m+[S]}$$

进一步整理得 $K_m=[S]$。由此可见，K_m 值等于酶促反应速度为最大速度一半时的底物浓度，单位为 mol/L 或 mmol/L。

2. 米氏常数的意义

（1）K_m 是酶的特征常数之一，只与酶的结构、催化的底物、pH 及温度有关，与酶的浓度无关。

（2）K_m 可反映酶与底物亲和力的大小。K_m 值越小，表示酶与底物的亲和力越大，否则，反之。

（3）K_m 可反映酶的最适底物。如果一种酶可以作用于几种底物，那么酶催化的每一种底物都有一个特定的 K_m，其中 K_m 最小的底物即为该酶的最适底物（表 4-1）。

（4）求出要达到规定反应速度的底物浓度，或根据已知底物浓度求出反应速度。例：已知 K_m，求使反应达到 95% V_{max} 时的底物浓度是多少？

解：$95\% V_{max}=V_{max}\cdot[S]/K_m+[S]$

得：$[S]=19K_m$

表 4-1 酶对于不同的底物有特定的 K_m

酶	底物	K_m（mol/L）	最适底物
凝乳蛋白酶	N-苯甲酰酪氨酰胺	2.5×10^{-3}	N-苯甲酰酪氨酰胺
	N-甲酰酪氨酰胺	1.2×10^{-2}	
	N-乙酰酪氨酰胺	3.2×10^{-2}	
蔗糖酶	蔗糖	2.8×10^{-2}	蔗糖
	棉籽糖	35.0×10^{-2}	
己糖激酶	葡萄糖	1.5×10^{-4}	葡萄糖
	果糖	1.5×10^{-3}	

二、酶浓度对酶促反应速度的影响

当底物浓度足够大时，酶促反应速度与酶浓度成正比关系，即酶浓度越大，酶促反应速度越快，见图 4-7。

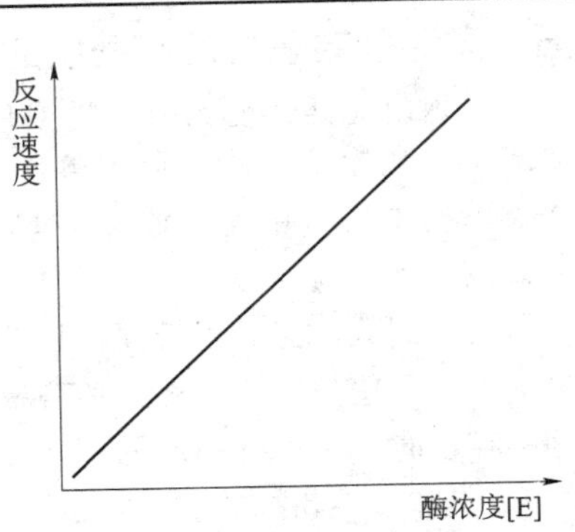

图 4-7 酶浓度对反应初速度的影响

三、pH 对酶促反应速度的影响

酶促反应体系的 pH 对酶的催化作用影响很大。一方面 pH 影响酶和底物的解离状态，从而影响酶与底物的亲和力；另一方面 pH 影响酶活性中心的空间构象，从而影响酶的活性。

在某一 pH 时，酶、底物和辅酶的解离状态最适宜于它们相互结合，并发生催化作用，使酶促反应速度达最大值，这种 pH 称为酶的最适 pH。体系的 pH 偏离酶的最适 pH 越远，酶的活性越小，过酸或过碱可使酶变性失活（图 4-8）。

酶的最适 pH 不是酶的特征常数，它受底物浓度、缓冲液的种类和浓度以及酶的纯度等因素的影响。不同酶的最适 pH 不同，人体内多数酶的最适 pH 接近中性，但胃蛋白酶最适 pH 约为 1.8、肝精氨酸酶的最适 pH 约为 9.8。因此，酶促反应应选用适宜 pH 的缓冲液，以保持酶的最佳活性。

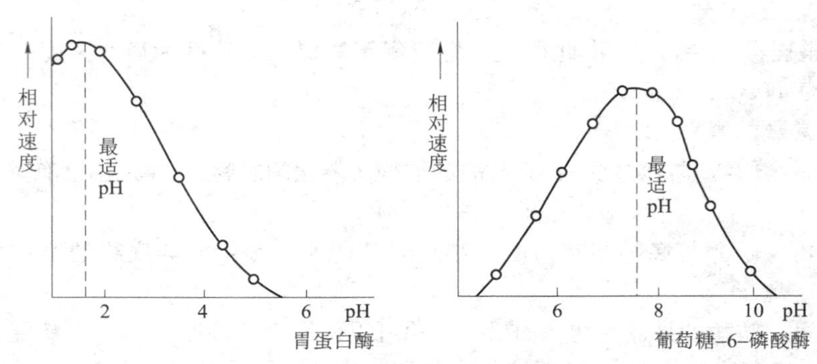

图 4-8 pH 对酶促反应速度的影响

四、温度对酶促反应速度的影响

温度对酶促反应速度有双重影响。在温度较低时，随着温度的升高，反应速度加快，一般地说，温度每升高 10℃，反应速度大约增加一倍。但温度超过一定数值后，酶受热变性的因素占优势，反应速度反而随温度上升而减缓，形成倒 V 形或倒 U 形曲线。在此曲线顶点所代表的温度，反应速度最大，称为酶的最适温度（图 4-9）。

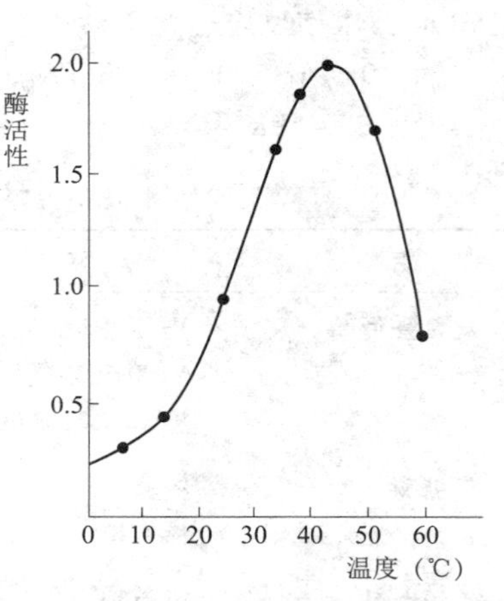

图 4-9 温度对酶促反应速度的影响

酶的最适温度不是酶的特征性常数。人体内多数酶的最适温度一般在 35~40℃，当温度升高到 60℃以上时，大多数酶开始变性，80℃以上，多数酶的变性不可逆。低温一般不破坏酶的空间结构，温度回升后，酶又恢复活性。为此，菌种和酶制剂都采用低温保存。

五、激活剂对酶促反应速度的影响

使酶由无活性变为有活性或使酶活性增加的物质称为酶的激活剂。激活剂大多为金属离子，如 Mg^{2+}、K^{+}、Mn^{2+}等；少数为阴离子，如 Cl^{-}、Br^{-}等；也有部分有机化合物激活剂，如胆汁酸盐等。激活剂通过与酶、底物或酶-底物复合物结合参加反应，但不转化为产物。

激活剂分为必需激活剂和非必需激活剂两类。大多数金属离子激活剂对酶促反应是不可缺少的，这类激活剂称为必需激活剂，例如，Mg^{2+}是已糖激酶的必需激活剂；有些激活剂不存在时，酶仍有一定的催化活性，但催化效率较低，这类激活剂称为非必需激活剂，如 Cl^{-}是唾液淀粉酶的非必需激活剂。

案例讨论

案例：寨卡病毒是种蚊虫传播的病毒，可通过孕妇传染给胎儿，目前全球已有 60 个国家超过 100 万人被感染，并造成数以千计的婴儿头颅畸形病例。自从 2015 年拉美首次观察到孕妇感染寨卡病毒和胎儿头颅畸形，世界卫生组织已于 2016 年 2 月 1 日将寨卡病毒定性为“国际关注的突发公共卫生事件”，然而迄今还没有相应的疫苗或抗病毒药物，德国科学家发现了形成寨卡病毒的关键蛋白酶的三维晶体结构，及酶抑制剂硼酸盐。

讨论：1. 请分析硼酸盐抑制寨卡病毒蛋白酶的反应和结晶的可能机制是什么?

2. 如果设计抗病毒药物你会首选什么思路?

六、抑制剂对酶促反应速度的影响

凡是能使酶的催化活性下降而不引起酶蛋白变性的物质统称为酶的抑制剂（inhibitor，I)。

酶的抑制剂和变性剂不同，抑制剂作用于酶活性中心内、外必需基团，从而抑制酶的活性，通常对酶有一定的选择性，一种抑制剂只能引起一种酶或一类酶的活性降低或丧失；变性剂则改变酶空间构象导致酶活性的丧失，对酶没有选择性。

根据抑制剂与酶结合的紧密程度不同，酶的抑制作用分为不可逆抑制和可逆抑制两类。

（一）不可逆抑制

不可逆抑制是抑制剂与酶活性中心的必需基团以共价键结合，不能用透析和超滤等物理方法去除而恢复酶活性的抑制作用。它的抑制程度随着抑制剂的浓度以及抑制时间的增加而逐渐增大，当抑制剂的浓度大到足以和所有的酶结合时，酶的活性将完全被抑制。

某些重金属离子（Pb^{2+}、Cu^{2+}、Hg^{2+}、As^{3+}）可和某些酶的巯基进行不可逆的结合而使酶失活，无法使用透析和超滤等物理方法去除而恢复酶活性，只能使用二巯基丙醇（BAL）解毒而使酶复活。其作用机制见图 4-10 和图 4-11。

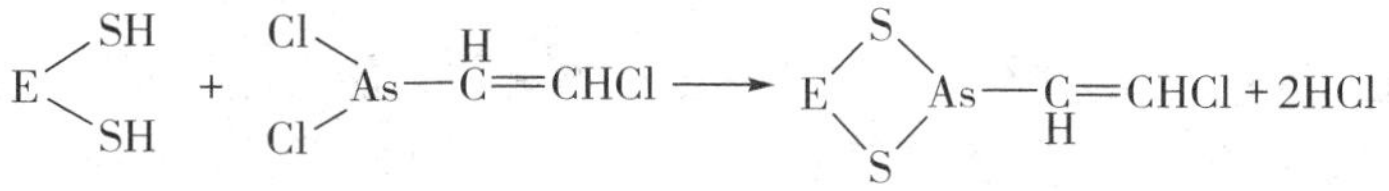

$$E(SH)_2 + Cl_2As{-}CH{=}CHCl \longrightarrow E(S)_2As{-}CH{=}CHCl + 2HCl$$

巯基酶　　路易士气　　失活的酶　　酸

图 4-10　路易斯毒气使巯基酶失活不可逆性抑制

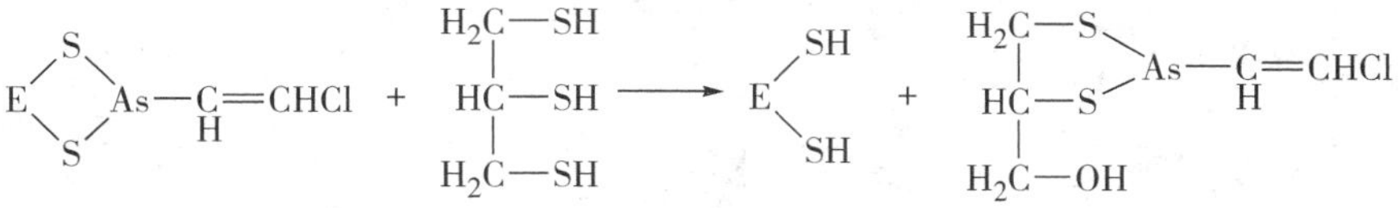

$$E(S)_2As{-}CH{=}CHCl + H_2C(SH){-}HC(SH){-}H_2C(SH) \longrightarrow E(SH)_2 + H_2C(S{-}){-}HC(S{-}){-}H_2C{-}OH \,(\text{与 }As{-}CH{=}CHCl\text{ 成环})$$

失活的酶　　BAL　　巯基酶　　BAL与砷剂结合物

图 4-11　BAL 恢复巯基酶的活性

（二）可逆抑制

可逆抑制是抑制剂与酶或者酶-底物复合物以非共价键结合，引起酶活性的降低或失活，因为结合比较疏松，可用透析和超滤等物理方法去除抑制剂来恢复酶的活性。抑制程度取决于酶和抑制剂之间亲和力的大小、抑制剂的浓度以及底物浓度，与作用时间无关。

根据抑制剂在酶分子上结合位置的不同及抑制剂、底物与酶结合的先后顺序，又分为竞争性抑制、非竞争性抑制、反竞争性抑制。

1. 竞争性抑制 抑制剂与底物的化学结构相似，抑制剂与底物竞争与酶活性中心结合，当抑制剂与酶结合形成 EI 复合物后，就会影响底物与酶的结合，从而抑制酶的活性，见图 4-12。

E
S
ES
E
P
+
I
EI

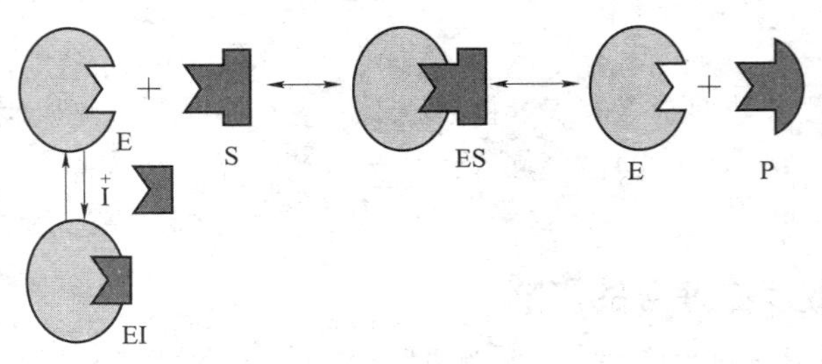

图 4-12 竞争性抑制示意图

例如，丙二酸、苹果酸及草酰乙酸皆和琥珀酸的结构相似，是琥珀酸脱氢酶的竞争性抑制剂（图 4-13）。磺胺类药物因与对氨基苯甲酸结构相似，能竞争性抑制细菌的二氢叶酸合成酶，起到抑菌作用。

竞争性抑制的特点：①抑制剂与酶结合是可逆的；②抑制剂与底物结构相似；③其抑制程度取决于底物及抑制剂的相对浓度。

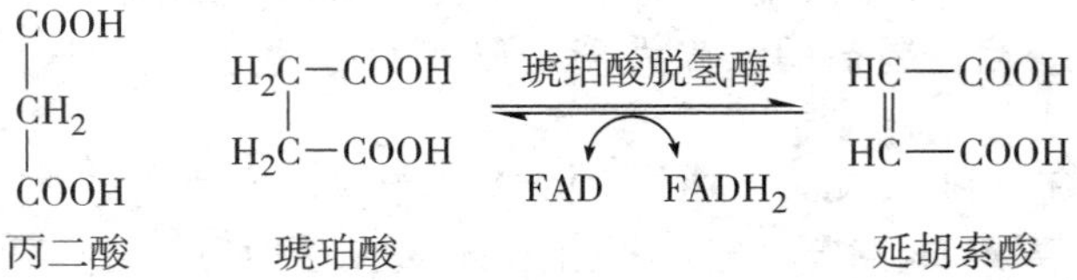

COOH
CH2
COOH
H2C—COOH
H2C—COOH
琥珀酸脱氢酶
FAD FADH2
HC—COOH
HC—COOH
丙二酸
琥珀酸
延胡索酸

图 4-13 丙二酸是琥珀酸脱氢酶的竞争性抑制剂

2. 非竞争性抑制 抑制剂与底物的化学结构不相似，能与底物同时与酶结合在不同的部位，两者没有竞争性，但 ESI 不能释放出产物，从而抑制了酶的活性，见图 4-14。如金属螯合剂乙二胺四乙酸（EDTA）对金属酶的抑制。

+S
–S
E
ES
E
P
+S
–S
EI
ESI

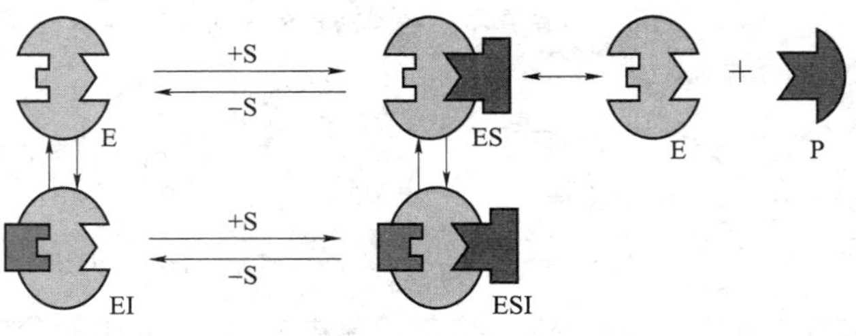

图 4-14 非竞争性抑制示意图

3. 反竞争性抑制 抑制剂不与游离的酶结合，只能与酶和底物的结合体（ES）结合成 ESI，ESI 不能释放出产物，从而抑制了酶的活性。因此反竞争性抑制只影响酶的催化作用，但不影响酶与底物的结合（图 4-15）。

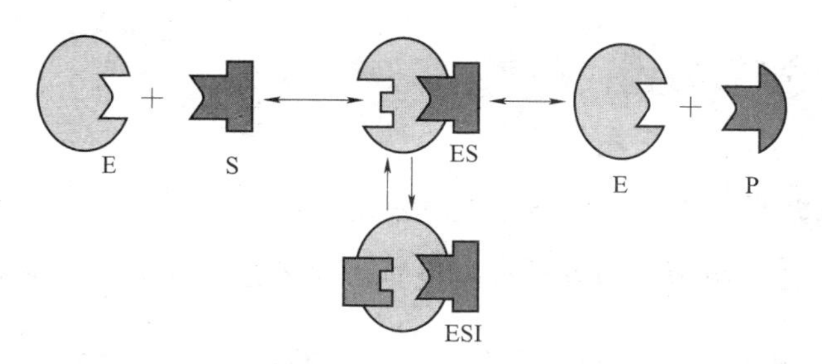

图 4-15 反竞争性抑制示意图

抑制作用的特点总结于表 4-2。

表 4-2 不可逆抑制和可逆抑制特点比较

分类	结合特点	类型	抑制特点
不可逆抑制	抑制剂与酶活性中心以共价键结合，不能用透析和超滤的方法去除而恢复酶活性	专一性抑制	抑制剂只作用于一种酶。如有机磷农药能专一抑制胆碱酯酶的活性
		非专一性抑制	抑制剂作用于一类酶。如重金属离子抑制巯基酶的活性
可逆抑制	抑制剂与酶或者酶-底物复合物以非共价键结合，可用透析和超滤的方法去除而恢复酶活性	竞争性抑制	抑制剂与底物分子结构相似，能与底物竞争结合占据酶活性中心从而抑制酶活性
		非竞争性抑制	抑制剂与底物分子结构不相似，能与底物同时与酶结合但不能释放出产物从而抑制酶活性
		反竞争性抑制	抑制剂与酶-底物复合物结合生成 ESI 复合物而抑制酶的活性

重点：酶促反应动力学、不可逆抑制。
难点：酶促反应动力学。

拓展阅读

具代表性的酶抑制剂药物

β-内酰胺酶抑制剂如舒巴坦、克拉维酸、他唑巴坦等一类 β-内酰胺类药物，可与 β-内酰胺酶发生牢固地结合而使酶失活，和其他抗生素联用可增强其抗菌活性，减少用量。

HMG-CoA 还原酶抑制剂即 β-羟基-β-甲基戊二酸单酰辅酶 A 还原酶抑制剂，如他汀类药物能抑制 HMG-CoA 还原酶从而阻碍胆固醇合成。反转录酶抑制剂（RTI）如施多宁（依非韦伦片）能抑制反转录酶的活性，从而阻断人类免疫缺陷病毒（HIV）的复制，用于艾滋病的治疗。

第五节 酶的其他形式

一、单体酶、寡聚酶、多酶体系和多功能酶

根据酶蛋白分子的结构与功能特点，可将酶分为单体酶、寡聚酶、多酶体系和多功能酶。

1. 单体酶 一般是由一条多肽链组成，具有完整的一、二、三级结构，多为催化水解反应的酶，相对分子质量在35000以下。如牛胰核糖核酸酶、溶菌酶等。

2. 寡聚酶 由2个或多个相同或不相同亚基以非共价键连接的酶，称为寡聚酶。绝大多数寡聚酶都含偶数亚基，但个别寡聚酶含奇数亚基，如荧光素酶、嘌呤核苷磷酸化酶均含3个亚基。亚基可以相同也可不同，亚基之间靠次级键结合，容易分开。

3. 多酶体系 由催化功能密切相关的几种酶通过非共价键相互嵌合形成催化连续反应的体系，称为多酶体系。前一个酶催化生成的产物直接作为后一个酶的底物，直到终产物生成才离开复合体系，从而使得其在体内的催化效率更高。

4. 多功能酶 一种酶含多个活性中心，可以催化多种生化反应，具有多种催化功能。例如：哺乳动物的脂肪酸合成酶由两条多肽链组成，每一条多肽链均含脂肪酸合成所需的七种酶的催化活性。

二、同工酶

同工酶（isozyme）是指催化相同的化学反应，而酶蛋白的分子结构、理化性质乃至免疫学性质不同的一组酶。大多数的同工酶是由不同的亚基组成，由于亚基的种类、数量和比例不同，所以同工酶在功能上有差异。如L-乳酸脱氢酶是由骨骼肌型（M型）和心肌型（H型）两种亚基组成的四聚体酶（H_4-LDH_1、H_3M-LDH_2、H_2M_2-LDH_3、HM_3-LDH_4、M_4-LDH_5），在人体各组织器官中的组成和分布各不相同（表4-3）。在肌肉组织中LDH_5含量较多，有利于丙酮酸转化成乳酸；在心肌中富含LDH_1，有利于乳酸转化成丙酮酸。

表4-3 人体各组织器官中LDH同工酶的分布

组织器官	同工酶百分比				
	H_4-LDH_1	H_3M-LDH_2	H_2M_2-LDH_3	HM_3-LDH_4	M_4-LDH_5
心肌	67	29	4	<1	<1
肾	52	28	16	4	<1
肝	2	4	11	27	56
骨骼肌	4	7	21	27	41
血清	27	38	22	9	4

临床上，同工酶的测定可作为某些疾病的诊断指标。如正常人血清LDH活力很低，当某一组织病变时，释放的LDH导致血清LDH同工酶电泳图谱就会发生变化。如血液中LDH_1含量升高，说明心肌受损，可初步断定为心肌梗死；血液中LDH_5含量升高，表明肝细

胞受损，有可能是肝炎或肝硬化。

三、调节酶

调节酶是指对代谢途径的反应速度起调节作用的酶。通常位于一个或多个代谢途径内的关键部位，酶分子一般具有明显的活性部位和调节部位，可因调节剂结合而改变活性，调节酶一般可分为别构酶和共价修饰酶。

（一）别构酶

别构酶多为寡聚酶，含有两个或多个亚基。其分子中包括两个中心：一个是与底物结合、催化底物反应的活性中心；另一个是与调节物结合、调节反应速度的别构中心。当某些化合物与酶分子中的别构中心可逆地结合后，酶分子的构象发生改变，使酶活性中心对底物的结合与催化作用受到影响，从而调节酶促反应速度及代谢过程，这种效应称为别构效应。

别构酶常是代谢途径中催化第一步反应或处于代谢途径分支点上的一类调节酶，对代谢调控起重要作用。因别构效应导致酶活性升高的物质，称为别构激活剂，反之为别构抑制剂。

（二）共价修饰酶

共价修饰酶是一类由其他酶对其结构进行可逆共价修饰，使其处于活性和非活性的互变状态，从而调节酶活性。共价修饰酶一般都存在相对无活性和有活性两种形式，两种形式之间互变的正、逆向反应由不同的酶催化。

常见的共价修饰有磷酸化/去磷酸化、乙酰化/脱乙酰化、甲基化/去甲基化、尿苷酰化/去尿苷酰化等，其中磷酸化/去磷酸化是可逆共价修饰中最常见的类型。

拓展阅读

核　酶

核酶（ribozyme）是指具有催化功能的RNA分子。一般是指无需蛋白质参与或不与蛋白质结合，就具有催化功能的RNA分子。目前核酶已广泛用于抗肝炎、抗人类免疫缺陷病毒Ⅰ型（HIV-Ⅰ）、抗肿瘤的研究。人工设计的锤头状结构、发夹状结构核酶广泛用于甲型肝炎病毒（HAV）、乙型肝炎病毒（HBV）、丙型肝炎病毒（HCV）以及人类免疫缺陷病毒Ⅰ型（HIV-Ⅰ）的治疗，并用于切割肿瘤细胞的mRNA，抑制肿瘤基因的表达，达到治疗肿瘤的目的。

第六节　酶类药物

20世纪后半叶，生物科学和生物工程技术飞速发展，酶在医药领域的用途越来越广泛。进入21世纪后随着核酶、抗体酶和端粒酶等新酶的研究开发，以及酶分子修饰、酶固定化和酶在有机介质中的催化作用等酶技术的发展，不断扩大了酶在医药方面的应用。

一、酶类药物的分类和作用

（一）助消化类

它们的作用是消化和分解食物中各种成分，如淀粉、脂肪、蛋白质等。当体内消化系统失调、消化液分泌不足时，服用这一类酶就能够恢复正常消化功能。主要有胃蛋白酶、胰酶、淀粉酶、纤维素酶、木瓜酶、凝乳酶、无花果酶、菠萝蛋白酶等。

（二）抗炎净创类

这一类酶目前在治疗上发展最快，用途最广。这种酶大多数都是蛋白水解酶，能够分解发炎部位纤维蛋白的凝结物，消除伤口周围的坏疽、腐肉和碎屑。其中有些酶能够分解脓液中的核蛋白变成简单的嘌呤和嘧啶，降低脓液的黏性，达到净洁创口、消除痂皮、排除脓液、抗炎消肿的目的。主要有胰蛋白酶、糜蛋白酶、双链酶、α-淀粉酶、胰DNA酶、溶菌酶等。给药的方法有外敷、喷雾、灌注、注射、口服等。它们可以单独使用，也可以与抗菌素等合用，治疗各种溃疡、炎症、血肿、脓胸、肺炎、支气管扩张、气喘等症。

（三）血凝和解凝类

这一类酶都是从血液中提取的，有的能促使血液凝固，有的却能溶解血块。如凝血酶的作用是促使血液凝固，防止微血管出血。纤溶酶的作用是溶解血块，治疗血栓静脉炎、冠状动脉栓塞等。此外还有尿激酶、链激酶、蛇毒凝血酶、蚓激酶。

（四）解毒类

这一类酶的主要作用是解除体内或因注射某种药物产生的有害物质。主要品种有青霉素酶、过氧化氢酶和组胺酶等。青霉素酶能够分解青霉素分子中的β-内酰胺环，使变成青霉噻唑酸，消除因注射青霉素引起的过敏反应。

（五）诊断类

这一类酶是用作临床上各种生化检查的试剂，帮助临床诊断。最常用的有葡萄糖氧化酶、β-葡萄糖苷酸酶和脲酶。如葡萄糖氧化酶可用于血糖、尿糖测定，诊断糖尿病；脲酶是测定血液中尿素的浓度和尿中尿素的含量的，从而可检查肾功能。

（六）抗肿瘤类

L-天冬酰胺酶、甲硫氨酸酶、组氨酸酶、精氨酸酶、谷氨酸酶。

（七）其他酶

超氧化物歧化酶、RNA酶、DNA酶、玻璃酸酶、抑肽酶。

（八）辅酶

辅酶Ⅰ（NAD^+）、辅酶Ⅱ（$NADP^+$）、黄素单核苷酸（FMN）、黄素腺嘌呤二核苷酸（FAD）、辅酶Q_{10}、辅酶A等已广泛用于肝病和冠心病的治疗。辅酶种类繁多，结构各异，一部分辅酶也属于核酸类药物。

二、常见的酶类药物

1. 胰蛋白酶 用于脓胸、血胸、外科炎症、溃疡、创伤性损伤、瘘管等所产生的局部水肿、血肿、脓肿，也可用于呼吸道疾病及毒蛇咬伤的治疗。

2. 糜蛋白酶 胰凝乳蛋白酶。能迅速分解蛋白质，现用于创伤或手术后创口愈合、抗炎及防止局部水肿、积血、扭伤血肿、乳房手术后水肿、中耳炎、鼻炎等。

3. 菠萝蛋白酶 是从菠萝液汁中提出的一种蛋白水解酶，临床上可用作抗水肿和抗炎药。口服后能加强体内纤维蛋白的水解作用，将阻塞于组织的纤维蛋白及血凝块溶解，从而改善体液的局部循环，导致炎症和水肿的消除。与抗生素、化疗药物并用，能促进药物对病灶的渗透和扩散。

4. 链激酶 能促进体内纤维蛋白溶解系统的活力，使纤维蛋白溶酶原转变为活性的纤维蛋白溶酶，引起血栓内部崩解和血栓表面溶解。用于预防或治疗深静脉血栓形成、周围动脉血栓形成或血栓栓塞、血管外科手术后的血栓形成等。

5. 玻璃酸酶 也称为透明质酸酶、玻糖酸酶。是一种能水解透明质酸的酶（透明质酸为组织基质中具有限制水分及其他细胞外物质扩散作用的成分），可促使皮下输液或局部积贮的渗出液或血液加快扩散而利于吸收。主要用于以下情况：①一些以缓慢速度进行静脉滴注的药物如各种氨基酸、水解蛋白等，在与本品合用的情况下可改为皮下注射或肌内注射，使吸收加快。②皮下注射大量的某些抗生素（如链霉素）或其他化疗药物（如异烟肼等）以及麦角制剂时，合用本品，可使扩散加速，减轻痛感。③将该酶溶解在局部麻醉药中，再加入肾上腺素，可加速麻醉，并减少麻醉药的用量。④与胰岛素合用，可防止注射局部浓度过高而出现的脂肪组织萎缩。胰岛素休克疗法中用该酶，可促使胰岛素吸收量增加，注射较小量即可达血中有效浓度，因而减小其危险性。

6. 超氧化物歧化酶 是一种催化超氧负离子进行氧化还原反应，生成氧和双氧水的氧化还原酶。具有抗氧化、抗辐射、抗衰老的作用，对红斑狼疮、皮肌炎、结肠炎以及氧中毒等疾病有显著疗效。能清除炎症中伴随产生的自由基，显示抗炎作用；可用于前列腺癌或膀胱癌放射治疗后遗症、类风湿关节炎。

7. 青霉素酶 能够分解青霉素分子中的β-内酰胺环，使之变成青霉噻唑酸，消除因注射青霉素引起的过敏反应。

8. 溶菌酶 有抗菌、抗病毒、止血、消肿及加快组织恢复功能等作用。临床用于慢性鼻炎、急慢性咽喉炎、口腔溃疡、水痘、带状疱疹和扁平疣等。

9. 抑肽酶 能抑制胰蛋白酶及糜蛋白酶，阻止胰脏中其他活性蛋白酶原的激活及胰蛋白酶原的自身激活，故可用于各型胰腺炎的治疗与预防；能抑制纤维蛋白溶酶和纤维蛋白溶酶原的激活因子，阻止纤维蛋白溶酶原的活化，用于治疗和预防各种纤维蛋白溶解所引起的急性出血；能抑制血管舒张素，从而抑制其舒张血管、增加毛细血管通透性、降低血压的作用，用于各种严重休克状态。此外，本品在腹腔手术后直接注入腹腔，能预防肠粘连。

10. L-天冬酰胺酶 是第一种用于治疗癌症的酶，特别对治疗白血病有显著疗效。L-天冬酰胺酶催化天冬酰胺水解，生成天冬氨酸和氨。人体的正常细胞内由于有天冬酰胺合成酶，可以合成L-天冬酰胺而使蛋白质合成不受L-天冬酰胺酶影响；而对于缺乏天冬酰胺合成酶的癌细胞来说，由于本身不能合成L-天冬酰胺，外来的天冬酰胺又被L-天冬酰胺酶分解掉，因此蛋白质合成受阻，从而导致癌细胞死亡。

三、酶类药物的制备

酶的制备一般包括三个基本步骤，即提取、纯化和结晶（或制剂）。

（一）酶的提取

胞外酶可以直接进行提取分离；胞内酶的提取要采用多种破碎方法，常用的有如下方法。

1. 机械法 如绞碎、刨碎、匀浆、研磨、挤压或超声波等。

2. 化学法 用盐、碱、表面活性剂、EDTA、丙酮和正丁醇等可使细胞破碎、颗粒体结构解体，从而把酶释放出来。

3. 酶解法 用溶菌酶、脱氧核糖核酸酶、磷脂酶等降解细胞膜结构进行提取。

4. 冻融法 反复冷冻与融化时由于细胞中形成了冰晶及剩余液体中盐浓度的增高可以使细胞破裂。

酶的提取溶剂可以用水、一定浓度的乙醇、乙二醇、丁醇和稀盐溶液、缓冲溶液等；也可以用稀碱或稀酸溶液。溶剂用量一般为原料质量的1~5倍。

为了减少提取液体积，可用多段逆流提取或柱型抽提法。液渣分离可用过滤法（如板框压滤、旋转真空过滤）或离心法。过滤时可加硅藻土、纸浆等为助滤剂。离心时可加入氢氧化铝凝胶、磷酸钙凝胶等以除去悬浮的胶体物质。

（二）酶液的浓缩

工业上酶液浓缩可用真空减压浓缩、薄膜浓缩、冷冻浓缩和逆向渗透作用进行浓缩，实验室对于少量酶液可通过葡聚糖凝胶（分子筛）浓缩、聚乙二醇浓缩、超滤法浓缩等方法，减少提取液容积，便于进一步纯化。

（三）杂质的去除

浓缩后酶的提取液中含有杂蛋白、多糖、脂类及核酸等杂质，可通过蛋白质变性、蛋白质沉淀、核酸沉淀、加热、调节pH等方法去除。

（四）酶的纯化

凡用于蛋白质的纯化手段均适用于酶的纯化，如盐析法、聚乙二醇沉淀法、有机溶剂分级沉淀法、等电点法、选择性沉淀法、各种柱层析法（吸附层析、离子交换层析、凝胶过滤）、各种电泳法及亲和层析等。但在提纯时必须尽量减少酶活力的损失，各项操作均需在低温下进行。一般在0~5℃进行，用有机溶剂分级分离时必须在-15℃进行。同时为防止重金属使酶失活或者防止酶蛋白中的巯基被氧化失活，需在抽提溶剂中加入少量EDTA螯合剂和巯基乙醇。在整个分离提纯过程中不能过度搅拌，以免产生大量泡沫，而使酶变性。

纯化的酶制剂要达到一定的纯度，酶的纯度用比活力表示：

比活力=酶活力单位数/毫克蛋白

当酶达到一定纯度时，就可以进行结晶，结晶也是纯化酶的有效手段之一。酶的结晶通常选用盐析法，即在低温下，用丙酮、乙醇等有机溶剂逐渐添加硫酸铵、氯化钠等中性盐，使酶慢慢结晶出来。

拓展阅读

酶活力

在一定条件下，酶活力与酶浓度成正比，所以酶的活力可代表酶的含量。酶活力的高低是用酶活力单位（U）来表示。

酶活力单位是指酶在最适条件下，单位时间内底物的减少量或产物的生成量。即“在25℃，以最适底物浓度，最适缓冲液的离子强度以及最适pH等条件下，每分钟催化消耗1微摩尔（μmol）底物的酶量为一个酶活力单位”。

本章小结

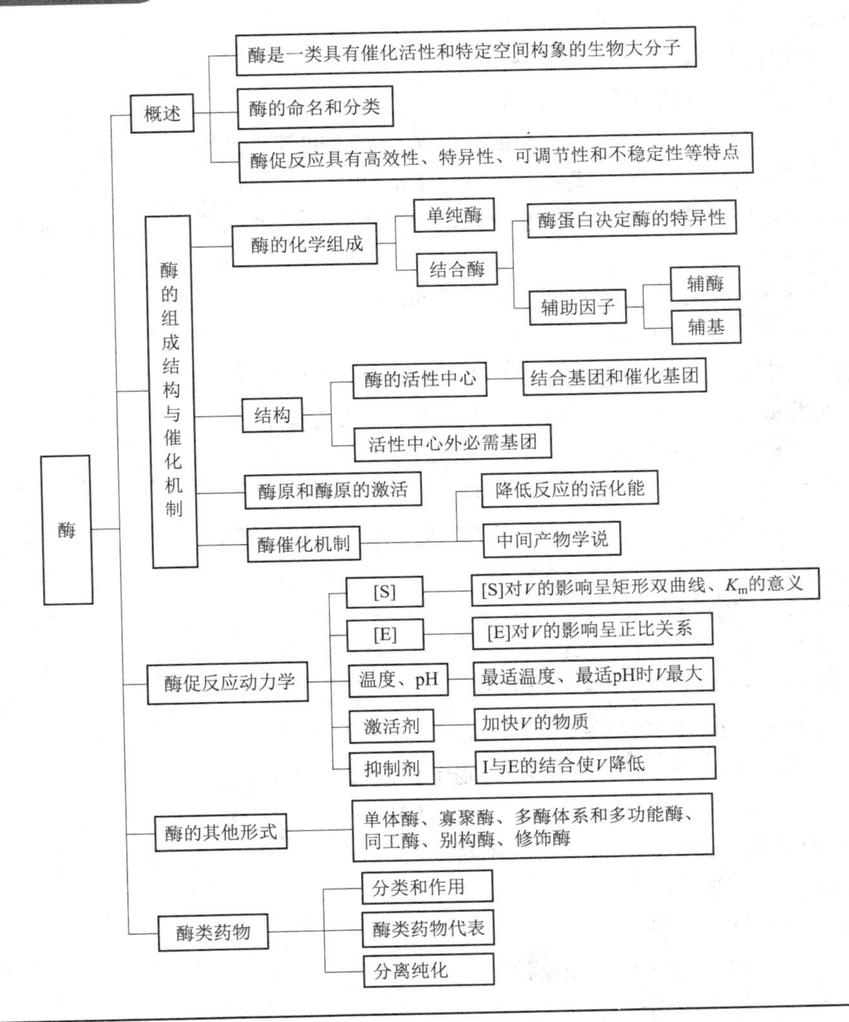

目标检测

一、单项选择题

1. 关于酶的叙述哪项是正确的（　　）。
   A. 所有的酶都含有辅基或辅酶　　B. 只能在体内起催化作用
   C. 大多数酶的化学本质是蛋白质　　D. 能改变化学反应的平衡点加速反应的进行
2. 唾液淀粉酶对淀粉起催化作用，对蔗糖不起作用这一现象说明了酶有（　　）。
   A. 不稳定性　　B. 可调节性　　C. 高效性　　D. 专一性
3. 辅酶与辅基的主要区别在于（　　）。
   A. 分子大小不同　　B. 理化性质不同
   C. 与酶蛋白结合紧密程度不同　　D. 分子结构不同
4. 下列关于酶蛋白和辅助因子的叙述，哪一点不正确（　　）？

A. 酶蛋白或辅助因子单独存在时均无催化作用
B. 一种酶蛋白只与一种辅助因子结合成一种全酶
C. 一种辅助因子只能与一种酶蛋白结合成一种全酶
D. 酶蛋白决定结合酶促反应的专一性

5. 关于酶活性中心的叙述，哪项不正确（　　）？
A. 酶与底物接触只限于酶分子上与酶活性密切相关的较小区域
B. 必需基团可位于活性中心之内，也可位于活性中心之外
C. 一般来说，活性中心是多肽链的一级结构上相邻的几个氨基酸的残基相对集中形成的空间区域
D. 酶原激活实际上是活性中心形成或暴露的过程

6. 酶原之所以没有活性是因为（　　）。
A. 酶蛋白肽链合成不完全　　B. 活性中心未形成或未暴露
C. 酶原是普通的蛋白质　　D. 缺乏辅酶或辅基

7. 酶高度的催化效率是因为它能（　　）。
A. 升高反应温度　　B. 增加反应的活化能
C. 降低反应的活化能　　D. 改变化学反应的平衡点

8. K_m值的概念是（　　）。
A. 与酶对底物的亲和力无关
B. 是达到V_{max}所必需的底物浓度
C. 同一种酶的各种同工酶的K_m值相同
D. 是达到$1/2V_{max}$的底物浓度

9. 如果有一酶促反应，其［S］$=1/2K_m$，则V值应等于多少V_{max}（　　）？
A. 0.25　　B. 0.33　　C. 0.50　　D. 0.67

10. 关于pH对酶活性的影响，以下哪项不对（　　）？
A. 影响必需基团解离状态
B. 影响底物的解离状态
C. 酶在一定的pH范围内发挥最高活性
D. 破坏酶蛋白的一级结构

二、简答题

1. 什么是米氏方程，米氏常数K_m的意义是什么？
2. 比较三种竞争性抑制作用的机制有何不同。

实训项目

实训一　酶特性的检验

一、实训目的

通过实验，检验酶作用的高效性、特异性和高度不稳定性。

二、实训内容

（一）实训原理

酶作为生物催化剂，能大大降低反应的活化能，从而加快反应速度。过氧化氢酶广泛分布于生物体内，能将代谢中产生的有害的 H_2O_2 分解成 H_2O 和 O_2，使 H_2O_2 不致在体内大量积累。其催化效率比无机催化剂铁粉高 10 个数量级，本实验从产生氧气（由水中逸出小气泡）的多少判断 H_2O_2 分解速度。

酶与一般催化剂最主要的区别之一是酶具有高度的特异（专一）性，即一种酶只能对一种或一类化合物起催化作用。例如，淀粉酶能催化淀粉水解，生成还原性的麦芽糖和葡萄糖，使班氏试剂中 Cu^{2+} 还原成砖红色（Cu_2O 沉淀）。但淀粉酶不能催化蔗糖水解起作用，且蔗糖是非还原性的糖，不与班氏试剂反应。

（二）实训材料、试剂和器材

1. 材料 发芽的马铃薯方块（生、熟）。

2. 试剂

（1）Fe 粉

（2）2% H_2O_2（用时现配）

（3）唾液淀粉酶溶液：每位同学进实验室自己制备，先用蒸馏水漱口，以清除食物残渣，再含咀嚼数分钟后吐出收集在烧杯中，备用。

（4）1% 蔗糖溶液：取分析纯蔗糖 1g，溶解后加蒸馏水至 100ml。

（5）1% 淀粉溶液：取可溶性 1g 淀粉和 0.3g NaCl，用 5ml 蒸馏水悬浮，慢慢倒入 60ml 煮沸的蒸馏水中，煮沸 1 分钟，冷却至室温，加水到 100ml，冰箱贮存。

（6）班氏试剂（Benedict 试剂）：17.3g $CuSO_4 \cdot 5H_2O$，加 100ml 蒸馏水加热溶解，冷却；173g 柠檬酸钠和 100g $Na_2CO_3 \cdot 2H_2O$ 以 600ml 蒸馏水加热溶解，冷却后将 $CuSO_4$ 溶液慢慢加到柠檬酸钠-碳酸钠溶液中，边加边搅匀，最后定容至 1000ml。如有沉淀可过滤除去，此试剂可长期保存。

（7）磷酸缓冲液

A 液：0.2mol/L Na_2HPO_4，即称取 28.40g Na_2HPO_4（或 71.64g $Na_2HPO_4 \cdot 12H_2O$）溶解后加蒸馏水至 1000ml。

B 液：0.1mol/L 柠檬酸，即称取 21.01g 柠檬酸（$C_6H_8O_7 \cdot H_2O$）溶解后加蒸馏水至 1000ml。

pH 6.8 缓冲液：772ml A 液+228ml B 液。

3. 仪器 恒温水浴箱；试管；小烧杯；移液器 1ml、5ml；胶头滴管。

（三）实训方法和步骤

1. 酶催化的高效性和不稳定性 取 4 支试管，进行以下操作：

试管	2% H_2O_2（ml）	生马铃薯	熟马铃薯	Fe 粉	H_2O（ml）
1	3	若干块	/	/	/
2	3	/	若干块	/	/
3	3	/	/	1 小匙	/
4	3	/	/	/	1

观察各管中气泡产生的多少，并解释原因。

2. 酶催化的特异性和不稳定性

（1）煮沸唾液的准备：取上述稀释唾液约5ml，在酒精灯上煮沸，冷却备用。

（2）取3支试管，进行以下操作：

试管	pH 6.8 缓冲溶液（滴）	1%淀粉溶液（滴）	1%蔗糖溶液（滴）	唾液（滴）	煮沸唾液（滴）
1	20	10	/	5	/
2	20	10	/	/	5
3	20	/	10	5	/

（3）各管摇匀，置37℃水浴保温10分钟左右，取出各管，分别加班氏试剂20滴，摇匀，置沸水浴中煮沸，观察结果，并解释原因。

（四）实训思考

1. 在酶催化的特异性实验中若用蔗糖酶取代唾液，则实验结果将有何变化？

2. 根据添加煮沸唾液试管的实验结果，说明酶促反应具有什么特点？

实训二　溶菌酶的结晶和活力测定

一、实训目的

通过实训，进一步明确溶菌酶结晶和酶活力测定的基本原理和方法，学会酶分离纯化技术，进一步熟悉分光光度计、离心机的使用；学会透析袋、布氏漏斗的正确使用操作。

二、实训内容

（一）实训原理

溶菌酶属水解酶类，它水解细菌细胞壁多糖，破坏细胞壁，使细菌崩解。溶菌酶广泛存在于生物界，动物的眼泪、鼻涕、唾液、血液和其他分泌物中也含有溶菌酶，其中鸟类卵中溶菌酶含量也特别丰富。鸡蛋清溶菌酶的等电点在pH 10~11之间，为碱性蛋白质，在近中性环境中可为阳离子交换树脂吸附，利用这个性质可将它和鸡蛋清中的其他蛋白质分离。

（二）实训材料、试剂和器材

1. 材料　生鸡蛋500g。

2. 试剂

（1）10%硫酸铵，固体硫酸铵；丙酮（C. P.）；鸡蛋清（鸡蛋）；底物干菌粉；“724”树脂。

（2）pH 6.5 0.15mol/L磷酸缓冲液：先分别配制0.15mol/L NaH_2PO_4 68.5ml及0.15mol/L Na_2HPO_4 31.5ml，混匀，即得（pH计校正）。

pH 6.2 0.1mol/L磷酸缓冲液：称取 $NaH_2PO_4 \cdot 2H_2O$ 11.70g，$NaH_2PO_4 \cdot 12H_2O$ 7.86g，EDTA 0.392g，置1000ml容量瓶中加水至刻度，摇匀，即得（pH计校正）。

3. 器材　pH试纸；分光光度计；抽滤瓶及布氏漏斗；研钵；恒温水浴箱；离心机；真空干燥器；透析袋；1cm×35cm层吸柱；0.1ml、0.2ml、5ml的移液器；制冰机；冰箱。

（三）实训方法和步骤

1. 蛋清准备　从4~5只新鲜鸡蛋中小心取出蛋清80~100ml，充分打匀，用纱布滤去杂质，计量体积，并用试纸测量 pH，用冰预冷至 0℃备用。

2. 树脂吸附 将处理好的“724”树脂用布氏漏斗抽干，取湿树脂 20g（为蛋清量的 1/5~1/4），在不断搅拌下加入预冷的蛋清中，再继续搅拌 3 小时，使充分吸附，静置过夜（0~5℃）。

3. 洗涤 倾出上层蛋清，用蒸馏水清洗树脂 2~3 次，再用 pH 6.5 的 0.15mol/L 磷酸缓冲液 40ml 搅拌清洗两次，用布氏漏斗抽干。

4. 洗脱 将树脂移入烧杯，将 10% 硫酸铵溶液 30~40ml（树脂量 2 倍，不可多用）分 3 次搅拌（15 分钟）洗脱，抽干树脂，合并洗脱液（滤液），树脂保存供再生。

5. 盐析 测量洗脱液总体积，按 33% 量（*W/V*）在搅拌下逐渐加入研细的固体硫酸铵，使浓度达 40%。静置，等沉淀结絮下沉后，小心吸去上清，将沉淀离心 3000r/min，10 分钟，或用布氏漏斗抽滤，收集沉淀。

6. 脱盐 沉淀用 1ml 蒸馏水溶解，转入透析袋，对蒸馏水透析 24 小时（0~5℃冰箱），中途换水 3~5 次，或流水（搅拌）透析 24 小时。因该酶相对分子质量小（17500），透析时间不可太长，防止酶渗出。

7. 去除碱性杂蛋白 将上述透析液用 1mol/L NaOH（最后用 0.1mol/L NaOH）溶液调至 pH 8.0~8.5。如有沉淀，离心除去。

8. 结晶 用骨勺在搅拌下慢慢向酶液中加入 5%（*W/V*）研细的固体 NaCl，注意防止局部过浓。加完后用 NaOH 溶液慢慢调至 pH 9.5~10.0，室温下静置 48 小时。

9. 结晶观察与收取 肉眼观察有结晶形成后，用滴管吸取结晶液 1 滴置于载玻片上，在低倍显微镜下观察并画出结晶图形。离心或过滤收集酶晶体，用少量丙酮洗涤晶体 2 次，以 P_2O_5真空干燥后称重。

10. 活力测定

（1）酶液配制：准确称取溶菌酶样品 5mg，用 0.1mol/L pH 6.2 磷酸缓冲液配成 1mg/ml 的酶液，再将酶液稀释成 50μg/ml。

（2）底物配制：取干菌粉 5mg 加上述缓冲液少许，在乳钵中（或匀浆器中）研磨 2 分钟，倾出，稀释到 15~25ml，此时在光电比色计上的吸光度最好在 0.5~0.7 范围内。

（3）活力测定：先将酶和底物分别放入 25℃恒温水浴预热 10 分钟，吸取底物悬浮液 4ml 放入比色杯中，在 450nm 波长读出吸光度，此时零时读数。然后吸取样品液 0.2ml（相当于 10μg 酶）加入比色皿，每隔 30 秒读 1 次吸光度，到 90 秒时共记下 4 个读数。

11. 结果处理

（1）计算活力单位的定义：在 25℃，pH 6.2，波长为 450nm 时，每分钟引起吸光度下降 0.001 为 1 个活力单位。

$$总活力收率=酶重量\times效价/蛋清总数量\times100\%$$

（2）计算溶菌酶的收率并由其效价计算总活力回收率。

$$每 1mg 酶活力单位数=吸光度差值\times1000/样品毫克数$$

$$收率=(干燥酶重量/蛋清总重量)\times100\%$$

（四）温馨提示

1. 底物的制备 菌种 *Microcooccus lysodeik ticus* 接种于培养基上，28℃培养 48 小时，用蒸馏水将菌体冲洗下来，经纱布过滤，滤液离心（4000r/min，10 分钟），倾去上清液。用蒸馏水洗菌体数次，每次离心以除去混杂的培养基，然后将菌体用少量水悬浮，冰冻干燥。如无冻干设备，可将菌体刮在玻璃板上成一薄层冷风吹干，置干燥器中。

2. 树脂处理 市售“724”树脂先用清水漂洗，除去细微杂质，加入1mol/L NaOH溶液，放置4~8小时，并间歇搅拌，然后抽去碱液，用蒸馏水洗至pH 7.5左右。再用1mol/L盐酸如上法浸泡树脂，所用盐酸需过量，搅拌，保证树脂完全转变为氢型，然后抽去酸液。用蒸馏水洗至pH 5.5，平衡过夜，如pH不低于5.0，抽干，用2mol/L NaOH把树脂转变为钠型，但须控制pH不超过6.5，抽干，将树脂用pH 6.5、0.15mol/L磷酸缓冲液浸泡过夜，如pH下降再用2mol/L NaOH溶液调回pH 6.5，冷藏（不使结冰）备用。

3. 蛋清的准备 由鸡蛋采集蛋清时勿使蛋黄混入，因蛋黄内的脂类成分会影响树脂对溶菌酶的吸附能力。

（五）实训思考

1. 分析溶菌酶收率高低及酶晶型不同的操作原因。
2. 溶菌酶结晶时为何要将母液调整至pH 9.5~10，并加入NaCl？
3. 试述用硫酸铵溶液从树脂上洗脱溶菌酶的原理。
4. 还可采用什么方法将溶菌酶从树脂上洗脱下来？

实训三 血清丙氨酸氨基转移酶活力测定

一、实训目的

通过实训，进一步明确丙氨酸氨基转移酶活力测定的基本原理和方法，学会试剂盒法测定丙氨酸氨基转移酶活力技术，学会微型移液器的正确操作和标准曲线的绘制，进一步熟悉分光光度法定量测定技术。

二、实训内容

（一）实训原理

转氨酶又叫氨基转氨酶，它催化转氨基反应。转氨酶在氨基酸的分解、合成及三大物质的相互联系、相互转化上起很重要的作用。转氨酶种类很多，在动物的心、脑、肾、肝细胞中含量很高，在植物和微生物中分布也很广，其中丙氨酸氨基转移酶（ALT）又称谷丙转氨酶（GPT），在肝细胞中含量最丰富，它催化α-酮戊二酸和L-丙氨酸反应生成L-谷氨酸和丙氨酸。正常人的血清ALT含量很少，活性很低，但当肝细胞受损时（如肝炎等病变），酶从肝细胞释放到血液中，使血清中的ALT活性显著增高。测定ALT是临床上检查肝功能是否正常的重要指标之一。

ALT作用于L-丙氨酸和α-酮戊二酸后生成的一种产物——丙酮酸可与2,4-二硝基苯肼反应生成2,4-二硝基苯腙。2,4-二硝基苯腙在碱性条件下呈棕红色，其颜色的深浅与丙酮酸的含量成正比，可用分光光度法进行丙酮酸定量测定。因此在一定的条件下，可进行ALT活力的测定并计算出血清中ALT的活力单位数。

（二）实训材料、试剂和器材

1. 试剂 0.1mol/L磷酸缓冲液（pH 7.4）、2μmol/L丙酮酸钠标准液、ALT基质液、2,4-二硝基苯肼液、0.4mol/L NaOH溶液。

2. 器材 试管及试管架、移液器或吸量管、恒温水浴锅、721型分光光度计、新鲜人血清。

（三）实训方法和步骤

1. 标准曲线制作

（1）取试管6支，标号，进行以下操作。

试剂/试管编号	0	1	2	3	4	5
V（0.1mol/L 磷酸缓冲液）/ml	0.10	0.10	0.10	0.10	0.10	0.10
V（ALT 底物液）/ml	0.50	0.45	0.40	0.35	0.30	0.25
V（丙酮酸钠标准液）/ml	0.00	0.05	0.10	0.15	0.20	0.25
相当于丙酮酸实际含量/μmol	0	0.1	0.2	0.3	0.4	0.5

（2）混匀后，置 37℃水浴预温 5 分钟，再分别加入 2,4-二硝基苯肼液 0.5ml，混匀，37℃水浴保温 20 分钟，各加入 0.4mol/L NaOH 5ml，混匀继续保温 10 分钟，取出，冷至室温。

（3）以 0 号管为对照调零，在 520nm 波长下用分光光度计测定各管的吸光度（A_{520}）。

（4）以丙酮酸的实际含量（μmol）为横坐标，各管的吸光度（A_{520}）为纵坐标，在坐标纸上绘出标准曲线。

2. 血清 ALT 活力的测定

（1）取试管两支，标明测定管和空白管，各加入 ALT 基质液 0.5ml，37℃水浴保温 5 分钟。

（2）向测定管中加入血清 0.1ml，混匀后立即计时，继续在 37℃水浴中保温 30 分钟。

（3）至 30 分钟后，向测定管和空白管各加入 2,4-二硝基苯肼液 0.5ml，混匀，向空白管补加 0.1ml 的血清。

（4）2 支试管各加入 0.4mol/L NaOH 5ml，混匀，保温 10 分钟后，取出，冷至室温。

（5）以空白管为对照，读取 520nm 波长下测定的吸光值 A_{520}。

（6）在标准曲线上查出丙酮酸的 μmol 数，并换算出丙酮酸的 μg 数。

（7）血清 ALT 活力计算：本方法规定在 37℃、pH 为 7.4 时，血清中的 ALT 与 ALT 底物液作用 30 分钟，每生成 2.5μg 丙酮酸的酶量为 1 个酶活力单位（U）。据此计算每 1ml 血清中 ALT 的活力单位数。

（四）计算

计算：ALT 的活力单位（U）= 丙酮酸的 μg 数/2.5

第五章

维生素

学习目标

知识要求 **1. 掌握** 维生素的概念、分类，维生素与辅助因子的关系。
2. 熟悉 维生素的生理功能与缺乏症。
3. 了解 维生素的来源及应用。

技能要求 灵活应用维生素知识，正确理解维生素类药物，科学看待维生素类功能食品。

食物中的糖类、脂类、蛋白质统称为三大营养物质，是体内能量的主要来源。而食物中还有一类小分子有机物，对生命和健康特别重要，不可缺乏也不可过多。从唐代“药王”孙思邈用动物肝脏防治夜盲症，到1911年波兰科学家Funk用米糠治疗脚气病，科学家们经过艰苦努力终于揭开维生素的神秘面纱，使我们得以了解更多维生素的生理功能并应用到实际工作和生活中。本章重点介绍维生素的概念、维生素与酶及辅助因子的关系和维生素的药用。

案例导入

案例： 15世纪初至17世纪末，欧洲人开始大规模地扬帆远航，发现了之前未知的大片陆地和水域。大航海时代大部分船员是被坏血病夺走生命的。18世纪英国的一个海军医生Lind（林德），做了一个有趣的实验，两组病人每天基本吃相同的食物，但其中一组每天再多吃两个橘子和一个柠檬，后面的结果大家也许猜到了，多吃橘子和柠檬的病人很快康复了。

讨论： 1. 为什么在陆地上生活的人群很少患坏血病而航海的船员会患病呢？
2. 为什么多吃橘子和柠檬的病人会很快康复？

第一节 概述

一、维生素的概念与分类

维生素（vitamin）是维持机体正常生理功能所必需的一类小分子有机化合物，体内不能合成或合成不足，必须由外界供给。维生素既不是构成机体组织的成分，也不是体内的供能物质，但它是物质代谢所必需的。已知绝大多数维生素作为酶的辅助因子的组成成分或本身就是酶的辅助因子，发挥着特有的生理功能。

根据溶解性质不同，维生素可分为两大类。

脂溶性维生素（lipid-soluble vitamin）：维生素 A、维生素 D、维生素 E、维生素 K。

水溶性维生素（water-soluble vitamin）：维生素 B 族包括维生素 B_1、维生素 B_2、维生素 B_6、维生素 B_{12}、维生素 PP、泛酸、叶酸、生物素和维生素 C。

拓展阅读

餐后服用维生素

餐后胃肠道有较充足的油脂，有利于脂溶性维生素的溶解，促使其更容易吸收。水溶性维生素 B_1、维生素 B_2、维生素 C 等如果空腹服用，会较快地通过胃肠道，可能在人体组织未充分吸收利用之前就排出。故维生素宜餐后服用。

二、维生素缺乏症的原因

维生素对人体健康至关重要，机体缺乏维生素时物质代谢就会发生障碍，引起疾病，称为维生素缺乏症。但在一般情况下，只要正常进食，消化吸收功能正常，一般人不必另行补充。而一旦维生素缺乏往往是多种维生素缺乏，常见原因如下。

1. 摄入量不足 常见于食物供给的维生素不足，如膳食结构不合理、严重偏食或长期食欲不振、吞咽困难，加工储藏烹调方法不当等。

2. 吸收障碍 老年人消化功能降低以及脂肪消化吸收功能障碍的患者，常伴有脂溶性维生素吸收障碍。

3. 需要量增加 孕妇、哺乳期妇女、儿童、重体力劳动者及慢性消耗性疾病患者对维生素需要量相对增高而补充相对不足，易引起维生素缺乏症。

4. 合成量不足 日光照射不足，可引起维生素 D_3缺乏；长期服用广谱抗生素会抑制肠道细菌的生长，从而造成某些维生素缺乏。

拓展阅读

临床患者维生素缺乏的常见原因

临床患者常因不能进食或进食不足，消化吸收障碍、分解代谢增强、生理需要量增加、不合理的肠外营养支持以及用药干扰（长期、大量使用头孢菌素类、碳青霉烯类抗菌药物、缓泻药等）而易造成维生素缺乏。

第二节 脂溶性维生素

脂溶性维生素 A、维生素 D、维生素 E、维生素 K，不溶于水，易溶于脂类及有机溶剂。在食物中与脂类共存，并随脂类一同吸收，吸收后与血液中脂蛋白及某些特殊结合蛋白特异结合而运输，排泄效率低，可在体内蓄积，摄入过多对机体有害，甚至引起中毒症。

一、维生素 A

（一）化学本质与来源

维生素 A 又称抗干眼病维生素，其化学本质是含 β-白芷酮环的不饱和的一元醇，天然维生素 A 包括维生素 A_1（视黄醇）和维生素 A_2（3-脱氢视黄醇）两种，具有还原性（图 5-1）。

维生素 A 只存在于动物性食物（如肝脏、蛋黄）中，植物中不含维生素 A，但有色蔬菜（如胡萝卜、红辣椒等）含多种胡萝卜素，其中 β-胡萝卜素最为重要，它在体内能转化成维生素 A，故称为维生素 A 原（图 5-1）。

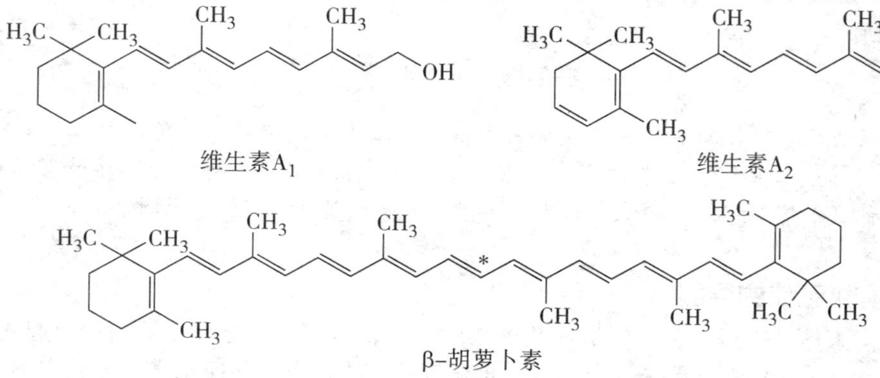

H_3C CH_3 CH_3 CH_3 OH

维生素A_1

H_3C CH_3 CH_3 CH_3 OH CH_3

维生素A_2

H_3C CH_3 CH_3 CH_3 * H_3C CH_3 CH_3 CH_3 H_3C CH_3

β-胡萝卜素

图 5-1 维生素 A 及维生素 A 原的结构

（二）生化作用

1. 构成视觉细胞的感光物质 人眼对弱光的感受依赖于视觉细胞中的视紫红质，维生素 A 是构成视紫红质的成分，故缺乏时，视紫红质合成减少，会导致暗视觉障碍——夜盲症。

2. 维持上皮组织的分化与完整 维生素 A 参与糖蛋白的合成，上皮组织缺乏时会引起干燥、增生和角质化，在眼部引起角膜、结膜干燥产生干眼病；在皮脂腺及汗腺发生毛囊丘疹与毛发脱落。

3. 其他作用 维生素 A 和 β-胡萝卜素是有效的抗氧化剂，有抗癌作用，并可促进生长发育及繁殖，儿童缺乏可导致生长发育及骨骼生长不良。但长期过量（超过需要量的 10~20 倍）服用，可引起头痛、恶心、腹泻、肝脾大等不良反应，孕妇摄取过量易发生胎儿畸形。

课堂互动

通过维生素 A 部分的学习，你能总结一下维生素 A 的适应证吗？

二、维生素 D

（一）化学本质与来源

维生素 D 又称抗佝偻病维生素，其化学本质是类固醇衍生物。天然维生素 D 包括维生素 D_2（麦角钙化醇）和维生素 D_3（胆钙化醇）两类。

人可以从动物性食物（肝、奶、蛋等）中摄取维生素 D，以鱼肝油含量最丰富。体内还可由胆固醇转变成 7-脱氢胆固醇，再经紫外线照射转变为维生素 D_3（VD_3）；植物性食物（如植物油）、微生物（如酵母）中含有的麦角固醇经紫外线照射后转变为维生素 D_2。这些动物、植物、微生物所含有可以转化为维生素 D 的固醇类物质，称为维生素 D 原。

（二）生化作用

1. 调节钙和磷的代谢 维生素 D_2 和维生素 D_3 本身没有生理活性，只有转变为1,25-$(OH)_2$-D_3 才能发挥作用（图5-2），它能促进钙和磷的吸收，维持血钙和血磷的浓度，促使骨骼正常发育。若缺乏维生素D，婴幼儿易导致佝偻病，成年人则发生骨软化症（软骨病）。

2. 过量摄入维生素D会引起中毒 主要表现为高钙血症、导致尿钙过多，易引起肾结石以及软组织钙化。

$$VD_3 \xrightarrow[\text{肝脏}]{\text{25-羟化酶}} 25\text{-}(OH)\text{-}VD_3 \xrightarrow[\text{肾脏}]{1\alpha\text{-羟化酶}} 1,25\text{-}(OH)_2\text{-}VD_3$$

图5-2 维生素 D_3 的生物转化

课堂互动

维生素D临床上可用于治疗哪些疾病？

三、维生素E

（一）化学本质与来源

维生素E又称生育酚，其化学本质是苯骈二氢吡喃的衍生物，可分为生育酚和生育三烯酚两大类，其中以α-生育酚的生理活性最高（图5-3）。自然界中，维生素E主要存在于植物油、油性种子、蔬菜和豆类中；在体内，维生素E主要存在于细胞膜、血浆脂蛋白和脂库中。

维生素E对氧极敏感，极易氧化而保护其他物质不被氧化，是动物和人体中最有效的抗氧化剂。

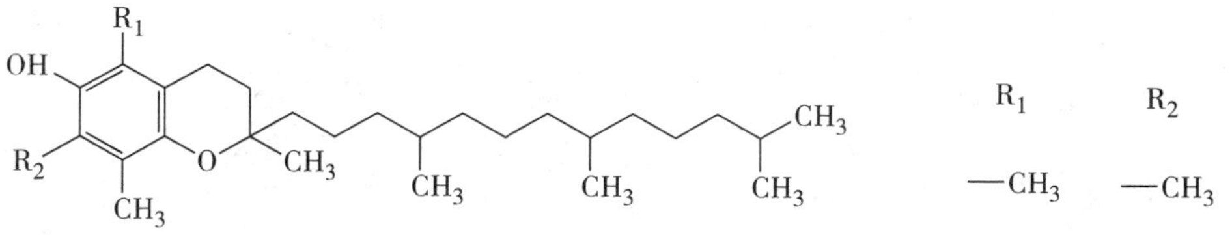

OH, R_1, R_2, O, CH_3, CH_3, CH_3, CH_3, CH_3, CH_3

生育酚

R_1	R_2
—CH_3	—CH_3

α-生育酚

图5-3 维生素E的结构

（二）生化作用

1. 抗氧化作用 维生素E对生物膜有保护与稳定作用，可防止生物膜的不饱和脂肪酸发生过氧化反应。维生素E还可以保护巯基不被氧化，而保持某些酶的活性。还发现维生素E可抑制眼睛晶状体内的脂质过氧化反应，促使末梢血管扩张，改善血液循环。

2. 调节基因表达 维生素E通过调节相关基因表达，在抗炎、维持正常免疫功能等方面发挥作用。维生素E可保护T淋巴细胞、保护红细胞、抗自由基氧化、抑制血小板聚集从而降低心肌梗死和脑卒中的危险性。还对烧伤、冻伤、毛细血管出血、更年期综合征等有很好的疗效。

3. 与动物的生殖功能关系密切 动物实验发现维生素 E 缺乏易导致动物生殖器官发育不良甚至不育，临床上常用维生素 E 防治男女不育症及先兆流产等疾病，但尚未发现人类因缺乏维生素 E 引起的不孕症。

课堂互动

维生素 E 可用于哪些疾病的辅助治疗？

四、维生素 K

（一）化学本质与来源

维生素 K 又称凝血维生素，其化学本质是 2-甲基-1,4 萘醌的衍生物（图 5-4）。天然维生素 K 包括维生素 K_1（植物甲萘醌或叶绿醌）和维生素 K_2（多异戊烯甲萘醌）两种。人体可以从深绿色蔬菜（如菠菜、莴苣等）中摄取维生素 K_1；也可由肠道细菌合成维生素 K_2。人工合成的维生素 K 有很多种，临床上常用的有维生素维生素 K_3、维生素 K_4，可口服或注射。

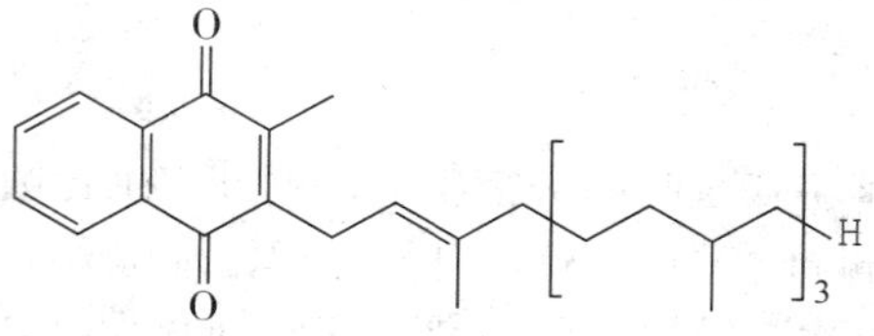

维生素K_1 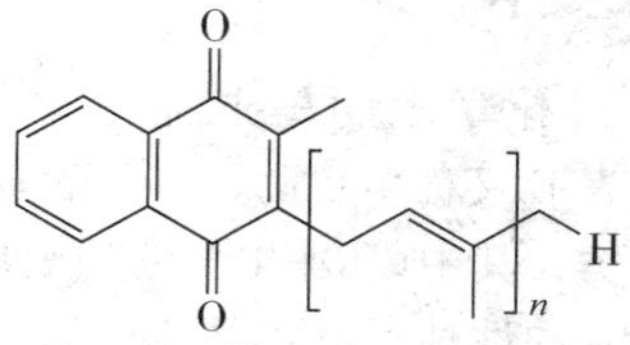　维生素K_2

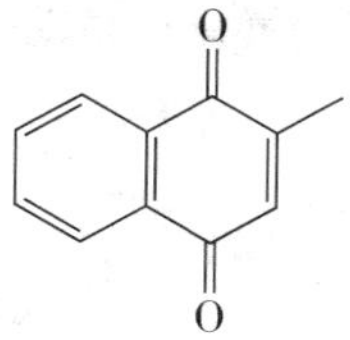

维生素K_3 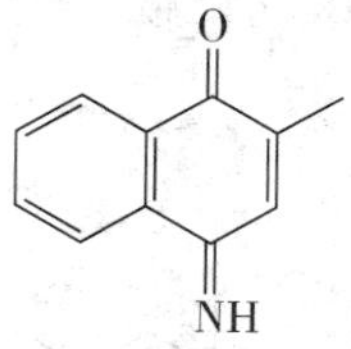　维生素K_4

图 5-4　维生素 K 的结构

（二）生化作用

维生素 K 与凝血有关，能够促进凝血因子的生物合成。大部分凝血因子在肝脏合成，若肝功能障碍，以及胆道、胰腺疾病，脂肪便或长期大量服用广谱抗菌药可导致维生素 K 的缺乏，会因凝血障碍而发生出血倾向。另外，维生素 K 不能通过胎盘屏障，新生儿肠道中缺乏细菌及吸收不良，可能引发维生素 K 缺乏症，故需肌内注射或静脉滴注补充。

课堂互动

为什么临床上建议新生儿注射维生素 K？

第三节 水溶性维生素及其与辅助因子的关系

水溶性维生素包括B族的维生素B_1、维生素B_2、维生素B_6、维生素B_{12}、维生素PP、泛酸、叶酸、生物素和维生素C两大类，它们在体内均不能储存，过剩将随尿排出，因此需要经常从食物中摄取。B族维生素可作为酶的辅助因子或其组成成分，参与体内的物质代谢。维生素C是体内重要的抗氧化剂。

一、维生素B_1

（一）化学本质与来源

维生素B_1又称抗脚气病维生素，分子中有含氨基的嘧啶环和含硫的噻唑环（图5-5），故称硫胺素（thiamine）。维生素B_1主要存在于种子的外皮和胚芽中，米糠、麸皮、酵母菌中含量也极丰富。

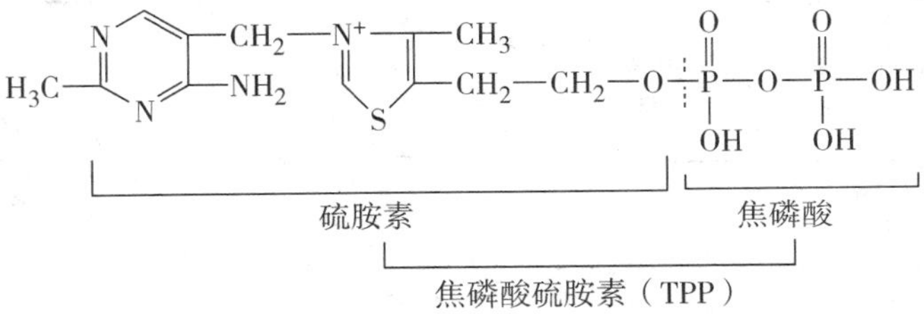

硫胺素　焦磷酸

焦磷酸硫胺素（TPP）

图5-5　维生素B_1的结构

（二）生化作用

1. 在体内转变成活性形式——焦磷酸硫胺素（TPP）　维生素B_1在体内经硫胺素激酶催化，可与ATP作用，转变成焦磷酸硫胺素（TPP）。TPP为其体内的活性形式，见图5-6。

$$\text{硫胺素} + \text{ATP} \xrightarrow[\text{Mg}^{2+}]{\text{硫胺素激酶}} \text{焦磷酸硫胺素(TPP)} + \text{AMP}$$

图5-6　TPP的合成

2. TPP影响代谢　TPP是α-酮酸脱氢酶复合体中的丙酮酸脱羧酶的辅酶，在体内供能代谢中起作用。维生素B_1缺乏时，TPP合成不足，丙酮酸氧化脱羧产生障碍，血液中乳酸、丙酮酸积累，影响细胞的功能，出现多发性神经炎、心力衰竭、四肢无力、肌肉萎缩甚至水肿等症状，临床称脚气病。

TPP是磷酸戊糖途径中转酮醇酶的辅酶，磷酸戊糖途径是合成核糖的来源，因此维生素B_1缺乏使体内核苷酸合成及神经髓鞘中的鞘磷脂的合成受影响，可导致末梢神经炎和其他神经病变。

课堂互动

脚气病与手癣、脚癣是相同病因吗？有什么区别？

3. 抑制胆碱酯酶活性　维生素B_1能抑制胆碱酯酶的活性，使乙酰胆碱水解受阻。当维

生素 B_1 缺乏时，乙酰胆碱分解加强，使神经传导受影响，主要表现为食欲缺乏、消化不良等消化功能障碍。

二、维生素 B_2

（一）化学本质与来源

维生素 B_2 又称核黄素，是核糖醇和7,8-二甲基异咯嗪的缩合物，呈黄色，其水溶液具有荧光，可利用此性质进行定量分析（图5-7）。维生素 B_2 耐热，在酸性环境中较为稳定，遇光易破坏。在碱性溶液中不耐热，故烹调食物中不宜加碱。维生素 B_2 分布广，在鸡蛋、牛奶、肉类、酵母中含量丰富。

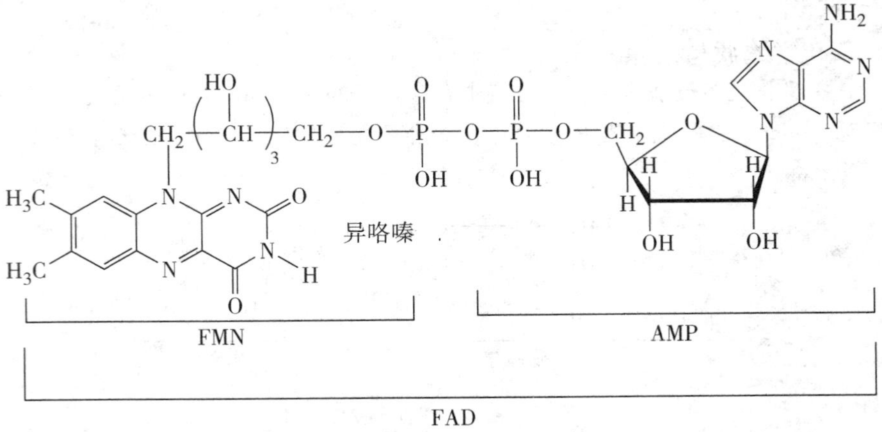

图5-7 维生素 B_2 的活性形式FMN、FAD的结构

（二）生化作用

1. 在体内转变成FMN、FAD，构成黄素酶的辅基 核黄素在体内经磷酸化，可生成黄素单核苷酸（FMN），进一步还可生成黄素腺嘌呤二核苷酸（FAD）。FMN及FAD是体内核黄素的活性形式，是体内多种氧化还原酶如琥珀酸脱氢酶、黄嘌呤氧化酶及NADH脱氢酶等的辅基，主要起递氢体的作用，反应过程如图5-8所示。

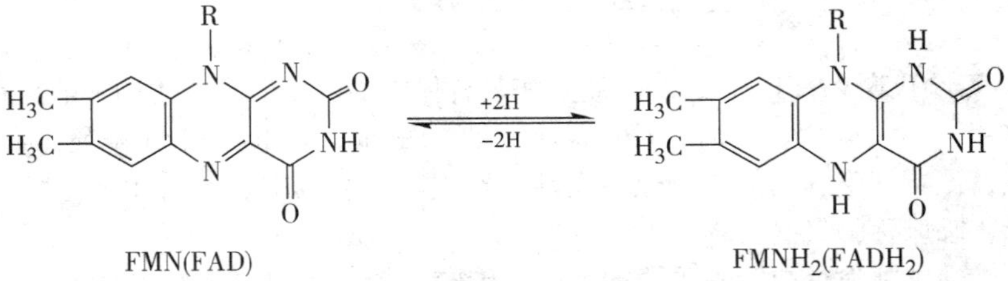

图5-8 FMN（或FAD）的作用机制

2. 促进生长发育，维持皮肤和黏膜的完整性 维生素 B_2 缺乏时，易发生口角炎、舌炎、唇炎、阴囊炎、脂溢性皮炎、眼角膜炎、眼干燥等疾病。

课堂互动

FMN、FAD和维生素 B_2 有什么联系？起什么作用？维生素 B_2 适应证有哪些？

三、维生素 PP

（一）化学本质与来源

维生素 PP 又称抗癞皮病维生素，化学本质为吡啶衍生物，包括尼克酸（也称烟酸）和尼克酰胺（也称烟酰胺），在体内可以相互转化（图 5-9）。维生素 PP 性质稳定，溶于水和乙醇，广泛存在于动、植物中，不易被酸、碱和加热破坏。尼克酰胺可参与组成辅酶Ⅰ（尼克酰胺腺嘌呤二核苷酸 NAD^+）和辅酶Ⅱ（尼克酰胺腺嘌呤二核苷酸磷酸 $NADP^+$），NAD^+和 $NADP^+$是体内多种不需氧脱氢酶的辅酶，如 L-乳酸脱氢酶、L-谷氨酸脱氢酶等。

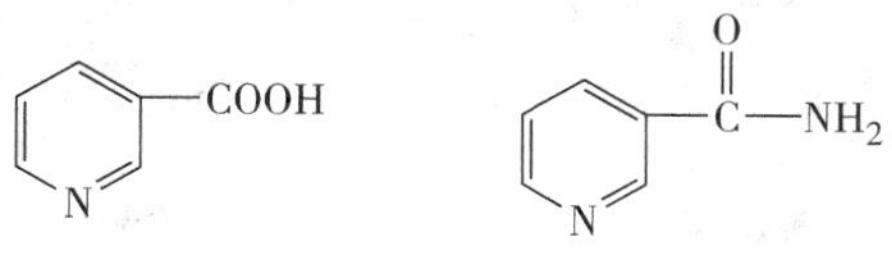

COOH　　O ‖ C—NH_2

N　　N

尼克酸　　尼克酰胺

图 5-9　尼克酸（烟酸）和尼克酰胺（烟酰胺）的结构

（二）生化作用

1. 维生素 PP 在酶促反应中传递氢、传递电子　NAD^+和 $NADP^+$ 分子中尼克酰胺部分具有可逆的加氢、加电子和脱氢、脱电子的特性，参与细胞生物氧化，在氧化过程中起递氢体的作用（图 5-10）。

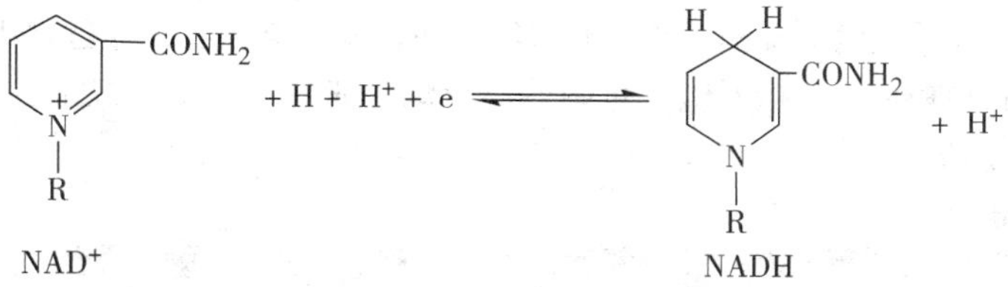

$CONH_2$　+H + H^+ + e ⇌　H H $CONH_2$　+ H^+

$\overset{+}{N}$—R　　N—R

NAD^+　　NADH

图 5-10　NAD^+和 $NADP^+$的作用原理

2. 人类缺乏维生素 PP 引起癞皮病　维生素 PP 缺乏时，可表现为皮炎、腹泻、痴呆，称为癞皮病（又称对称性皮炎）。抗结核药物异烟肼的结构与维生素 PP 十分相似，长期服用异烟肼可能引起维生素 PP 缺乏。

3. 抑制脂肪动员　近年来研究发现，维生素 PP 可抑制脂肪酸的动员，使肝中极低密度脂蛋白（VLDL）的合成下降，从而降低血浆胆固醇，临床用于治疗高胆固醇血症。但长期日服用量超过 500mg 可引起肝损伤。

课堂互动

辅酶Ⅰ、辅酶Ⅱ和维生素 PP 有什么联系？起什么作用？维生素 PP 有哪些临床应用？

四、维生素 B_6

（一）化学本质与来源

维生素 B_6是吡啶的衍生物，包括吡哆醇、吡哆醛、吡哆胺（图 5-11）。对光敏感，遇碱不稳定。维生素 B_6在肝脏中经磷酸化作用，可被活化成磷酸吡哆醛和磷酸吡哆胺。

维生素 B_6广泛分布于动、植物中，如种子、谷类、肝、酵母、肉类、蔬菜等。

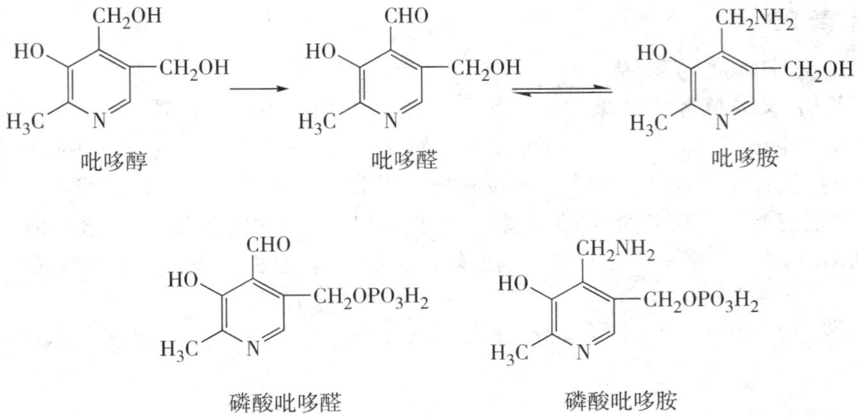

图 5-11 维生素 B_6及其磷酸酯的结构

（二）生化作用

1. 磷酸吡哆醛和磷酸吡哆胺参与各种代谢 维生素 B_6在氨基酸的转氨基作用和脱羧作用中起辅酶作用，与氨基酸代谢密切相关。

磷酸吡哆醛和磷酸吡哆胺是氨基酸氨基转移酶的辅酶，起传递氨基作用；磷酸吡哆醛是氨基酸脱羧酶的辅酶，起脱羧基的作用。如谷氨酸通过脱羧反应，生成γ-氨基丁酸，它是一种抑制性神经递质，故临床上应用维生素 B_6治疗小儿惊厥、妊娠呕吐、神经焦虑等。磷酸吡哆醛还是血红素合成关键酶的辅酶，缺乏时血红素的合成受阻，造成低色素小细胞性贫血。

2. 服用异烟肼需补充维生素 B_6 抗结核药异烟肼能与磷酸吡哆醛结合，使其失去辅酶作用，故服用异烟肼时需补充维生素 B_6。

课堂互动

磷酸吡哆醛和维生素 B_6有什么联系？起什么作用？

五、泛酸

（一）化学本质与来源

泛酸（pantothenic acid）又称遍多酸，因其在自然界广泛分布而得名（图 5-12）。泛酸由α、γ-二羟基-β，β-二甲基丁酸和β-丙氨酸通过肽键缩合而成，其在中性溶液中稳定，但易被酸、碱破坏。食物中含量充足，肠道细菌也能合成供人体利用。

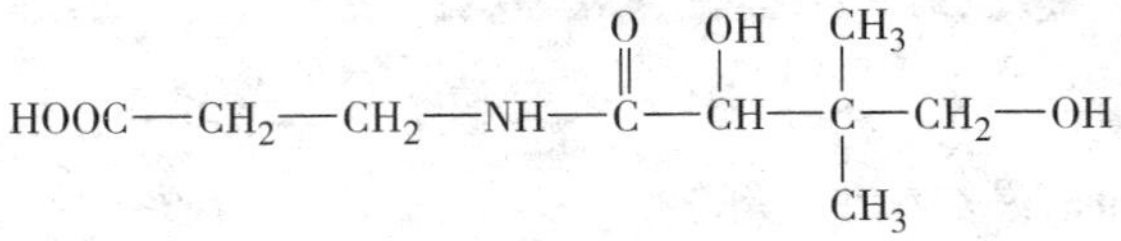

图 5-12 泛酸的结构

课堂互动

你能从泛酸的化学式中找到丙氨酸和二羟基二甲基丁酸的残基吗？

（二）生化作用

泛酸是辅酶 A（CoA-SH）和酰基载体蛋白（ACP-SH）的组成成分，在体内构成酰基转移酶的辅酶，如乙酰基的载体是辅酶 A，构成乙酰 CoA，广泛参与糖类、脂类、蛋白质代谢及肝的生物转化作用，少见缺乏症。辅酶 A 被广泛用于各种疾病的治疗。

六、生物素

（一）化学本质与来源

生物素（biotin）为带有戊酸侧链的噻吩与尿素结合成的骈环，为无色针状结晶，耐酸不耐碱，常温稳定，高温及氧化剂可使之失活（图 5-13）。

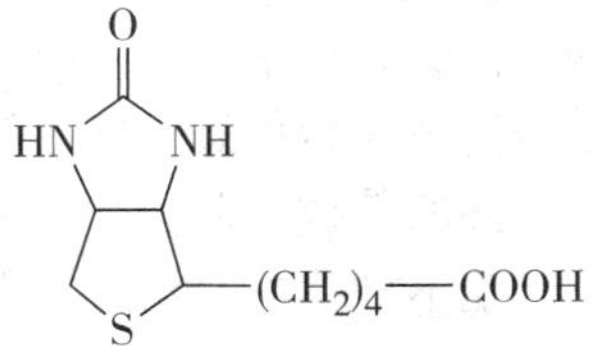

生物素广泛存在于酵母、肝、蛋类、花生、牛奶和鱼类等食品中，人肠道细菌也能合成。

O
HN NH
S $(CH_2)_4$—COOH

图 5-13 生物素的结构

（二）生化作用

生物素作为丙酮酸羧化酶、乙酰 CoA 羧化酶等的辅基，参与体内的羧化反应。生物素来源广泛，少见缺乏症，但生鸡蛋清中含有抗生物素蛋白，故大量生食蛋清易导致生物素缺乏。长期使用抗生素可抑制肠道细菌生长，也可能造成生物素的缺乏，主要症状是疲乏、恶心、呕吐、食欲不振、皮炎及脱屑性红皮病。

课堂互动

为什么生鸡蛋不宜多吃？为什么吃熟鸡蛋就不会造成生物素缺乏？

七、叶酸

（一）化学本质与来源

叶酸（folic acid）由蝶呤啶、对氨基苯甲酸与 L-谷氨酸连接而成，因绿叶中含量丰富而得名（图 5-14）。叶酸为黄色晶体，在酸性溶液中不稳定，对光照敏感。

叶酸在酵母、肝、水果、绿色蔬菜中含量丰富，人肠道细菌也能合成。

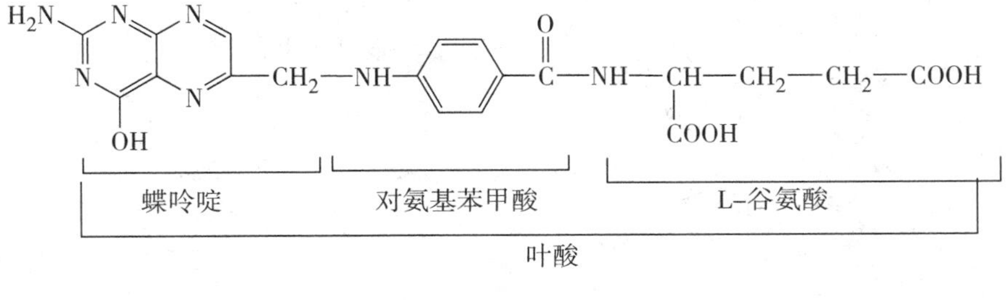

H_2N N N N N OH —CH_2—NH—C(=O)—NH—CH—CH_2—CH_2—COOH
COOH

蝶呤啶 对氨基苯甲酸 L-谷氨酸
叶酸

图 5-14 叶酸的结构

（二）生化作用

1. 四氢叶酸是叶酸的活性形式，它是一碳单位的载体 叶酸在小肠黏膜上皮细胞二氢叶酸还原酶的作用下生成四氢叶酸（FH_4），FH_4是体内一碳单位转移酶的辅酶（一碳单位内容参见蛋白质分解代谢部分），参与嘌呤、脱氧胸苷酸等多种物质的合成。叶酸缺乏时，嘌呤、嘧啶合成受阻，DNA 合成受到抑制，骨髓幼红细胞分裂速度降低，但细胞内含物增多，体积不断增大，称巨红细胞，这种红细胞大部分在成熟前就被破坏造成贫血，称巨幼红细胞性贫血。故临床上应用叶酸治疗巨幼红细胞贫血。

2. 特殊人群需补充叶酸 孕妇及哺乳期妇女因代谢较旺盛，应适量补充叶酸。补充叶酸可降低胎儿神经管缺陷的发病率，孕妇缺乏叶酸易导致流产和胎儿出现先天缺陷。如长期口服避孕药或抗惊厥药会干扰叶酸的吸收及代谢，故应适当补充叶酸。

3. 其他作用 叶酸缺乏与数种癌症，尤其是结肠癌和宫颈癌有关。缺乏叶酸还可增加动脉粥样硬化、血栓生成和高血压的危险性。叶酸结构类似物如甲氨蝶呤常用作抗肿瘤药，因其结构与叶酸相似，是二氢叶酸还原酶的竞争性抑制剂，减小 FH_4 的合成而抑制体内脱氧胸苷酸的合成，起到抗癌作用。然而高剂量补充叶酸（>0.8mg/d）与癌症风险增加有关，因此不推荐中老年人补充叶酸。

课堂互动

叶酸的活性形式是什么？起什么作用？有哪些临床应用？

八、维生素 B_{12}

（一）化学本质与来源

维生素 B_{12} 又称钴胺素（cobalamin），含钴，是唯一含金属元素的维生素，也是相对分子质量最大、结构最复杂的维生素（图 5-15）。

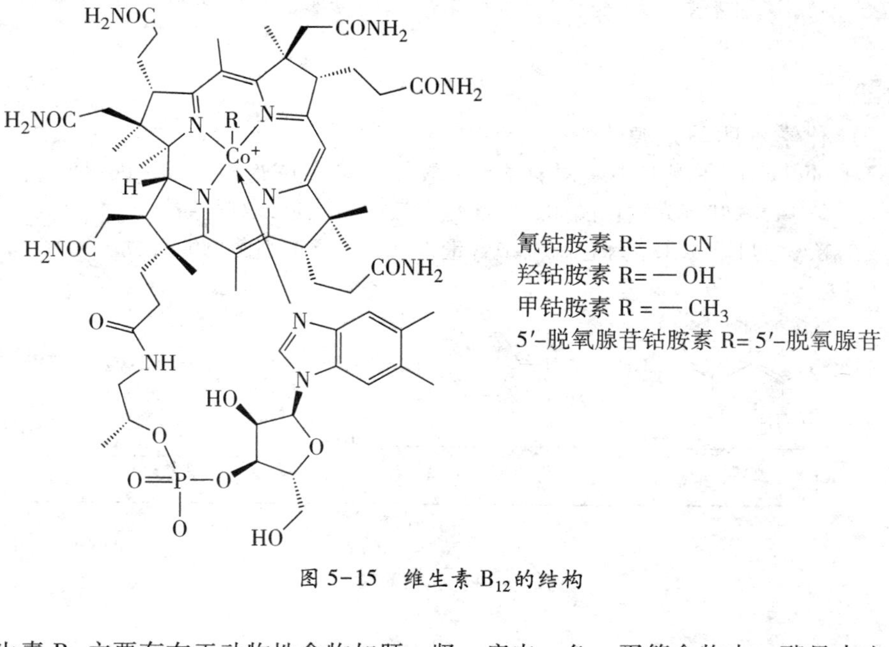

氰钴胺素 R= — CN
羟钴胺素 R= — OH
甲钴胺素 R = — CH_3
5′-脱氧腺苷钴胺素 R= 5′-脱氧腺苷

图 5-15 维生素 B_{12} 的结构

维生素 B_{12} 主要存在于动物性食物如肝、肾、瘦肉、鱼、蛋等食物中，酵母中也含量丰富，人肠道细菌也能合成，但不存在于植物中。维生素 B_{12} 必须与胃黏膜细胞分泌的内因子（一种糖蛋白）结合后才能被吸收。

维生素 B_{12} 在体内的主要存在形式有氰钴胺素、羟钴胺素、甲钴胺素和 5′-脱氧腺苷钴胺素，后两者是维生素 B_{12} 的活性形式，也是血液中主要存在形式。甲钴胺片用于口服，而盐酸羟钴胺素性质稳定，是注射用维生素 B_{12} 的常用形式。

（二）生化作用

1. 以辅酶形式参与转甲基反应 维生素 B_{12} 是甲基转移酶的辅酶，参与一碳单位的代谢，与 FH_4 的作用常相互联系，与多种化合物的甲基化有关。维生素 B_{12} 缺乏时，FH_4 的利用率降低，一碳单位代谢受阻，产生巨幼红细胞性贫血，增加动脉粥样硬化、血栓生成和高血压的危险性。

2. 具有营养神经的作用 维生素 B_{12} 的活性形式 5′-脱氧腺苷钴胺素影响脂肪酸的正常合成，维生素 B_{12} 缺乏时，脂肪酸合成异常，导致神经髓鞘变性、退化等神经疾病。

课堂互动

维生素 B_{12} 的活性形式是什么？有什么临床应用？

九、维生素 C

（一）化学本质与来源

维生素 C 又称 L-抗坏血酸（ascorbic acid），是含有 6 个碳原子的不饱和多羟基化合物，以内酯形式存在，具有酸性及还原性。维生素 C 可发生自身氧化还原反应，与脱氢抗坏血酸之间相互转变，还原型抗坏血酸是体内的主要存在形式。维生素 C 为片状结晶，有酸味，耐酸不耐碱，加热光照不稳定（图 5-16）。

人体不能合成维生素 C，它广泛存在于新鲜蔬菜及水果中，长期储存后其含量减少。干种子中不含有维生素 C，但经发芽便可合成，故豆芽等也是维生素 C 的重要来源。

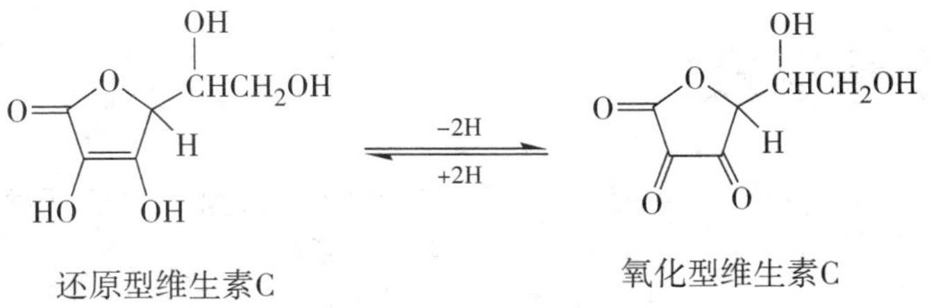

还原型维生素C　$\underset{+2H}{\overset{-2H}{\rightleftharpoons}}$　氧化型维生素C

图 5-16 维生素 C 的结构

（二）生化作用

1. 参与体内羟化反应 维生素 C 在体内的羟化反应过程中起着重要辅助因子的作用。

（1）促进胶原蛋白的合成 维生素 C 是羟化酶的辅酶，缺乏时胶原和细胞间质合成减少，毛细血管壁脆性增大，通透性增强，轻微碰撞或摩擦即会引起毛细血管破裂出血，牙齿易松动、易骨折，伤口难愈合，临床称坏血病。

（2）参与胆固醇的转化 正常情况下，体内胆固醇约有 80% 转变为胆汁酸后排出。维生素 C 是胆汁酸合成限速酶——7α-羟化酶的辅酶，若缺乏维生素 C，则胆固醇难以转变为胆汁酸，易在肝中堆积，故临床上使用大剂量维生素 C 以降低血中胆固醇浓度。

（3）参与芳香族氨基酸的代谢 苯丙氨酸转变为酪氨酸、酪氨酸转变为对羟基苯丙酮酸及尿黑酸的反应中，都需要维生素 C 参与。

（4）有机药物或毒物的羟化 药物或毒物在内质网上的羟化过程，是肝中重要的生物转化反应，维生素 C 能强化此类羟化反应酶系的活性，促进药物或毒物的代谢转变。

2. 参与体内氧化还原反应

（1）保护巯基　维生素C能使巯基酶的—SH维持还原状态不被氧化，对细胞膜起到保护作用。

（2）促进铁的吸收与利用　维生素C将Fe^{3+}还原成Fe^{2+}，利于食物中铁的吸收，促进造血功能。维生素C还能将高铁血红蛋白（MHb）还原为血红蛋白（Hb），使其恢复运氧功能。

3. 其他作用　维生素C能提高机体的免疫能力，增加淋巴细胞的生成，提高吞噬细胞的吞噬能力，临床上用于心血管疾病、病毒性疾病等的支持性治疗，减轻抗癌药的副作用等。维生素C对人体很重要，但长期大量使用可引起中毒。

拓展阅读

维生素C使用注意事项

①突然停药可能出现坏血病症状；②半胱氨酸尿症、痛风、高草酸盐尿症、尿酸盐性肾结石、糖尿病、葡萄糖-6-磷酸脱氢酶缺乏症慎用；③维生素C以空腹服用为宜，但对患消化道溃疡者慎用，以免对溃疡面产生刺激，导致溃疡恶化，出血或穿孔；④肾功能不全者不宜多服；⑤大量服用维生素C后不可突然停药，如果突然停药可引起药物的戒断反应，使症状加重或复发，应逐渐减量直至完全停药；⑥维生素C对维生素A有破坏作用，尤其是大量服用维生素C后，可促进体内维生素A和叶酸的排泄，在大量服用维生素C的同时，宜注意补充足量的维生素A和叶酸。

第四节　维生素类药物

维生素有预防性应用和治疗性应用，两者是截然不同的概念。预防是对体内缺乏的补充，而治疗则用于疾病，其剂量和疗程也不同。现有维生素提纯及合成制品中，有单项成分的，也有不同成分组合的复方制剂。用于预防的产品应与用于治疗的制剂区分开来。作为非处方药中的维生素的服用剂量，应以《中国药典》规定为准。多种维生素及矿物质含量原则上依据中国营养学会推荐的我国人民日膳食中的微量元素和电解质的安全和适宜的摄入量。

维生素与其他的药品一样，同样遵循“量变到质变”和“具有双重性”的规律。剂量过大，在体内不易吸收，甚至有害，出现典型不良反应。在患有长期的慢性疾病（如肺炎、心肌炎、腹泻）时，适当的补充水溶性维生素，将会提高患者的免疫功能，预防维生素缺乏。但不宜将维生素视为“补药”，以防中毒，对儿童应用的维生素D、维生素A的剂量要严格掌握，以防止出现不良反应。

临床常用的维生素类药物有维生素A、维生素B族、维生素C、维生素D、维生素E等。主要用于补充维生素和特殊需要，也可作为某些疾病的辅助用药。临床维生素类药物用药监护需注意：区分维生素的预防性与治疗性应用；合理掌握维生素剂量；注意联合用药对维生素吸收和代谢的影响；选择适宜的服用时间。不应把维生素视为营养品而不加限制地使用，过量服用维生素可引起不良反应或产生潜在的毒性。只有合理运用才能治疗和预防疾病，减少药物不良反应，常见的维生素类药物如表5-1所示。

表 5-1 常见的维生素类药物

名称	来源	缺乏症	国家基本药物（剂型）	OTC 药物（剂型）
维生素 A	动物性食物（如肝脏、蛋黄）；有色蔬菜（含有维生素 A 原）	夜盲症 干眼病		复方制剂、糖丸、胶丸
维生素 D	动物性食物（肝、奶、蛋等）	佝偻病（儿童），软骨病（成年人）	口服常释剂型、注射剂	复方制剂、咀嚼片、散剂
维生素 E	植物油、油性种子和蔬菜、豆类	未发现典型缺乏症，临床用于防治不育症及先兆流产等疾病		复方制剂、胶丸、片剂、乳膏剂
维生素 K	深绿色蔬菜；肠道细菌合成	凝血障碍、出血倾向	注射剂	复方制剂
维生素 B_1	种子的外皮和胚芽、米糠、麸皮、酵母	脚气病、末梢神经炎、消化功能障碍	注射剂	复方制剂、片剂
维生素 B_2	鸡蛋、牛奶、肉类、酵母	口角炎、舌炎、唇炎、阴囊炎、脂溢性皮炎、眼角膜炎、眼干燥等疾病	口服常释剂型	复方制剂、片剂
维生素 PP	广泛存在于动、植物中	癞皮病		复方制剂、片剂
维生素 B_6	动、植物食物如种子、谷类、肝、酵母、鱼、肉等	未发现典型缺乏症	注射剂	复方制剂、缓释片、软膏
泛酸	动植物食物、肠道细菌合成	未发现典型缺乏症		复方制剂、片剂
生物素	动植物食物，肠道细菌合成	未发现典型缺乏症		复方制剂
叶酸	酵母、肝、水果、绿色蔬菜	巨幼红细胞贫血		复方制剂、片剂
维生素 B_{12}	动物性食物如肝、肾、瘦肉、鱼、蛋等，酵母	巨幼红细胞性贫血、神经髓鞘变性、退化等神经疾病	注射剂	复方制剂、片剂
维生素 C	新鲜蔬菜及水果	坏血病	注射剂	复方制剂、颗粒剂、片剂、口含片、咀嚼片、泡腾片

本章小结

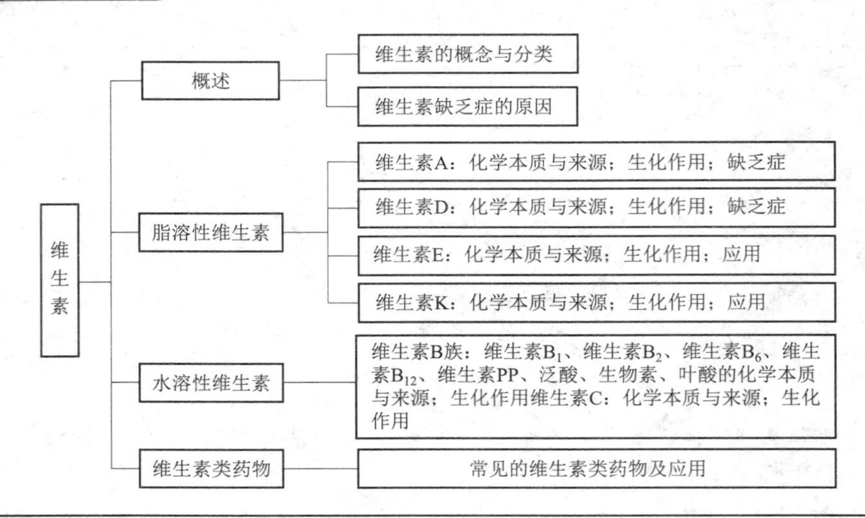

目标检测

一、单项选择题

1. 含有金属元素的维生素是（　　）。

A. 维生素 C　　B. 维生素 D　　C. 维生素 A　　D. 维生素 B_{12}

2. 榨苹果汁时加入维生素 C，可以防止果汁变色，这说明维生素 C 具有（　　）。

A. 氧化性　　B. 还原性　　C. 碱性　　D. 酸性

3. 长期食用高级精细加工大米，容易缺乏的维生素是（　　）。

A. 维生素 E　　B. 维生素 D　　C. 维生素 A　　D. 维生素 B_1

4. 坏血病患者应该多吃以下哪种食物（　　）？

A. 水果和蔬菜　　B. 鱼肉和猪肉　　C. 鸡蛋和鸭蛋　　D. 糙米和肝脏

5. 维生素 B_{12} 主要用于（　　）。

A. 双香豆素类过量引起的出血　　B. 纤溶亢进所致的出血

C. 血栓性疾病　　D. 巨幼红细胞性贫血

6. 泛酸是哪种酶的辅助因子的组成成分（　　）？

A. CoA-SH　　B. NAD^+　　C. FAD　　D. $NADP^+$

7. 氨基酸氨基转移酶的辅酶是（　　）。

A. TPP　　B. 生物素　　C. 磷酸吡哆醛　　D. FH_4

8. 某妇女，60 岁，近年经常出现腰背痛，走路自觉腿无力，特别是上楼梯时吃力，骨盆有明显压痛，考虑是（　　）。

A. 钙缺乏　　B. 锌缺乏　　C. 碘缺乏　　D. 维生素 D_3 缺乏

9. 建议改善或者补充（　　）。

A. 钙片和维生素 D　　B. 蔬菜

C. 碘片　　D. 维生素 A 和维生素 D

二、配伍选择题

【1~5】

A. 角膜软化症　B. 成人佝偻病　C. 脚气病

D. 坏血病　E. 糙皮病

1. 烟酸缺乏时可引起（　　）。
2. 维生素 A 缺乏时可引起（　　）。
3. 维生素 B_1 缺乏时可引起（　　）。
4. 维生素 D 缺乏时可引起（　　）。
5. 维生素 C 缺乏时可引起（　　）。

【6~8】

A. 葡萄糖　B. 果糖　C. 维生素

D. 脂肪乳　E. 氨基酸

6. 维持人体正常代谢所必需的小分子有机化合物，大部分需要从食物中摄取的是（　　）。
7. 人体合成蛋白质的底物是（　　）。
8. 以酶或辅酶形式参与人体新陈代谢及重要生化反应的是（　　）。

三、多项选择题

1. 下列关于维生素的描述中正确的是（　　）。

A. 维生素使用剂量过大时，在体内不易吸收，可能导致不良反应

B. 维生素对人体无害，可长期大量使用

C. 不宜将维生素作为补药，以防中毒

D. 均衡的膳食是维生素的优质来源

E. 膳食中的维生素一部不能满足机体需要，故需额外补充

2. 下列属于水溶性维生素的是（　　）。

A. 维生素 E　B. 维生素 A　C. 维生素 C

D. 维生素 B_6　E. 叶酸

四、简答题

1. 简述维生素缺乏症的主要原因。
2. 随着生活质量的提高，人们对饮食的要求也越来越高，比如为除去农药将切好的菜浸泡 2 小时以上；炒青菜时加点食用碱；加入小苏打处理牛肉以增加口感，这些做法对食物中的维生素有何影响？
3. 体内缺乏哪些维生素可以导致巨幼红细胞性贫血，为什么？
4. 列表说明维生素与酶的辅助因子的关系。

第六章

糖类的化学与代谢

学习目标

知识要求　**1. 掌握**　糖的无氧分解、有氧氧化、磷酸戊糖途径、糖原合成与分解、糖异生作用的概念、反应部位、关键酶及各种代谢的生理意义。

2. 熟悉　糖的生理功能及糖类药物，血糖的来源与去路。

3. 了解　糖代谢主要途径及糖代谢紊乱的调节。

技能要求　通过学习，学会多糖类药物的制备及一般鉴定技术，进一步熟悉激素对血糖浓度的调节及血糖的测定技术。

案例导入

案例：1987 年 Hqns Buchner 和 Edward Buchner 兄弟，开始制作不含有细胞的酵母浸出液拟供药用。他们用细沙和酵母一起研磨，加上矽藻土，用水力压榨机压榨出汁液来。取得了汁液后，考虑防腐的问题，将榨液用于动物实验，选择了不影响动物实验的防腐剂，即日常惯用的蔗糖。酵母菌的榨液居然引起了蔗糖发酵。这是第一次发现没有活酵母存在的发酵现象。

讨论：1. 为什么选用蔗糖做防腐剂，而不是葡萄糖？

2. 没有活酵母的存在，那么到底是什么引起的发酵呢？

糖代谢主要指糖在体内的分解代谢和合成代谢。糖的分解代谢是指大分子糖经消化成小分子单糖（主要是葡萄糖），吸收后进一步氧化，同时释放能量的过程。而糖的合成代谢是指体内小分子物质转变成糖的过程。本章从糖的基本知识入手，主要介绍葡萄糖在体内的代谢。

第一节　糖类的化学

糖广泛存在于生物体内，以植物中含量最为丰富，占其干重的 85% ~95%，而约占人体干重的 2%，在人体内糖含量虽少，但是人体生命活动中不可缺的能源物质和碳源。

一、糖的概念和分类

糖是指多羟基醛、多羟基酮以及它们的衍生物或多聚物的总称。根据水解产物不同，糖可分为四大类。

（一）单糖

单糖是不能再水解的最简单糖类，如葡萄糖、核糖等。单糖按碳原子数目分为丙糖、丁糖、戊糖、己糖等。按分子中官能团又可分为醛糖［如葡萄糖（glucose，G）］和酮糖（如果糖）。其中甘油醛和二羟丙酮是最简单的单糖。而体内最重要的单糖主要指葡萄糖、果糖和核糖等。

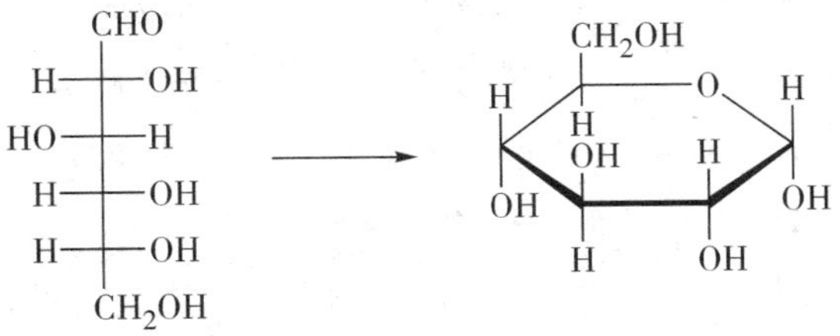

D-(+)-葡萄糖 → α-D-(+)-吡喃葡萄糖

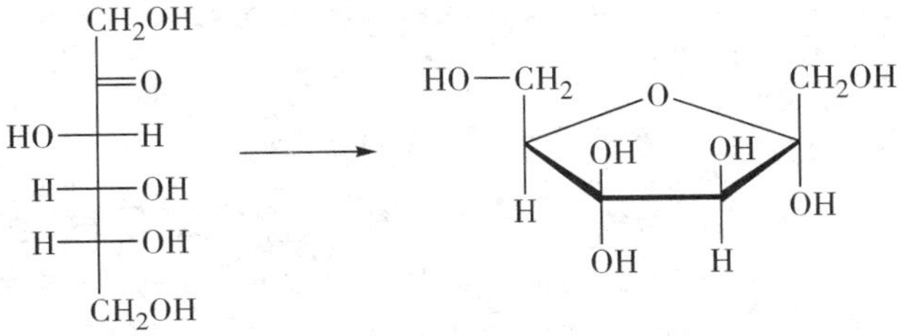

D-果糖 → α-D-呋喃果糖

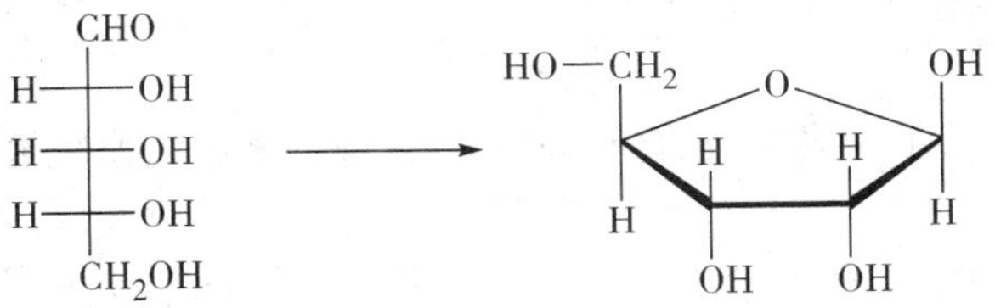

D-(-)-核糖 → β-D-(-)-呋喃核糖

（二）寡糖

寡糖是由单糖缩合而成的短链结构的糖（一般含2~6个单糖分子），最常见的是双糖，如麦芽糖（2分子葡萄糖脱水缩合而成）、蔗糖（1分子葡萄糖与1分子果糖脱水缩合而成）和乳糖（1分子葡萄糖与1分子半乳糖脱水缩合而成）等。

拓展阅读

不耐乳糖症

先天缺乏乳糖酶的人，在食用牛奶后发生乳糖消化障碍，乳糖在大肠内经细菌代谢转变为有机酸，因渗透作用，大量水分被吸入肠腔内，引起腹泻和腹胀等症状。此时可改食酸奶以防止其症状发生。

（三）多糖

多糖是由许多单糖分子以糖苷键相连形成的高分子化合物，可分为同聚多糖和杂聚多糖。

1. 同聚多糖 由同一种单糖组成，如淀粉、糖原（glycogen，Gn）、纤维素、右旋糖酐等。常见的同聚多糖见表6-1。

表6-1 常见的同聚多糖

	淀粉	糖原	纤维素	右旋糖酐
结构单元	α-D-葡萄糖	α-D-葡萄糖	β-D-葡萄糖	α-D-葡萄糖
糖苷键类型	α-1,4-和α-1,6-	α-1,4-和α-1,6-	β-1,4-直链	α-1,6-和α-1,3-
空间结构	直链、支链	直链、支链（多）		直链、支链
用途	人体能量的主要来源	主要是维持血糖的相对恒定	促进胃肠蠕动、防止便秘	血浆代用品

拓展阅读

药用辅料——纤维素

作药用辅料的纤维素种类很多，有填充作用的微晶纤维素；有黏合作用的羧甲基纤维素钠、羟丙基纤维素、羟丙甲纤维素、甲基纤维素和乙基纤维素；有崩解作用的低取代羟丙基纤维素和交联羧甲基纤维素钠等，这些药用辅料在片剂生产中发挥重要作用。羟丙基纤维素的用量一般为2%~5%，在片剂生产中可用于湿法制粒，可内加也可外加于干颗粒中压片。

2. 杂聚多糖 是由两种或两种以上不同单糖组成的多糖，如透明质酸、硫酸软骨素和肝素等。

透明质酸（hyaluronic acid，HA）是一种直链高分子多糖，是由*N*-乙酰氨基葡萄糖及D-葡萄糖醛酸的重复结构组成的线形多糖结构。

硫酸软骨素（chondroitin sulfate，CS）糖胺聚糖的一种，由D-葡糖醛酸和*N*-乙酰氨基半乳糖以β-1,4-糖苷键连接而成的重复二糖单位组成的多糖，并在*N*-乙酰氨基半乳糖的C-4位或C-6位羟基上发生硫酸酯化。

（四）结合糖

结合糖是糖与非糖物质的结合物，如糖蛋白和糖脂。

二、糖的生物学功能

1. 作为生物体内的主要能源物质 糖在生物体内（细胞内）通过生物氧化释放出能量，供给生命活动的需要。生物体内作为能源贮存的糖类有淀粉、糖原等。

2. 作为生物体的结构成分 植物的根、茎、叶含有大量的纤维素、半纤维素和果胶物质等，这些物质构成植物细胞壁的主要成分，属于杂多糖的肽聚糖是细菌细胞壁的结构多糖。昆虫和甲壳类的外骨骼也是一种糖类物质，称壳多糖。糖是构成人体组织结构的重要成分，如糖脂和糖蛋白是构成神经组织和生物膜的成分；蛋白聚糖和糖蛋白参与构成结缔组织、软骨和骨基质；核糖及脱氧核糖分别是RNA及DNA的组成成分。

3. 在生物体内转变为其他物质 有些糖是重要的中间代谢物，糖类物质通过这些中间物为合成其他生物分子如氨基酸、核苷酸、脂肪酸等提供碳骨架。

4. 作为细胞识别的信息分子 糖蛋白是一类在生物体内分布极广的复合糖。它们的糖链可能起着信息分子的作用，早在血型物质的研究中对其就有了一定的认识，随着分离分析技术和分子生物学的发展，近10多年来对糖蛋白和糖脂的糖链结构和功能有了更深的了解，发现细胞识别（黏着、接触抑制和归巢行为），免疫保护（抗原与抗体），代谢调控（激素与受体），受精机制，形态发生、发育、癌变、衰老、器官移植等，都与糖蛋白的糖链有关。

5. 其他生物学功能 体内多种重要的生物活性物质如 NAD^+、FAD、ATP 等是糖的磷酸衍生物；某些血浆蛋白质、抗体、酶和激素等分子中也含有糖。

三、糖的消化与吸收

食物中的糖主要成分是淀粉，因唾液淀粉酶在胃中迅速失活，故淀粉的消化主要在小肠进行，在胰液α-淀粉酶及肠道内其他水解酶（如α-葡萄糖苷酶、α-临界糊精酶等）作用下，淀粉最终水解为葡萄糖。

葡萄糖主要在小肠黏膜细胞通过主动转运的形式被吸收，吸收过程伴有 Na^+的转运和ATP的消耗。

四、糖在体内的代谢概况

被小肠黏膜吸收入血的单糖，通过门静脉入肝，其中一部分在肝进行代谢，另一部分经肝静脉运输到全身各组织。葡萄糖在肝中大部分合成肝糖原而储存；一部分氧化分解供给肝活动所需的能量。此外，还可转变成其他物质，如脂肪、某些氨基酸等。肝糖原又可分解为葡萄糖再进入血液。血液中的葡萄糖称为血糖。血糖随血液流经各组织时，一部分在各组织被氧化，一部分可转变成糖原储存，其中以肌糖原为最多。肌糖原不能直接分解为葡萄糖，当肌肉剧烈运动时，肌糖原分解产生大量乳酸，后者大部分经血液循环运送到肝，再转变成葡萄糖或肝糖原，葡萄糖又可经血液循环到肌组织中再合成糖原，该循环过程称为乳酸循环。可见血液中葡萄糖是体内糖运输的形式。糖的氧化分解是糖供给机体能量的主要代谢途径，糖原是组织细胞中糖的储存形式，肌糖原通过乳酸循环对血液葡萄糖的平衡起间接调节作用。上述糖在体内的代谢概况如图6-1所示。

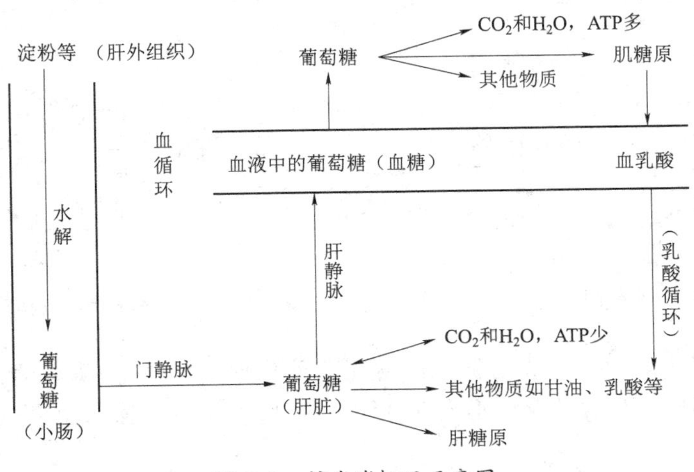

图6-1 糖代谢概况示意图

第二节 糖的分解代谢

案例导入

案例：学校体能测试800米，很多同学平时几乎不锻炼，为了避免不及格，在测试的时候，拼尽全力剧烈跑步，在体测结束之后出现腿部肌肉酸疼，但是几天之后酸疼感慢慢消失。

讨论：1. 为什么突然进行剧烈运动会出现肌肉酸疼的现象呢？

2. 如果是慢跑，你认为还会出现以上现象吗？

葡萄糖进入组织细胞后，根据机体生理需要在不同组织间进行分解代谢，按其反应条件和途径不同，分解代谢可分三种：糖的无氧分解、有氧氧化和磷酸戊糖途径。

一、糖的无氧分解

机体在无氧或缺氧条件下，葡萄糖或糖原分解产生乳酸（lactate），并产生少量能量的过程称为糖的无氧分解，由于此中间代谢过程与酵母菌的乙醇发酵过程大致相同，因此又称为糖酵解途径（glycolytic pathway）。糖酵解由 Embden、Meyerhof、Parnas 三人首先提出，故又称为 EMP 途径。反应过程发生在胞液中。

（一）反应过程

1. 6-磷酸葡萄糖（glucose-6-phosphate，G-6-P）的生成 葡萄糖进入细胞后在己糖激酶或葡萄糖激酶催化下，由 ATP 提供能量和磷酸基团，磷酸化生成6-磷酸葡萄糖，此反应不可逆，消耗 ATP。

己糖激酶是糖酵解途径的第一个关键酶，此酶专一性不强，可作用于多种己糖，如葡萄糖、果糖、甘露糖等。它有 4 种同工酶，Ⅰ、Ⅱ、Ⅲ型主要存在于肝外组织，对葡萄糖有较强亲和力，Ⅳ型己糖激酶即葡萄糖激酶主要存在于肝，专一性强，只能催化葡萄糖磷酸化。

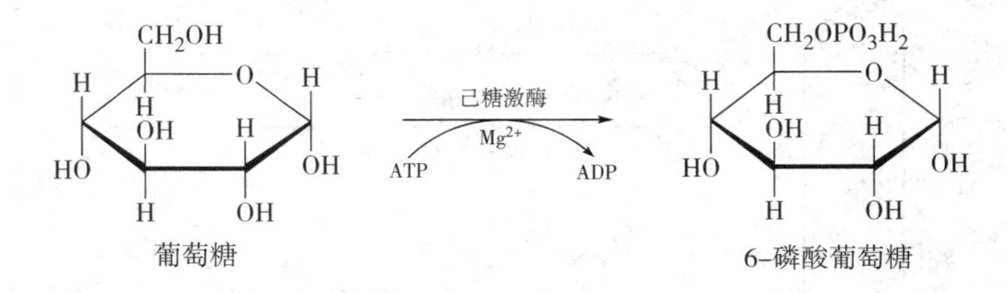

糖原进行糖酵解时，首先由糖原磷酸化酶催化糖原生成 1-磷酸葡萄糖（glucose-1-phosphate，G-1-P），此反应不消耗 ATP。G-1-P 在磷酸葡萄糖变位酶催化下生成 G-6-P。

2. 6-磷酸果糖（fructose-6-phosphate，F-6-P）的生成 此反应在磷酸己糖异构酶催化下进行，为可逆反应，需要 Mg^{2+} 参与。

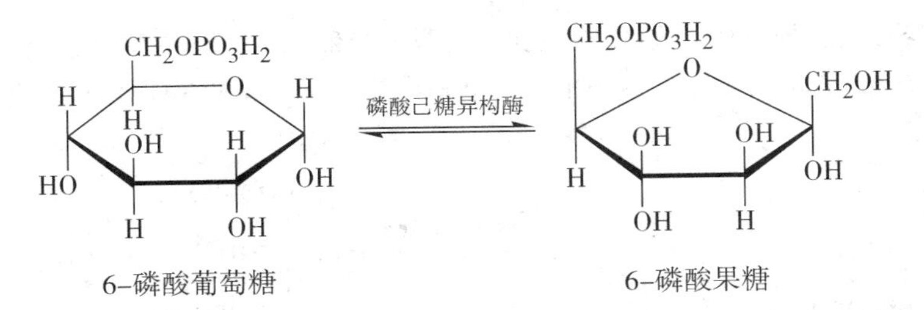

3. 1,6-二磷酸果糖（fructose-1,6-bisphosphate，F-1,6-BP 或 FDP）的生成 此反应不可逆，消耗 ATP，需要 ATP 和 Mg^{2+} 参与，由 6-磷酸果糖激酶催化，是糖酵解途径中最重要的限速酶。此酶为变构酶，受多种代谢物的变构调节。

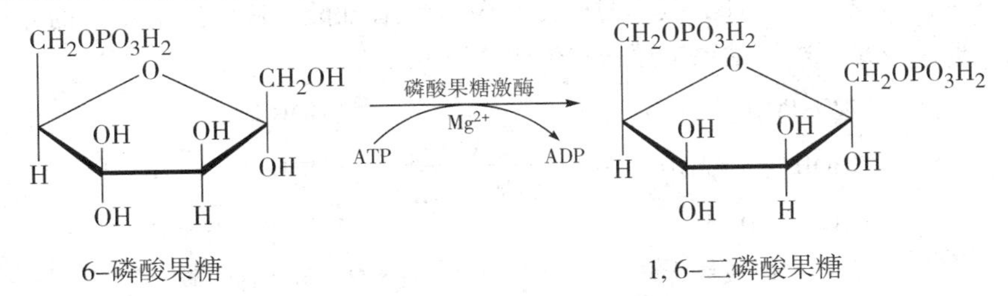

拓展阅读

1,6-二磷酸果糖输液的临床应用

FDP 是细胞内糖代谢的重要中间产物，可直接参与能量代谢。国内外研究均确认，外源性的 FDP 可作用于细胞膜，通过激活细胞膜上的 6-磷酸果糖激酶，增加细胞内 ATP 的浓度，从而促进钾离子内流，恢复细胞静息状态。增加红细胞内磷酸甘油酸的含量，抑制氧自由基和组胺释放，有益于休克、缺血、缺氧、组织损伤、体外循环、输血等状态下的细胞能量代谢和对葡萄糖的利用，起到促进恢复、改善细胞功能的作用。尤其是在提高机体免疫力方面具有良好的效果，因而在临床上被广泛应用。

4. 磷酸丙糖的生成 在醛缩酶作用下，1,6-二磷酸果糖裂解为 3-磷酸甘油醛和磷酸二羟丙酮，两者互为异构体，在磷酸丙糖异构酶作用下可相互转变。当 3-磷酸甘油醛继续反应时，磷酸二羟丙酮可不断转变为 3-磷酸甘油醛，这样 1 分子 F-1,6-BP 生成 2 分子 3-磷酸甘油醛。

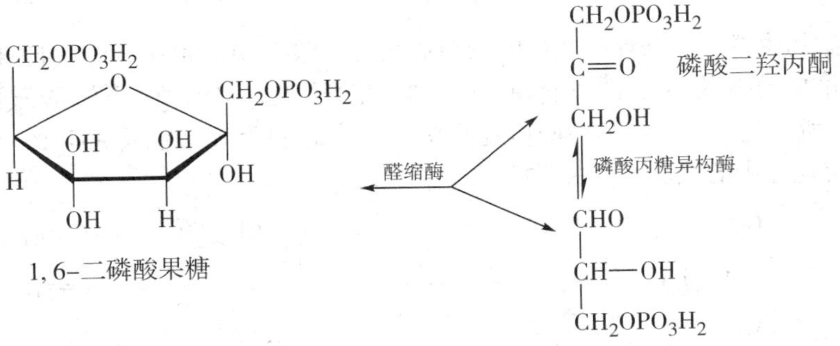

醛缩酶

1, 6-二磷酸果糖

磷酸二羟丙酮

磷酸丙糖异构酶

3-磷酸甘油醛

5. 3-磷酸甘油醛的氧化 在3-磷酸甘油醛脱氢酶催化下，3-磷酸甘油醛脱氢生成高能磷酸化合物1,3-二磷酸甘油酸，脱下的氢由NAD^+接受，还原为$NADH+H^+$。这是糖酵解中唯一的氧化反应。

$$\begin{array}{l}CHO\\|\\CHOH\\|\\CH_2OPO_3H_2\end{array} + NAD^+ + Pi \xrightleftharpoons{3-磷酸甘油醛脱氢酶} \begin{array}{l}COO\sim PO_3H_2\\|\\CHOH\\|\\CH_2OPO_3H_2\end{array} + NADH+H^+$$

3－磷酸甘油醛　　　　1，3－二磷酸甘油酸

6. 3-磷酸甘油酸的生成 1,3-二磷酸甘油酸在磷酸甘油酸激酶催化下，将高能磷酸基团转移给ADP，使之生成ATP，其本身转变为3-磷酸甘油酸。这种生成ATP的方式称为底物磷酸化。此反应是糖酵解途径中第一次生成ATP的反应。

$$\begin{array}{l}COO\sim PO_3H_2\\|\\CHOH\\|\\CH_2OPO_3H_2\end{array} + ADP \xrightleftharpoons[Mg^{2+}]{磷酸甘油酸激酶} \begin{array}{l}COOH\\|\\CHOH\\|\\CH_2OPO_3H_2\end{array} + ATP$$

1, 3－二磷酸甘油酸　　　　3－磷酸甘油酸

重点： 从这一步反应开始，糖酵解开始收获阶段，在此过程中产生了第一个ATP。

7. 3-磷酸甘油酸的变位反应 在磷酸甘油酸变位酶的作用下，3-磷酸甘油酸C_3位上的磷酸基转移到C_2位上，生成2-磷酸甘油酸。

$$\begin{array}{l}COOH\\|\\CHOH\\|\\CH_2OPO_3H_2\end{array} \xrightleftharpoons{磷酸甘油酸变位酶} \begin{array}{l}COOH\\|\\CHOPO_3H_2\\|\\CH_2OH\end{array}$$

3－磷酸甘油酸　　　　2－磷酸甘油酸

8. 磷酸烯醇式丙酮酸的生成 2-磷酸甘油酸经烯醇化酶作用脱水，分子内部能量重新分布，生成高能磷酸化合物磷酸烯醇式丙酮酸（phosphoenolpyruvate，PEP）。

$$\begin{array}{l}COOH\\|\\CHOPO_3H_2\\|\\CH_2OH\end{array} \xrightleftharpoons{烯醇化酶} \begin{array}{l}COOH\\|\\CO\sim PO_3H_2\\\|\\CH_2\end{array} + H_2O$$

2-磷酸甘油酸　　　　磷酸烯醇式丙酮酸

9. 丙酮酸的生成 磷酸烯醇式丙酮酸释放高能磷酸基团以生成ATP，自身转变为烯醇式丙酮酸，并自动变为丙酮酸（pyruvate）。此为不可逆反应，由丙酮酸激酶（pyruvate kinase，PK）所催化。此反应是糖酵解途径中第二次底物磷酸化生成ATP的反应。丙酮酸激酶是糖酵解途径中的最后一个关键酶。

$$\begin{array}{l}COOH\\|\\CO\sim PO_3H_2\\\|\\CH_2\end{array} \xrightarrow[ADP \rightarrow ATP]{丙酮酸激酶,\ Mg^{2+}} \begin{array}{l}COOH\\|\\C-OH\\\|\\CH_2\end{array} \longrightarrow \begin{array}{l}COOH\\|\\C=O\\|\\CH_3\end{array}$$

磷酸烯醇式丙酮酸　　　　烯醇式丙酮酸　　　　丙酮酸

10. 丙酮酸还原生成乳酸 丙酮酸在无氧条件下加氢还原为乳酸。此反应由乳酸脱氢酶催化，$NADH+H^+$提供还原反应所需要的2H。

$$\underset{\text{丙酮酸}}{\begin{array}{c}COOH\\|\\C{=}O\\|\\CH_3\end{array}} + NADH + H^+ \xrightleftharpoons{\text{L-乳酸脱氢酶}} \underset{\text{L-乳酸}}{\begin{array}{c}COOH\\|\\HO-C-H\\|\\CH_3\end{array}} + NAD^+$$

综上所述，糖酵解过程的总反应式为：

$$\text{葡萄糖}+2Pi \longrightarrow 2\text{乳酸}+2ATP+2H_2O$$

（二）反应特点

1. 糖酵解全过程在无氧条件下的胞液中进行，终产物是乳酸。

2. 糖酵解中只有一次氧化反应，生成$NADH+H^+$，$NADH+H^+$缺氧时被氧化成NAD^+，有氧时进入呼吸链产生能量。

3. 糖酵解是不需氧的产能过程，产能方式为底物磷酸化。1分子葡萄糖氧化为2分子丙酮酸，经两次底物磷酸化，产生4分子ATP，减去葡萄糖活化时消耗的2分子ATP，可净产生2分子ATP。若从糖原开始，糖原中的一个葡萄糖单位通过糖酵解，则净产生3分子ATP。

4. 糖酵解途径中己糖激酶（葡萄糖激酶）、6-磷酸果糖激酶和丙酮酸激酶催化的反应是不可逆的，是糖无氧分解的关键酶。其中6-磷酸果糖激酶是最重要的限速酶。

（三）生理意义

1. 糖酵解是机体在缺氧情况下快速供能的重要方式 在生理条件下，如剧烈运动时，肌肉仍处于相对缺氧状态，必须通过糖酵解提供急需的能量。在病理性缺氧情况下，如心肺疾病、呼吸受阻、严重贫血、大量失血等造成机体缺氧时，也可通过加强糖酵解以满足机体能量需求。如机体相对缺氧时间较长，而导致糖酵解终产物（乳酸）堆积，可引起代谢性酸中毒。

课堂互动

某患者发生急性心肌梗死、心肌缺血缺氧，其局部梗死区域心肌的糖代谢有何变化？什么产物容易堆积？

2. 糖酵解是成熟红细胞的唯一供能途径 成熟红细胞没有线粒体，不能进行糖的有氧分解，完全依赖糖酵解供能。血液循环中的红细胞每天大约分解30g葡萄糖，其中经糖酵解途径代谢占90%~95%，磷酸戊糖途径代谢占5%~10%。

3. 糖酵解是某些组织生理情况下的供能途径 视网膜、睾丸、神经髓质和皮肤等少数组织即使在机体供氧充足的情况下，仍以糖酵解为主要供能途径。

二、能量的生成、储存和利用

案例导入

案例：神经和肌肉等细胞活动的直接供能物质是ATP，但ATP在细胞中的含量很低，在哺乳动物的脑和肌肉中含量为3~8mmol/kg。这么低的含量只能提供肌肉活动1秒左右消耗的能量。而肌肉和脑中的磷酸肌酸含量都远远超过ATP。在脑中大约相当ATP的1.5倍，在肌肉中则相当于ATP的4倍。磷酸肌酸是细胞内首先供应ADP使之再合成ATP的能源物质。肌肉活动急需能量的情况下磷酸肌酸可使ATP含量维持较高的稳定水平。它可提供给肌肉活动4~6秒的能量需要。在运动后的恢复期，细胞内积累的肌酸又可由其他来源的ATP提供高能磷酸基团，重新合成磷酸肌酸。

讨论：1. 你认为运动员肌肉中磷酸肌酸的含量与普通人一样吗？

2. 磷酸肌酸用于治疗哪些疾病？

（一）高能化合物

生物氧化过程中所产生的能量，大约60%以热能的形式散失，其余能量可贮存在一些高能化合物中。在生物体内，凡是水解释放出21kJ/mol以上键能的化合物称为高能化合物。高能化合物种类很多，如ATP、CTP、GTP、UTP、1,3-二磷酸甘油酸、磷酸烯醇式丙酮酸、乙酰CoA、琥珀酰CoA等，其中含有高能磷酸基团（用~P来表示）的化合物称为高能磷酸化合物，以ATP最为重要。

（二）ATP的生成方式

体内ATP的生成方式有两种：底物磷酸化（substrate phosphorylation）和氧化磷酸化（oxidative phosphorylation）。

1. 底物磷酸化 代谢物由于脱氢或脱水等作用引起分子内部能量重新分配而形成高能化合物，其在酶的作用下可释放出能量使ADP磷酸化为ATP，这种生成ATP的方式称为底物磷酸化。

3-磷酸甘油醛 ⇌（3-磷酸甘油醛脱氢酶；NAD^++Pi → NADH+H^+）1,3-二磷酸甘油酸 ⇌（磷酸甘油酸激酶；ADP → ATP）3-磷酸甘油酸

2. 氧化磷酸化 代谢物脱下的氢经呼吸链传递给氧的过程中释放出能量，使ADP磷酸化为ATP，这种呼吸链上的氧化反应与ADP磷酸化反应相偶联的作用称为氧化磷酸化。体内绝大部分ATP是通过氧化磷酸化产生的。在氧化磷酸化过程中，每消耗1/2摩尔O_2生成ATP的摩尔数（或每一对电子通过呼吸链传递给氧生成ATP的个数）称为P/O值。在NADH呼吸链中，P/O值接近于3，而$FADH_2$呼吸链的P/O值接近2。氧化磷酸化偶联部位如图6-2所示。

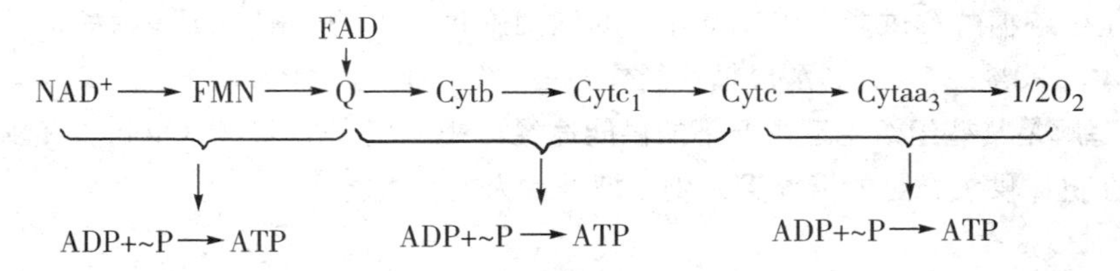

图6-2 氧化磷酸化偶联部位

近年来大量实验证明，一对电子经过 NADH 氧化呼吸链的传递，其 P/O 值为 2.5，即生成 2.5 分子 ATP；而一对电子经过 $FADH_2$ 氧化呼吸链的传递，其 P/O 值为 1.5，即生成 1.5 分子 ATP。

氧化磷酸化依靠电子传递的有序进行以及与之相偶联的磷酸化反应正常发生，有些物质能够抑制氧化磷酸化反应，被称为氧化磷酸化反应的抑制剂。这些抑制剂分为两种：阻断剂和解偶联剂。例如，粉蝶霉素 A、鱼藤酮、异戊巴比妥、二巯基丙醇、抗霉素 A、CO、CN^-、N_3^-、H_2S 等阻断剂能够在呼吸链的某些特定部位阻断电子的传递，部分阻断剂的阻断部位如图 6-3 所示。解偶联剂如 2,4-二硝基苯酚可将呼吸链的氧化反应和磷酸化反应的偶联分割开来，使氧化反应产生的能量不用于磷酸化产生 ATP，而是以热能的形式散失。

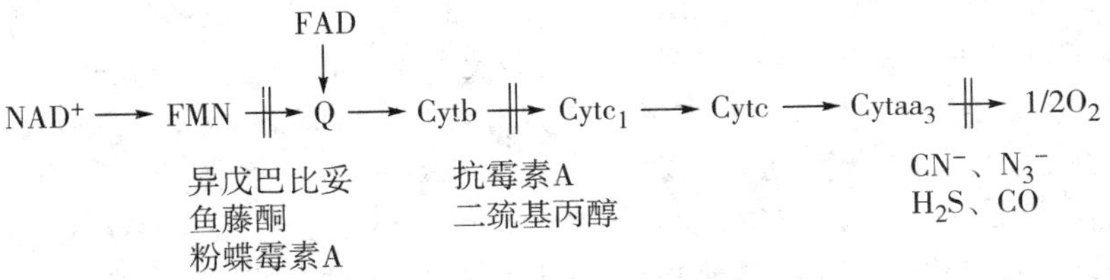

FAD ↓
NAD^+ → FMN ╫→ Q → Cytb ╫→ $Cytc_1$ → Cytc → $Cytaa_3$ ╫→ $1/2O_2$

异戊巴比妥
鱼藤酮
粉蝶霉素A

抗霉素A
二巯基丙醇

CN^-、N_3^-
H_2S、CO

图 6-3 部分阻断剂的阻断部位

拓展阅读

棕色脂肪组织

人体和哺乳动物中都存在含有大量线粒体的棕色脂肪组织，该组织存在丰富的解偶联蛋白，可以通过氧化磷酸化解偶联释放热能，从而达到御寒的效果。新生儿如缺乏棕色脂肪组织，则可能会因为不能维持正常体温使皮下脂肪凝固，导致发生硬肿症。

除了抑制剂，ADP 的浓度也是影响氧化磷酸化的因素。当 ADP 浓度较高时，可促进氧化磷酸化的进行，使其速度加快，反之，则会抑制氧化磷酸化。此外，甲状腺素等也能影响氧化磷酸化的进行。

（三）生物体内能量的转换、储存和利用

生物体内能量的生成和利用都以 ATP 为中心，ATP 作为能量载体分子，在分解代谢中产生，又在合成代谢等耗能过程中被利用，ATP 分子性质稳定，但不在细胞内储存，寿命仅数分钟，而是不断进行 ADP-ATP 的再循环，伴随着自由能的释放和获得，完成不同生命过程间能量的转换。

磷酸肌酸作为能量的储存形式，存在于需能较多的肌肉和脑组织中，ATP 充足时，通过转移末端~P 给肌酸，生成磷酸肌酸；当迅速消耗 ATP 时，磷酸肌酸可分解补充 ATP 的不足。

总之，生物体内能量的储存和利用都以 ATP 为中心，如图 6-4 所示。

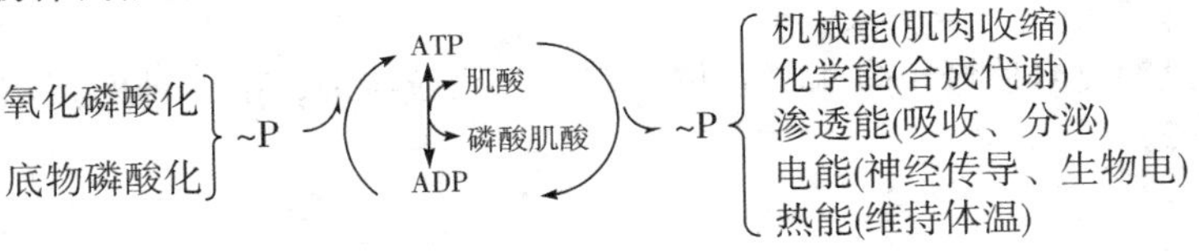

氧化磷酸化
底物磷酸化
~P
ATP
肌酸
磷酸肌酸
ADP
~P
机械能(肌肉收缩)
化学能(合成代谢)
渗透能(吸收、分泌)
电能(神经传导、生物电)
热能(维持体温)

图 6-4 生物体内能量的储存和利用

（四）生物氧化中 CO_2 的生成

体内 CO_2 的生成主要由有机酸脱羧所产生，根据脱羧是否伴随脱氢分为直接脱羧和氧化脱羧两类，也可根据所脱羧基在有机酸分子中的位置，将脱羧反应分为 α-脱羧和 β-脱羧。

拓展阅读

过氧化物酶体氧化体系

过氧化物酶体存在于动物组织的肝、肾、中性粒细胞和小肠黏膜细胞中。主要含有 H_2O_2 酶和过氧化物酶。一些氨基酸和黄嘌呤等代谢物进行脱氢反应后，在呼吸链的末端会产生 H_2O_2，其可使一些具有特殊生理活性的酶和蛋白质丧失活性，而且还会造成生物膜的严重损伤，所以 H_2O_2 产生过多会对机体产生危害。H_2O_2 酶和过氧化物酶可将 H_2O_2 转变为无害的物质加以利用。谷胱甘肽过氧化物酶可在红细胞中催化还原型谷胱甘肽（G-SH）与 H_2O_2 作用生成氧化型的谷胱甘肽（G-S-S-G）和 H_2O。

三、糖的有氧氧化

葡萄糖或糖原在有氧条件下，彻底氧化分解生成 CO_2 和 H_2O 并释放大量能量的过程，称为糖的有氧氧化。它是体内糖氧化供能的主要途径。大多数组织细胞通过糖有氧氧化获得能量。

（一）反应过程

糖的有氧氧化可人为分为三个阶段：①葡萄糖或糖原转变为丙酮酸，在胞液中进行；②丙酮酸进入线粒体氧化脱羧，生成乙酰 CoA；③乙酰 CoA 进入三羧酸循环，彻底氧化为 CO_2 和 H_2O 并释放大量能量。

1. 丙酮酸的生成 此阶段的反应步骤与糖酵解途径相似，所不同的是 3-磷酸甘油醛脱下的氢并不用于还原丙酮酸，而是生成 $NADH+H^+$ 进入呼吸链，与氧结合生成水，同时释放能量以合成 ATP。

2. 丙酮酸氧化脱羧生成乙酰 CoA 在胞液中生成的丙酮酸进入线粒体内，在丙酮酸脱氢酶复合体催化下氧化脱羧，并与辅酶 A 结合成高能化合物乙酰 CoA（acetyl CoA）。此为不可逆反应，总反应如下：

$$\underset{\text{丙酮酸}}{CH_3-\overset{\overset{\displaystyle O}{\|}}{C}-COOH} + CoA\text{-}SH \xrightarrow[NAD^+ \rightarrow NADH+H^+]{\text{丙酮酸脱氢酶复合体}} \underset{\text{乙酰辅酶A}}{CH_3-\overset{\overset{\displaystyle O}{\|}}{C}\sim SCoA} + CO_2$$

丙酮酸脱氢酶复合体属于多酶复合体，存在于线粒体内，由三种酶蛋白、五种辅助因子组成（表 6-2）。

表 6-2 丙酮酸脱氢酶复合体的组成

酶	辅助因子	所含维生素
丙酮酸脱氢酶	TPP	维生素 B_1
二氢硫辛酰胺转乙酰酶	二氢硫辛酸、辅酶 A	硫辛酸、泛酸
二氢硫辛酰胺脱氢酶	FAD、NAD^+	维生素 B_2和维生素 PP

3. 乙酰 CoA 进入三羧酸循环 三羧酸循环（tri-carboxylic acid cycle，TCA cycle，TCA 循环）是从乙酰 CoA 和草酰乙酸缩合成含有 3 个羧基的柠檬酸开始，经过 4 次脱氢和 2 次脱羧反应后，又以草酰乙酸的再生成而结束，故称为三羧酸循环或柠檬酸循环。由于该循环由 Krebs 正式提出，故又称之为 Krebs 循环。三羧酸循环在线粒体内进行，反应过程如下。

（1）柠檬酸的生成 乙酰 CoA 和草酰乙酸由柠檬酸合酶（citrate synthase）催化，缩合成柠檬酸，所需能量由乙酰 CoA 提供。柠檬酸合酶是三羧酸循环的第一个关键酶，其催化反应不可逆。

$$\underset{\text{乙酰辅酶A}}{CH_3-CO\sim SCoA} + H_2O + \underset{\text{草酰乙酸}}{HOOC-C(=O)-CH_2-COOH} \xrightarrow[\text{HS-CoA}]{\text{柠檬酸合酶}} \underset{\text{柠檬酸}}{HOC(COOH)(CH_2-COOH)_2}$$

> **重点：** 这一步反应是柠檬酸循环的起始步骤，通过这一反应，含两个碳原子的化合物以乙酰辅酶 A 的形式进入柠檬酸循环。

（2）柠檬酸异构生成异柠檬酸 柠檬酸在顺乌头酸酶催化下脱水形成顺乌头酸，再加水生成异柠檬酸。

$$\underset{\text{柠檬酸}}{CH_2(COOH)-HOC(COOH)-CH_2(COOH)} \underset{}{\overset{-H_2O}{\rightleftharpoons}} \underset{\text{顺乌头酸}}{\left[CH_2(COOH)-C(COOH)=CH(COOH)\right]} \overset{+H_2O}{\rightleftharpoons} \underset{\text{异柠檬酸}}{CH_2(COOH)-CH(COOH)-CHOH(COOH)}$$

（3）异柠檬酸氧化脱羧生成 α-酮戊二酸 由异柠檬酸脱氢酶催化，反应生成的 $NADH+H^+$ 进入 NADH 氧化呼吸链氧化，这是三羧酸循环中第一次氧化脱羧生成 CO_2 的反应。异柠檬酸脱氢酶是三羧酸循环的第二个关键酶，为变构酶，其活性受 ADP 的变构激活，受 ATP 的变构抑制。

$$\underset{\text{异柠檬酸}}{CH_2(COOH)-HC(COOH)-CHOH(COOH)} \xrightarrow[NAD^+ \to NADH+H^+]{\text{异柠檬酸脱氢酶}} \underset{\alpha\text{-酮戊二酸}}{HOOC-(CH_2)_2-C(=O)-COOH} + CO_2$$

重点： 这是一个氧化-还原步骤，也是柠檬酸循环中两次氧化脱羧反应中的第一个反应。

（4）α-酮戊二酸氧化脱羧生成琥珀酰 CoA　此反应不可逆，由α-酮戊二酸脱氢酶复合体催化。该酶是三羧酸循环的第三个关键酶，其组成和催化反应过程与丙酮酸脱氢酶复合体极为相似，是三羧酸循环中第二次氧化脱羧生成 CO_2 的反应。

$$\underset{\text{α-酮戊二酸}}{\begin{array}{l}COOH\\ |\\ (CH_2)_2\\ |\\ C{=}O\\ |\\ COOH\end{array}} + CoA\text{-}SH \xrightarrow[NAD^+ \ \rightarrow \ NADH+H^+]{\text{α-酮戊二酸脱氢酶复合体}} \underset{\text{琥珀酰辅酶A}}{\begin{array}{l}COOH\\ |\\ CH_2\\ |\\ CH_2\\ |\\ CO\sim SCoA\end{array}} + CO_2$$

（5）琥珀酸的生成　在琥珀酰 CoA 合成酶催化下，琥珀酰 CoA 将高能磷酸基团转移给 GDP 生成 GTP，再转移给 ADP 生成 ATP。这是三羧酸循环中唯一经底物磷酸化生成的 ATP。

$$\underset{\text{琥珀酰辅酶A}}{\begin{array}{l}COOH\\ |\\ CH_2\\ |\\ CH_2\\ |\\ CO\sim SCoA\end{array}} \xrightarrow[GDP \rightarrow GTP;\ ADP \rightarrow ATP]{Pi} \underset{\text{琥珀酸}}{\begin{array}{l}COOH\\ |\\ CH_2\\ |\\ CH_2\\ |\\ COOH\end{array}} + HS\text{-}CoA$$

重点： 与糖酵解过程生成 ATP 的步骤相比较，这也是一种底物磷酸化产生 ATP 的反应。

（6）草酰乙酸的再生　草酰乙酸的再生经历 3 个反应过程。琥珀酸在琥珀酸脱氢酶的催化下脱氢生成延胡索酸，生成的 $FADH_2$ 进入琥珀酸氧化呼吸链氧化。延胡索酸在延胡索酸酶催化下，加水生成苹果酸。后者在苹果酸脱氢酶催化下脱氢生成草酰乙酸，生成的 $NADH+H^+$ 进入 NADH 氧化呼吸链氧化。再生的草酰乙酸可又携带乙酰基进入三羧酸循环（图 6-5）。

$$\underset{\text{琥珀酸}}{\begin{array}{l}CH_2\text{—}COOH\\ |\\ CH_2\text{—}COOH\end{array}} + FAD \underset{}{\overset{\text{琥珀酸脱氢酶}}{\rightleftharpoons}} \underset{\text{延胡索酸}}{\begin{array}{l}CH\text{—}COOH\\ \|\\ CH\text{—}COOH\end{array}} + FADH_2$$

$$\underset{\text{延胡索酸}}{\begin{array}{l}CH\text{—}COOH\\ \|\\ CH\text{—}COOH\end{array}} + H_2O \overset{\text{延胡索酸酶}}{\rightleftharpoons} \underset{\text{苹果酸}}{\begin{array}{l}CH_2\text{—}COOH\\ |\\ CH_2O\text{—}COOH\end{array}}$$

$$\underset{\text{苹果酸}}{\begin{array}{l}CH_2\text{—}COOH\\ |\\ CHOH\text{—}COOH\end{array}} \underset{NAD^+ \ \rightarrow \ NADH+H^+}{\overset{\text{L-苹果酸脱氢酶}}{\rightleftharpoons}} \underset{\text{草酰乙酸}}{\begin{array}{l}CH_2\text{—}COOH\\ |\\ CO\text{—}COOH\end{array}}$$

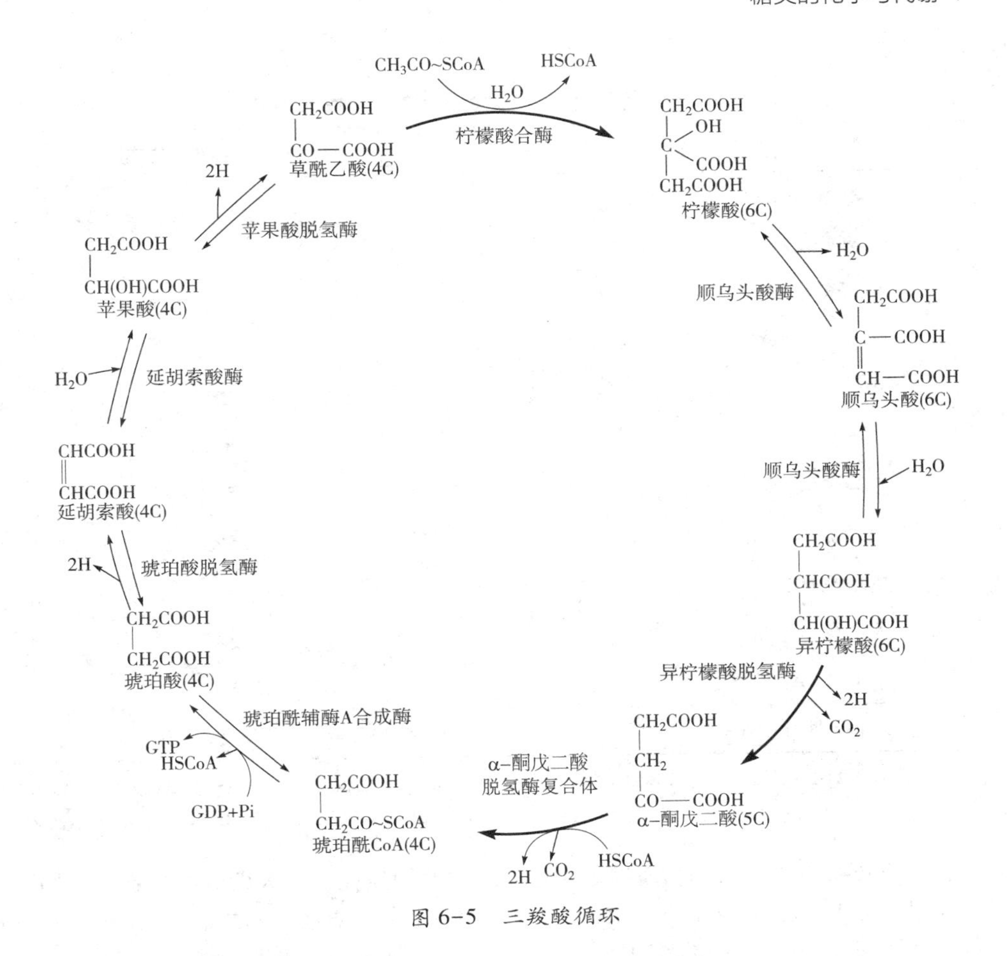

图 6-5 三羧酸循环

（二）三羧酸循环的特点

1. 三羧酸循环在有氧的条件下、在线粒体内进行

2. 三羧酸循环是机体产能的主要途径 1 分子乙酰 CoA 通过三羧酸循环经历 4 次脱氢（3 次脱氢生成 $NADH+H^+$，1 次脱氢生成 $FADH_2$），2 次脱羧生成 CO_2，1 次底物磷酸化，循环一周共产生 10 分子 ATP。

课堂互动

三羧酸循环一周为什么产生 10 分子 ATP?

3. 三羧酸循环是单向反应体系 三羧酸循环的关键酶柠檬酸合酶、α-酮戊二酸脱氢酶复合体和限速酶异柠檬酸脱氢酶催化的反应是不可逆反应，故三羧酸循环是单向反应体系。

4. 三羧酸循环必须不断补充中间产物 三羧酸循环有些中间产物常移出循环而参与其他代谢途径，如草酰乙酸可转变为天冬氨酸，琥珀酰 CoA 可用于血红素合成，α-酮戊二酸可转变为谷氨酸等。所以必须不断补充循环的中间产物。

（三）有氧氧化的生理意义

1. 糖的有氧氧化是机体获得能量的主要方式 1 分子葡萄糖经有氧氧化净生成 32（或

30）分子 ATP（表6-3）。

表 6-3 葡萄糖有氧氧化时 ATP 的生成与消耗

反应过程	ATP 的生成数
葡萄糖 → 6-磷酸葡萄糖	-1
6-磷酸果糖 → 1,6-二磷酸果糖	-1
3-磷酸甘油醛 → 1,3-二磷酸甘油酸	2.5×2 或 1.5×2①
1,3-二磷酸甘油酸 → 3-磷酸甘油酸	1×2②
磷酸烯醇式丙酮酸 → 烯醇式丙酮酸	1×2
丙酮酸 → 乙酰 CoA	2.5×2
异柠檬酸 → α-酮戊二酸	2.5×2
α-酮戊二酸 → 琥珀酰 CoA	2.5×2
琥珀酰 CoA → 琥珀酸	1×2
琥珀酸→延胡索酸	1.5×2
苹果酸→草酰乙酸	2.5×2
1 分子葡萄糖共获得	32（或 30）

注：①根据 $NADH+H^+$ 进入线粒体的方式不同，如经苹果酸穿梭系统，1 个 $NADH+H^+$ 产生 2.5 个 ATP；如经 α-磷酸甘油穿梭系统只产生 1.5ATP；②1 分子葡萄糖生成 2 分子 3-磷酸甘油醛，故×2。

2. 三羧酸循环是体内营养物质彻底氧化分解的共同途径 三大营养物质糖、脂肪、蛋白质经代谢均可生成乙酰 CoA 或三羧酸循环的中间产物（如草酰乙酸、α-酮戊二酸等），经三羧酸循环彻底氧化生成 CO_2和 H_2O，并产生大量 ATP，供生命活动之需。

3. 三羧酸循环是体内物质代谢相互联系的枢纽 糖、脂肪和氨基酸均可转变为三羧酸循环的中间产物，通过三羧酸循环相互转变、相互联系。乙酰 CoA 可以在胞液中合成脂肪酸；许多氨基酸的碳架是三羧酸循环的中间产物，可以通过草酰乙酸转变为葡萄糖（参见糖异生）；草酰乙酸和 α-酮戊二酸通过转氨基反应合成天冬氨酸、谷氨酸等一些非必需氨基酸。

四、磷酸戊糖途径

磷酸戊糖途径（pentose phosphate pathway）是由 6-磷酸葡萄糖开始，生成 5-磷酸核糖和 $NADPH+H^+$，前者再进一步转变成 3-磷酸甘油醛和 6-磷酸果糖的反应过程。此反应途径主要发生在肝、脂肪组织等组织细胞胞液中（图 6-6）。

（一）反应过程

6-磷酸葡萄糖首先由 6-磷酸葡萄糖脱氢酶催化脱氢生成 6-磷酸葡萄糖酸，再脱氢、脱羧生成 5-磷酸核酮糖，同时生成 2 分子 $NADPH+H^+$和 1 分子 CO_2。5-磷酸核酮糖经异构化反应生成 5-磷酸核糖，或者在差向异构酶作用下，转变为 5-磷酸木酮糖。6-磷酸葡萄糖脱氢酶是磷酸戊糖途径中的限速酶，其活性受 $NADP^+/NADPH+H^+$浓度影响。$NADPH+H^+$浓度增高时抑制该酶活性，磷酸戊糖途径被抑制。

（二）生理意义

磷酸戊糖途径产生大量的 5-磷酸核糖和 NADPH，而不是生成 ATP。

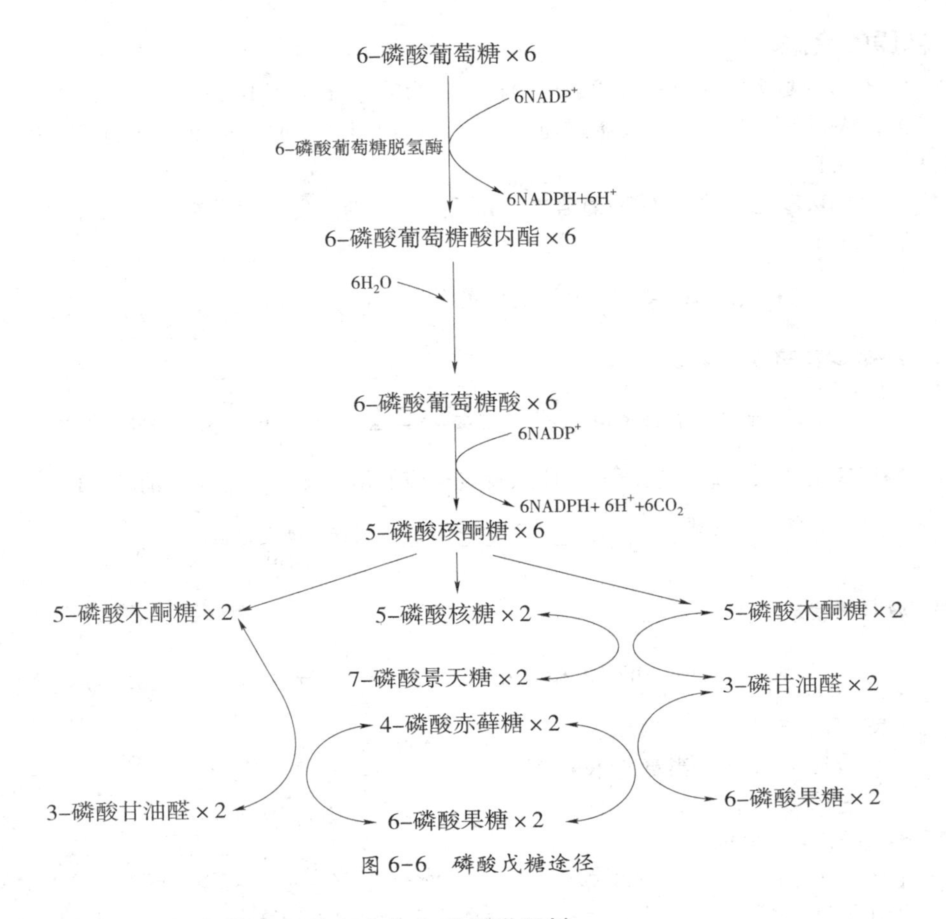

图 6-6 磷酸戊糖途径

1. 5-磷酸核糖为核苷酸及其衍生物合成提供原料

2. NADPH 作为供氢体参与多种代谢反应

（1）NADPH 参与胆固醇、脂肪酸、类固醇激素等重要化合物的生物合成。

（2）NADPH 参与体内羟化反应，如从鲨烯合成胆固醇，从胆固醇合成胆汁酸、类固醇激素等。有些羟化反应与生物转化有关，如 NADPH 作为加单氧酶（羟化反应）的供氢体，参与激素、药物、毒物的生物转化过程。

（3）NADPH 是谷胱甘肽还原酶的辅酶，这对维持细胞中还原型谷胱甘肽（GSH）的正常含量起着重要作用。如红细胞中的 GSH 可以保护红细胞膜上含巯基的蛋白质和酶，以维持膜的完整性和酶活性。NADPH 还可与 H_2O_2作用而消除其氧化作用。遗传性 6-磷酸葡萄糖脱氢酶缺陷的患者，磷酸戊糖途径不能正常进行，NADPH 缺乏，GSH 含量减少，使红细胞膜易于破坏而发生溶血性贫血、黄疸，因患者常在食蚕豆或服用抗疟疾药物伯氨喹啉后诱发本病，故又称蚕豆病。

第三节 糖原的代谢

糖原是体内糖的储存形式，机体能迅速动用的能量储备。

一、糖原的合成

由单糖（主要是葡萄糖）合成糖原的过程称为糖原合成（glycogenesis）。肝糖原可以任何单糖为合成原料，而肌糖原只能以葡萄糖为合成原料。糖原合成反应在胞液中进行，需消耗ATP和UTP。

1. 葡萄糖磷酸化生成6-磷酸葡萄糖 此反应由己糖激酶（葡萄糖激酶）催化，反应不可逆，消耗ATP。

$$\text{葡萄糖(G)} + \text{ATP} \xrightarrow{\text{己糖激酶或葡萄糖激酶}} \text{6-磷酸葡萄糖(G-6-P)} + \text{ADP}$$

2. 1-磷酸葡萄糖的生成

$$\text{6-磷酸葡萄糖(G-6-P)} \underset{}{\overset{\text{磷酸葡萄糖变位酶}}{\rightleftharpoons}} \text{1-磷酸葡萄糖(G-1-P)}$$

3. UDPG的生成 此反应由UDPG焦磷酸化酶催化，反应不可逆，消耗UTP。

$$\underset{\text{(G-1-P)}}{\text{1-磷酸葡萄糖}} + \text{UTP} \xrightarrow{\text{UDPG焦磷酸化酶}} \underset{\text{(UDPG)}}{\text{尿苷二磷酸葡萄糖}} + \text{PPi}$$

4. 糖原的合成

$$\text{尿苷二磷酸葡萄糖(UDPG)} + \text{糖原引物(Gn)} \xrightarrow{\text{糖原合酶}} \text{UDP} + \text{糖原(Gn+1)}$$

5. 分支酶的作用 糖原合酶只能延长糖链，不能形成分支，当糖链长度达到12~18个葡萄糖单位时，分支酶可将一段糖链（6~7个葡萄糖单位）转移到邻近的糖链上，以α-1,6-糖苷键相连，形成分支结构（图6-7）。

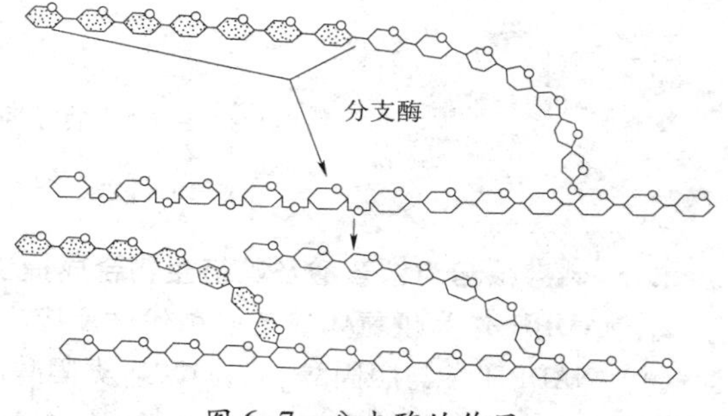

图6-7 分支酶的作用

二、糖原的分解

肝糖原分解为葡萄糖以补充血糖的过程，称为糖原分解（glycogenolysis）。

1. 糖原分解为1-磷酸葡萄糖 从糖原分子的非还原端开始，糖原磷酸化酶催化α-1,4-糖苷键水解，逐个生成1-磷酸葡萄糖。

$$\text{糖原(Gn)} + \text{Pi} \xrightarrow{\text{糖原磷酸化酶}} \text{1-磷酸葡萄糖(G-1-P)} + \text{糖原(Gn-1)}$$

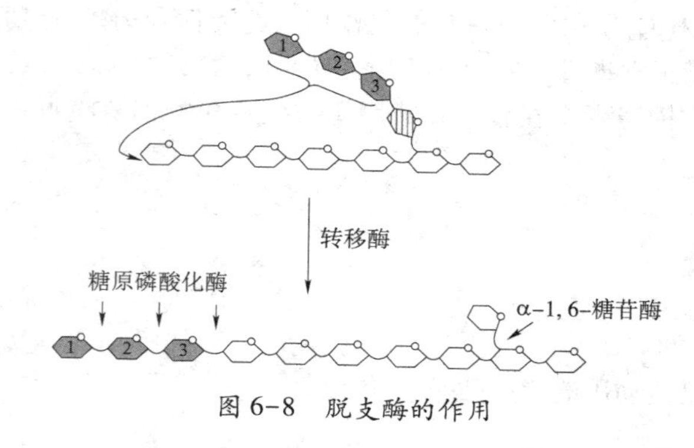

图6-8 脱支酶的作用

糖原磷酸化酶是催化糖原分解的关键酶，该酶只能水解α-1,4-糖苷键。此酶受到共价修饰调节和变构调节双重调节作用。发生磷酸化的糖原磷酸化酶a是有活性的，而脱磷酸化的糖原磷酸化酶b是无活性的。AMP是糖原磷酸化酶b的变构激活剂，ATP是糖原磷酸化酶a的变构抑制剂。脱支酶主要功能是α-1,6-葡萄糖苷酶催化分支点的葡萄糖单位水解，生成游离葡萄糖，在磷酸化酶和脱支酶的协同和反复作用下，形成 15% 的游离葡萄糖和 85% 的 1–磷酸葡萄糖。

2. 1–磷酸葡萄糖异构为 6–磷酸葡萄糖

$$\text{1–葡萄糖(G–1–P)} \xrightleftharpoons{\text{磷酸葡萄糖变位酶}} \text{6–磷酸葡萄糖(G–6–P)}$$

3. 6–磷酸葡萄糖水解为葡萄糖

$$\text{6–磷酸葡萄糖(G–6–P)} \xrightarrow[H_2O \quad\quad Pi]{\text{葡萄糖–6–磷酸酶}} \text{葡萄糖(G)}$$

该酶只存在于肝和肾，而不存在于肌肉中，因此只有肝糖原能直接分解为葡萄糖，补充血糖浓度。而肌糖原不能分解为葡萄糖，只能进行糖酵解或有氧氧化。

现将糖原合成与分解过程总结如下，见图 6–9。

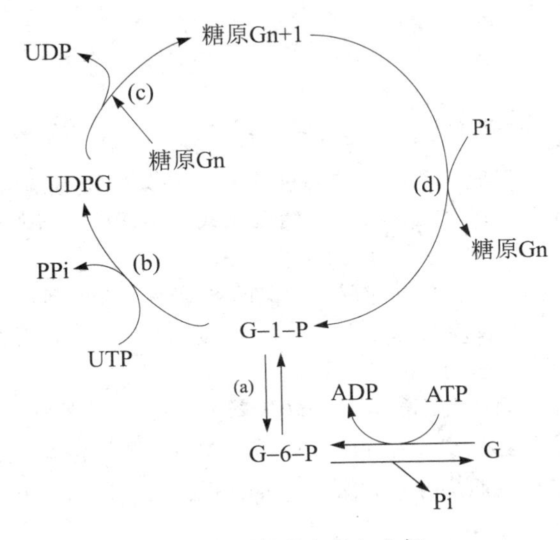

图 6–9 糖原合成与分解

（a）磷酸葡萄糖变位酶；（b）UDPG 焦磷酸化酶；（c）糖原合酶；（d）糖原磷酸化酶

课堂互动

为什么肝糖原可转化为血糖，而肌糖原不可？

三、糖原合成与分解的生理意义

在正常生理情况下维持血糖浓度相对恒定，保证依赖葡萄糖供能的组织（脑、红细胞）的能量供给。如当机体糖供应丰富（如进食后）和细胞能量充足时，合成糖原将能量储存起来，以免血糖浓度过度升高。当糖供应不足（如空腹）或能量需求增加时，储存的糖原分解为葡萄糖，维持血糖浓度。

拓展阅读

糖原累积症

糖原累积症是一类遗传性代谢病，如患者体内缺乏肝糖原磷酸化酶时，肝糖原分解障碍，糖原沉积导致肝肿大，并无严重后果，婴儿仍可成长。缺乏葡萄糖-6-磷酸酶，肝糖原分解障碍，不能用于维持血糖，则造成严重后果。溶酶体的α-葡萄糖苷酶缺乏，会影响α-1,4-糖苷键和α-1,6-糖苷键的水解，使组织广泛受损，甚至常因心肌受损而突然死亡。

第四节 糖异生作用

一、糖异生作用

由非糖物质转变为葡萄糖或糖原的过程，称为糖异生作用（gluconeogenesis）。甘油、有机酸（乳酸、丙酮酸及三羧酸循环中的各种羧酸）和某些氨基酸均可作为异生的原料。糖异生的器官主要是肝脏，其次是肾脏。长期饥饿或酸中毒时，肾脏的糖异生作用可大大加强。

糖异生途径基本是糖酵解途径的逆反应，但己糖激酶（包括葡萄糖激酶）、磷酸果糖激酶及丙酮酸激酶催化的三个反应，都是不可逆反应，称之为“能障”。实现糖异生必须绕过这三个“能障”，这些酶就是糖异生的关键酶。

1. 丙酮酸羧化支路 丙酮酸不能直接逆转为磷酸烯醇式丙酮酸，但丙酮酸可以在丙酮酸羧化酶的催化下生成草酰乙酸，然后在磷酸烯醇式丙酮酸羧激酶催化下，草酰乙酸脱羧基从 GTP 获得磷酸基生成磷酸烯醇式丙酮酸，此过程称为丙酮酸羧化支路，是消耗能量的循环反应。

$$\text{丙酮酸} + CO_2 + ATP + H_2O \xrightarrow{\text{丙酮酸羧化酶}} \text{草酰乙酸} + ADP + Pi$$

$$\text{草酰乙酸} + GTP \xrightarrow{\text{磷酸烯醇式丙酮酸羧激酶}} \text{磷酸烯醇式丙酮酸} + CO_2 + GDP$$

丙酮酸羧化酶仅存在于线粒体内，胞液中的丙酮酸必须进入线粒体才能羧化成草酰乙酸，而磷酸烯醇式丙酮酸羧激酶在线粒体和胞液中都存在，因此草酰乙酸转变成磷酸烯醇式丙酮酸在线粒体和胞液中都能进行。

2. 1,6-二磷酸果糖转变为6-磷酸果糖

$$\text{1,6-二磷酸果糖} + H_2O \xrightarrow{\text{果糖-1,6-二磷酸酶}} \text{6-磷酸果糖} + Pi$$

3. 6-磷酸葡萄糖水解生成葡萄糖

$$\text{6-磷酸葡萄糖} + H_2O \xrightarrow{\text{葡萄糖-6-磷酸酶}} \text{葡萄糖} + Pi$$

上述过程中，丙酮酸羧化酶、磷酸烯醇式丙酮酸羧激酶、果糖-1,6-二磷酸酶、葡萄糖-6-磷酸酶是糖异生途径的关键酶。它们主要分布在肝脏和肾皮质。糖异生途径如图 6-10 所示。

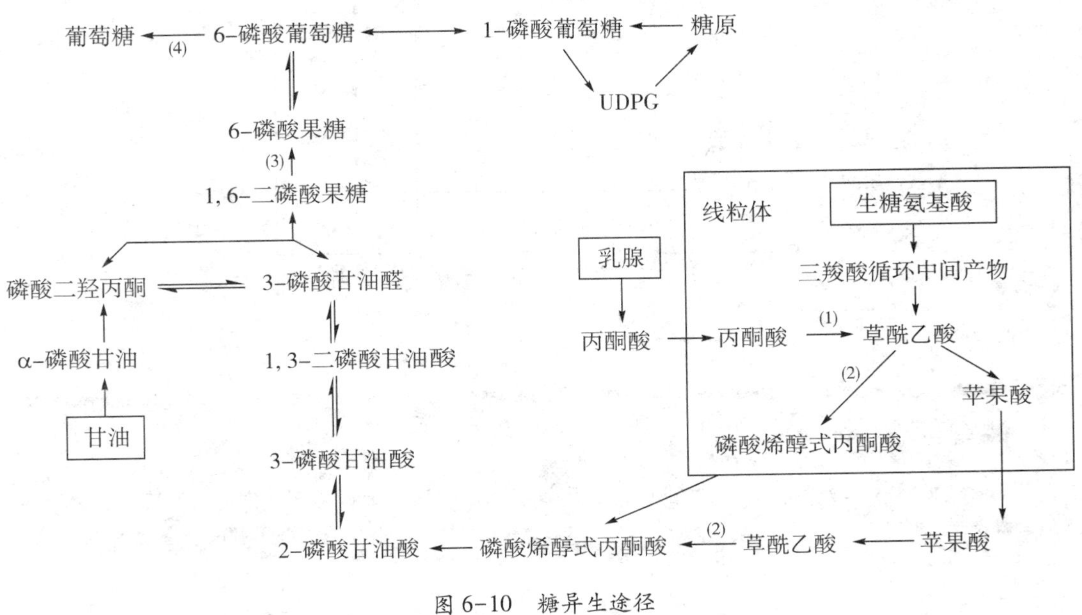

图 6-10 糖异生途径

（1）丙酮酸羧化酶；（2）磷酸烯醇式丙酮酸羧激酶；

（3）果糖二磷酸酶；（4）葡萄糖-6-磷酸酶

二、糖异生的生理意义

1. 在空腹和饥饿时维持血糖浓度的相对恒定 空腹和饥饿时，靠肝糖原分解产生葡萄糖仅能维持 8~12 小时，以后机体完全依靠糖异生作用来维持血糖浓度恒定，从而保证脑、红细胞等重要器官能量供应。

课堂互动

剧烈运动后肌肉出现酸痛，休息一段时间后酸痛感觉会自然消失，为什么？

2. 有利于乳酸的再利用 在缺氧或剧烈运动时，肌糖原酵解产生大量乳酸，乳酸可经血液运输到肝，通过糖异生作用合成肝糖原或葡萄糖，葡萄糖进入血液又可被肌肉摄取利用，如此形成乳酸循环，也称 Cori 循环（图 6-11）。此循环有利于乳酸的再利用，同时也有利于丙酮酸糖原更新及补充肌肉消耗的糖原，有助于防止乳酸性酸中毒的发生。

3. 肾糖异生增强有利于维持酸碱平衡 由于长期饥饿产生代谢性酸中毒，使体液 pH 降低，促进了肾小管中磷酸烯醇式丙酮酸羧激酶的合成，从而使糖异生作用增强。另外，肾中 α-酮戊二酸因异生成糖而减少时，则促进谷氨酰胺及谷氨酸的脱氨，使肾小管细胞泌氨加强，氨与原尿中的 H^+结合，降低原尿中 H^+浓度，有利于肾排氢保钠作用，对于防止酸中毒有重要意义。

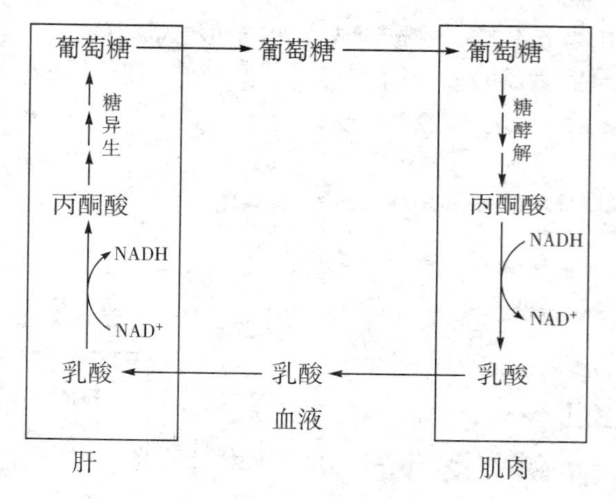

图 6-11 乳酸循环

课堂互动

在正常的生理情况下，人体进食前后是如何通过糖原代谢和糖异生作用调节机体血糖浓度恒定的？

第五节 血糖

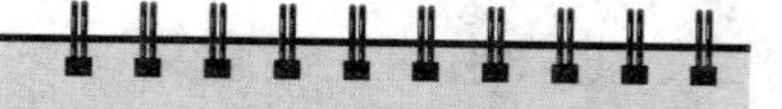

案例导入

案例：患者，男性，50 岁，主诉"多饮、多食、多尿伴乏力、消瘦半年多"。两月前，患者体重较前减轻 6.0kg，并逐渐出现口渴、多饮，食欲增强，尿频、小便次数增多，夜尿 3~4 次/晚，尿量较前明显增多。实验室检查：空腹血糖为 12.0mmol/L，尿糖（+），尿蛋白（-）等指标的改变，入院后给予胰岛素等治疗，患者症状有所减轻。

讨论：1. 为什么患者食欲增强时，体重反而减轻？
2. 你能判断患者患什么病吗？
3. 可用何种药物治疗？

血糖（blood sugar）主要指血液中的葡萄糖。正常成人空腹血糖浓度相当恒定，维持在 3.9~6.1mmol/L（葡萄糖氧化酶法）。血糖浓度之所以如此恒定，是机体对血糖的来源和去路进行了精细调节，使之维持动态平衡的结果。

一、血糖的来源和去路

（一）血糖的来源

1. 食物中糖类的消化吸收 这是血糖的主要来源。

2. 肝糖原分解 这是空腹血糖的直接来源。

3. 糖异生作用 长期饥饿时，储备的肝糖原已不足以维持血糖浓度，则糖异生作用增强，将大量非糖物质转变为糖，继续维持血糖的正常水平。因此糖异生作用是空腹和饥饿时血糖的重要来源。

（二）血糖的去路

1. 氧化供能 这是血糖最主要的去路。

2. 合成肝糖原和肌糖原

3. 转变为其他物质 可转变为脂肪及某些非必需氨基酸等。

4. 随尿排出 当血糖浓度高于8.89～10.0mmol/L时，超过肾小管最大重吸收的能力，糖则从尿中排出，出现糖尿现象，此时的血糖浓度称为肾糖阈（renal threshold of glucose）值。尿排糖是血糖的非正常去路，糖尿在病理情况下出现，常见于糖尿病患者。

血糖的去路见图6-12。

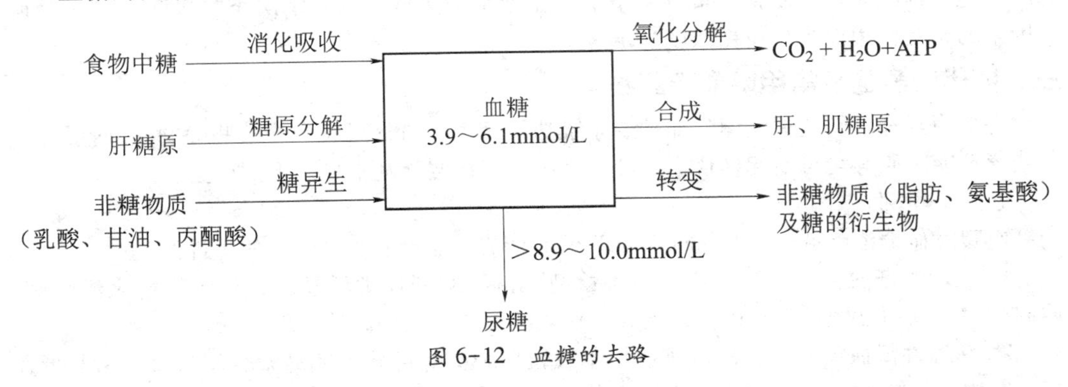

图6-12 血糖的去路

> **课堂互动**
>
> 血糖升高就一定是糖尿病吗？

二、血糖浓度的调节

1. 器官水平的调节 肝脏是调节血糖浓度的主要器官，肝脏通过糖原的合成、分解和糖异生作用调节血糖浓度。当餐后血糖浓度增高时，肝细胞通过肝糖原合成来降低血糖浓度；空腹血糖浓度降低时，肝脏通过糖原分解补充血糖；饥饿或禁食情况下，肝的糖异生作用加强，从而有效维持血糖浓度。其次，肾脏、肌肉和肠道等也能调节血糖浓度。

2. 激素水平的调节 调节血糖的激素有两类，一类是降低血糖的激素，即胰岛素（insulin）；另一类是升高血糖的激素，如肾上腺素、胰高血糖素、肾上腺糖皮质激素和生长素等。两类作用不同的激素通过调节糖代谢途径中限速酶的活性，影响相应的代谢过程。它们既相互对立，又相互统一，共同调节血糖浓度，以使血糖维持正常水平（表6-4）。

表6-4 激素对血糖浓度的调节

激素	生化作用
胰岛素	①促进葡萄糖进入肌肉、脂肪等组织细胞；②促进糖原合成，抑制糖原分解；③促进糖的氧化；④促进糖转变为脂肪，抑制脂肪分解；⑤抑制糖异生作用
肾上腺素	①促进肝糖原分解，促进肌糖原酵解；②促进糖异生作用

续表

激素	生化作用
胰高血糖素	①抑制肝糖原合成，促进肝糖原分解；②促进糖异生作用；③促进脂肪动员，减少糖的利用
糖皮质激素	①促进肌肉蛋白分解，加速糖异生作用；②抑制肝外组织摄取利用葡萄糖

3. 神经系统调节 神经系统对血糖的调节属于整体调节，通过调节激素的分泌量，进而影响各代谢途径中酶活性而完成调节作用。例如，情绪激动时，交感神经兴奋，使肾上腺素分泌增加，促进肝糖原分解、肌糖原酵解和糖异生作用，使血糖升高；当处于静息状态时，迷走神经兴奋，使胰岛素分泌增加，血糖水平降低。正常情况下，机体通过多种调节因素的相互作用而维持血糖浓度恒定。

三、糖代谢紊乱及常用降血糖药物

许多因素都可影响糖代谢，如神经系统功能紊乱、内分泌失调、某些酶的先天性缺陷、肝或肾功能障碍等均可引起糖代谢紊乱。临床上糖代谢紊乱常见以下两种类型。

（一）低血糖

空腹时血糖浓度低于 3.0mmol/L 称为低血糖。低血糖有生理性和病理性两类。

1. 生理性低血糖 长期饥饿、空腹饮酒或持续剧烈体力活动时，外源性糖来源阻断，内源性的肝糖原已经耗竭，此时，糖异生作用亦减弱，因而易造成低血糖。

2. 病理性低血糖 ①胰岛 B 细胞增生或胰岛肿瘤等可导致胰岛素分泌过多，引起低血糖；②内分泌功能异常（如垂体前叶或肾上腺皮质功能减退），使生长激素或糖皮质激素等对抗胰岛素的激素分泌不足；③胃癌等肿瘤；④严重肝脏疾患（如肝癌、糖原累积症等），肝功能严重低下，肝糖原的合成、分解及糖异生等糖代谢均受阻，肝脏不能及时有效地调节血糖浓度，故产生低血糖。

低血糖时，脑组织首先对低血糖出现反应，患者常表现为头晕、心悸、出冷汗、手颤、倦怠无力和饥饿感等症状，称低血糖症。因为脑组织不能利用脂肪酸氧化供能，且几乎不储存糖原，其所需能量直接依靠血中葡萄糖氧化分解提供。当血糖含量持续低于 2.5mmol/L 时，脑细胞的能量极度匮乏，影响脑的正常功能，严重者出现昏迷，称为低血糖休克。临床上遇到这种情况时，只需及时给患者静脉注射葡萄糖溶液，症状就会得到缓解。否则可导致死亡。

（二）高血糖与糖尿

空腹时血糖浓度高于 6.9mmol/L 称为高血糖。如果血糖浓度高于肾糖阈值（8.9～10.0mmol/L）时，超过了肾小管对糖的最大重吸收能力，则尿中就会出现糖，此现象称为糖尿。引起高血糖的原因也有生理性和病理性两类。

1. 生理性高血糖 生理情况下，由于糖的来源增加可引起高血糖。①一次性进食或静脉输入大量葡萄糖（每小时每千克体重超过 22～28mmol/L）时，血糖浓度急剧增高，可引起饮食性高血糖；②情绪过度激动时，交感神经兴奋，肾上腺素分泌增加，肝糖原分解为葡萄糖释放入血，使血糖升高，可出现情感性高血糖和糖尿。这些属于生理性高血糖和糖尿，其高血糖和糖尿是暂时的，且空腹血糖正常。

2. 病理性高血糖 在病理情况下，①升高血糖的激素分泌亢进或胰岛素分泌障碍均可导致高血糖，以至出现糖尿；②肾脏疾病可导致肾小管重吸收葡萄糖能力减弱而出现糖尿，称为肾性糖尿。这是由肾糖阈下降引起的，此时血糖浓度可正常，也可升高，但糖代谢未发生紊乱。临床上最常见的高血糖症是糖尿病（diabetes mellitus，DM）。

课堂互动

如何根据检验报告中血糖的浓度范围区分患者是低血糖、高血糖、糖尿病呢？

（三）糖尿病及常用降血糖药物

糖尿病是由于胰岛素绝对或相对不足或细胞对胰岛素敏感性降低，引起糖、脂肪、蛋白质、水和电解质等一系列代谢紊乱的临床综合征。它是除肥胖症之外人类最常见的内分泌紊乱性疾病。糖尿病的特征即为高血糖与糖尿，临床上将糖尿病分为两型，胰岛素依赖型（1型）和非胰岛素依赖型（2型）。1型糖尿病多发于青少年，主要与遗传有关。2型糖尿病和肥胖关系密切，我国糖尿病患者以2型居多。糖尿病的病因是由于胰岛B细胞功能减低，胰岛素分泌量绝对或相对不足，或其靶细胞膜上胰岛素受体数量不足、亲和力降低，或胰高血糖素分泌过量等，导致胰岛素不足。其中胰岛素受体基因缺陷已被证实是2型糖尿病的重要病因。

糖尿病可出现多方面的糖代谢紊乱，如葡萄糖不易进入肌肉、脂肪组织细胞；糖原合成减少，糖原分解增强；组织细胞氧化利用葡萄糖的能力减弱；糖异生作用增强。使血糖的来源增加而去路减少，出现持续性高血糖和糖尿。糖尿病患者由于糖的氧化分解障碍，机体所需能量不足，故患者感到饥饿而多食；多食进一步导致血糖升高，使血浆渗透压升高，引起口渴，因而多饮；血糖升高形成高渗性利尿而导致多尿。由于机体糖氧化供能发生障碍，大量动员体内脂肪及蛋白质氧化分解，加之排尿多而引起失水，患者逐渐消瘦，体重下降。因此，糖尿病患者表现为多食、多饮、多尿、体重减少的“三多一少”症状。严重糖尿病患者常伴有多种并发症，包括视网膜毛细血管病变、白内障、神经轴突萎缩和脱髓鞘、动脉硬化性疾病和肾病。这些并发症的严重程度与血糖水平升高程度直接相关，可见治疗糖尿病关键在于控制血糖浓度，“早防、早治”是最有成效的治疗。“早防”能使高危人士远离糖尿病，“早治”能让一半“准患者”逆转进程，回到正常人中。“早治”包括三方面内容，除了端正理念、调整生活方式，还有根据患病原因和患者的个体情况进行药物治疗，可选用的药物包括双胍类、糖苷酶抑制剂、胰岛素增敏剂等，常用药物有罗格列酮和二甲双胍，它们能够通过不同机制降低血糖，研究证明两者联用可能更利于治疗。用内环境稳态模型技术测量了胰岛素敏感性，结果表明罗格列酮和二甲双胍联用胰岛素敏感性要比单独的用药高，因此联合用药效果不错。2型糖尿病的治疗选用胰岛素，胰岛素治疗失效的糖尿病患者加用二甲双胍能提高对血糖的控制，减少空腹血糖升高发生的频率，而对高密度胆固醇则无影响。

第六节　糖类药物

一、糖类药物的种类及生理活性

（一）糖类药物的种类

1. 单糖　如葡萄糖、果糖、氨基葡萄糖等。

2. 寡糖 如蔗糖、麦芽糖、乳糖、乳果糖（lactulose）等。

3. 多糖 如右旋糖酐、甘露聚糖、香菇多糖、茯苓多糖等。

4. 糖的衍生物 如6-磷酸葡萄糖、1,6-二磷酸果糖、磷酸肌醇等。

（二）糖类药物的生理活性

1. 调节免疫功能 主要表现为影响补体活性，促进淋巴细胞增殖，激活或提高吞噬细胞的功能。增强机体的抗炎、抗氧化和抗衰老作用。

2. 抗感染作用 多糖可以提高机体组织细胞对细菌、原虫、病毒和真菌感染的抵抗力。如甲壳素对皮下肿胀有治疗作用，对皮肤伤口有愈合作用。

3. 加快细胞增殖生长 通过促进细胞DNA和蛋白质的合成，加快细胞的增殖生长。

4. 抗辐射损伤作用 茯苓多糖、紫菜多糖、透明质酸、甲壳素等均能抗^{60}Co、γ-射线的损伤，有抗氧化、防辐射作用。

5. 抗凝血作用 肝素是天然抗凝剂。甲壳素、芦荟多糖、黑木耳多糖等也具有肝素样的抗凝血作用。用于防治血栓、周围血管病、具有心绞痛、充血性心力衰竭与肿瘤的辅助治疗。

6. 降血脂、抗动脉粥样硬化作用 类肝素（heparinoid）、硫酸软骨素、小分子量肝素等具有降血脂、降血胆固醇，抗动脉粥样硬化作用，用于防治冠心病和动脉硬化。

7. 维持血液渗透压 右旋糖酐可以代替血浆蛋白以维持血将渗透压，中相对分子质量右旋糖酐用于增加血容量，维持血压，以抗休克为主；低相对分子质量右旋糖酐主要用于改善微循环，降低血液黏度；小相对分子质量右旋糖酐是一种安全有效的血浆扩充剂。海藻酸钠能增加血容量，使血压恢复正常。

二、常见糖类药物

1. 去蛋白小牛血清 小牛血清去蛋白注射液的主要成分是多种游离氨基酸、小分子激活肽和磷酸肌醇寡糖，能促进细胞对葡萄糖和氧的摄取与利用，在低血氧以及能量需求增加等情况下，可以促进能量代谢。临床上用于治疗缺血性脑血管病，具有保护大脑神经细胞，减轻脑缺血再灌注损伤，改善脑供氧和能量供应，消除氧自由基、促进神经细胞修复等作用。

2. 透明质酸 透明质酸广泛存在于人和脊椎动物体内，是组成结缔组织的细胞外基质、眼球玻璃体、脐带和关节液的几种糖胺聚糖之一。在人的皮肤真皮层和关节滑液中含量最多，具有保水、润滑和清除自由基等重要的生理作用。透明质酸作为药物主要应用于眼科治疗手术，如晶状体植入、摘除，角膜移植，抗青光眼手术等，还用于治疗骨关节炎、外伤性关节炎和滑囊炎以及加速伤口愈合。透明质酸在化妆品中的应用更为广泛，它能使皮肤保持湿润光滑、细腻柔嫩、富有弹性，具有防皱、抗皱、美容保健和恢复皮肤生理功能的作用。目前国际上添加透明质酸的化妆品种类已从最初的膏霜、乳液、化妆水、精华素胶囊、膜贴扩展到浴液、粉饼、口红、洗发护发剂、摩丝等，应用日趋广泛。

3. 硫酸软骨素 硫酸软骨素滴眼液用于治疗角膜炎、角膜溃疡、角膜损伤等，其主要成分为硫酸软骨素，硫酸软骨素是从动物组织提取、纯化制备的酸性黏多糖类物质，是构成细胞间质的主要成分，对维持细胞环境的相对稳定性和正常功能具有重要作用。可加速伤口愈合，减少瘢痕组织的产生。通过促进基质的生成，为细胞的迁移提供构架，有利于角膜上皮细胞的迁移，从而促进角膜创伤愈合。硫酸软骨素可以改善血液循环，加速新陈代谢，促进渗出液的吸收及炎症的消除。

拓展阅读

常见糖类药物简介

糖类	品名	来源	作用与用途
单糖及其衍生物	甘露醇	由海藻提取或葡萄糖电解	降低颅内压、抗脑水肿
	山梨醇	由葡萄糖氢化或电解还原	降低颅内压、抗脑水肿、治青光眼
	葡萄糖	由淀粉水解制备	制备葡萄糖输液
	葡萄醛酸内酯	由葡萄糖氧化制备	治疗肝炎、肝中毒、解毒、风湿性关节炎
	葡萄糖酸钙	由淀粉或葡萄糖发酵	钙补充剂
	植酸钙（菲汀）	由玉米、米糠提取	营养剂、促进生长发育
	肌醇	由植酸钙制备	治疗肝硬化、血管硬化、降血脂
	1,6－二磷酸果糖	酶转化制备	治疗急性心肌缺血休克、心肌梗死
多糖	右旋糖酐	微生物发酵	血浆扩充剂、改善微循环、抗休克
	右旋糖酐铁	用右旋糖酐与铁络合	治疗缺铁性贫血
	糖酐酯钠	由右旋糖酐水解酯化	降血脂、防止动脉硬化
	猪苓多糖	由真菌猪苓提取	抗肿瘤转移、调节免疫功能
	海藻酸	由海带或海藻提取	增加血容量、抗休克，抑制胆固醇吸收，清除重金属离子
	透明质酸	由鸡冠、眼球、脐带提取	化妆品基质、眼科用药
	肝素钠	由肠黏膜和肺提取	抗凝血、防肿瘤转移
	肝素钙	由肝素制备	抗凝血、防止血栓
	硫酸软骨素	由喉骨、鼻中隔提取	治疗偏头痛、关节炎
	硫酸软骨素A	由硫酸软骨素制备	降血脂、防治冠心病
	冠心舒	由猪十二指肠提取	治疗冠心病
	甲壳素	由甲壳动物外壳提取	人造皮、药物赋型剂
	脱乙酰壳多糖	由甲壳质制备	降血脂、金属解毒、止血、消炎

本章小结

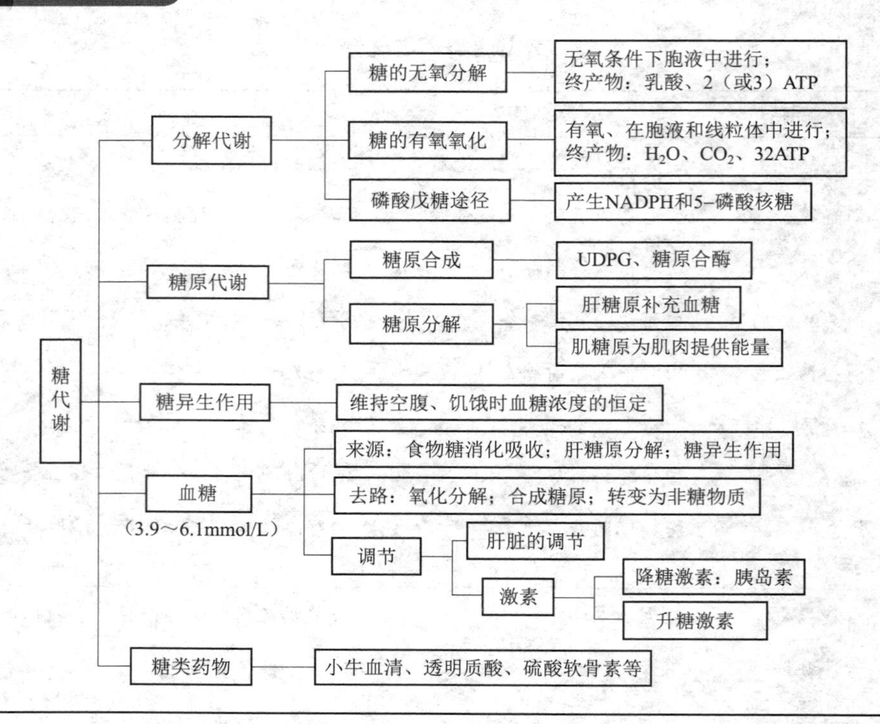

目标检测

一、单项选择题

1. 下列糖酵解的特点中哪一项是错误的（　　）？
   A. 没有氧的参与
   B. 终产物是乳酸
   C. 产能较少
   D. 己糖激酶、磷酸甘油酸激酶和丙酮酸激酶是其关键酶
2. 巴斯德效应是（　　）。
   A. 糖的无氧分解抑制糖的有氧氧化　　B. 糖的无氧分解抑制磷酸戊糖途径
   C. 糖的无氧分解抑制糖异生　　D. 糖的有氧氧化抑制糖的无氧分解
3. 1 分子葡萄糖彻底氧化为 CO_2 和 H_2O 时净生成 ATP 数为（　　）。
   A. 18　　B. 24　　C. 32　　D. 36 或 38
4. 红细胞中还原型谷胱甘肽不足，易引起溶血，原因是缺乏（　　）。
   A. 葡萄糖激酶　　B. 果糖二磷酸酶
   C. 磷酸果糖激酶　　D. 6-磷酸葡萄糖脱氢酶
5. 合成糖原时，葡萄糖基的直接供体是（　　）。
   A. CDPG　　B. UDPG
   C. 1-磷酸葡萄糖　　D. GDPG
6. 有关三羧酸循环叙述正确的是（　　）。

A. 循环一周可生成4个NADH和2个$FADH_2$
B. 循环一周可从GDP生成2个GTP
C. 乙酰CoA可异生为葡萄糖
D. 琥珀酰CoA是α-酮戊二酸转变为琥珀酸时的中间化合物

7. 降低血糖浓度的激素是（　　）。
A. 胰高血糖素　　B. 胰岛素
C. 生长素　　D. 肾上腺素

8. 体内产生NADPH的途径是（　　）。
A. 磷酸戊糖途径　　B. 糖的有氧分解　　C. 糖的无氧分解
D. 糖异生作用　　E. 乳酸循环

9. 肌糖原不能补充血糖，是因为肌肉缺乏（　　）。
A. 6-磷酸果糖激酶　　B. 6-磷酸葡萄糖脱氢酶
C. 葡萄糖激酶　　D. 葡萄糖-6-磷酸酶

10. 糖原分解的关键酶是（　　）。
A. 分支酶　　B. 脱支酶
C. 糖原磷酸化酶　　D. 葡萄糖-6-磷酸酶

二、简答题

1. 简述糖的无氧分解和有氧氧化分解的异同点。
2. 血糖都有哪些来源和去路呢?
3. 磷酸戊糖途径在人体的代谢中有哪些生理意义呢?

实训项目

实训一　银耳多糖的制备及一般鉴定

一、实训目的

通过实训，进一步明确真菌多糖类的分离、纯化原理和一般鉴定的方法；进一步熟悉紫外分光光度计、离心机的使用；学会透析袋、纸层析技术的正确操作。

二、实训内容

（一）实训原理

银耳是我国一种传统的珍贵药用真菌，具有滋补强壮、扶正固本之功效。银耳中含有的多糖类物质则具有明显提高机体免疫功能、抗炎症和抗放射等作用。

用固体法培养获得的银耳子实体，经沸水抽提、三氯甲烷-正丁醇法除蛋白质和乙醇沉淀分离可制得银耳多糖粗品，再用CTAB（溴化十六烷基三甲胺）络合法进一步精制可得银耳多糖纯品，然后进行定性和定量测定及杂质含量测定。

（二）试剂和器材

1. 试剂　银耳子实体20g；硅藻土；活性炭；95%乙醇；甲苯胺；乙醚；无水乙醇；浓硫酸；α-萘酚；2mol/L NaOH溶液；2mol/L NaCl溶液；三氯甲烷-正丁醇溶液（4∶1）。

2% CTAB：取2g CTAB溶于100ml蒸馏水中，摇匀备用。

斐林试剂：A液：将34.5g $CuSO_4$（含5分子结晶水）溶于500ml水中；B液：将125g

NaOH 和 137g 酒石酸钾钠溶于 500ml 水中。临用时，将 A、B 两液等量混合。

2. 器材 布氏漏斗；500ml 抽滤瓶；250ml 分液漏斗；10ml、100ml 量筒；离心机；250ml、500ml 和 1000ml 烧杯；水浴锅；透析袋；滤纸；层析缸；搅拌器；真空干燥箱；风光光度计。

（三）实训方法和步骤

1. 提取 将 20g 银耳子实体和 800ml 水加入 1000ml 烧杯中，于沸水浴中加热搅拌 8 小时，离心去残渣（3000r/min，25 分钟）。上清液用硅藻土助滤，水洗，合并滤液后与 80℃ 水浴搅拌浓缩至糖浆状。然后加入 1/4 体积的三氯甲烷－正丁醇溶液摇匀，离心（3000r/min，10 分钟）分层，用分液漏斗分出下层三氯甲烷和中层变性蛋白，然后，重复去蛋白质操作两次。上清液用 2mol/L NaOH 调至 pH 7.0，加热回流用 1% 活性炭脱色，抽滤，滤液扎袋，流水透析 48 小时。透析液离心（3000r/min，10 分钟），上清液于 80℃ 水浴浓缩，加三倍量 95% 乙醇，搅拌均匀后，离心（3000r/min，10 分钟），沉淀用无水乙醇洗涤 2 次，乙醚洗涤一次，真空干燥得银耳多糖粗品。

2. 纯化 取粗品 1g，溶于 100ml 水中，溶解后离心（3000r/min，10 分钟），除去不溶物，上清液加 2% CTAB 溶液至沉淀完全，摇匀，静置 4 小时。离心，沉淀用热水洗涤三次，加 100ml 2mol/L NaCl 溶液于 60℃ 解离 4 小时，离心（3000r/min，10 分钟），上清液扎袋流水透析 12 小时。将透析液于 80℃ 水浴浓缩，加三倍量 95% 乙醇，搅拌均匀后，离心（3000r/min，10 分钟），沉淀再分别用无水乙醇、乙醚洗涤，真空干燥，得银耳多糖。

3. 理化性质分析 将纯化的银耳多糖分别加入水、乙醇、丙酮、乙酸乙酯和正丁醇中，观察其溶解性。另在浓硫酸存在下观察银耳多糖与 α－萘酚的作用，于界面处观察颜色变化。

4. 含量测定 多糖在浓硫酸中水解后，进一步脱水生成糖醛类衍生物，与蒽酮作用形成有色化合物，进行比色测定。另外以 Folin 酚法测定银耳多糖样品中蛋白质含量，以紫外分光光度法测定样品中核酸的含量。

5. 银耳多糖纸层析 以正丙醇－浓氨水－水（40∶60∶5）为展开剂，分别将银耳多糖粗品和精品溶于水中，使浓度成 0.5%，点样于层析滤纸上，展层后吹干，用 0.5% 甲苯胺乙醇溶液染色，95% 乙醇漂洗。

（四）温馨提示

1. 以三氯甲烷－正丁醇法去蛋白时，振摇要剧烈，以使蛋白质变性完全。由于一次无法将蛋白质去除干净，故需要反复几次。

2. 多糖样品在真空干燥前，需用有机溶剂（乙醇、丙酮、乙醚等）反复洗涤以脱水完全，否则样品颜色会加深，影响产品质量。

（五）实训思考

1. 写出提取工艺流程，并思考什么是提取工艺的关键步骤。

2. 总结多糖的性质及多糖分离、纯化的原理。

3. 多糖类物质按其来源和组分可分别分为几种？不同材料来源的多糖其提取方法是否相同？

4. CTAB 为什么能与多糖类物质发生沉淀反应？

5. 以热水提取多糖是否会破坏多糖的结构？

实训二　胰岛素和肾上腺素对血糖浓度的影响

一、实训目标

通过实训，进一步明确胰岛素、肾上腺素对血糖浓度的影响；掌握血糖浓度测定方法；进一步熟悉离心技术和分光光度法技术。

二、实训内容

（一）实训原理

激素是调节血糖浓度恒定的重要因素，其中胰岛素起降低血糖的作用，肾上腺素起升高血糖的作用。本实训采用胰岛素和肾上腺素制剂注射入健康家兔体内，通过比较注射前后血糖含量变化，观察胰岛素和肾上腺素对糖代谢的影响。

葡萄糖氧化酶（GOD）将葡萄糖氧化为葡萄糖酸和过氧化氢，后者在过氧化物酶（POD）和色素原性氧受体存在下，将过氧化氢分解为水和氧，同时使色素原性氧受体4-氨基安替比林和酚去氢缩合为红色醌类化合物，其色泽深浅在一定范围内与葡萄糖浓度成正比。其反应式如下：

$$\text{葡萄糖}+O_2+H_2O \xrightarrow{GOD} \text{葡萄糖酸内酯}+H_2O_2$$

$$2H_2O_2+4\text{-氨基安替比林}+\text{酚} \xrightarrow{POD} \text{红色醌类化合物}$$

（二）实训动物、试剂和器材

1. 动物　家兔两只（健康，体重2~3kg）。

2. 试剂

（1）0.1mol/L磷酸盐缓冲液（pH7.0）　称取无水磷酸氢二钠8.67g及无水磷酸氢钾5.3g溶于蒸馏水800ml中，用1mol/L氢氧化钠或（1mol/L盐酸）调pH至7.0，用蒸馏水定容至1L。

（2）酶试剂　称取过氧化物酶1200U、葡萄糖氧化酶1200U、4-氨基安替比林10mg、叠氮钠100mg，溶于磷酸盐缓冲液80ml中，用1mol/L NaOH调pH至7.0，用磷酸盐缓冲液定容至100ml，置4℃保存，可稳定3个月。

（3）酚溶液　称取重蒸馏酚100mg溶于蒸馏水100ml中，用棕色瓶储存。

（4）酶酚混合试剂　酶试剂及酚溶液等量混合，4℃可以存放1个月。

（5）12mmol/L苯甲酸溶液　溶解苯甲酸1.4g于蒸馏水约800ml中，加温助溶，冷却后加蒸馏水定容至1L。

（6）100mmol/L葡萄糖标准储存液　称取已干燥恒重的无水葡萄糖1.802g，溶于12mmol/L苯甲酸溶液约70ml中，以12mmol/L苯甲酸溶液定容至100ml。2小时以后方可使用。

（7）5mmol/L葡萄糖标准应用液　吸取葡萄糖标准储存液5.0ml放于100ml容量瓶中，用12mmol/L苯甲酸溶液稀释至刻度，混匀。

3. 器材　手术刀片、二甲苯、剪刀、干棉球、注射器（1ml）、试管及试管架、微量加样器、水浴箱、分光光度计和离心机。

（三）实训方法和步骤

1. 动物准备　取家兔两只，实验前预先饥饿16小时，称体重。

2. 注射激素前取血　一般多以耳缘静脉取血。先剪去外耳静脉周围的兔毛，用二甲苯擦拭兔耳，使其充血。再用干棉球擦干，于放血部位涂一薄层凡士林，再用手术刀片划破静脉放血。使血液滴入预先准备的相应试管里，取血完毕后用干棉球压迫血管止血。

3. 注射激素

（1）一只兔注射胰岛素：皮下注射，剂量为1.0U/kg，并记录注射时间，30分钟后取第二次血。

（2）另一只兔注射肾上腺素：皮下注射，剂量为0.4mg/kg，并记录注射时间，30分钟后取第二次血。取血方法同前。

4. 取试管3支，进行以下操作。

	空白管（ml）	标准管（ml）	测定管（ml）
血清加入物	—	—	0.02
葡萄糖标准应用液	—	0.02	—
蒸馏水	0.02	—	—
酶酚混合试剂	3.0	3.0	3.0

5. 比色　混匀，置37℃水浴中，保温15分钟，在波长505nm处比色，以空白管调零，读取标准管及测定管吸光度。

6. 计算血糖浓度　将读取的标准管与测定管的吸光度数值代入下列公式计算：

$$\text{血清葡萄糖(mmol/L)}=\frac{\text{测定管吸光度}}{\text{标准管吸光度}}\times 5$$

7. 将计算出来的血糖浓度与正常血糖浓度进行比较，了解激素（胰岛素、肾上腺素）对血糖浓度的影响。（空腹血清葡萄糖为3.9~6.1mmol/L）

（四）温馨提示

1. 一般用饥饿24小时的动物做注射前后测试。但考虑到饥饿后再注射胰岛素，可能使动物血糖过低引起痉挛，发生胰岛素性休克，因此取血后，宜向家兔皮下注射40%葡萄糖溶液10ml。

2. 血清或血浆应在采血后及时与细胞分离，以避免血清或血浆中葡萄糖被细胞利用而降低。

3. 血糖测定应在取血后2小时内完成，血液放置过久，糖易氧化分解，致使含量降低。

4. 葡萄糖氧化酶对β-D-葡萄糖高度特异，溶液中的葡萄糖约36%为α-型，64%为β-型。葡萄糖的完全氧化需要α-型到β-型的变旋反应。国外某些商品葡萄糖氧化酶试剂盒含有葡萄糖变旋酶，可加速这一反应，但在终点法中，延长孵育时间可达到完成自发变旋过程。新配制的葡萄糖标准液主要是α-型，故须放置2小时以上（最好过夜），待变旋平衡后方可使用。

5. 测定标本以草酸钾-氟化钠为抗凝剂的血浆较好。取草酸钾6g、氟化钠4g，加水溶解至100ml。吸取0.1ml到试管内，在80℃以下烤干使用，可使2~3ml血液在3~4天内部凝固并抑制糖分解。

6. 本法用血量甚微，操作中应直接加标本至试剂中，再吸试剂反复冲洗吸管，以保证结果可靠。

（五）实训思考

比较注射胰岛素和肾上腺素前后血糖浓度含量的变化，试分析这两种激素对血糖水平调节作用的机制。

第七章

脂类的化学与代谢

学习目标

知识要求 **1. 掌握** 脂类的生物学作用；脂肪的动员、脂肪酸的氧化过程、酮体代谢的特点及意义。

2. 熟悉 脂肪、磷脂和胆固醇的生物合成；血脂及血浆脂蛋白的分类及功能。

3. 了解 脂类的化学、磷脂的分解、常用的脂类药物和调血脂药物。

技能要求 1. 熟练运用胆固醇含量测定技术。

2. 学会微量加样器、分光光度计和恒温水浴箱的操作；学会独立分析检测结果。

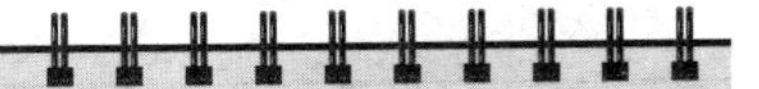

案例导入

案例：降脂治疗作为心脑血管疾病的预防措施，越来越受到人们的重视。健康体检项目之一为血脂四项。

讨论：1. 你知道血脂四项是哪“四项”吗？

2. 这四项指标说明了什么健康问题呢？

第一节 脂类的化学

一、脂类的概念、分类

脂类（lipids）是由脂肪酸和醇作用生成的酯及其衍生物的统称，是一类不溶于水而溶于脂溶性溶剂的有机化合物。脂类包括脂肪和类脂。

（一）脂肪

脂肪（fat）即三（脂）酰甘油，又称甘油三酯（triglyceride，TG）。其结构式为：

$$
\begin{array}{l}
\qquad\qquad\qquad\qquad\quad CH_2-O-\overset{\overset{O}{\|}}{C}-R_1 \\
\qquad\qquad\qquad\qquad\quad | \\
R_2-\overset{\overset{O}{\|}}{C}-O-CH \\
\qquad\qquad\qquad\qquad\quad | \\
\qquad\qquad\qquad\qquad\quad CH_2-O-\overset{\overset{O}{\|}}{C}-R_3
\end{array}
$$

脂肪

体内脂肪含量常受年龄、机体活动量和营养状况等因素的影响变动较大，称为可变脂。女性体内脂肪含量大于男性，女性体内脂肪占体重的 20%～30%，男性体内脂肪占体重的 10%～20%。

（二）类脂

类脂主要包括磷脂（phospholipid，PH）、胆固醇（cholesterol，CH）和胆固醇酯（cholesterol ester，CE）等。类脂约占体重的 5%，体内含量比较恒定，又称固定脂或基本脂。

1. 磷脂 含磷酸的脂类物质称为磷脂，包括甘油磷脂（phosphoglyceride）和鞘磷脂（sphingomyelin）两大类。人体内含量最多的是甘油磷脂。甘油磷脂是由甘油、脂肪酸、磷酸及含氮化合物等组成。其结构式为：

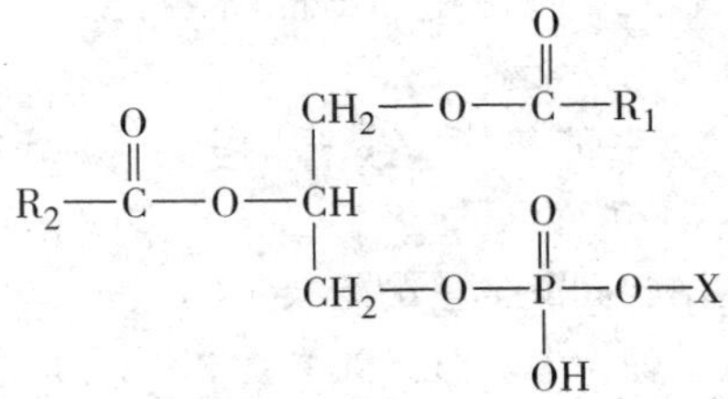

CH_2—O—C(=O)—R_1
R_2—C(=O)—O—CH
CH_2—O—P(=O)(OH)—O—X

甘油磷脂

根据与磷酸相连的取代基团的不同，甘油磷脂又有不同，见表 7-1。

表 7-1 体内几种重要的甘油磷脂

X 取代基	磷脂名称
—$CH_2CH_2NH_2$	磷脂酰乙醇胺（脑磷脂）
—$CH_2CH_2N^+(CH_3)_3$	磷脂酰胆碱（卵磷脂）
—CH_2CHNH_2COOH	磷脂酰丝氨酸
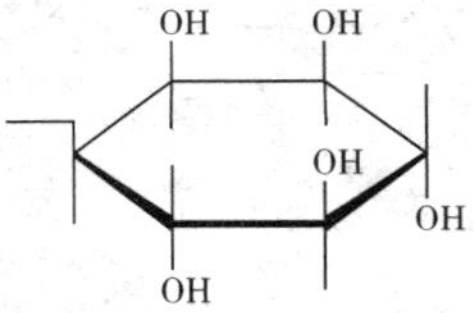 肌醇环（OH, OH, OH, OH, OH）	磷脂酰肌醇
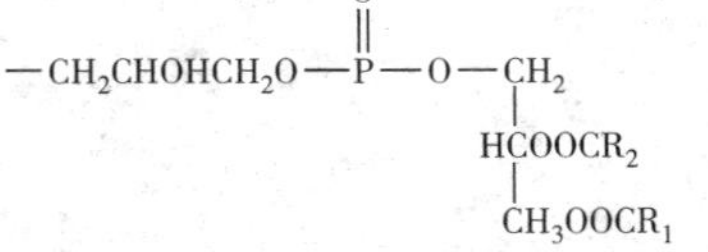 —$CH_2CHOHCH_2O$—P(=O)—O—CH_2—$HCOOCR_2$—CH_2OOCR_1	二磷脂酰甘油（心磷脂）

2. 胆固醇 胆固醇最初是从动物胆石中分离出来的，是环戊烷多氢菲的衍生物。胆固醇 C_3 位上的羟基可与脂肪酸酯化形成胆固醇酯。其结构如下：

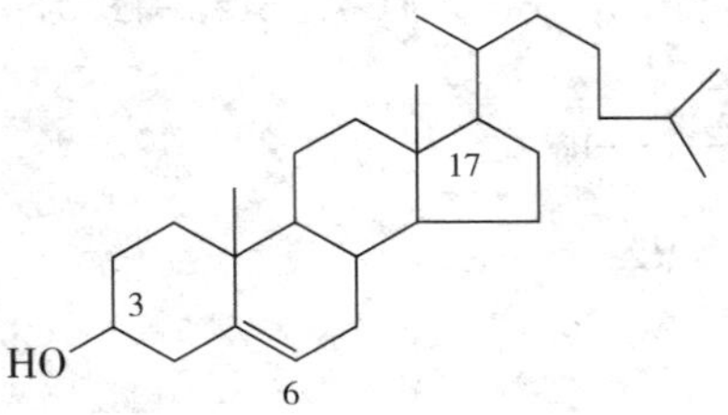

HO 3 6 17

胆固醇

RCOO 3 6 17

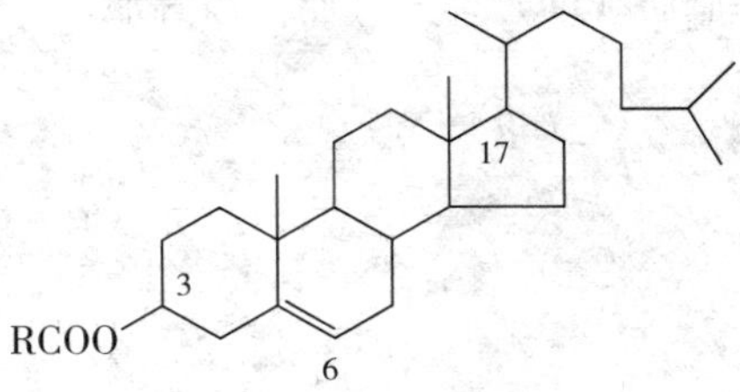

胆固醇酯

二、脂类的生物学功能

（一）脂肪的生物学功能

1. 储能和供能 脂肪是疏水性物质，在体内不伴有水的储存，所占体积小，1g 脂肪所占体积仅为 1g 糖原的 1/4；而氧化 1g 脂肪释放热量，是等量糖或蛋白质的 2 倍以上，因此脂肪是体内储存能量的最有效的方式。正常情况下，人体能量的 17%~25% 由脂肪提供。在饥饿或禁食情况下，机体所需能量主要由脂肪氧化供给。

2. 维持体温和保护内脏 脂肪不易导热，分布在人体皮下的脂肪可防止体内热量过多地从体表散发，具有维持正常体温的作用。同时，皮下和内脏周围的脂肪组织还能缓冲外力冲击，使内脏器官免受损伤。

3. 促进脂溶性维生素的吸收 脂溶性维生素 A、D、E、K 需要溶解在脂肪中才能被吸收。

4. 提供必需脂肪酸 脂肪酸分为饱和脂肪酸（saturated fatty acid）和不饱和脂肪酸（unsaturated fatty acid）。动物体内的饱和脂肪酸以软脂酸、硬脂酸含量最多、分布最广；根据所含双键的多少，不饱和脂肪酸分为单不饱和脂肪酸和多不饱和脂肪酸。有一些多不饱和脂肪酸不能在体内合成或合成量太少，不能满足机体代谢需要，必须从食物中摄取，故将它们称为必需脂肪酸（表 7-2）。

表 7-2 一些常见的脂肪酸

类别	习惯名称	系统名称
饱和脂肪酸	豆蔻酸	十四烷酸
	软脂酸	十六烷酸
	硬脂酸	十八烷酸
	花生酸	二十烷酸
不饱和脂肪酸	软油酸	9-十六碳烯酸
	油酸	9-十八碳烯酸
	亚油酸	9,12-十八碳二烯酸
	α-亚麻酸	9,12,15-十八碳三烯酸
	γ-亚麻酸	6,9,12-十八碳三烯酸
	花生四烯酸	5,8,11,14-二十碳四烯酸
	EPA	5,8,11,14,17-二十碳五烯酸
	DHA	4,7,10,13,16,19-二十二碳六烯酸

拓展阅读

多不饱和脂肪酸与心血管健康

1970 年，两位丹麦医学家研究发现：格陵兰岛上的居民患有心脑血管疾病的人要比丹麦本土的居民少得多。无独有偶，日本北海道岛上的渔民心脑血管发病率也只有欧美发达国家的1/10。在我国，也有研究发现浙江舟山地区渔民血压水平较低。原来这些人的膳食以深海鱼类为主，其中富含ω-3系多不饱和脂肪酸，如EPA和DHA等。EPA具有清理血脂的功能，俗称“血管清道夫”。DHA具有软化血管、健脑益智、改善视力的功效。有研究人员提出，平均每天摄取200~500mg的ω-3系多不饱和脂肪酸，冠状动脉心脏病死亡率就会减少30%~50%。

（二）类脂的生物学功能

1. 构成生物膜结构成分 磷脂和胆固醇是细胞膜、核膜、线粒体膜等生物膜的主要结构成分。在膜的磷脂双分子层结构中，磷脂占60%~70%，而胆固醇约占20%。

2. 转变成多种重要生理活性物质 胆固醇在体内可转变生成肾上腺皮质激素、胆汁酸和性激素等具有重要生理功能的物质。

三、脂肪的消化和吸收

食物中的脂类主要是脂肪。脂肪在成人的口腔和胃中不能被消化，而在小肠上段经胆汁酸盐的作用，乳化成水包油的小胶体颗粒，增加与消化液的接触；继而在胰腺分泌的胰脂肪酶与辅脂酶的催化作用下，脂肪被水解为甘油、脂肪酸和二酰甘油、一酰甘油，然后与胆汁乳化成混合微团；这种微团体积很小，极性较强，可被肠黏膜细胞吸收。

脂类的吸收主要是在十二指肠及盲肠。甘油及中短链脂肪酸（≤10C）无需混合微团协助，直接吸收进入小肠黏膜细胞，进而通过门静脉进入血液。长链脂肪酸及其他脂类消化产物随微团吸收入小肠黏膜细胞，再与一酰甘油重新结合成脂肪。脂肪再与载脂蛋白、磷脂、胆固醇等结合成乳糜微粒，经淋巴进入血液循环。

四、血浆脂蛋白

（一）血脂

血脂是血浆中脂类物质的总称，包括脂肪、胆固醇、胆固醇酯、磷脂和游离脂肪酸（free fatty acid，FFA）等。血脂在体内的含量易受年龄、性别、营养状况、疾病等多种因素的影响，波动范围较大（表7-3）。

表7-3 正常人空腹血脂的组成和含量

脂类名称	正常参考值（mmol/L）	脂类名称	正常参考值（mmol/L）
脂肪	0.5~1.71	游离胆固醇	1.0~1.8
总胆固醇	3.1~5.7	磷脂	48.4~80.7
胆固醇酯	1.8~5.2	游离脂肪酸	0.195~0.805

（二）血浆脂蛋白的分类

脂类难溶于水，与载脂蛋白（apolipoprotein，apo）结合后，形成了具有较强水溶性的血浆脂蛋白（lipoprotein）（图7-1）。血浆脂蛋白是血浆脂类的主要存在、运输和代谢形式。

血浆中的脂蛋白存在多种形式，一般用电泳法和超速离心法可将血浆脂蛋白分为四类。

1. 电泳分离法 利用不同脂蛋白表面电荷和颗粒大小的不同，在一定外加电场作用下，电泳迁移速率的不同，可将脂蛋白分为四类：α-脂蛋白（α-LP）、前β-脂蛋白（Pre-β-LP）、β-脂蛋白（β-LP）和乳糜微粒（chylomicron，CM），见图7-2。

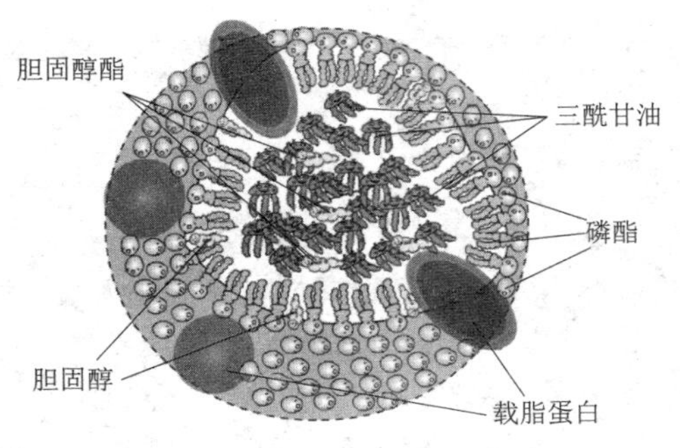

图 7-1 血浆脂蛋白模型

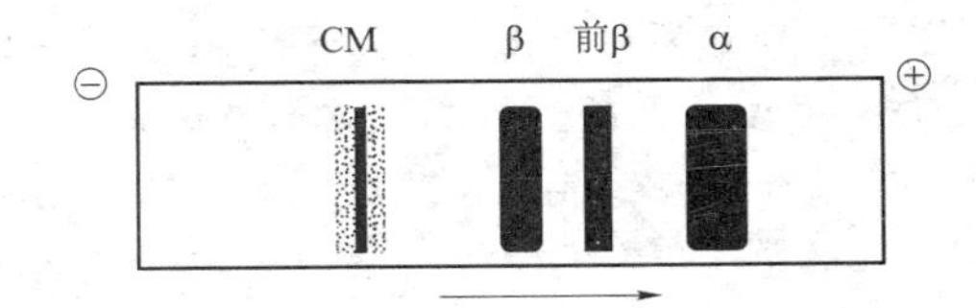

图 7-2 电泳法分离血浆脂蛋白

2. 超速离心法 根据脂蛋白密度的不同，在一定离心力作用下，分子沉降速度或漂浮率不同，将脂蛋白分为四类：乳糜微粒（CM）、极低密度脂蛋白（very low density lipoprotein，VLDL）、低密度脂蛋白（low density lipoprotein，LDL）和高密度脂蛋白（high density lipoprotein，HDL），见图 7-3。

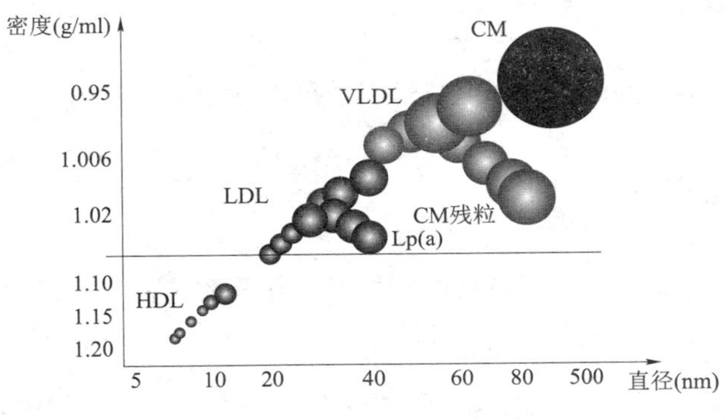

图 7-3 血浆脂蛋白的密度

（三）血浆脂蛋白的组成及功能

各类血浆脂蛋白均含有脂肪、胆固醇、磷脂、胆固醇及胆固醇酯，但组成比例有很大的不同。乳糜微粒主要运输外源性脂肪，脂肪在乳糜微粒中含量最高，占其含量的 90% 左右。VLDL 中脂肪含量比较高，达 60%；VLDL 主要功能是运输内源性脂肪。LDL 中主要含胆固醇及其酯，几乎占其含量的 50%；LDL 的主要功能是向肝外运输胆固醇。HDL 中却是蛋白质含量最多，它的主要功能是逆转运肝外胆固醇回肝（表 7-4）。

表 7-4 血浆脂蛋白组成成分及功能

		CM	VLDL	LDL	HDL
含脂类（%）	TG	80~95	50~70	10	5
	CH	2~7	10~15	45	20
	PH	6~9	10~15	20	36
含蛋白质（%）		0.5~2	5~10	20~25	最多，45~50
合成部位		小肠	肝	血浆	肝、小肠、血浆
主要生理功能		运输外源性脂肪	运输内源性脂肪	运输肝中胆固醇至肝外	运输全身各组织胆固醇至肝

拓展阅读

动脉粥样硬化与血浆脂蛋白

动脉粥样硬化（AS）是心脑血管系统最常见的疾病，多见于绝经期后的女性和40岁以上的男性。动脉粥样硬化主要损伤动脉内壁膜，使血管壁纤维化增厚、狭窄和阻塞，甚至导致冠心病。动脉粥样硬化常伴有高血压、高胆固醇血症或糖尿病等。研究表明，血浆胆固醇含量超过6.7mmol/L者比低于5.7mmol/L者的冠状动脉粥样硬化发病率高7倍。体内携带胆固醇最多的脂蛋白是LDL，故LDL水平过高能致动脉粥样硬化，使个体处于易患冠心病的危险中。而HDL能清除外周血管壁胆固醇，具有抗动脉粥样硬化的作用。

第二节　脂肪的代谢

脂肪是体内含量最多的脂类，大部分组织均可以利用脂肪获得能量，肝脏、脂肪组织还可以进行脂肪的合成。

一、脂肪的分解代谢

（一）脂肪动员

脂肪组织中的脂肪在一系列脂肪酶的作用下，分解生成脂肪酸和甘油，并释放入血以供其他组织利用的过程，称为脂肪动员（图7-4）。

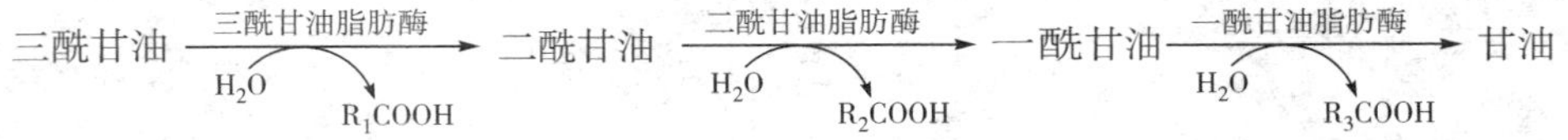

$$\text{三酰甘油} \xrightarrow[H_2O \;\to\; R_1COOH]{\text{三酰甘油脂肪酶}} \text{二酰甘油} \xrightarrow[H_2O \;\to\; R_2COOH]{\text{二酰甘油脂肪酶}} \text{一酰甘油} \xrightarrow[H_2O \;\to\; R_3COOH]{\text{一酰甘油脂肪酶}} \text{甘油}$$

图7-4　脂肪动员

课堂互动

人们往往在吃了肥肉等高脂肪的食物后较长时间无饥饿感。你知道这是为什么吗？

参与脂肪动员的酶中，三酰甘油脂肪酶活性最低，是脂肪动员的限速酶，其活性受多种激素的调节，称为激素敏感脂肪酶（hormone-sensitive-triglycerde lipase，HSL）。胰高血糖素、肾上腺素、去甲肾上腺素等能使HSL活化，促进脂肪动员，故称为脂解激素；胰岛素、前列腺素等能抑制HSL的活性，故称为抗脂解激素。

（二）甘油的分解代谢

脂肪动员产生的甘油，可直接扩散入血，随血液循环运往肝、肾等组织彻底氧化分解，或经糖异生途径生成葡萄糖（图7-5）。

（三）脂肪酸的分解代谢

人体大多数组织都能氧化分解脂肪酸，肝和肌肉中脂肪酸氧化分解最为活跃。脂肪酸

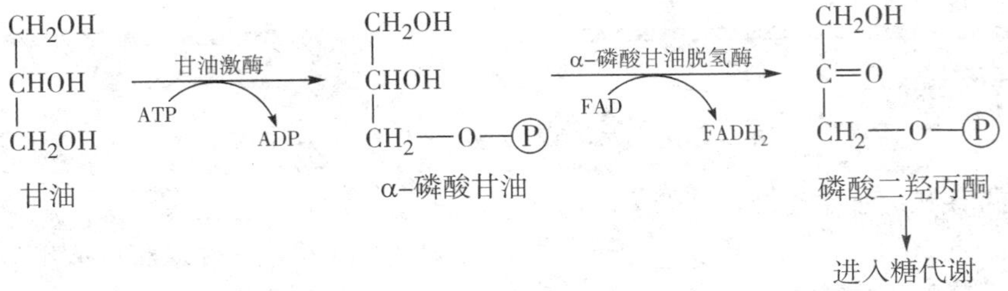

$$\underset{\text{甘油}}{\begin{array}{l}CH_2OH\\ |\\ CHOH\\ |\\ CH_2OH\end{array}} \xrightarrow[ATP \to ADP]{\text{甘油激酶}} \underset{\alpha\text{-磷酸甘油}}{\begin{array}{l}CH_2OH\\ |\\ CHOH\\ |\\ CH_2-O-Ⓟ\end{array}} \xrightarrow[FAD \to FADH_2]{\alpha\text{-磷酸甘油脱氢酶}} \underset{\text{磷酸二羟丙酮}}{\begin{array}{l}CH_2OH\\ |\\ C=O\\ |\\ CH_2-O-Ⓟ\end{array}} \rightarrow \text{进入糖代谢}$$

图 7-5 甘油的分解

氧化分解过程可以分为四个阶段：脂肪酸的活化、脂酰 CoA 进入线粒体、脂肪酸的 β-氧化、乙酰 CoA 的彻底氧化。

1. 脂肪酸的活化 脂肪酸的活化是在细胞质中进行的，1 分子脂肪酸活化实际消耗 2 分子 ATP，生成脂酰 CoA（图 7-6）。

$$R-COOH + ATP + HS\text{-}CoA \xrightarrow[Mg^{2+}]{\text{脂酰CoA合成酶}} R-CO\sim SCoA + AMP + PPi$$

图 7-6 脂肪酸的活化

2. 脂酰 CoA 进入线粒体 催化脂酰 CoA 氧化分解的酶存在于线粒体基质内，因此，脂酰 CoA 必须进入线粒体内才能被氧化分解。而脂酰 CoA 不能自由通过线粒体内膜进入基质，需要依靠肉毒碱作为脂酰基的载体，并在肉毒碱脂酰转移酶 Ⅰ 和肉毒碱脂酰转移酶 Ⅱ 的作用下，才能通过线粒体内膜进入线粒体基质。肉毒碱脂酰转移酶 Ⅰ 是脂肪酸氧化的限速酶，在饥饿或糖尿病时，肉毒碱脂酰转移酶 Ⅰ 的活性增强，脂肪酸氧化加强。饱食后肉毒碱脂酰转移酶 Ⅰ 的活性降低，脂肪酸氧化分解减弱（图 7-7）。

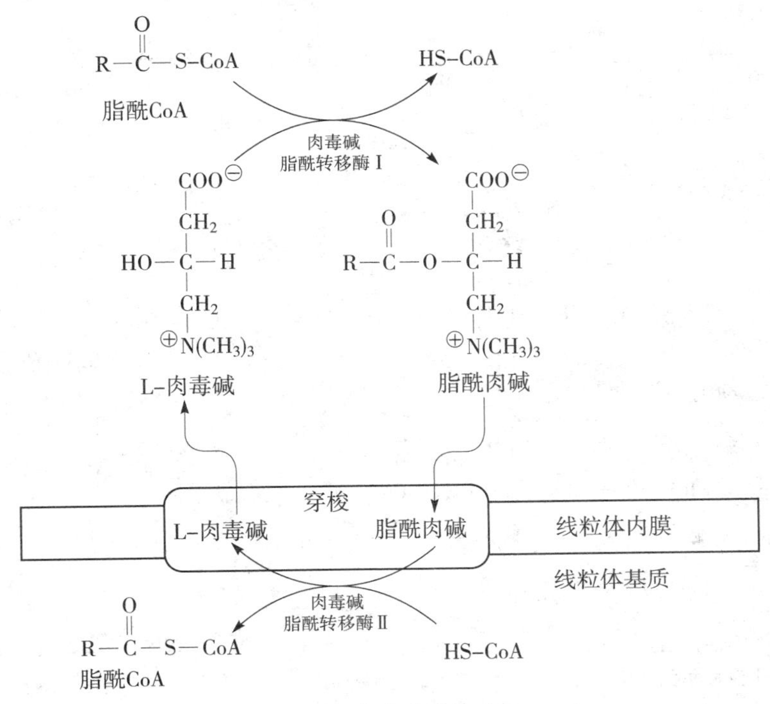

图 7-7 肉毒碱穿梭系统

拓展阅读

肉毒碱与减肥

肉毒碱又叫左旋肉碱，化学名称：L-β-羟基-γ-三甲基氨基丁酸。一般成人体内含有20g左右，除自身合成外，可另从饮食中摄入。服用左旋肉碱能够减少脂肪、降低体重，但不减少水分和肌肉，在2003年被国际肥胖健康组织认定为最安全、无副作用的减肥营养补充品。但是应注意的是左旋肉碱不是减肥药，其主要作用是运输脂肪到线粒体中燃烧，要想用左旋肉碱减肥，必须配合适当的运动，控制饮食等。

3. 脂肪酸的β-氧化 脂酰CoA进入线粒体后逐步发生氧化分解，其氧化过程从羧基端β-碳原子开始故称β-氧化。β-氧化过程包括下面四步反应。

（1）脱氢 在脂酰CoA脱氢酶的催化下，脂酰CoA的α、β碳原子各脱下一个氢原子，生成α、β-烯脂酰CoA。FAD接受脱下的氢原子生成$FADH_2$。

（2）加水 在水化酶的作用下，α、β-烯脂酰CoA加水生成L-β-羟脂酰CoA。

（3）再脱氢 在羟脂酰CoA脱氢酶的作用下，L-β-羟脂酰CoA的β碳原子上脱下2H，生成β-酮脂酰CoA。脱下的氢原子由NAD^+接受，生成$NADH+H^+$。

（4）硫解 在β-酮脂酰CoA硫解酶的催化下，β-酮脂酰CoA的α与β原子之间发生断裂，生成1分子乙酰CoA和少2个碳原子的脂酰CoA。

比原来少2个碳原子的脂酰CoA，又可以进行上述脱氢、加水、再脱氢、硫解的四步反应，如此反复，最后脂酰CoA全部分解成乙酰CoA（图7-8）。

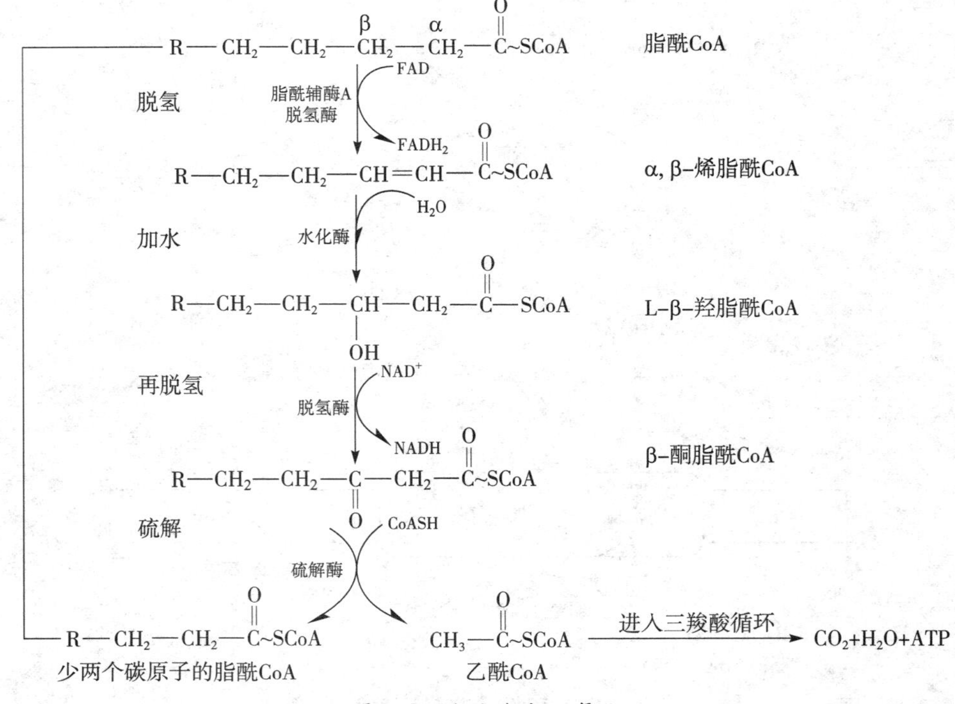

图7-8 脂肪酸的β-氧化

4. 乙酰 CoA 彻底氧化 肝外组织中β-氧化生成的乙酰 CoA 通过三羧酸循环，可彻底氧化生成 CO_2、H_2O 和 ATP。

（四）脂肪酸氧化的能量生成

以 16 碳的饱和脂肪酸软脂酸为例，软脂酸彻底氧化产生的能量如下：

1 分子软脂酸活化成软脂酰 CoA，消耗 2 分子 ATP；软脂酰 CoA 经过 7 次β-氧化，分解为 8 分子乙酰 CoA；每一次β-氧化各生成 1 分子 $FADH_2$ 和 $NADH+H^+$，共生成 4 分子 ATP；每 1 分子乙酰 CoA 通过三羧酸循环产生 10 分子 ATP。因此 1 分子软脂酸彻底氧化净生成：（7×4）+（8×10）-2=106 分子 ATP。

课堂互动

1 分子硬脂酸彻底氧化分解能产生多少分子 ATP？

二、酮体的生成和利用

脂肪酸经过β-氧化生成的乙酰 CoA 在肝脏细胞中会转变成乙酰乙酸、β-羟丁酸和丙酮，这三种物质统称为酮体（ketone bodis）。

（一）酮体的生成

酮体是在肝细胞线粒体中合成的，反应步骤如下（图 7-9）：

1. 在乙酰乙酰 CoA 硫解酶的作用下，两分子乙酰 CoA 缩合成乙酰乙酰 CoA。释放出 1 分子 HSCoA。

2. 在 HMG-CoA 合成酶的催化下，乙酰乙酰 CoA 再与 1 分子乙酰 CoA 缩合成 HMG-CoA。再释放出 1 分子 HSCoA。HMG-CoA 合成酶是酮体合成的关键酶。

3. 在 HMG-CoA 裂解酶的作用下，HMG-CoA 裂解成乙酰乙酸和乙酰 CoA。

4. 乙酰乙酸可以自动脱酸生成 CO_2 和丙酮。

5. 乙酰乙酸还可以在β-羟丁酸脱氢酶的催化作用下还原成β-羟丁酸。

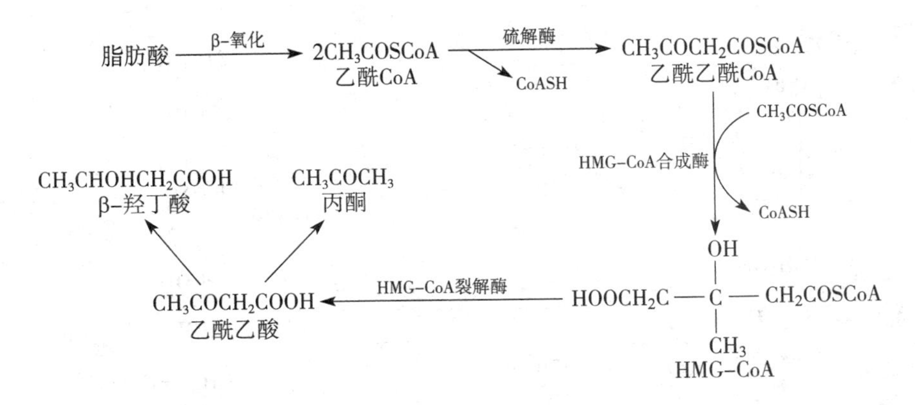

图 7-9 酮体的生成

（二）酮体的利用

肝脏虽有活性很强的生成酮体的酶系，但缺乏利用酮体的酶。肝外许多组织，特别是骨骼肌、心肌、脑等都具有活性很强的利用酮体的酶系，酮体在这些酶的催化作用下转化为乙酰 CoA，进入三羧酸循环彻底氧化（图 7-10）。

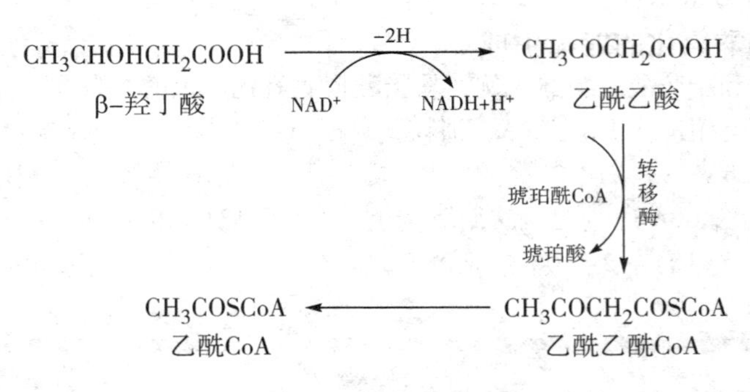

图 7-10 酮体的利用

（三）酮体生成和利用的生理意义

酮体是肝向肝外组织输出脂肪酸类能源的形式。酮体分子小，易溶于水，便于通过血液进行运输，并易于通过血脑屏障及肌肉等组织的毛细血管壁，是肌肉和脑组织的重要能源。当严重饥饿或糖供应不足时，酮体成为脑组织的主要供能物质。

正常情况下，血液中酮体含量很低，浓度 0.03~0.5mmol/L。但在饥饿、糖尿病或高脂低糖饮食时，肝中生成的酮体增加；当肝中酮体的生成超过肝外组织的利用能力，就会出现血中酮体含量过多，称为酮血症。严重者尿中出现酮体，呼气有烂苹果味（丙酮味），称为酮尿症，并易引起酮症酸中毒。

三、脂肪的合成代谢

脂肪组织和肝脏是体内合成脂肪的主要场所。合成脂肪的直接原料是α-磷酸甘油和脂酰 CoA。

（一）α-磷酸甘油的合成

α-磷酸甘油的合成有两条途径：①糖酵解途径产生的磷酸二羟丙酮还原生成α-磷酸甘油；②在甘油激酶的催化下，甘油进行磷酸化生成α-磷酸甘油（图 7-11）。

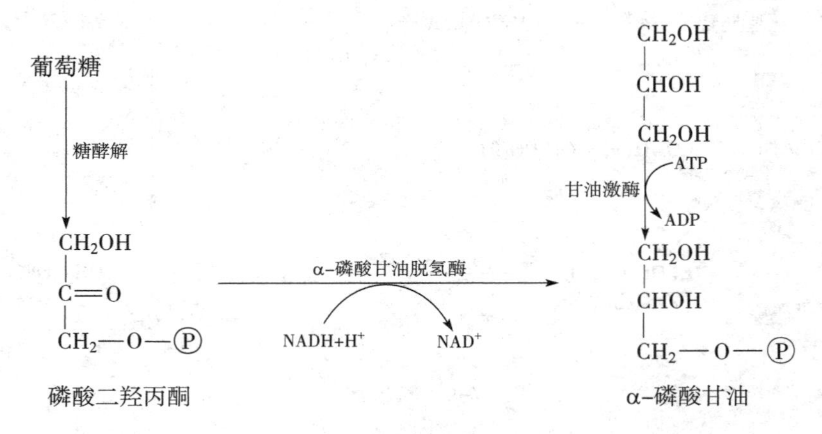

图 7-11 α-磷酸甘油的合成

（二）脂肪酸的生物合成

1. 合成部位 肝是脂肪酸合成的场所。合成脂肪酸的酶主要存在于胞质中，因此脂肪酸合成主要在肝细胞的胞质中进行。

2. 合成原料 合成脂肪酸的直接原料是乙酰 CoA。乙酰 CoA 都是在线粒体内生成的，乙酰 CoA 必须通过柠檬酸-丙酮酸循环才能进入胞质合成脂肪酸。除乙酰 CoA 外，还需要 ATP 供能、$NADPH+H^+$提供氢。

3. 合成过程

（1）丙二酰 CoA 的合成　由乙酰 CoA 羧化酶催化，1 分子乙酰 CoA 羧化为丙二酰 CoA（图 7-12）。

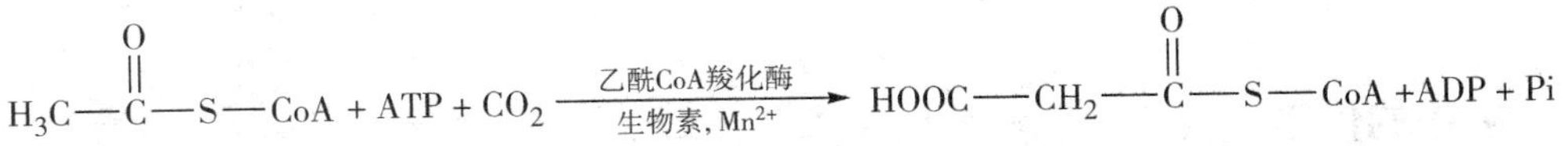

$$H_3C—\overset{O}{\overset{\|}{C}}—S—CoA + ATP + CO_2 \xrightarrow[\text{生物素, }Mn^{2+}]{\text{乙酰CoA羧化酶}} HOOC—CH_2—\overset{O}{\overset{\|}{C}}—S—CoA + ADP + Pi$$

图 7-12　丙二酰 CoA 的合成过程

（2）软脂酸的合成　在脂肪酸合成酶系催化下，1 分子乙酰 CoA 和 7 分子丙二酰 CoA 经过 7 次的缩合、加氢、脱水、再加氢的重复反应，每重复一次增加两个碳原子，使含两个碳的乙酰 CoA 生成 16 碳的软脂酸（图 7-13）。

$$\text{乙酰CoA} + 7\text{丙二酸单酰CoA} + 14NADPH + H^+ + H_2O \longrightarrow \text{软脂酸} + 7H_2O + 7CO_2 + 14NADP^+ + 8CoA$$

图 7-13　软脂酸的合成

（3）碳链的缩短或加长　脂肪酸碳链的缩短可以通过 β-氧化来进行；加长过程基本是 β-氧化的逆过程，在内质网和线粒体内均可进行。

4. 脂肪酸的活化 脂肪酸的活化与脂肪酸分解代谢过程中的脂肪酸的活化反应是一致的，活化反应在胞质中进行，脂肪酸活化成为脂酰 CoA。

（三）脂肪的生物合成

α-磷酸甘油和 2 分子脂酰 CoA 在 α-磷酸甘油酯酰转移酶的催化下，生成磷脂酸；在磷脂酸磷酸酶作用下，磷脂酸脱去磷酸生成二酰甘油；二酰甘油再与 1 分子脂酰 CoA 作用后，生成三酰甘油，即脂肪（图 7-14）。

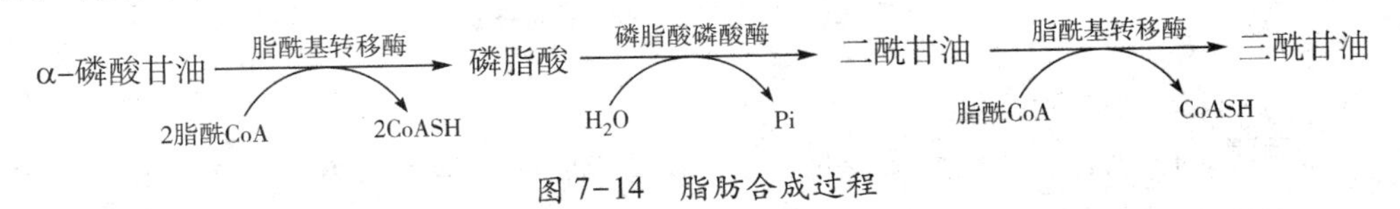

图 7-14　脂肪合成过程

拓展阅读

脂肪肝

正常成人肝中脂类含量约占肝重的 5%，其中磷脂含量最多，约占 3%，其次为脂肪，约占 2%。如果肝中脂类含量超过 10%，肝内脂肪存积超过 5% 即为脂肪肝。形成脂肪肝常见的原因有：①肝细胞内脂肪来源过多，如高脂、高糖饮食；②磷脂合成原料不足，造成 VLDL 生成下降，肝内脂肪难以运出；③肝功能下降，影响 VLDL 合成和释放。长期脂肪肝可导致肝硬化。临床上常用磷脂及其合成原料或辅助因子（叶酸、维生素 B_{12}等）来防治脂肪肝。

课堂互动

有些人为了减肥只吃淀粉类食物不吃肉，请问能达到减肥的目的吗？为什么？

第三节 类脂的代谢

一、磷脂的代谢

（一）甘油磷脂的合成

1. 合成部位 机体各组织都可以进行磷脂的合成。甘油磷脂的合成在细胞内质网上进行，通过高尔基体加工，最后被组织生物膜利用或成为脂蛋白分泌出细胞。

2. 合成原料 包括脂肪酸、α-磷酸甘油、胆碱、乙醇胺、丝氨酸、ATP 和 CTP 等。脂肪酸和α-甘油主要由葡萄糖转变生成，经脂酰基转移反应生成二酰甘油。胆碱和乙醇胺可以从食物中获取，也可以由丝氨酸在体内转变而来。

3. 合成过程 甘油磷脂的合成途径主要是二酰甘油途径。该途径首先是胆碱或乙醇胺在相应的激酶的作用下生成磷酸胆碱或磷酸乙醇胺，然后与 CTP 作用生成的 CDP-胆碱、CDP-乙醇胺再转移到二酰甘油分子上，合成磷脂酰胆碱和磷脂酰乙醇胺（图 7-15）。

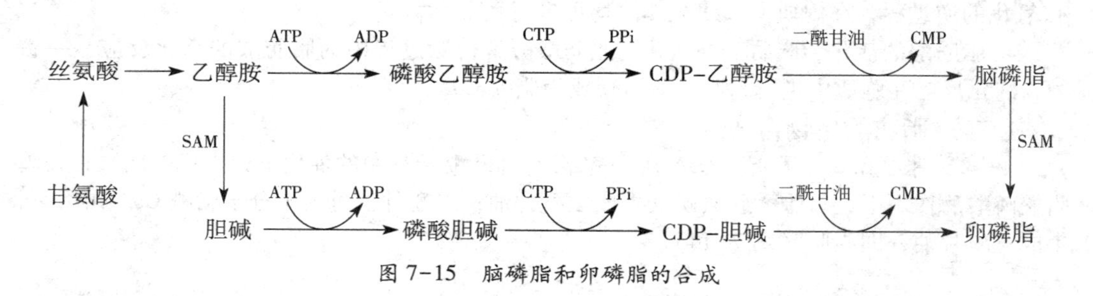

图 7-15 脑磷脂和卵磷脂的合成

（二）甘油磷脂的分解

甘油磷脂的分解由多种磷脂酶催化完成。这些磷脂酶包括磷脂酶 A_1、A_2、B、C、D 五种，它们能特异地作用于磷脂的酯键，生成不同的产物（图 7-16）。

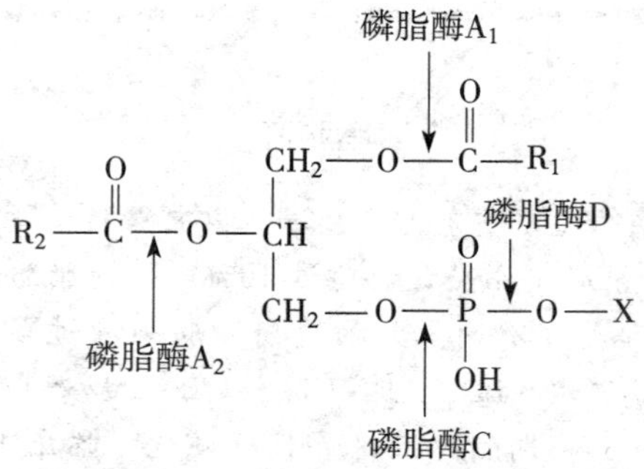

磷脂酶A_1
$CH_2—O—C(=O)—R_1$
$R_2—C(=O)—O—CH$
磷脂酶D
$CH_2—O—P(=O)(OH)—O—X$
磷脂酶A_2
磷脂酶C

图 7-16 磷脂酶的作用部位

拓展阅读

破坏细胞的磷脂酶

2013年秋，陕西多地出现胡蜂蜇人事件，累计蜇伤1600多人，死亡40多人。胡蜂为何能蜇伤、蜇死人呢？原因之一是蜂毒含磷脂酶A_2。磷脂酶A_2和磷脂酶A_1将甘油磷脂分解后得到溶血磷脂1和溶血磷脂2，它们是一类较强的表面活性物质，能破坏红细胞膜和其他组织细胞膜，引起溶血或组织坏死。蛇毒中就含有磷脂酶A_1和磷脂酶A_2。人体中磷脂酶A_2以酶原形式存在于胰腺组织中，当消化液反流入胰腺后将磷脂酶A_2激活，催化胰腺细胞中的甘油磷脂分解，并产生溶血磷脂，进一步破坏胰腺组织细胞，诱发急性胰腺炎。

二、胆固醇的代谢

（一）胆固醇的合成

1. 合成部位 成人除脑组织和成熟红细胞外，全身各组织均可合成胆固醇，其中肝脏是主要合成场所，其次是小肠。胆固醇合成主要在胞质和内质网中进行。

2. 合成原料 乙酰CoA是合成胆固醇的基本原料，还需要ATP供能、$NADPH+H^+$提供氢。乙酰CoA都是在线粒体内生成的，但胆固醇合成酶系存在于胞质及内质网中，乙酰CoA必须转运到胞质才能参与胆固醇的合成。乙酰CoA不能自由透过线粒体内膜，需要通过柠檬酸-丙酮酸循环进入胞质（图7-17）。

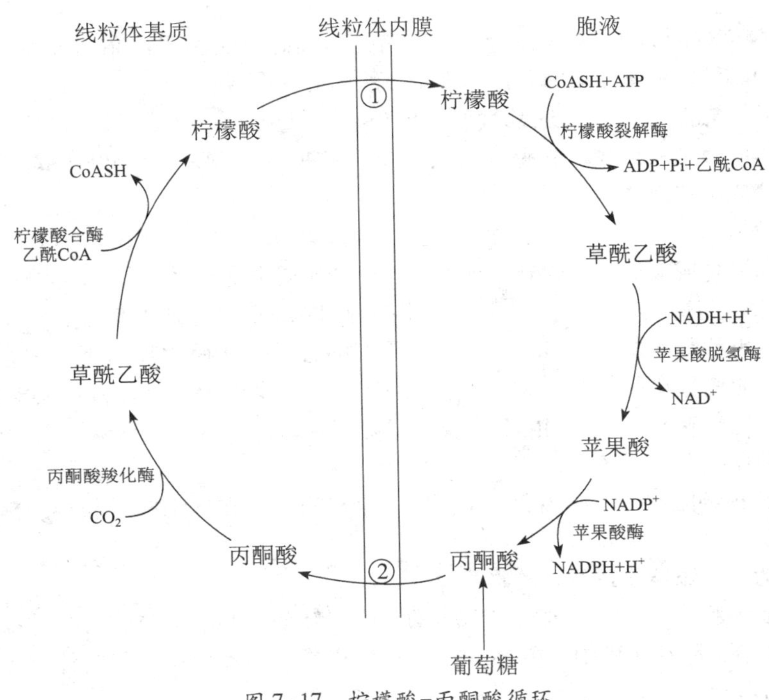

图7-17 柠檬酸-丙酮酸循环

①柠檬酸载体；②丙酮酸载体

3. 合成过程 胆固醇合成过程比较复杂，整个过程可分为三个阶段（图7-18）。

（1）甲羟戊酸（MVA）的合成　在胞质中，3 分子乙酰 CoA 经硫解酶及 HMG-CoA 合成酶催化合成 HMG-CoA（羟甲基戊二酰 CoA），再由 HMG-CoA 还原酶催化，$NADPH+H^+$ 提供氢还原生成 MVA。此过程是不可逆的，HMG-CoA 还原酶是胆固醇合成的限速酶。

（2）鲨烯的合成　MVA 在 ATP 提供能量的条件下，脱羧、脱羟基后生成五碳的二甲基丙烯焦磷酸（DPP），3 分子 DPP 缩合成十五碳的焦磷酸法尼酯，2 分子焦磷酸法尼酯再缩合成三十碳的鲨烯。

（3）胆固醇的合成　鲨烯与胆固醇载体蛋白结合后进入内质网，在环化酶、单加氧酶等的作用下，环化生成羊毛脂固醇，再经氧化、脱羧、还原等反应，生成二十七个碳的胆固醇。

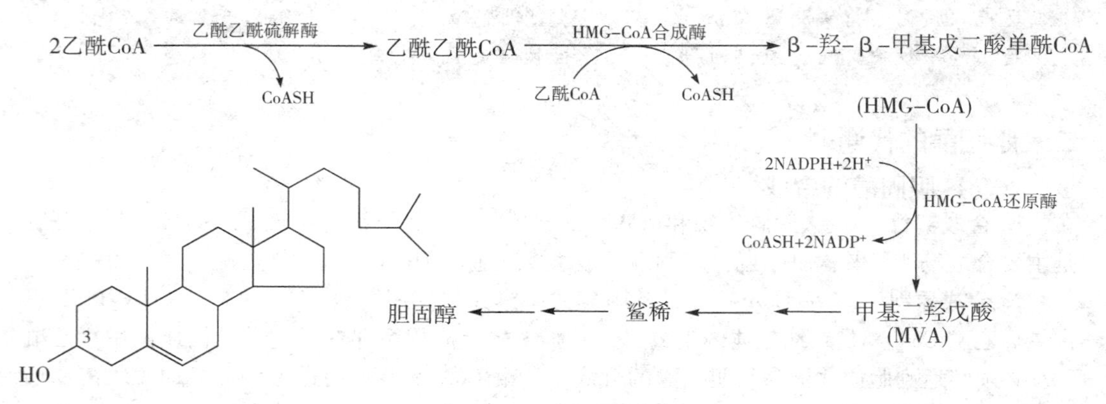

图 7-18　胆固醇的合成

4. 胆固醇合成的调节　HMG-CoA 还原酶是胆固醇合成的限速酶，各种调节因素主要是通过改变 HMG-CoA 还原酶的活性，来调节胆固醇的合成。

（1）饥饿与饱食　在饥饿或禁食时，HMG-CoA 还原酶活性降低，并且合成胆固醇的原料缺乏，胆固醇合成减少。相反，饱食或摄入高糖等饮食后，HMG-CoA 还原酶活性升高，胆固醇合成增加。

（2）胆固醇含量　当体内胆固醇含量升高时，会反馈抑制肝 HMG-CoA 还原酶活性，使内源性胆固醇合成减少。小肠黏膜细胞胆固醇的合成不受此反馈调节。

（3）激素　胰高血糖素和糖皮质激素能抑制 HMG-CoA 还原酶活性，使胆固醇合成减少。胰岛素和甲状腺素能诱导 HMG-CoA 还原酶的合成，从而增加胆固醇的合成。甲状腺素还可以促进胆固醇在肝内转变成胆汁酸，使胆固醇含量减少，并且转化大于合成；因此，甲状腺功能亢进患者的血清胆固醇含量反而下降。

（二）胆固醇的去路

1. 构成组织细胞成分　胆固醇是生物膜的重要组分，在红细胞膜和神经髓鞘膜中含量较高。

2. 转变为具有重要生理活性的物质

（1）转变为胆汁酸　人体内约有 80% 的胆固醇转变为胆酸，胆酸再与甘氨酸或牛磺酸结合生成胆汁酸，胆汁酸以钠盐或钾盐的形式存在称为胆汁酸盐，随胆汁排入肠道，促进脂类的消化吸收。

（2）转变为维生素 D_3　贮存于皮下的 7-脱氢胆固醇，经紫外线照射转变成维生素 D_3。

（3）转变为类固醇激素　胆固醇在卵巢可转变成孕酮及雌性激素；在睾丸可转变成睾酮等雄性激素；在肾上腺皮质细胞内可转变成肾上腺皮质激素。

3. 胆固醇的排泄 胆固醇主要是形成胆汁酸盐随胆汁排入肠腔，直接经粪便排出。在肠腔内，胆固醇也可在细菌的作用下，被还原为粪固醇再排出。

第四节 脂类药物和调血脂药物

一、脂类药物的分类和作用

脂类药物是一些具有特定的生理、药理效应的化合物。主要包括胆酸、色素、磷脂、不饱和脂肪酸和固醇等几类物质。

（一）胆酸类

胆酸类化合物是一类肝脏产生的甾体物质，对肠道脂肪起乳化作用，促进脂肪消化吸收，同时维持肠道正常菌群的平衡，保持肠道正常功能。如胆酸钠可用于治疗胆囊炎、胆汁缺乏等症；鹅去氧胆酸可用于治疗胆结石；猪去氧胆酸治疗高脂血症，也是人工牛黄合成的原料。

（二）色素类

色素类药物包括胆绿素、胆红素、血红素、原卟啉、血卟啉等。胆红素有清除氧自由基的功能，用于消炎，也是人工牛黄的主要成分；原卟啉可改善肝脏代谢功能；血卟啉及其衍生物是光敏化剂，可停留在癌细胞中，是激光治疗癌症的辅助剂。

（三）磷脂类

主要有脑磷脂和卵磷脂，二者具有增强神经元的作用，常用于防治神经衰弱和老年性痴呆；磷脂还可以乳化脂肪、促进胆固醇的转运，可用于防治动脉粥样硬化；卵磷脂还可用于治疗肝炎、脂肪肝及其引起的营养不良。

（四）不饱和脂肪酸类

主要包括亚麻酸、DHA、EPA、前列腺素（PG）等。DHA、EPA 有抑制血小板聚集、扩张血管、调血脂的作用，可用于防治高脂血症、动脉粥样硬化和冠心病。DHA 还可以提高大脑神经元功能。PG 共有 9 型，具有多种生理功能；如能使动脉血管平滑肌扩张，降低血压和抑制血小板聚集，抑制胃酸分泌，促进卵巢平滑肌收缩引起排卵，增强子宫收缩，促进分娩。

（五）固醇类

主要包括胆固醇、麦角固醇和 β-谷固醇。胆固醇是激素、胆酸及人工牛黄的重要原料；β-谷固醇具有抗炎、抗肿瘤及免疫调节等功能。

二、调血脂药物

（一）HMG-CoA 还原酶抑制剂

目前临床上应用的他汀类药物属于 HMG-CoA 还原酶抑制剂，有洛伐他汀、普伐他汀、氟伐他汀、阿托伐他汀等。他汀类药物能抑制内源性胆固醇的合成，显著降低低密度脂蛋白和总胆固醇含量，具有高效、低毒的优点。

（二）氯贝丁酯类

此类药物可增加脂蛋白脂酶和肝脂酶的活性，使富含脂肪的脂蛋白分解代谢加强，并减少 VLDL 的分泌来调血脂。氯贝特（氯贝丁酯）又名安妥明，是最早应用的苯氧酸衍化物，降脂作用明显，但不良反应多而严重，现已被新的此类药物吉非贝齐、非诺贝特、环丙贝特和苯扎贝特取代。

（三）烟酸类

烟酸及其衍生物可抑制肝脏 VLDL 的分泌，降低脂肪、胆固醇和 LDL，升高 HDL。是目前升高 HDL、全面改善血脂代谢紊乱最有效的药物。烟酸耐受性较差，其衍生物阿昔莫司耐受性较好。

（四）胆酸螯合剂

考来烯胺和地维烯胺都为碱性阴离子交换树脂，可在肠道内与富含胆固醇的胆酸螯合而从粪便排出，从而有效降低胆固醇和 LDL 的含量。但此类药物的缺陷是需要用量较大和胃肠不良反应多。

本章小结

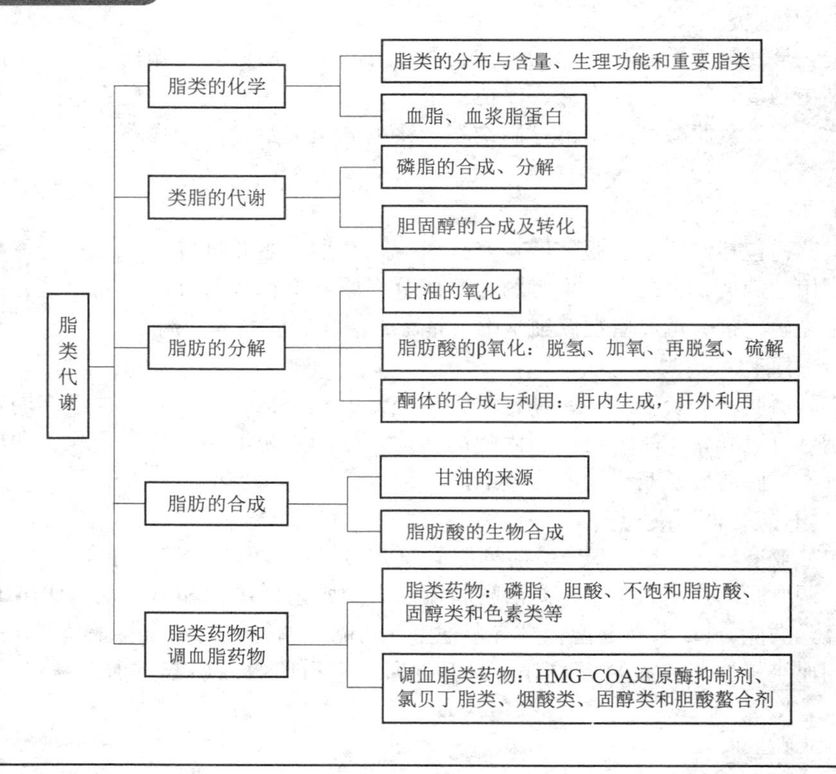

目标检测

一、单项选择题

1. 以下不属于类脂的是（　　）。

A. 胆固醇　　B. 糖脂　　C. 脂肪　　D. 卵磷脂

2. 激素敏感性脂肪酶是指（　　）。

A. 三酰甘油脂肪酶　　B. 二酰甘油脂肪酶

C. 一酰甘油脂肪酶　　D. 脂肪酰肉毒碱转移酶Ⅱ

3. 下列何种脂蛋白胆固醇含量最高？（　　）

A. CM　　B. VLDL　　C. LDL　　D. HDL

4. 酮体生成过多主要是因为（　　）。

A. 摄入脂肪过多
B. 糖供给不足或利用障碍
C. 生成酮体的酶活性过高
D. 肝功能低下

5. 脂肪酸氧化后能进入三羧酸循环的是（　　）。
A. 乙酰 CoA
B. 脂酰 CoA
C. 丙二酸单酰 CoA
D. CO_2+H_2O+ATP

6. 脂肪酸的 β-氧化分为四个阶段，其先后顺序是（　　）。
A. 脱氢→加水→再脱氢→硫解
B. 脱氢→加水→硫解→再脱氢
C. 脱氢→硫解→加水→再脱氢
D. 脱氢→再脱氢→加水→硫解

7. 长期饥饿后血液中下列哪种物质的含量增加？（　　）
A. 葡萄糖　B. 血红素　C. 酮体　D. 乳酸

8. 正常血浆脂蛋白按密度高→低顺序的排列为（　　）。
A. CM→VLDL→IDL→LDL
B. CM→VLDL→LDL→HDL
C. VLDL→CM→LDL→HDL
D. HDL→LDL→VLDL→CM

9. 抑制哪种酶的活性可控制胆固醇的生物合成？（　　）
A. HMG-CoA 合成酶
B. HMG-CoA 还原酶
C. 脂肪酸合成酶系
D. 脂酰 CoA 合成酶

10. 下列哪种脂肪酸在人体内不能合成，必须来源于食物？（　　）
A. 软脂酸
B. 硬脂酸
C. 油酸
D. 花生四烯酸

二、简答题

1. 为什么人体摄入过多的糖容易发胖？
2. 何谓酮体？酮体是否为机体代谢产生的废物？为什么？
3. 运用已学过的生化知识，阐述如何有效地降低血浆中的胆固醇？

实训项目

实训　血清胆固醇含量测定技术

一、实训目的

通过实训，进一步明确胆固醇氧化酶法测定血清胆固醇的原理和血清胆固醇测定的临床意义，学会血清胆固醇含量的测定技术。可熟练使用微量加样器、恒温水浴箱和分光光度计；学会独立分析检测结果。

二、实训内容

（一）实训原理

血清中总胆固醇（TC）包括胆固醇酯（CE）和游离型胆固醇（FC），酯型占 70%，游离型占 30%。胆固醇酯酶（CEH）先将胆固醇酯水解为胆固醇和游离脂肪酸（FFA），胆固醇在胆固醇氧化酶（COD）的作用下氧化生成胆甾烯酮和 H_2O_2。后者经过氧化物酶（POD）催化与 4-氨基安替比林（4-AAP）和酚反应，生成红色的醌亚胺，其颜色深浅与胆固醇的含量呈正比，在 500nm 波长处测定吸光度，与标准管比较可计算出血清胆固醇的含量。反应式如下：

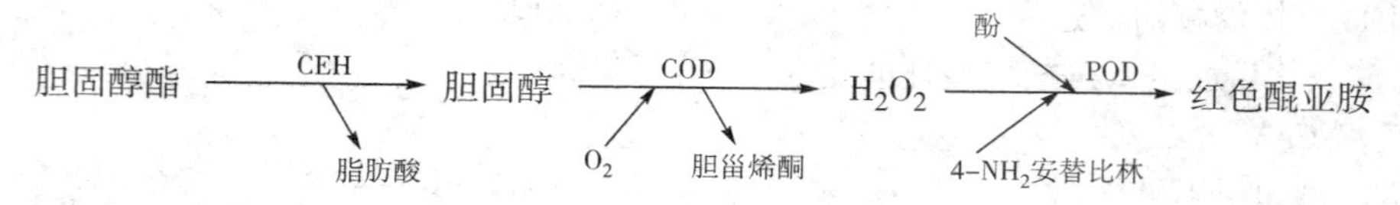

（二）试剂和器材

1. 试剂

（1）酶应用液　胆固醇酶试剂的组成见表 7-5，此外还需要胆酸钠和 Triton X-100。

表 7-5　胆固醇酶试剂的组成

试剂名称	浓度	试剂名称	浓度
4-氨基安替比林	0.5mmol/L	胆固醇氧化酶	≥500U/L
pH6.8 磷酸盐缓冲液	75mmol/L	过氧化物酶	≥1000U/L
胆固醇酯酶	≥800U/L	苯酚	3.5mmol/L

（2）5.17mmol/L（200mg/dl）胆固醇标准液　精确称取胆固醇 200mg 溶于无水乙醇，移入 100ml 容量瓶中，用无水乙醇稀释至刻度（也可用异丙醇等配制）。

酶法测定胆固醇多采用市售试剂盒。

2. 器材　试管、吸管、试管架、微量加样器、恒温水浴箱、分光光度计等。

（三）实训方法和步骤

取试管 3 支，编号，按表 7-6 操作。

表 7-6　酶法测定血清胆固醇操作步骤

加入物	测定管（ml）	标准管（ml）	空白管（ml）
血清	0.04		
胆固醇标准液		0.04	
蒸馏水			0.04
酶应用液	4.00	4.00	4.00

混匀后，放置在 37℃水浴中保温 15 分钟，在 500nm 波长处比色，以空白管调零，读取各管吸光度。

（四）实训结果处理及分析

$$血清总胆固醇含量 = A_{测定}/A_{标准} \times 5.17$$

正常参考范围 3.10~5.70mmol/L。

（五）温馨提示

1. 临床上血清胆固醇增高常见于动脉粥样硬化、原发性高脂血症、糖尿病、肾病综合征、胆管阻塞、甲状腺功能减退等疾病。

2. 血清胆固醇降低多见于严重贫血、甲状腺功能亢进、长期营养不良等疾病。

（六）实训思考

1. 血清胆固醇升高对机体最严重的危害是什么？
2. 胆固醇在体内可转变为哪些物质，如何排泄？
3. 实训中需要哪几种酶参加，各有什么作用？

第八章

蛋白质的分解代谢

学习目标

知识要求 **1. 掌握** 氨基酸的脱氨基作用；氨的来源、转运及去路；氨基酸的脱羧基作用；一碳单位的概念。

2. 熟悉 氨基酸代谢概况；α-酮酸的代谢；个别氨基酸的代谢；高氨血症与氨中毒生化机制。

3. 了解 氨基酸的吸收；尿素的合成。

技能要求 学会氨基酸分解代谢相关知识的实际应用；从生物化学角度探讨肝性脑病的发病机制和治疗原则。

蛋白质是人体组织细胞的重要组成成分，是生命的物质基础，其重要作用是其他物质无法取代的。蛋白质的基本组成单位是氨基酸，在体内蛋白质首先在消化道内经过酶的作用分解为氨基酸，而后进一步代谢，因此氨基酸代谢是蛋白质分解代谢的中心内容。体内细胞不停地利用氨基酸合成蛋白质和分解蛋白质为氨基酸，蛋白质的更新与氨基酸的分解需要食物蛋白质来补充。

第一节 蛋白质的营养作用

一、食物蛋白质的生理功能

（一）维持组织器官的生长、更新和修补

蛋白质是细胞的主要成分，儿童必须摄入足够的蛋白质才能保证其正常的生长发育；成人也必须摄入足够的蛋白质才能维持组织蛋白的更新和修补。

（二）合成重要的含氮化合物

体内重要生理活性物质的合成都需要蛋白质的参与，如酶、核酸、抗体、多肽激素等。

（三）氧化供能

1g 蛋白质完全氧化可以产生 17kJ 能量，一般来说，成人每日约 18% 的能量来自蛋白质的分解代谢，但蛋白质作为能源是不经济的，供能是次要功能。

二、氮平衡

食物和排泄物中含氮物质大部分来源于蛋白质，可用氮的平衡来反映体内蛋白质合成与分解代谢的总体情况。氮平衡是指摄入蛋白质的含氮量与排泄物（主要是尿和粪便）中含氮量之间的关系。

①氮总平衡是指摄入氮量等于排泄氮量。说明组织蛋白的合成与分解处于相对平衡状态，见于营养正常的成年人。②氮正平衡是指摄入氮量大于排泄氮量。说明组织蛋白的合成量多于分解量，多见于儿童、青春期青少年、孕妇、恢复期病人。③氮负平衡是指摄入

氮量小于排泄氮量。说明组织蛋白的分解量多于合成量，多见于长期饥饿、消耗性疾病患者。

三、食物蛋白质的营养作用

1. 蛋白质的营养价值 蛋白质的营养价值是指食物蛋白质在体内的利用率。营养价值的高低主要取决于必需氨基酸的种类、数量和比例。与人体蛋白质组成越接近，利用率就越高，蛋白质的营养价值就越高。必需氨基酸是指机体代谢需要，而人体不能合成或合成量不足，必须由外界（主要是食物）供给的氨基酸。共有 8 种，即赖氨酸、色氨酸、苯丙氨酸、蛋氨酸、苏氨酸、亮氨酸、异亮氨酸、缬氨酸。但组氨酸和精氨酸在体内合成量较小，不能长期缺乏，特别在婴儿期可造成氮的负平衡，因此称为营养半必需氨基酸。

2. 蛋白质的互补作用 将几种营养价值较低的蛋白质混合食用，相互补充必需氨基酸的种类和数量，从而提高其营养价值，称为蛋白质的互补作用。例如：小米中赖氨酸含量低，色氨酸含量高，大豆恰好相反，混合食用时两者的必需氨基酸互相补充，使利用率大大提高，从而提高了营养价值。

拓展阅读

食物过敏

食物过敏也称为食物变态反应或消化系统变态反应，是人体免疫系统对特定食物产生的不正常的免疫反应。也就是说，食物中的某些物质（通常是蛋白质）进入体内，被免疫系统当成入侵变应原，免疫系统便释放出一种特异型免疫球蛋白 E，并与食物结合生成许多化学物质，造成皮肤红肿、经常性腹泻、消化不良、头痛、咽喉疼痛、哮喘等过敏症状，严重者甚至可能引起过敏性休克。常见的易引起过敏的食物是鸡蛋、牛奶、花生、牛肉、羊肉、虾等含蛋白质较丰富的食物。

四、氨基酸的代谢概况

食物蛋白质经消化吸收后的氨基酸、体内合成的非必需氨基酸及组织蛋白质降解生成的氨基酸，在细胞内和体液中混为一体，构成氨基酸代谢库。这些氨基酸主要用于合成组织蛋白质、多肽及其他含氮化合物。此外一部分氨基酸可彻底氧化分解供能。由于各种氨基酸具有共同的结构特点，因此它们具有共同的代谢方式；而不同的氨基酸由于结构差异，代谢方式也有不同之处，体内氨基酸的代谢概况见图 8-1。

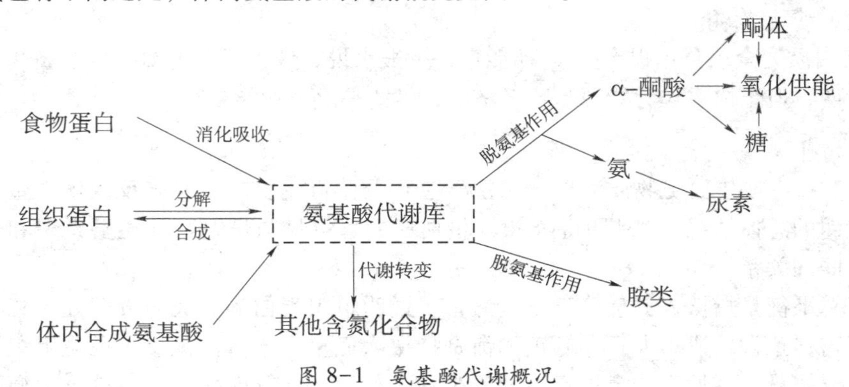

图 8-1　氨基酸代谢概况

第二节 氨基酸的一般代谢

一、氨基酸的脱氨基作用

氨基酸在酶的催化下脱去氨基生成α-酮酸的过程称为脱氨基作用。它是体内氨基酸分解代谢的主要途径，体内多数组织中均可进行。脱氨基方式包括氧化脱氨基作用、转氨基作用、联合脱氨基作用和嘌呤核苷酸循环等，其中联合脱氨基作用是最主要的脱氨基方式。

（一）氧化脱氨基作用

氨基酸脱去氨基的同时伴随脱氢氧化的过程称为氧化脱氨基作用。催化体内氨基酸氧化脱氨基的酶有多种，其中L-谷氨酸脱氢酶最为重要。L-谷氨酸脱氢酶是以NAD^+（或$NADP^+$）为辅酶的不需氧脱氢酶，主要分布在肝、肾、脑等组织中，在骨骼肌中活性很低。它催化L-谷氨酸脱氢生成亚谷氨酸，后者再水解生成α-酮戊二酸和氨，反应过程为：

$$\begin{array}{c} COOH \\ | \\ CH_2 \\ | \\ CH_2 \\ | \\ CHNH_2 \\ | \\ COOH \\ \text{L-谷氨酸} \end{array} \xrightleftharpoons[NAD^+ \quad NADH+H^+]{\text{L-谷氨酸脱氢酶}} \begin{array}{c} COOH \\ | \\ CH_2 \\ | \\ CH_2 \\ | \\ C{=}NH \\ | \\ COOH \\ \text{亚谷氨酸} \end{array} \xrightleftharpoons[-H_2O]{+H_2O} \begin{array}{c} COOH \\ | \\ CH_2 \\ | \\ CH_2 \\ | \\ C{=}O \\ | \\ COOH \\ \alpha\text{-酮戊二酸} \end{array} + NH_3$$

L-谷氨酸脱氢酶催化的反应是可逆的，α-酮戊二酸还原加氨可生成谷氨酸。虽然L-谷氨酸脱氢酶的专一性高，只能催化L-谷氨酸氧化脱氨，但是它可以与转氨酶联合作用，因此，它在氨基酸的分解和合成中起着重要作用。

（二）转氨基作用

转氨基作用是指在转氨酶的催化下，α-氨基酸的氨基转移给α-酮酸，生成相应的α-酮酸，而α-酮酸获得氨基生成相应的氨基酸。其通式为：

$$\begin{array}{c} R_1 \\ | \\ CHNH_2 \\ | \\ COOH \end{array} + \begin{array}{c} R_2 \\ | \\ C{=}O \\ | \\ COOH \end{array} \xrightleftharpoons{\text{转氨酶}} \begin{array}{c} R_1 \\ | \\ C{=}O \\ | \\ COOH \end{array} + \begin{array}{c} R_2 \\ | \\ CHNH_2 \\ | \\ COOH \end{array}$$

体内大多数氨基酸（除甘、苏、赖、脯、羟脯氨酸外）均可在相应的转氨酶作用下与α-酮酸（多为α-酮戊二酸）发生转氨基反应。转氨酶所催化的反应是可逆的，反应并没有脱下氨基，只是发生氨基转移。α-酮酸可通过此酶的作用接受氨基酸转来的氨基生成相应的氨基酸，这是体内合成非必需氨基酸的重要途径。

体内存在多种转氨酶。各种转氨酶中以丙氨酸氨基转移酶（alanine transaminase，ALT）又称谷丙转氨酶（glutamic pyruvic transaminase，GPT）和天冬氨酸氨基转移酶（aspartate transaminase，AST）又称谷草转氨酶（glutamic oxaloacetic transaminase，GOT）最为重要，它们在体内广泛存在，但各组织中含量不等，前者在肝细胞含量最高，后者在心肌细胞含量较高（表8-1）。其催化的反应如下：

$$\underset{\text{谷氨酸}}{\begin{matrix}COOH\\|\\(CH_2)_2\\|\\HC-NH_2\\|\\COOH\end{matrix}} + \underset{\text{丙酮酸}}{\begin{matrix}CH_3\\|\\C=O\\|\\COOH\end{matrix}} \xrightleftharpoons{ALT} \underset{\alpha\text{-酮戊二酸}}{\begin{matrix}COOH\\|\\(CH_2)_2\\|\\C=O\\|\\COOH\end{matrix}} + \underset{\text{丙氨酸}}{\begin{matrix}CH_3\\|\\CHNH_2\\|\\COOH\end{matrix}}$$

$$\underset{\text{谷氨酸}}{\begin{matrix}COOH\\|\\(CH_2)_2\\|\\HC-CH_2\\|\\COOH\end{matrix}} + \underset{\text{草酰乙酸}}{\begin{matrix}COOH\\|\\CH_2\\|\\C=O\\|\\COOH\end{matrix}} \xrightleftharpoons{AST} \underset{\alpha\text{-酮戊二酸}}{\begin{matrix}COOH\\|\\(CH_2)_2\\|\\C=O\\|\\COOH\end{matrix}} + \underset{\text{天冬氨酸}}{\begin{matrix}COOH\\|\\CH_2\\|\\CHNH_2\\|\\COOH\end{matrix}}$$

表 8-1 正常成人各组织中 ALT 及 AST 活性（单位/每克湿组织）

组织	ALT	AST	组织	ALT	AST
心	7100	156 000	胰腺	2000	28 000
肝	44 000	142 000	脾	1200	14 000
骨骼肌	4800	99 000	肺	700	10 000
肾	19 000	91 000	血清	16	20

由表 8-1 可见，正常时上述转氨酶主要存在于细胞内，而血清中的活性很低，各组织器官中以心和肝活性为最高。当某种原因使细胞膜通透性增加或组织坏死，细胞破裂时可使大量的转氨酶释放入血，导致血中转氨酶活性增高。如急性肝炎时血清 ALT 活性显著升高；心肌梗死时 AST 活性明显升高。因此，临床上测定血清 ALT 和 AST 活性可作为疾病诊断和预后判断的参考指标之一。

转氨酶是结合酶，其辅酶是维生素 B_6 的活化形式磷酸吡哆醛和磷酸吡哆胺，在转氨酶催化反应中起到传递氨基的作用（图 8-2）。

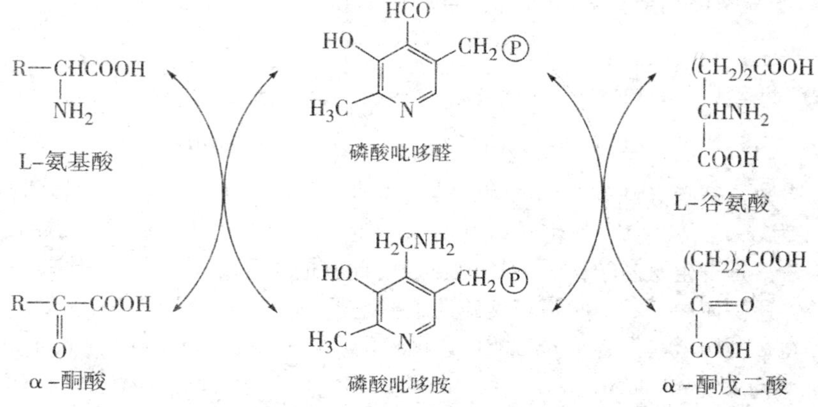

图 8-2 磷酸吡哆醛和磷酸吡哆胺传递氨基的作用

（三）联合脱氨基作用

联合脱氨基作用是指转氨基作用和氧化脱氨基作用相偶联，使氨基酸的 α-氨基脱去并产生游离氨的过程（图 8-3）。

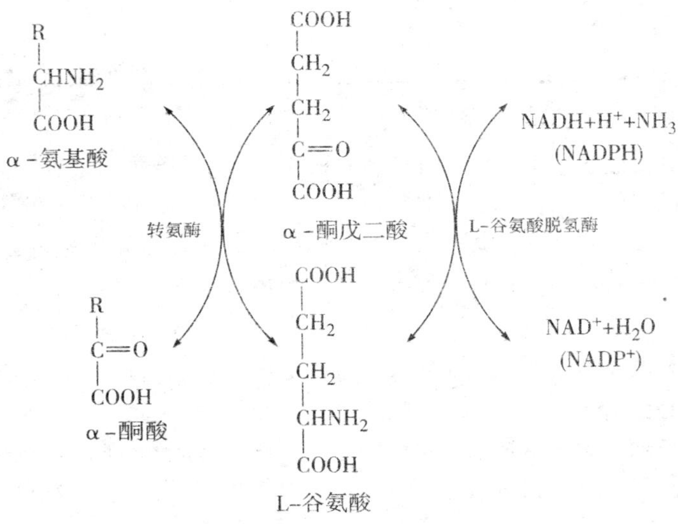

图 8-3 转氨酶和谷氨酸脱氢酶的联合脱氨基作用

由于L-谷氨酸脱氢酶在肝、肾、脑中活性强，因此这种联合脱氨基方式主要在肝、肾、脑等组织中进行。联合脱氨基全过程可逆，是体内合成非必需氨基酸的主要途径。骨骼肌、心脏等组织中L-谷氨酸脱氢酶活性低，但含有丰富的腺苷酸脱氨酶，因此在这些组织中可进行转氨基与嘌呤核苷酸循环偶联方式脱氨。

（四）嘌呤核苷酸循环

在骨骼肌等组织中，L-谷氨酸脱氢酶活性很低，因而氨基酸难以通过上述联合脱氨基作用脱氨基，而是通过嘌呤核苷酸循环（图 8-4）脱去氨基。氨基酸通过转氨基作用生成天冬氨酸，后者再和次黄嘌呤核苷酸（IMP）反应生成腺苷酸代琥珀酸，然后裂解出延胡索酸，同时生成腺嘌呤核苷酸（AMP），AMP 又在腺苷酸脱氨酶催化下脱去氨基，最终完成氨基酸的脱氨基作用。IMP 可以再参与循环。由此可见，嘌呤核苷酸循环实际上也可以看成另一种形式的联合脱氨基作用。此外，通过嘌呤核苷酸循环也可把氨基酸代谢与核苷酸代谢联系起来。氨基酸脱去氨基生成α-酮酸和 NH_3，它们可沿不同途径再进一步代谢。

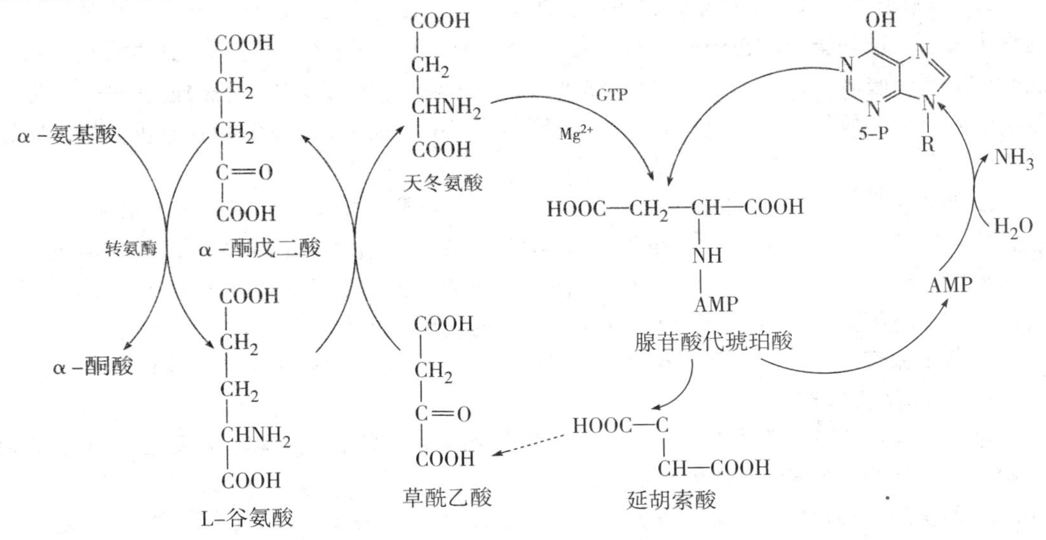

图 8-4 嘌呤核苷酸循环

二、氨的代谢

案例导入

案例：在体内氨基酸通过脱氨基作用产生的氨以及由肠道吸收的氨进入血液形成血氨。氨是机体正常代谢的产物，也是一种强烈的神经毒物，脑组织对氨尤为敏感。但是，在正常的情况下，机体并没有发生氨的堆积中毒现象，这说明体内一定有一套解除氨毒的代谢机制，从而将血氨的来源与去路维持在动态平衡之中，血氨的浓度才得以维持相对恒定。

讨论：1. 氨有哪些重要来源？如何转运？又有哪些代谢去路呢？
2. 合成尿素的主要器官是什么呢？
3. 在肝脏通过怎样复杂的代谢过程将有毒的氨合成无毒的尿素呢？
4. 高血氨患者进食高蛋白质食物与肝昏迷发生又有怎样的联系呢？

血氨能透过细胞膜和血脑屏障，脑组织对其特别敏感。正常人血氨浓度很低，一般不超过0.06mmol/L，这是因为体内氨的来源和去路处于动态平衡（图8-5），所以血氨能维持相对恒定，不会发生堆积而引起中毒。

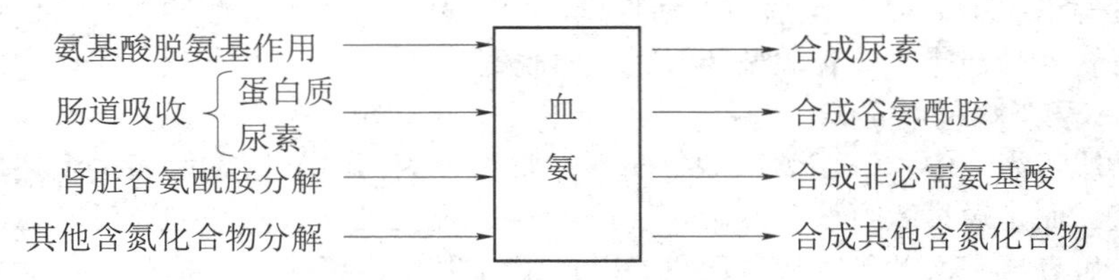

图8-5 血氨的来源与去路

（一）体内氨的来源

1. 氨基酸脱氨基作用 氨基酸脱氨基作用产生的氨是体内氨的主要来源。

2. 肠道吸收 肠道中产生氨的途径有两条：一是食物蛋白质的腐败作用产生的氨；二是血中尿素扩散入肠腔，在肠道细菌产生的尿素酶作用下水解产生氨。NH_3比NH_4^+更易透过肠黏膜细胞被吸收入血。当肠道pH偏碱性时，NH_4^+偏向于转变为NH_3，因此在碱性环境中氨的吸收增加。故临床上对于高血氨的患者通常采用弱酸性透析液做结肠透析，禁止用碱性肥皂水灌肠，其目的是减少肠道对氨的吸收。

3. 肾产氨 在肾远曲小管上皮细胞中的谷氨酰胺酶催化下，谷氨酰胺可水解产生氨，然后分泌到肾小管中与原尿中的H^+结合成NH_4^+，以铵盐的形式排出体外。因此酸性尿有利于肾小管细胞中氨扩散入尿，相反碱性尿不利于氨的排出，氨可被重吸收入血使血氨升高。故临床上肝硬化腹水的病人，不宜选择碱性利尿药，以防止血氨升高。

4. 其他来源 其他含氮化合物如胺、嘌呤、嘧啶等分解时也可以产生少量氨。

（二）氨的转运

为避免氨对机体的毒性作用，各组织产生的氨以无毒的谷氨酰胺和丙氨酸形式运送到肝脏合成尿素或运送到肾脏以铵盐形式排出。

1. 谷氨酰胺转运氨 谷氨酰胺是脑、肌肉等组织向肝或肾运输氨的主要形式。氨与谷氨酸在谷氨酰胺合成酶的催化下，消耗ATP，生成谷氨酰胺，并通过血液循环运送到肝或肾，经谷氨酰胺酶水解成谷氨酸和氨，氨在肝脏用于尿素的合成，在肾脏以铵盐的形式随尿排出。因此，谷氨酰胺既是氨的解毒形式，又是氨的储存和运输形式（图 8-6）。

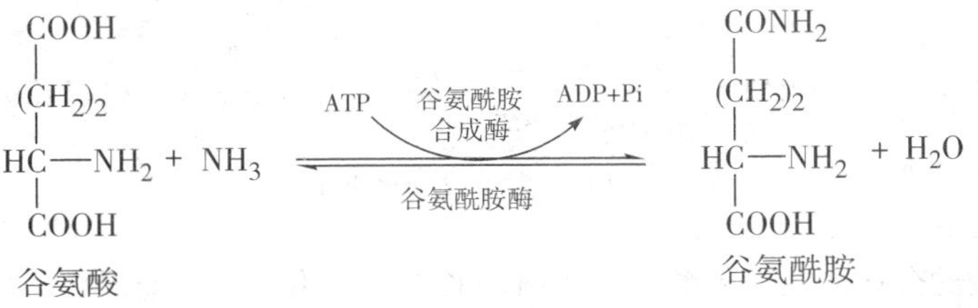

$$\underset{\text{谷氨酸}}{\mathrm{HOOC{-}(CH_2)_2{-}CH(NH_2){-}COOH}} + NH_3 \underset{\text{谷氨酰胺酶}}{\overset{\text{ATP}\ \ \text{谷氨酰胺合成酶}\ \ \text{ADP+Pi}}{\rightleftharpoons}} \underset{\text{谷氨酰胺}}{\mathrm{H_2NOC{-}(CH_2)_2{-}CH(NH_2){-}COOH}} + H_2O$$

图 8-6　谷氨酰与谷氨酰胺的相互转化

2. 丙氨酸-葡萄糖循环　通过丙氨酸-葡萄糖循环，氨从肌肉运往肝。肌肉中的氨基酸经转氨基作用将氨基转移给丙酮酸生成丙氨酸，丙氨酸进入血液，随血液循环运送至肝脏，在肝中通过联合脱氨基作用释放出氨用于尿素合成。丙氨酸脱氨后生成的丙酮酸经糖异生途径生成葡萄糖进入血液，随血液循环被运送至肌肉，在肌肉中葡萄糖又可分解为丙酮酸，供再次接受氨基生成丙氨酸，故将此途径称为丙氨酸-葡萄糖循环（图 8-7）。

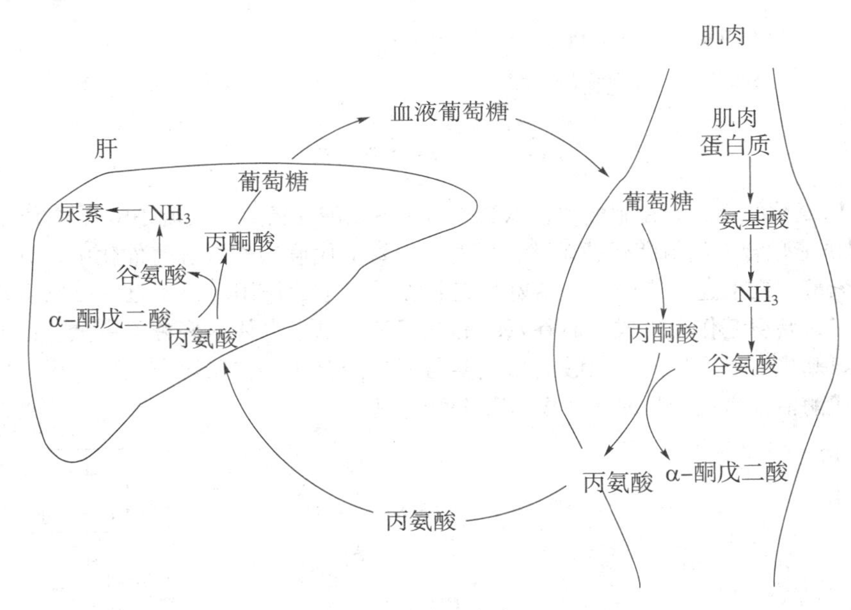

图 8-7　丙氨酸-葡萄糖循环

（三）体内氨的去路

1. 合成尿素　正常情况下，体内氨的主要去路是在肝脏合成尿素，尿素是中性、无毒、水溶性很强的物质，经血液运输至肾脏，随尿液排出体外。实验证明，将犬的肝切除，则血和尿中尿素含量减少，而血氨升高，结果导致氨中毒。临床上重症肝炎患者血及尿中几乎不含有尿素而氨基酸量增多。动物实验和临床观察都证实尿素主要在肝脏合成。肾及脑等其他组织虽然也能合成尿素，但合成量甚微。

氨在肝脏合成尿素的途径是鸟氨酸循环，其过程分为以下 4 步：

（1）氨基甲酰磷酸的合成　NH_3 和 CO_2 在肝线粒体中氨基甲酰磷酸合成酶Ⅰ（carbamoyl phosphate synthetase Ⅰ，CPS-Ⅰ）催化下，合成氨基甲酰磷酸。其辅助因子有 Mg^{2+}、ATP 及 *N*-乙酰谷氨酸。此反应不可逆，消耗2分子ATP。*N*-乙酰谷氨酸由乙酰CoA和谷氨酸合成，它是CPS-Ⅰ的变构激活剂（图8-8）。

$$CO_2 + NH_3 + H_2O + 2ATP \xrightarrow[\text{N-乙酰谷氨酸，}Mg^{2+}]{\text{氨基甲酰磷酸合成酶 I}} H_2N-\overset{\overset{O}{\|}}{C}-O\sim PO_3^{2-} + 2ADP + Pi$$

图8-8 氨基甲酰磷酸的合成

（2）瓜氨酸的合成 在鸟氨酸氨基甲酰转移酶的催化下，氨基甲酰磷酸将氨基甲酰基转移到鸟氨酸上生成瓜氨酸，此反应不可逆（图8-9）。

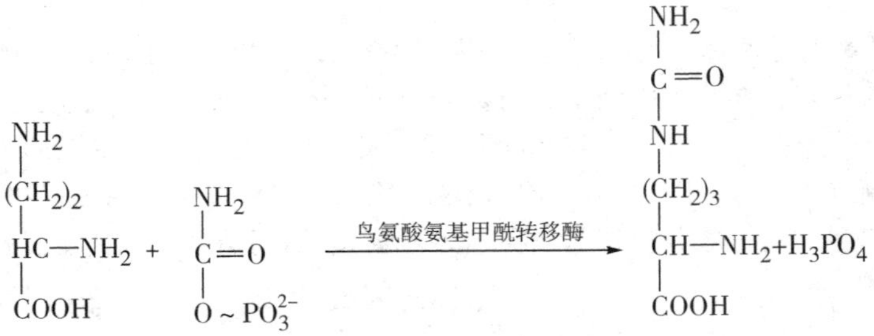

$$NH_2(CH_2)_2-CH(NH_2)-COOH + NH_2-C(=O)-O\sim PO_3^{2-} \xrightarrow{\text{鸟氨酸氨基甲酰转移酶}} NH_2-C(=O)-NH-(CH_2)_3-CH(NH_2)-COOH + H_3PO_4$$

鸟氨酸　氨基甲酰磷酸　瓜氨酸

图8-9 瓜氨酸的合成

（3）精氨酸的合成 在胞液中，瓜氨酸与天冬氨酸在精氨酸代琥珀酸合成酶的催化下，由ATP提供能量合成精氨酸代琥珀酸，后者在精氨酸代琥珀酸裂解酶催化下，分解为精氨酸和延胡索酸。在上述反应中，天冬氨酸起着提供氨基的作用。天冬氨酸可以由草酰乙酸与谷氨酸经过转氨基作用生成，而谷氨酸的氨基又可以来自体内多种氨基酸。因此，多种氨基酸的氨基也可以通过天冬氨酸的形式参与尿素的合成。在尿素合成酶系中，精氨酸代琥珀酸合成酶活性最低，是尿素合成的限速酶（图8-10）。

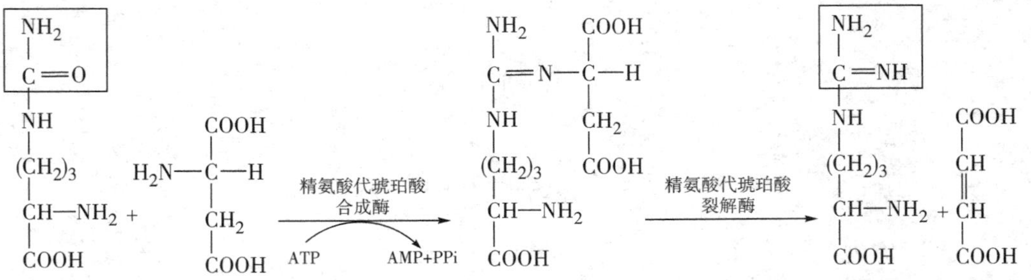

$$NH_2-C(=O)-NH-(CH_2)_3-CH(NH_2)-COOH + H_2N-CH(COOH)-CH_2-COOH \xrightarrow[ATP \rightarrow AMP+PPi]{\text{精氨酸代琥珀酸合成酶}} NH_2-C(=N-CH(COOH)-CH_2-COOH)-NH-(CH_2)_3-CH(NH_2)-COOH \xrightarrow{\text{精氨酸代琥珀酸裂解酶}} NH_2-C(=NH)-NH-(CH_2)_3-CH(NH_2)-COOH + HOOC-CH=CH-COOH$$

瓜氨酸　天冬氨酸　精氨酸代琥珀酸　精氨酸　延胡索酸

图8-10 精氨酸的合成

（4）精氨酸水解生成尿素 精氨酸在胞液中精氨酸酶的催化下，水解生成尿素和鸟氨酸，鸟氨酸再进入线粒体并参与瓜氨酸的合成，如此反复不断合成尿素（图8-11）。

尿素分子中的2个氮原子，一个来源于氨，一个来源于天冬氨酸。鸟氨酸循环总的结果是通过一次循环，消耗3分子ATP，生成1分子尿素。尿素合成过程如图8-12所示。

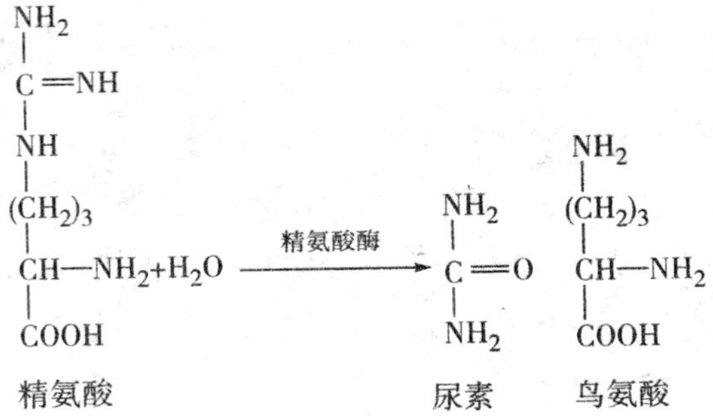

$$\underset{\text{精氨酸}}{H_2N{-}C(=NH){-}NH{-}(CH_2)_3{-}CH(NH_2){-}COOH} + H_2O \xrightarrow{\text{精氨酸酶}} \underset{\text{尿素}}{H_2N{-}C(=O){-}NH_2} + \underset{\text{鸟氨酸}}{H_2N{-}(CH_2)_3{-}CH(NH_2){-}COOH}$$

图 8-11 精氨酸水解生成尿素

$$2NH_3 + CO_2 + 3ATP + 3H_2O \xrightarrow{\text{酶}} H_2N{-}\overset{\overset{\large O}{\|}}{C}{-}NH_2 + 2ADP + AMP + 4Pi$$

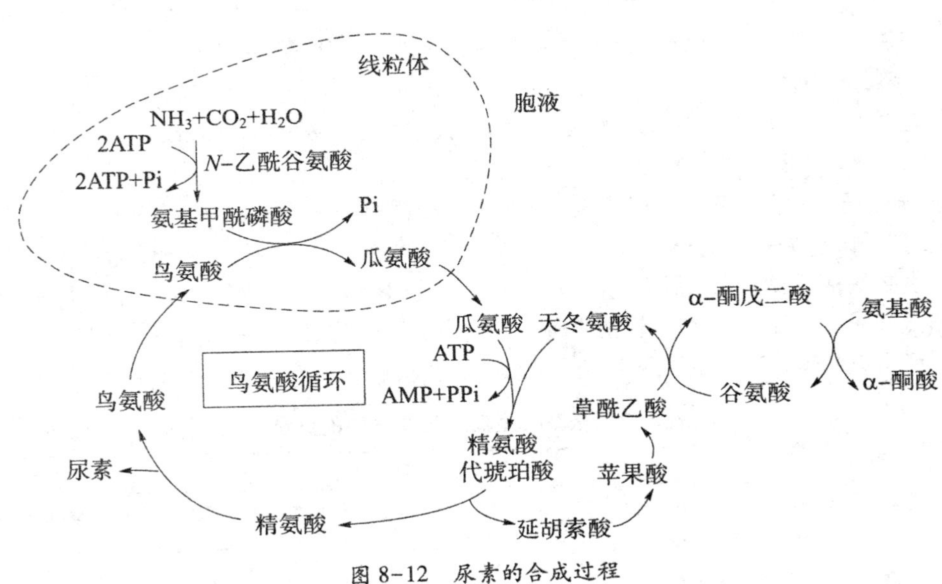

图 8-12 尿素的合成过程

从图 8-12 可见：尿素合成是在肝细胞的线粒体和胞液两部分进行；合成尿素的 2 分子 NH_3，一分子来自氨基酸脱氨基，另一分子则由天冬氨酸提供，而天冬氨酸又可由多种氨基酸通过转氨基反应而生成；尿素的生成是个耗能的过程，每合成 1 分子尿素需要消耗 4 个高能磷酸键；调节尿素合成速度的是精氨酸代琥珀酸合成酶。

2. 合成谷氨酰胺 在脑、肌肉等组织，有毒的氨与谷氨酸结合成谷氨酰胺，所以谷氨酰胺的生成不仅参与蛋白质的生物合成，而且也是体内储氨、运氨及解除氨毒的重要方式。

3. 其他代谢途径 氨可使 α-酮戊二酸氨基化生成谷氨酸，再与其他 α-酮酸经转氨基作用的逆过程，合成非必需氨基酸。氨还为体内其他含氮化合物的生成提供氮源。

（四）高血氨和氨中毒

案例导入

案例：患者，男，46岁。因反复发作性昏迷2个月，每次发病前均有进食高蛋白食物史。今发病3小时入院治疗，此次发病前因亲友家宴请，吃了很多烤鸭。肝功能显示：血氨155μmol/L，ALT：160U/L。

讨论：1. 考虑该患者患何种疾病？
2. 发病原因与机制是什么？

正常生理情况下，血氨的来源和去路处于动态平衡，血氨的浓度处于较低水平，肝脏是合成尿素、消除氨毒的主要器官。当肝功能严重受损时，尿素合成障碍，血氨浓度升高，称为高氨血症（hyperammonemia）。一般认为，高血氨时，氨扩散进入脑组织，与脑内α-酮戊二酸结合生成谷氨酸，后者再与氨结合消耗ATP生成谷氨酰胺。高血氨时脑中氨持续增加，可使α-酮戊二酸减少，导致三羧酸循环速度减慢。ATP生成减少，致使大脑能量供给不足，引起大脑功能障碍，严重时发生昏迷，称为肝昏迷或肝性脑病。

三、α-酮酸的代谢

氨基酸经脱氨基后生成的α-酮酸在体内的代谢途径主要有以下3条。

（一）生成非必需氨基酸

α-酮酸通过联合脱氨基作用的逆反应生成非必需氨基酸。

（二）转变为糖及脂类

大多数氨基酸脱去氨基后生成的α-酮酸，可通过糖异生途径转变为糖，此类氨基酸称为生糖氨基酸。有的α-酮酸可转变为酮体，称为生酮氨基酸。某些氨基酸在代谢中既能生成糖又能生成酮体，称为生糖兼生酮氨基酸（表8-2）。

表8-2 氨基酸生糖及生酮性质的分类

类别	氨基酸
生糖氨基酸	甘氨酸、丝氨酸、缬氨酸、精氨酸、半胱氨酸、脯氨酸、羟脯氨酸、丙氨酸、谷氨酸、谷氨酰胺、天冬氨酸、天冬氨酰、甲硫氨酸
生酮氨基酸	亮氨酸、赖氨酸
生糖兼生酮氨基酸	异亮氨酸、苯丙氨酸、酪氨酸、苏氨酸、色氨酸

（三）氧化供能

α-酮酸在体内可通过三羧酸循环彻底氧化生成CO_2和H_2O，同时释放出能量供机体生命活动需要。

第三节 个别氨基酸的代谢

除一般代谢外，有些氨基酸还有其特殊的代谢途径，生成某些具有重要生理意义的含氮化合物。

一、氨基酸的脱羧基作用

在体内，氨基酸除上述的分解途径外，有些氨基酸还可以通过脱羧基作用生成相应的胺类，具有重要的生理功能。催化氨基酸脱羧基反应的酶称为脱羧酶，其辅酶是含维生素B_6的磷酸吡哆醛。

下面举例介绍几种氨基酸脱羧基产生的重要胺类物质。

（一）γ-氨基丁酸

谷氨酸在谷氨酸脱羧酶催化下，生成γ-氨基丁酸（γ-aminobutyric acid，GABA），谷氨酸脱羧酶主要存在于脑、肾，因而γ-氨基丁酸在脑中的含量较高。GABA是一种抑制性神经递质，对中枢神经具有抑制作用。临床上使用维生素B_6治疗妊娠呕吐及小儿惊厥，是因为磷酸吡哆醛是谷氨酸脱羧酶的辅酶，可增加GABA的生成，从而起到抑制神经中枢的作用，发挥镇静、镇惊及止吐等作用（图8-13）。

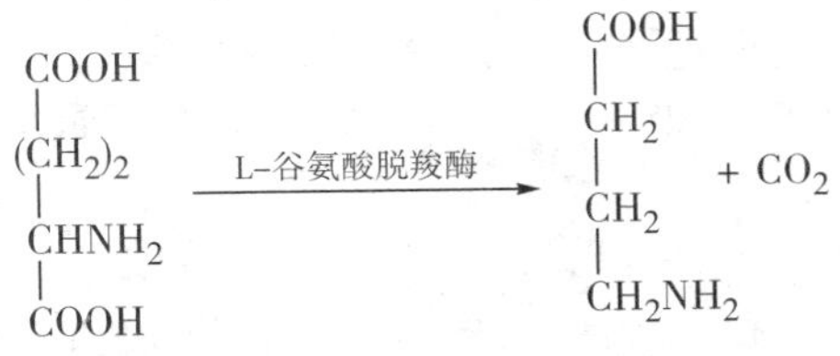

$COOH-(CH_2)_2-CHNH_2-COOH$ —L-谷氨酸脱羧酶→ $COOH-CH_2-CH_2-CH_2NH_2$ + CO_2

L-谷氨酸　　γ-氨基丁酸

图8-13　L-谷氨酸生成γ-氨基丁酸

（二）组胺

组氨酸通过组氨酸脱羧酶催化，生成组胺，组胺在体内分布广泛，主要由肥大细胞产生，具有强烈地扩张小动脉，降低血压，增加毛细血管通透性以及促进胃液分泌的作用（图8-14）。

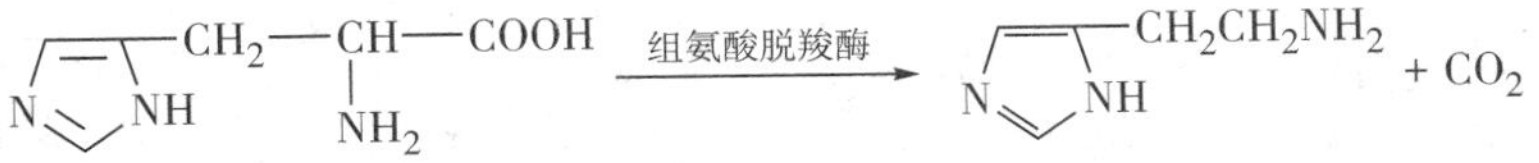

$CH_2-CH(NH_2)-COOH$ —组氨酸脱羧酶→ $CH_2CH_2NH_2$ + CO_2

组氨酸　　组胺

图8-14　组氨酸生成组胺

（三）5-羟色胺

在脑组织中色氨酸经色氨酸羟化酶的作用，生成5-羟色氨酸，后者再脱羧生成5-羟色胺（5-hydroxytryptamine，5-HT）。5-HT是一种抑制性神经递质，与睡眠、疼痛和体温调节有密切关系。在外周组织，5-羟色胺具有收缩血管、升高血压的作用（图8-15）。

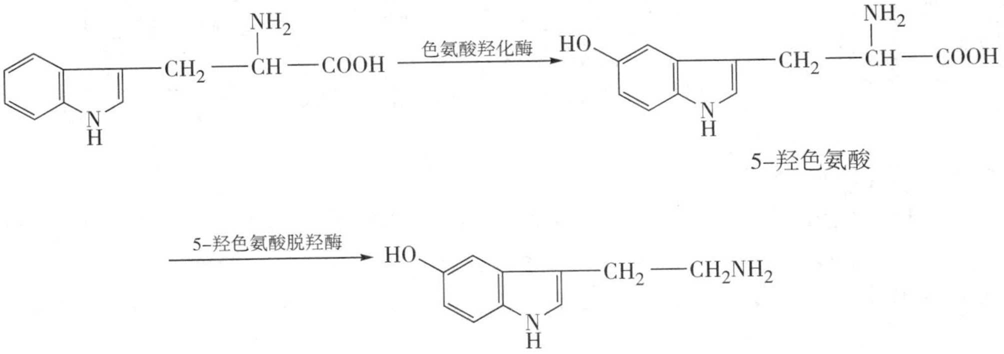

$CH_2-CH(NH_2)-COOH$ —色氨酸羟化酶→ HO- … $CH_2-CH(NH_2)-COOH$

5-羟色氨酸

—5-羟色氨酸脱羟酶→ HO- … $CH_2-CH_2NH_2$

5-羟色氨酸

图8-15　色氨酸生成5-羟色胺

拓展阅读

褪黑素

褪黑素（melatonin）是大脑松果体分泌的激素，能调节人体昼夜睡眠节律，改善睡眠质量。用于各种类型的睡眠障碍，尤其适用于航空时差及昼夜节律性睡眠失调者。

色氨酸在人体内代谢生成5-羟色胺，5-羟色胺再进一步转化生成褪黑素。褪黑素具有促进、诱导自然睡眠，提高睡眠质量的作用。随着年龄增长，褪黑素分泌减少是老年人睡眠质量下降、睡眠障碍增多的原因之一，适当补充可以改善老年人的睡眠质量。

目前，褪黑素在北美地区属于天然健康食品，美国FDA认为褪黑素可作为普通的膳食补充剂。我国先后批准了20多种含有褪黑素的保健食品。褪黑素的调节免疫功能、抗肿瘤和抗衰老等方面的保健功能有待进一步的开发。

（四）牛磺酸

牛磺酸由半胱氨酸代谢转变而来。半胱氨酸首先氧化成磺酸丙氨酸，再脱去羧基生成牛磺酸。反应在肝细胞内进行，牛磺酸是结合胆汁酸的组成成分。现已发现脑组织中含有较多的牛磺酸，表明它可能具有更为重要的生理功能（图8-16）。

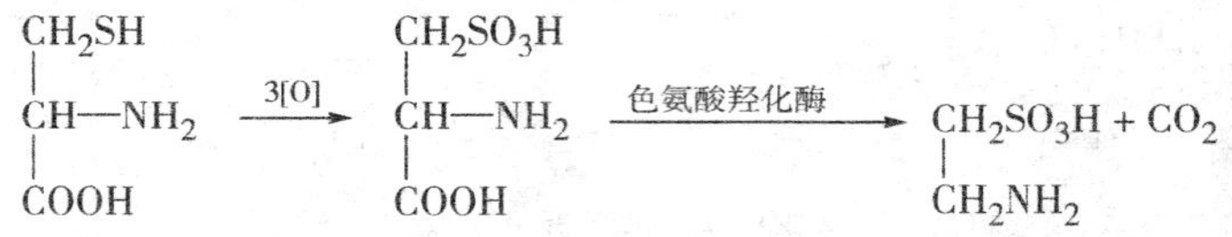

$$\begin{array}{l}CH_2SH\\ |\\ CH{-}NH_2\\ |\\ COOH\end{array} \xrightarrow{3[O]} \begin{array}{l}CH_2SO_3H\\ |\\ CH{-}NH_2\\ |\\ COOH\end{array} \xrightarrow{\text{色氨酸羟化酶}} \begin{array}{l}CH_2SO_3H + CO_2\\ |\\ CH_2NH_2\end{array}$$

L-半胱氨酸　　磺酸丙氨酸　　牛磺酸

图8-16　由L-半胱氨酸生成牛磺酸

（五）多胺

某些氨基酸的脱羧基作用可以产生多胺类物质，多胺是调节细胞生长的重要物质，它具有促进核酸和蛋白质合成的作用，故可促进细胞分裂增殖。凡生长旺盛的组织，如胚胎、再生肝、癌瘤组织等，鸟氨酸脱羧酶（多胺合成限速酶）活性较强，多胺的含量也较高。目前临床上利用测定癌瘤病人血、尿中多胺含量作为观察病情的指标之一。

二、一碳单位的代谢

1. 一碳单位的概念　某些氨基酸在分解代谢过程中产生的含有一个碳原子的有机基团，称为一碳单位（one carbon unit）。体内一碳单位包括甲基（$—CH_3$）、甲烯基（$—CH_2—$）、甲炔基（$—CH=$）、甲酰基（—CHO）及亚氨甲基（—CH=NH）等。CO_2、CO不属于一碳单位。

2. 一碳单位的载体　一碳单位性质活泼，不能单独存在，通常与四氢叶酸（tetrahydrofolic acid，FH_4）结合而转运或参与物质代谢。因此，FH_4是一碳单位的载体。哺乳类动物体内FH_4由叶酸经二氢叶酸还原酶催化，通过两步还原反应生成。一碳单位通常结合在FH_4分子的N^5，N^{10}位上（图8-17）。

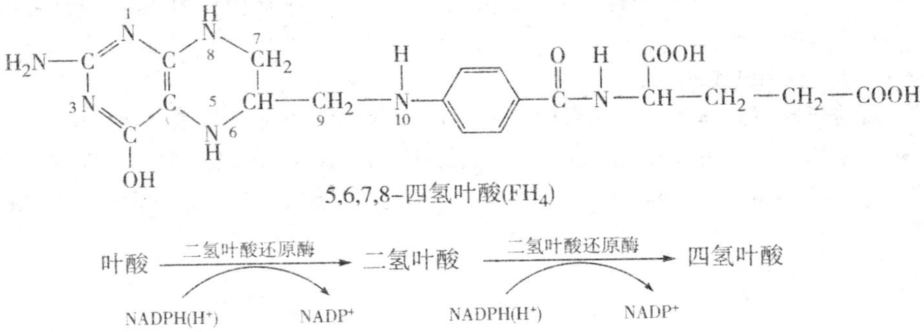

5,6,7,8-四氢叶酸(FH_4)

叶酸 —二氢叶酸还原酶 [NADPH(H^+) → $NADP^+$]→ 二氢叶酸 —二氢叶酸还原酶 [NADPH(H^+) → $NADP^+$]→ 四氢叶酸

图 8-17 四氢叶酸结构式及由叶酸生成四氢叶酸过程

3. 一碳单位的来源及互变 一碳单位可由甘氨酸、丝氨酸、组氨酸和色氨酸代谢产生，其中丝氨酸是主要来源。来自不同氨基酸的一碳单位与 FH_4结合，在酶催化下经过氧化、还原等反应彼此之间可以相互转变（图 8-18）。

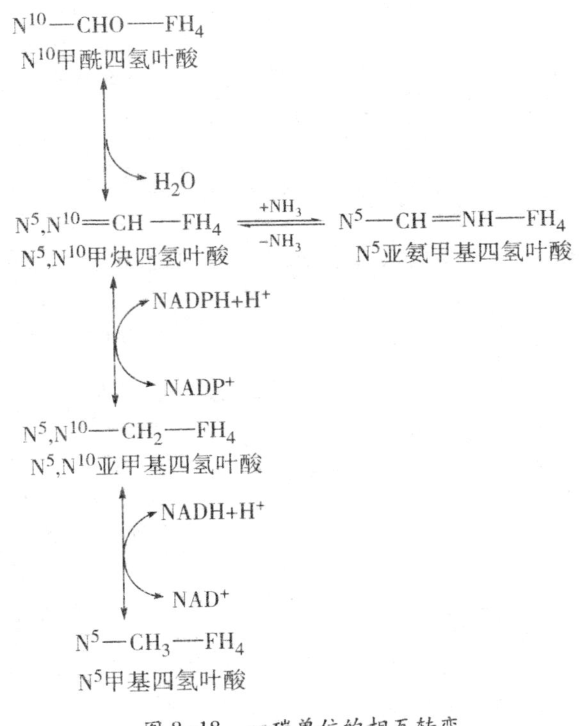

图 8-18 一碳单位的相互转变

4. 一碳单位的生理功能 一碳单位作为嘌呤及嘧啶的合成原料，在核酸的生物合成中起着重要的作用。一碳单位代谢异常可造成某些病理情况，如由于叶酸、维生素 B_{12}缺乏造成一碳单位运输障碍，直接影响造血细胞的 DNA 合成，引起巨幼红细胞性贫血等。磺胺类药物及某些抗肿瘤药物（甲氨蝶呤等）也正是通过干扰细菌及恶性肿瘤细胞的叶酸、四氢叶酸合成，进一步影响一碳单位代谢与核酸合成而发挥药理作用。

三、含硫氨基酸的代谢

体内的含硫氨基酸有三种：蛋氨酸（甲硫氨酸）、半胱氨酸和胱氨酸。这三种氨基酸的代谢是相互联系的，蛋氨酸可转变为半胱氨酸和胱氨酸，半胱氨酸和胱氨酸也可以互变，但两者不能变为蛋氨酸。

（一）蛋氨酸的代谢

1. 蛋氨酸与转甲基作用 蛋氨酸分子中含有S-甲基，通过各种转甲基作用可以生成多种含有甲基的重要生理活性物质，但是蛋氨酸在转甲基前，首先必须与ATP作用，生成S-腺苷蛋氨酸（S-adenosyl methionine，SAM）。此反应由蛋氨酸腺苷转移酶催化。SAM称为活性蛋氨酸（图8-19）。

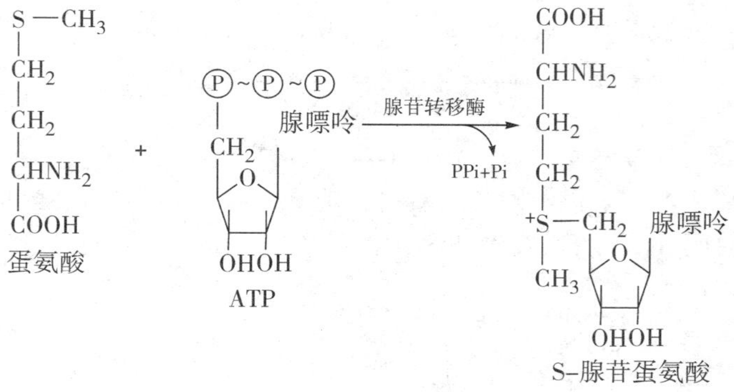

$S—CH_3$ / CH_2 / CH_2 / $CHNH_2$ / COOH
蛋氨酸
\+
Ⓟ~Ⓟ~Ⓟ 腺嘌呤 / CH_2 / O / OHOH
ATP
腺苷转移酶 → $PPi+Pi$
COOH / $CHNH_2$ / CH_2 / CH_2 / $^+S—CH_2$ 腺嘌呤 / CH_3 / O / OHOH
S-腺苷蛋氨酸

图8-19 由蛋氨酸生成S-腺苷蛋氨酸

2. 参与肌酸合成 肌酸是由甘氨酸、精氨酸、蛋氨酸为原料合成的，它主要存在于肌肉和脑组织中，是一种重要的储能物质。

3. 蛋氨酸循环 SAM在甲基转移酶的作用下，可将甲基转移至另一种物质，生成甲基化合物，而SAM即变为S-腺苷同型半胱氨酸，后者进一步脱去腺苷，生成同型半胱氨酸，同型半胱氨酸可以接受N^5-甲基四氢叶酸提供的甲基，重新生成蛋氨酸，形成一个循环过程，称为蛋氨酸循环（图8-20）。

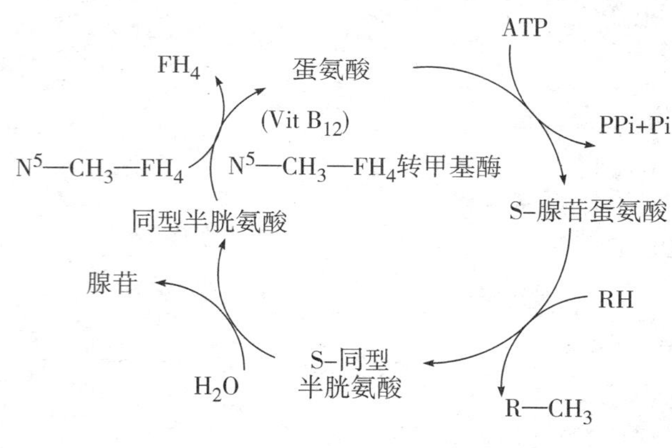

图8-20 蛋氨酸循环

蛋氨酸循环的生理意义是由$N^5—CH_3—FH_4$供给甲基合成蛋氨酸，再通过循环的SAM提供甲基以进行体内广泛存在的甲基化反应。$N^5—CH_3—FH_4$是体内甲基的间接供体。据统计体内约有50多种物质合成时需要SAM提供甲基，生成甲基化合物。如肾上腺素、肌酸、胆碱、肉毒碱等。

$N^5—CH_3—FH_4$转甲基酶的辅酶是维生素B_{12}，当维生素B_{12}缺乏时，$N^5—CH_3—FH_4$上的甲基不能转移给同型半胱氨酸，影响了蛋氨酸的合成，降低了FH_4的利用。此外，维生素B_{12}缺乏还会引起血中同型半胱氨酸升高。目前认为高同型半胱氨酸血症具有重要的病理意义，可能是动脉粥样硬化发病的独立危险因子。

拓展阅读

同型半胱氨酸

同型半胱氨酸（homocysteine，Hcy）是一种含巯基的氨基酸。本身不参与蛋白质的合成，也没有特异的三个DNA碱基对其进行编码，食物中不含Hcy，在体内经蛋氨酸脱甲基化生成，主要通过再甲基化和转硫途径代谢。需蛋氨酸合成酶、胱硫醚β合成酶及维生素B_{12}、叶酸、维生素B_6参与。酶功能障碍或维生素缺乏均可导致同型半胱氨酸升高。血液中增高的同型半胱氨酸会刺激血管壁引起动脉血管的损伤，导致炎症和管壁的斑块形成，最终引起心脏血流受阻，因此高同型半胱氨酸血症是冠心病一个独立、重要的危险因素。

（二）半胱氨酸和胱氨酸的代谢

1. 半胱氨酸和胱氨酸的互变 半胱氨酸含有巯基（—SH），胱氨酸含有二硫键（—S—S—），2分子半胱氨酸可以脱氢以二硫键相连形成胱氨酸，两者可以相互转变（图8-21）。

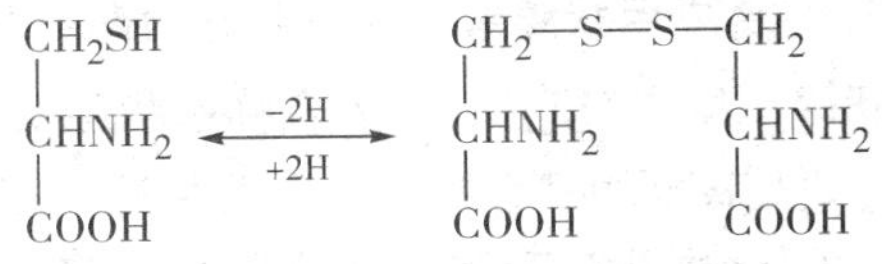

CH_2SH
$CHNH_2$
$COOH$
半胱氨酸

$\underset{+2H}{\overset{-2H}{\rightleftharpoons}}$

$CH_2—S—S—CH_2$
$CHNH_2$　$CHNH_2$
$COOH$　$COOH$
胱氨酸

图8-21 半胱氨酸和胱氨酸的互变

蛋白质中两个半胱氨酸残基之间形成二硫键对维持蛋白质的空间结构具有重要作用。体内许多重要的酶，如琥珀酸脱氢酶、乳酸脱氢酶等活性与半胱氨酸的巯基有关，故称为巯基酶。有些毒物如重金属盐、芥子气等，能与酶分子中的巯基结合而抑制酶的活性。

2. 谷胱甘肽（GSH）的生成 GSH是由谷氨酸、半胱氨酸和甘氨酸合成的三肽，其功能基团是半胱氨酸的巯基。GSH的重要功能是保护某些蛋白质或酶分子中巯基不被氧化，从而维持其生物活性。红细胞内GSH含量较多，它对于保护红细胞膜的完整性及促使高铁血红蛋白转变为血红蛋白均有重要作用。

3. 硫酸根的代谢 含硫氨基酸经氧化分解均可以产生硫酸根，半胱氨酸是体内硫酸根的主要来源。半胱氨酸脱去巯基和氨基，生成丙酮酸、NH_3和H_2S，后者再经氧化而生成H_2SO_4。体内的硫酸根一部分以无机盐形式随尿排出，另一部分经ATP活化生成活性硫酸根，及3′-磷酸腺苷-5′-磷酸硫酸（3′-phosphor-adenosine-5′-phosphosulfate，PAPS）。反应过程见图8-22。

$$ATP + SO_4^{2-} \xrightarrow{-PPi} AMP\text{-}SO_3^- \xrightarrow{+ATP} 3—PO_3H_2—AMP—SO_3 + ADP$$

腺苷-5′-磷酸硫酸　　PAPS

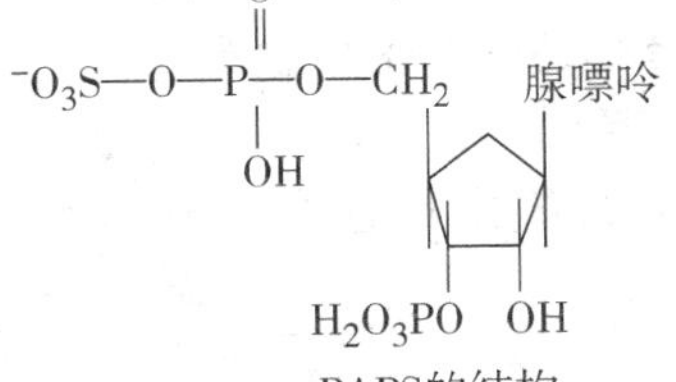

$^-O_3S—O—P(=O)(OH)—O—CH_2$ 腺嘌呤
H_2O_3PO OH

PAPS的结构

图8-22 PAPS的生成

PAPS性质活泼，可提供硫酸根使某些物质形成硫酸酯。如类固醇激素可形成硫酸酯而被灭活，一些外源性酚形成硫酸酯而被排出体外等，这些反应在肝生物转化中有重要意义。

四、芳香族氨基酸的代谢

芳香族氨基酸包括苯丙氨酸、酪氨酸和色氨酸。苯丙氨酸羟化生成酪氨酸是其主要代谢去路，后者进一步代谢生成甲状腺素、儿茶酚胺、黑色素等重要物质。

（一）苯丙氨酸的代谢

正常情况下，苯丙氨酸在苯丙氨酸羟化酶催化下生成酪氨酸。当先天性苯丙氨酸羟化酶缺乏时，苯丙氨酸不能转变为酪氨酸，而经转氨基反应生成苯丙酮酸，导致尿中出现大量苯丙酮酸，称为苯丙酮酸尿症（phenyl ketonuria，PKU）。苯丙酮酸的堆积对中枢神经系统有毒性作用，常导致患者智力发育障碍。对此病的防治，应早期发现并控制膳食中的苯丙氨酸含量。

（二）酪氨酸的代谢

1. 合成甲状腺素 在甲状腺内酪氨酸逐步碘化，生成三碘甲状腺原氨酸（T_3）和四碘甲状腺原氨酸（T_4），两者合称甲状腺素，在机体代谢中起着重要的调节作用。临床上测定T_3、T_4是诊断甲状腺疾病的主要指标。

2. 合成儿茶酚胺 儿茶酚胺是酪氨酸经羟化、脱羧后形成的一系列邻苯二酚胺类化合物的总称。它包括多巴胺、去甲肾上腺素和肾上腺素。这些物质属于神经递质或激素，它是维持神经系统正常功能和正常代谢不可缺少的物质。帕金森患者的多巴胺生成减少。

3. 合成黑色素 在黑色素细胞，酪氨酸在酪氨酸酶催化下，经羟化生成多巴胺，后者经氧化、脱羧生成黑色素。先天性酪氨酸酶缺乏时，可导致黑色素合成障碍，皮肤、毛发等皆为白色，称为白化病。

4. 酪氨酸的分解 酪氨酸在酪氨酸转氨酶催化下，生成羟基苯丙酮酸，后者经尿黑酸等中间产物进一步转变为延胡索酸和乙酰乙酸，两者分别参与糖和脂肪酸代谢。如果尿黑酸氧化酶缺乏，则尿黑酸不能氧化而由尿排出，尿液与空气接触后呈黑色，称为尿黑酸症。该病早期临床表现不明显，中年患者，由于黑色素在结缔组织堆积，可引起关节炎。

苯丙氨酸和酪氨酸代谢途径（图8-23）。

（三）色氨酸的代谢

色氨酸除生成5-羟色胺外，还可以分解代谢。在肝中色氨酸通过色氨酸加氧酶的作用，生成一碳单位。色氨酸分解可产生丙酮酸和乙酰乙酰CoA，所以色氨酸是体内的生糖兼生酮氨基酸。此外，色氨酸分解还可产生少量的烟酸，这是体内合成维生素的特例，但其合成量很少，不能满足机体需要。

在某些疾病情况下，为保证氨基酸的需要，可输入氨基酸混合液，以防止病情恶化。

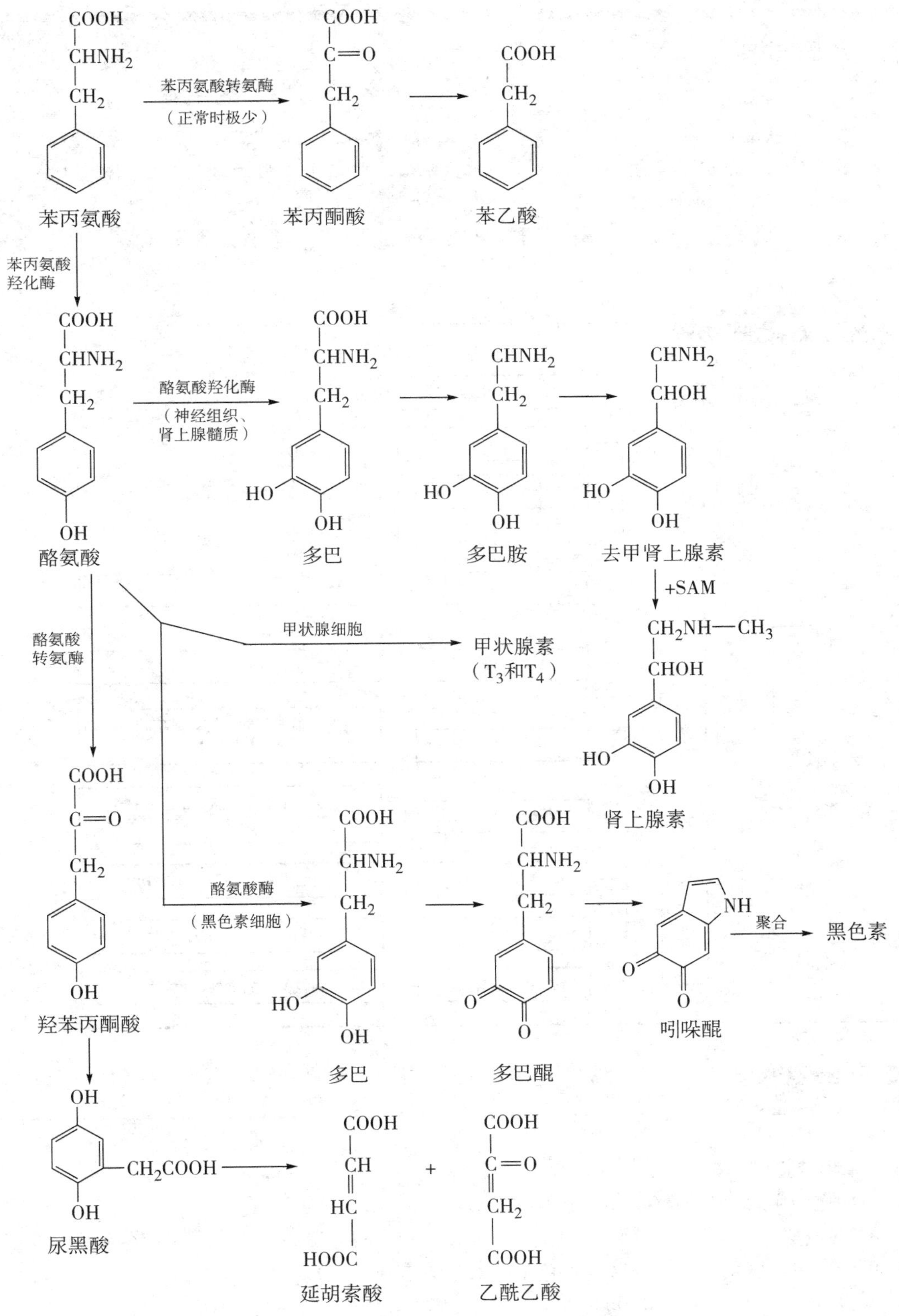

COOH
$CHNH_2$
CH_2
苯丙氨酸

苯丙氨酸转氨酶
（正常时极少）

COOH
C=O
CH_2
苯丙酮酸

COOH
CH_2
苯乙酸

苯丙氨酸
羟化酶

COOH
$CHNH_2$
CH_2
OH
酪氨酸

酪氨酸羟化酶
（神经组织、
肾上腺髓质）

COOH
$CHNH_2$
CH_2
HO
OH
多巴

$CHNH_2$
CH_2
HO
OH
多巴胺

$CHNH_2$
CHOH
HO
OH
去甲肾上腺素

+SAM

$CH_2NH—CH_3$
CHOH
HO
OH
肾上腺素

甲状腺细胞
甲状腺素
（T_3和T_4）

酪氨酸
转氨酶

COOH
C=O
CH_2
OH
羟苯丙酮酸

酪氨酸酶
（黑色素细胞）

COOH
$CHNH_2$
CH_2
HO
OH
多巴

COOH
$CHNH_2$
CH_2
O
O
多巴醌

NH
O
O
吲哚醌

聚合
黑色素

OH
CH_2COOH
OH
尿黑酸

COOH
CH
HC
HOOC
延胡索酸

\+

COOH
C=O
CH_2
COOH
乙酰乙酸

图 8-23 苯丙氨酸和酪氨酸代谢途径

拓展阅读

混合氨基酸输液

氨基酸制剂是人为地按物质含量和比例以各种结晶氨基酸为原料配置而成的氨基酸混合液，其主要成分是营养必需氨基酸。临床上常用的氨基酸制剂有14氨基酸800（含14种氨基酸）、凡命（含17种氨基酸）、复方结晶氨基酸、复合氨基酸（18F）、支链氨基酸3H（含亮氨酸、异亮氨酸和缬氨酸）等注射液。

本章小结

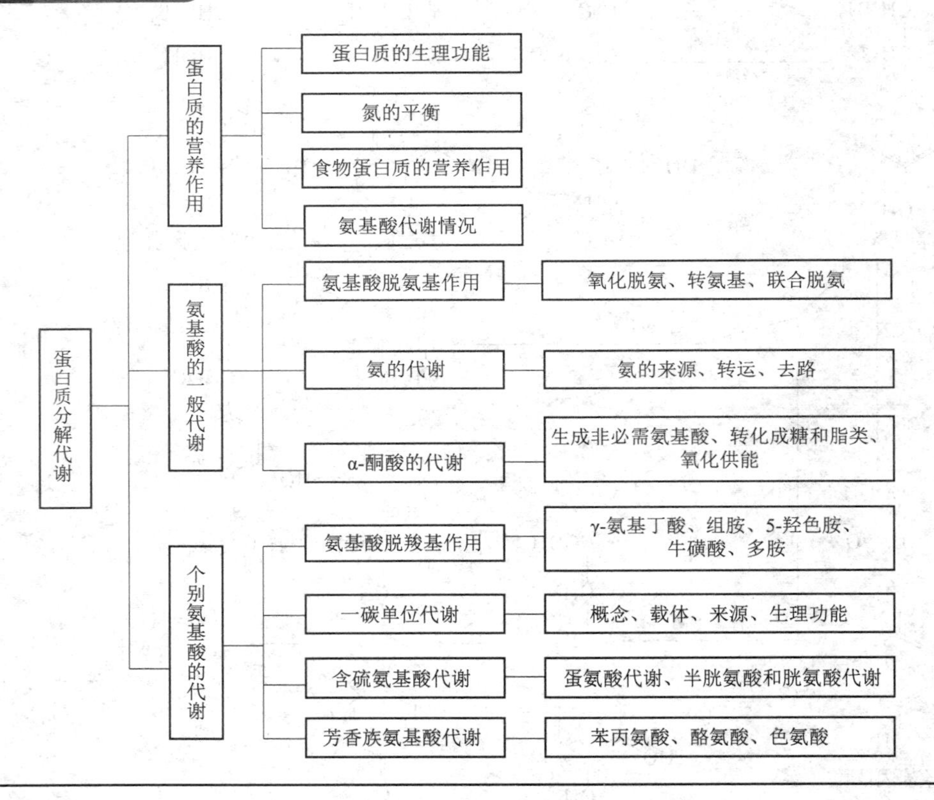

目标检测

一、单项选择题

1. 氨在血中主要以下列（　　）形式运输？

A. 谷氨酸　　B. 天冬氨酸　　C. 谷氨酰胺　　D. 天门冬氨酸

2. 可合成甲状腺素、儿茶酚胺及黑色素的氨基酸是（　　）。

A. Trp　　B. Phe　　C. Ser　　D. Tyr

3. 经脱羧作用后生成γ-氨基丁酸的是（　　）。

A. 酪氨酸　　B. 半胱氨酸　　C. 天冬氨酸　　D. 谷氨酸

4. 转氨酶的辅酶是（　　）。

A. 焦磷酸硫胺素　　B. 磷酸吡哆醛　　C. 硫辛酸　　D. 四氢叶酸

5. 体内肾上腺素来自哪种氨基酸（　　）。

A. 色氨酸　　B. 谷氨酸　　C. 苯丙氨酸　　D. 酪氨酸

6. 5-羟色胺是由下列哪种物质转变而来（　　）。

A. 组氨酸　　B. 色氨酸　　C. 谷氨酸　　D. 亮氨酸

二、简答题

1. 简述血氨的去路。
2. 简述体内脱氨基方式有几种？以哪种为主？

第九章

核酸代谢与蛋白质的生物合成

学习目标

知识要求 1. **掌握** DNA 半保留复制和转录的概念、原料、模板及参与复制的酶类；反转录的概念；蛋白质生物合成中三种 RNA 的作用；遗传密码的概念及特点。

2. **熟悉** 核苷酸组成及合成原料与分解产物；DNA 损伤的修复类型；RNA 转录及蛋白质生物合成的基本过程。

3. **了解** 蛋白质合成后的加工与修饰。

技能要求 能依据遗传信息传递的中心法则，深入理解生命的本质；理解核酸代谢及蛋白质生物合成药物的作用机制。

核酸是以核苷酸为基本组成单位的生物信息大分子，体内核苷酸主要由机体细胞自身合成，不属于营养必需物质。除少数 RNA 病毒外，DNA 是生物界遗传的主要物质基础。基因（gene）是 DNA 分子的片段，是遗传的功能单位。通过基因转录和翻译，由 DNA 决定蛋白质的一级结构，从而决定蛋白质的功能。DNA 还通过复制，将基因信息代代相传。1958 年，F. Crick 把上述遗传信息的传递方式归纳为中心法则（the central dogma）。后来 1970 年 H. Temin 发现反转录现象后对中心法则的内容进行了补充和修正（图 9-1）。

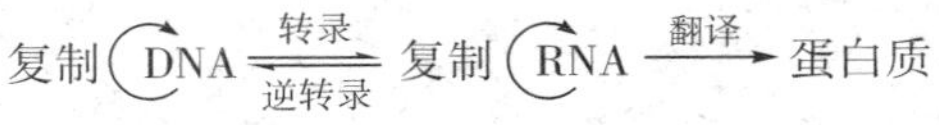

复制 ⟲ DNA $\underset{\text{逆转录}}{\overset{\text{转录}}{\rightleftharpoons}}$ 复制 ⟲ RNA $\xrightarrow{\text{翻译}}$ 蛋白质

图 9-1 中心法则

第一节 核苷酸代谢

一、核苷酸的分解代谢

（一）核酸的水解

食物中的核酸多以核蛋白的形式存在。进入消化道后，在胃酸作用或小肠中蛋白酶的作用，分解成核酸和蛋白质，继而在各种酶作用下，水解成碱基、戊糖和磷酸，这些产物又进一步被利用或氧化分解为代谢产物排出体外（图 9-2）。

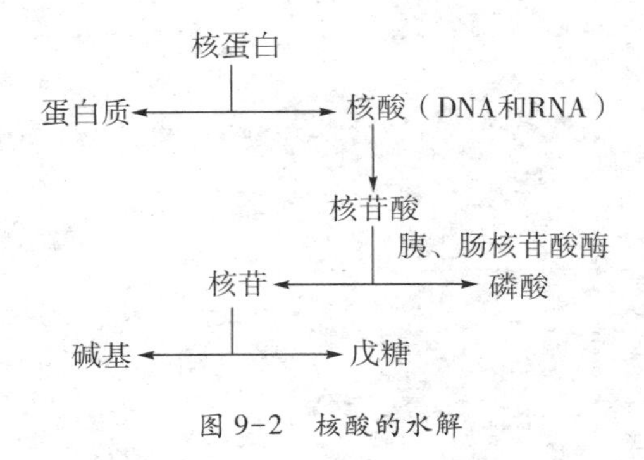

图 9-2 核酸的水解

核酸酶是重要的工具酶，可以分为外切酶和内切酶，凡是水解核酸分子末端磷酸二酯键的酶，称为核酸外切酶；水解核酸分子内部磷酸二酯键的酶，则属于核酸内切酶；选择具有特定核苷酸序列并在特定位点水解磷酸二酯键的酶称为限制性内切酶。

（二）嘌呤核苷酸的分解代谢

嘌呤核苷酸首先水解为嘌呤碱基、戊糖和磷酸。其中的腺嘌呤与鸟嘌呤在人类和灵长类动物体内分解的最终产物是尿酸（uric acid）。尿酸仍具有嘌呤环，通过肾脏的泌尿，最终随尿液排出体外（图 9-3）。

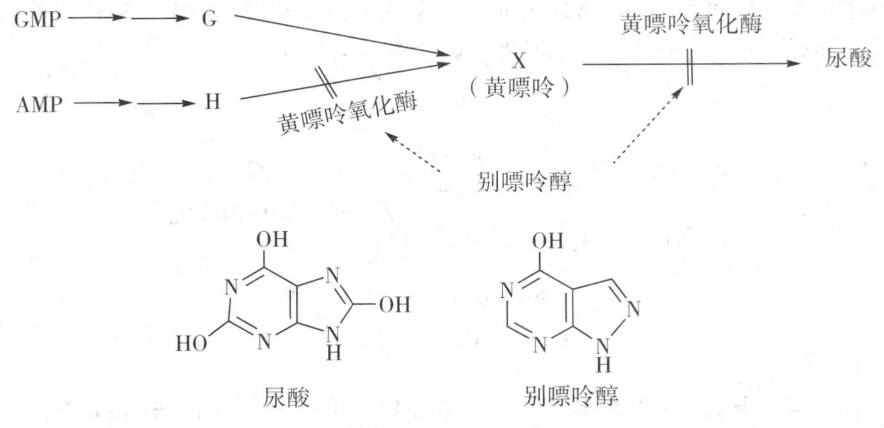

图 9-3　嘌呤核苷酸的分解代谢

案例导入

案例：痛风是由单钠尿酸盐（MSU）沉积所致的晶体相关性关节病。与嘌呤代谢紊乱和（或）尿酸排泄减少所致的高尿酸血症直接相关，特指急性特征性关节炎和慢性痛风石疾病。痛风最重要的生化基础是高尿酸血症。正常成人每日约产生尿酸 750mg，其中 80% 为内源性尿酸，20% 为外源性尿酸，这些尿酸进入尿酸代谢池（约为 1200mg），每日代谢池中的尿酸约 60% 进行代谢，其中 1/3 约 200mg 经肠道分解代谢，2/3 约 400mg 经肾脏排泄，从而可维持体内尿酸水平的稳定，其中任何环节出现问题均可导致高尿酸血症。

讨论：1. 哪些是高嘌呤食物？为什么痛风患者不宜食用含高嘌呤的食物？
2. 用哪些方法可以纠正高尿酸血症，预防尿酸盐沉积造成的关节破坏及肾脏损害？
3. 别嘌呤醇治疗痛风的作用原理是什么？

（三）嘧啶核苷酸的分解代谢

嘧啶核苷酸首先水解为嘧啶碱基、戊糖和磷酸。与嘌呤不同，嘧啶环可打开并最后被分解为 NH_3、CO_2 及 H_2O。其中胸腺嘧啶的分解产物 β-氨基异丁酸，有一部分可随尿排出，尿中 β-氨基异丁酸的排泄多少可反映细胞及 DNA 破坏程度，白血病患者往往尿中排泄增多。

二、核苷酸的合成代谢

体内核苷酸的合成有两条途径，一种是利用磷酸核糖、氨基酸、一碳单位等简单物质，经过一系列酶促反应合成核苷酸的途径，称为从头合成途径。是人体内合成核苷酸的主要途径，从头合成的酶系主要在肝脏、小肠黏膜和胸腺等组织；另一种是利用体内现存的核苷或碱基经过简单的反应合成核苷酸的途径称为补救合成途径，主要发生在骨髓、脑等组织。

（一）嘌呤核苷酸的合成

1. 嘌呤核苷酸的从头合成途径 合成原料是谷氨酰胺、天冬氨酸、甘氨酸、5-磷酸核糖、一碳单位和二氧化碳，并需 ATP 供能。氨基酸来自氨基酸代谢库，5-磷酸核糖来自糖的磷酸戊糖途径，一碳单位由某些氨基酸代谢产生（图 9-4）。

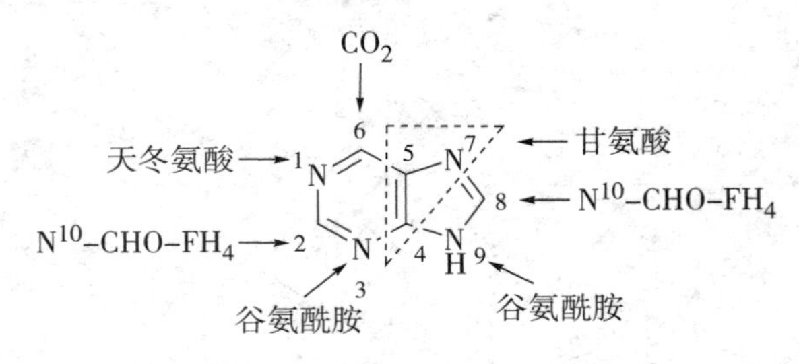

图 9-4 嘌呤环合成的原料

反应分为两个步骤，①以 5-磷酸核糖为起始物，生成 5-磷酸核糖-1-焦磷酸，然后通过一系列酶促反应生成次黄嘌呤核苷酸（IMP）。②IMP 再转变为 AMP 和 GMP。

（1）IMP 的合成

$$\underset{\text{（5-磷酸核糖）}}{\text{R-5-P}} \xrightarrow[\text{PRPP合成酶}]{\text{ATP}\quad\text{AMP}} \underset{\text{（5-磷酸核糖-1-焦磷酸）}}{\text{PP-1-R-5-P}} \longrightarrow\longrightarrow \underset{\text{（次黄嘌呤核苷酸）}}{\text{IMP}}$$

（2）IMP 转变为 AMP 和 GMP

$$\text{IMP} \xrightarrow{\text{谷氨酰胺，ATP，NAD}^+} \text{GMP}$$
$$\text{IMP} \xrightarrow{\text{天冬氨酸，GTP}} \text{AMP}$$

2. 嘌呤核苷酸的补救合成途径 补救合成有两种方式，比从头合成简单得多，消耗 ATP 也少，且可节省一些氨基酸的消耗。

（1）由嘌呤与 PRPP 经磷酸核糖转移酶作用生成核苷酸

$$\text{腺嘌呤+PRPP} \xrightarrow{\text{腺嘌呤磷酸核糖转移酶（APRT）}} \text{AMP+PPi}$$
$$\text{次黄嘌呤+PRPP} \xrightarrow{\text{次黄嘌呤鸟嘌呤磷酸核糖转移酶}} \text{IMP+PPi}$$
$$\text{鸟嘌呤+PRPP} \xrightarrow{\text{次黄嘌呤鸟嘌呤磷酸核糖转移酶}} \text{GMP+PPi}$$

（2）由腺嘌呤核苷经腺苷激酶催化作用生成 AMP

$$\text{腺嘌呤核苷} \xrightarrow[\text{ATP}\quad\text{ADP}]{\text{腺苷激酶}} \text{AMP}$$

有一种遗传病称 Lesch Nyhan 综合征，又称自毁容貌症（表现为智力发育障碍，共济失调，具攻击性和敌对性，并有咬自己口唇、手指、足趾等），就是由于基因缺陷导致 HGPRT 完全缺失造成的，很少能存活。

3. 体内嘌呤核苷酸的相互转变 体内 IMP 可以转变为 AMP 和 GMP，同样 AMP 和 GMP

也可转变成 IMP。AMP 和 GMP 经过两步激酶的催化，由 ATP 提供能量和磷酸基团，可转变为 ATP 和 GTP。

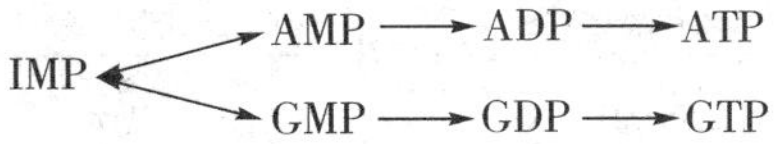

IMP → AMP → ADP → ATP
IMP → GMP → GDP → GTP

拓展阅读

不同种类生物嘌呤核苷酸的分解代谢产物不同

灵长类及爬行类动物将嘌呤核苷酸分解成尿酸。该过程主要在肝、小肠及肾中进行，因为这些脏器中的黄嘌呤氧化酶活性较强。尿酸是人体嘌呤分解代谢的终产物，随尿排出体外。

但是尿酸却不是其他动物核酸代谢分解的终产物：除灵长类外的大多数哺乳类动物会在尿酸氧化酶的作用下继续将尿酸分解为尿囊素；硬骨鱼类的代谢终产物为尿囊酸；两栖类和软骨鱼类能在尿囊酸酶的作用下以尿素为其代谢终产物；海洋无脊椎动物的嘌呤核苷酸则最终代谢为 NH_4^+。

（二）嘧啶核苷酸的合成

1. 嘧啶核苷酸的从头合成途径 嘧啶核苷酸的从头合成途径主要在肝细胞液中进行。首先合成嘧啶环，再与磷酸核糖相连，形成 UMP。合成原料是谷氨酰胺、天冬氨酸、二氧化碳和 5-磷酸核糖，由 ATP 供能（图 9-5）。

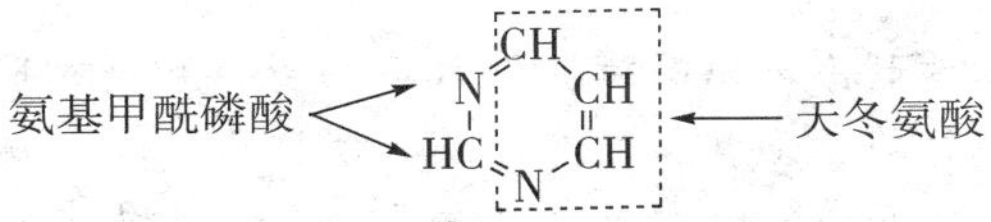

氨基甲酰磷酸 → N、HC（嘧啶环）← 天冬氨酸

图 9-5 嘧啶环合成的原料

（1）UMP 的合成

CO_2 —氨基甲酰磷酸合成酶（谷氨酰胺、ATP → 谷氨酸、ADP）→ 氨基甲酰磷酸 —（天冬氨酸）→ → 二氢乳清酸 —（NAD⁺）→ —（PRPP）→ UMP

（2）胞嘧啶核苷酸的合成 UMP 在激酶的作用下可生成 UTP，UTP 在 UTP 合成酶催化下可产生 CTP。

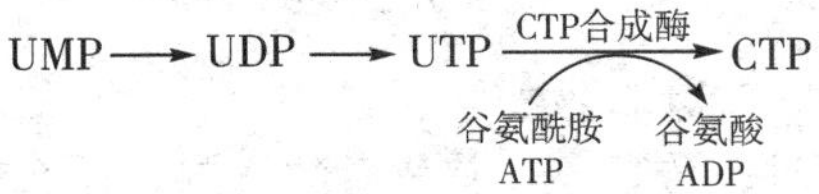

UMP → UDP → UTP —CTP合成酶（谷氨酰胺、ATP → 谷氨酸、ADP）→ CTP

2. 嘧啶核苷酸的补救合成 各种嘧啶核苷主要通过磷酸核糖转移酶和嘧啶核苷激酶的作用，将嘧啶碱基和嘧啶核苷转变成相应的嘧啶核苷酸。

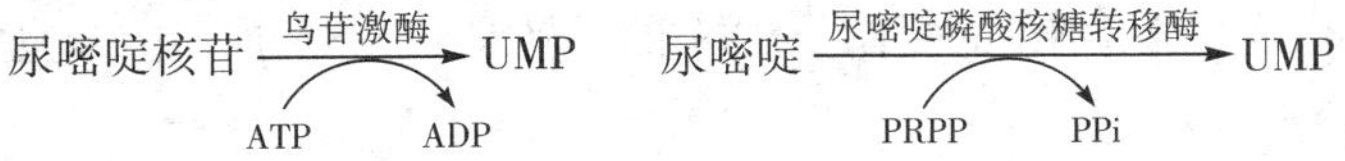

尿嘧啶核苷 —尿苷激酶（ATP → ADP）→ UMP　　尿嘧啶 —尿嘧啶磷酸核糖转移酶（PRPP → PPi）→ UMP

（三）脱氧核苷酸的合成

脱氧核苷酸是由核苷二磷酸还原而成。在核苷酸还原酶的催化下，核苷二磷酸（NDP，

N代表A、G、U、C碱基）直接还原生成相应的脱氧核苷二磷酸（dNDP），脱氧核苷二磷酸形成后，通过磷酸化生成脱氧核苷三磷酸。

$$NDP \xrightarrow[NADPH+H^+ \quad NADP^+]{核苷酸还原酶} dNDP \xrightarrow[ATP \quad ADP]{核苷二磷酸激酶} dNTP$$

脱氧胸苷酸（dTMP）是由dUMP经甲基化生成。dUMP可由dCMP加水脱氨或dUDP水解生成。

$$dCMP \xrightarrow[H_2O \quad NH_3]{dCMP脱氨酶} dUMP \xrightarrow[N^5,N^{10}-CH_2-FH_4 \quad FH_2]{胸苷酸合成酶} dTMP$$

重点：核苷酸分解代谢产物、核苷酸合成代谢两条途径的原料及区别。
难点：从头合成和补救合成途径。

拓展阅读

抗代谢物作用机制与肿瘤治疗时的副作用

核苷酸的抗代谢物是一些嘌呤、嘧啶、氨基酸、核苷和叶酸的类似物。如5-氟尿嘧啶（5-FU）、甲氨蝶呤（MTX）它们主要以竞争性抑制方式干扰、阻断核苷酸合成代谢，或以假乱真掺入核酸，从而阻止核酸及蛋白质的生物合成。这些核苷酸代谢类似物不仅是研究生化代谢途径的工具，也是治疗某些疾病的有效药物。

由于肿瘤细胞生长旺盛，因而摄取抗代谢物多，肿瘤细胞被阻碍或杀伤。但体内代谢旺盛的组织细胞，如骨髓造血细胞、消化道上皮细胞、毛囊细胞等也受到抗代谢物的影响，因而会出现相应的副作用，如白细胞、红细胞、血小板减少，厌食、恶心、呕吐，脱发等症状。

第二节 DNA的生物合成

案例导入

案例：俗语说“龙生龙，凤生凤，老鼠的儿子会打洞”。

讨论：1. 这句俗语反映了一种什么生物学现象？
1. 为什么会出现这种遗传现象？其背后的机制是什么？
2. 该生物学现象有什么意义？

DNA的生物合成包括DNA的复制、RNA的反转录和DNA损伤的修复等。

一、DNA的复制

（一）DNA的复制方式——半保留复制

DNA复制时，首先是亲代DNA的双螺旋结构松解，两条链之间的氢键断裂，两条链分开，然后分别以两条链为模板，通过碱基配对，合成其互补链，形成了两个子代DNA分子，每个子代双链DNA分子中一条链来自亲代DNA，另一条链是新合成的。这种DNA生物合成方式称为半保留复制。该复制方式1958年由Meselson和Stahl利用氮标记技术在大肠埃希菌（*E. coli*）中首次证实。

（二）DNA的复制体系

DNA复制不仅需要亲代DNA作为复制模板、四种脱氧核苷三磷酸（dNTP）为原料，还需要引物、多种酶和蛋白质因子。参与DNA复制的酶类和蛋白质因子及其作用见表9-1。

表9-1 参与DNA复制的酶类和蛋白质因子及其作用

酶和蛋白质因子	作用
解螺旋酶	辨认起始位点，利用ATP分解供给能量打开DNA双链之间的氢键
单链DNA结合蛋白	与解开的单链DNA结合，维持打开的模板处于单链状态；避免核酸内切酶对单链DNA的水解
拓扑异构酶	松弛复制过程形成的DNA超螺旋，理顺DNA链
引物酶	以相应复制起始部位的DNA链为模板，按碱基互补配对原则，催化短片段RNA的合成
DNA聚合酶	以DNA为模板，根据碱基配对原则，催化dNTP加到RNA引物的3′-OH末端形成磷酸二酯键连接，依此逐个催化使合成的DNA链逐渐延长，延长方向是5′→3′
DNA连接酶	催化相邻的DNA片段以3′，5′-磷酸二酯键相连接

说明：原核生物中，DNA聚合酶均有5′→3′聚合酶活性，但不同类型作用也不相同，其中DNA聚合酶Ⅰ主要参与修复合成、切除引物、填补空隙；DNA聚合酶Ⅱ参与DNA损伤的应急状态修复；DNA聚合酶Ⅲ主要催化DNA链延长。

（三）DNA复制的过程

以下主要介绍原核生物*E. coli*的DNA复制过程。

1. 复制起始 在复制起始位点处，通过解螺旋酶、拓扑异构酶和蛋白质因子等协同作用，局部双链解开，碱基间氢键断裂，形成两条单链DNA。单链DNA结合蛋白（SSB）再与解开的DNA单链结合并维持其稳定状态，引物酶结合在DNA单链的模板起始处，催化合成短链RNA引物，这样形成一个复合结构，这种复合结构包括DNA起始复制区域、解螺旋酶、引物酶和单链DNA结合蛋白等蛋白质因子，称为引发体。随着RNA引物的合成，DNA聚合酶加入，形成一个像叉子的复制点，称为复制叉，复制进入延长阶段。

2. DNA链的延长 在DNA聚合酶Ⅲ催化下，从RNA引物的3′-OH端开始，分别以解开的两条DNA单链为模板，按碱基互补原则，四种dNMP逐个加入引物或延长中的子链上，各自合成一条与DNA模板链互补的DNA新链，其化学本质是磷酸二酯键的不断生成，子链的延长方向是5′→3′。

复制时，由于模板DNA的两条链是反向平行的，而DNA聚合酶催化合成的新链始终是按5′→3′方向进行，故两条新链的合成方向也是相反的，一条新链的合成方向与复制叉前进的方向一致，可连续合成，称为前导链或领头链；另一条新链的合成方向则与复制叉前进方向相反，不能连续合成，而是合成一段较短的DNA片段后，需待模板解链到足够长度再合成另一段，这条链称为随从链或滞后链。这些不连续的DNA片段称为冈崎片段。

3. 复制终止 在DNA聚合酶Ⅲ的作用下，新合成的DNA链不断延长，当冈崎片段延长到前一个DNA片段的引物处时，DNA聚合酶Ⅰ将RNA引物水解除去，出现的空缺继续由DNA聚合酶Ⅰ催化DNA片段延长填补。但不能把两个相邻DNA片段的空缺处连接起来，最终需要由DNA连接酶将冈崎片段连接完整。两条新合成的DNA子链，分别与其作为模板的母链形成两个完整的子代DNA。DNA复制过程见图9-6。

二、RNA的反转录

1970年H. Temin和D. Baltimore分别从RNA病毒中发现能催化以RNA为模板合成双链DNA的酶，称为反转录酶（reverse transcriptase），将这种遗传信息从RNA传递到DNA分子中的过程称为反转录。这是DNA合成的一种特殊形式。反转录酶具有双重聚合功能，它既可利用RNA为模板，合成一条与RNA模板互补的DNA链，又能以新合成的DNA链为模板，合成另一条DNA互补链，同时，反转录酶还具有核糖核酸酶的活性，能专一的水解RNA-DNA杂交分子中的RNA。反转录过程见图9-7。

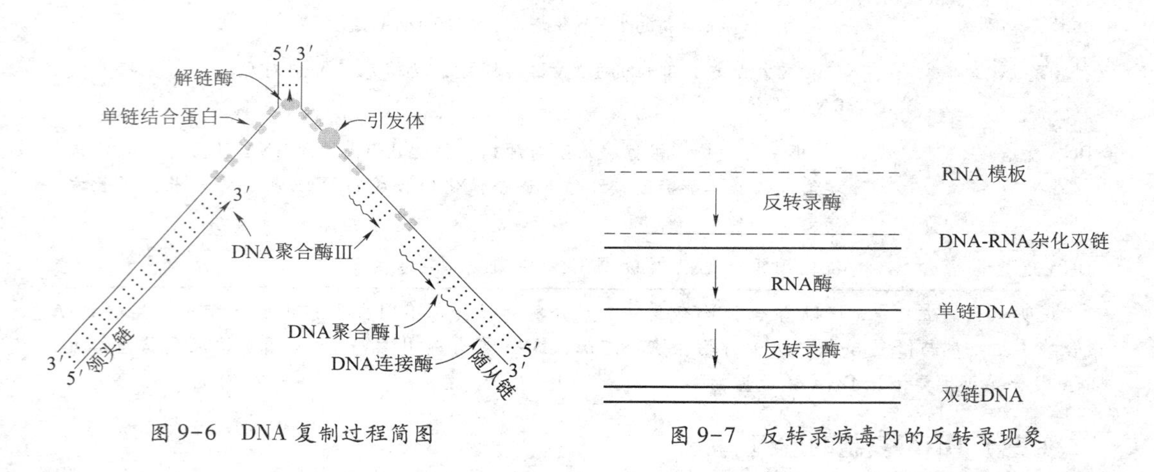

图9-6 DNA复制过程简图

图9-7 反转录病毒内的反转录现象

反转录酶存在于所有致癌RNA病毒中，当病毒侵入细胞后，在宿主细胞中以病毒RNA为模板合成DNA，并整合到宿主细胞的DNA中。反转录病毒基因组中都含有癌基因，如果由于某种因素激活了癌基因可使宿主细胞转化为癌细胞，引起宿主细胞癌变。

三、DNA损伤的修复

DNA的损伤，也称为突变（mutation），是指机体在自发情况下或受某些理化因素的诱发，使DNA分子中个别dNMP残基甚至DNA片段在构成、复制或表型功能上发生的异常变化。即遗传物质结构改变引起遗传信息的改变。如紫外线可引起DNA链上相邻的两个嘧啶碱基发生共价结合，生成嘧啶二聚体。

DNA损伤和修复是细胞内DNA复制中并存的过程。在一定条件下，生物体能使其DNA的损伤得到修复，使DNA恢复原有的结构和功能。DNA损伤的修复主要类型和机制见表9-2。

表9-2 DNA损伤的修复主要类型和机制

修复方式	机制
直接修复（光修复）	在可见光照射下，光修复酶活化，使DNA分子中由于紫外线作用生成的嘧啶二聚体分解为原来的非聚合状态，DNA恢复正常

续表

修复方式	机制
切除修复	核酸内切酶识别损伤部位并切除该部位 DNA 单链片段，在 DNA 聚合酶作用下，以另一条互补的 DNA 单链为模板，按 5′→3′方向修复合成 DNA。然后，在 DNA 连接酶的作用下，修补缺口
重组修复	大面积损伤时利用健康的母链对应部分与缺口进行交换，填补缺口形成完整的 DNA 子链。母链出现的缺口以另一条子链 DNA 为模板经 DNA 聚合酶和 DNA 连接酶完成修补
SOS 修复（错误倾向修复）	DNA 受到严重损伤、细胞处于危急状态时所诱导的一种 DNA 修复方式，但留下较多的错误

重点： 原核生物 DNA 复制的过程、DNA 损伤修复的类型。
难点： 随从链的复制过程、冈崎片段。

拓展阅读

证实半保留复制的实验

1958 年 Meselson 和 Stahl 利用氮标记技术在大肠埃希菌中首次证实了 DNA 的半保留复制，他们将大肠埃希菌放在含有 ^{15}N 标记的 NH_4Cl 培养基中繁殖了 15 代，使所有的大肠埃希菌 DNA 被 ^{15}N 所标记，可以得到 ^{15}N-DNA。然后将细菌转移到含有 ^{14}N 标记的 NH_4Cl 培养基中进行培养，在培养不同代数时，收集细菌，裂介细胞，用氯化铯（CsCl）密度梯度离心法观察 DNA 所处的位置。由于 ^{15}N-DNA 的密度比普通 DNA（^{14}N-DNA）的密度大，在氯化铯密度梯度离心（density gradient centrifugation）时，两种密度不同的 DNA 分布在不同的区带。边解旋边复制，发生在有丝分裂间期或减数第一次分裂前的间期（图 9-8）。

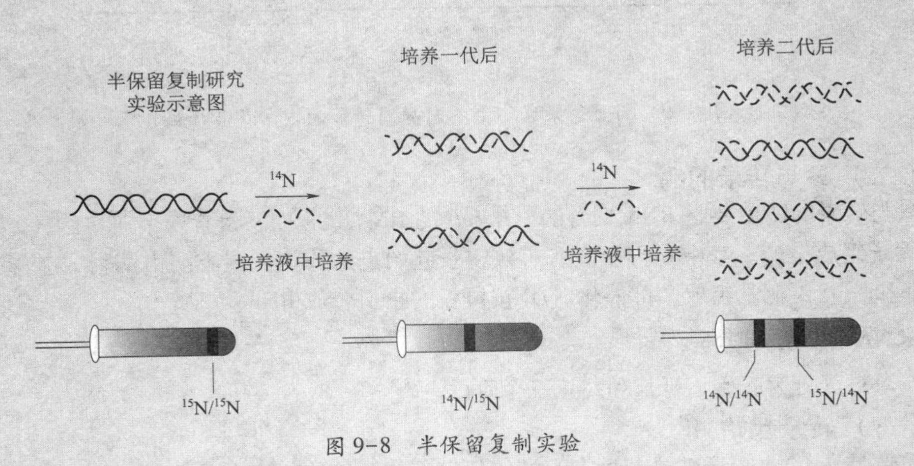

图 9-8　半保留复制实验

第三节 RNA 的生物合成

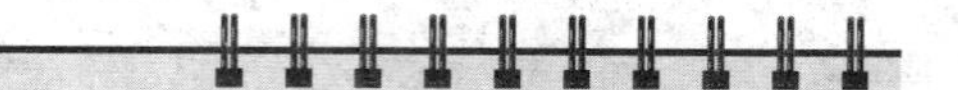

案例导入

案例：严重急性呼吸综合征（severe acute respiratory syndrome，SARS）的致病原——SARS 病毒属于冠状病毒科，是一种正链的单链 RNA 病毒。

讨论：1. 该病毒有何特点？

2. 该病毒如何完成装配并感染宿主？

RNA 的生物合成有转录和 RNA 的复制两种方式。以 DNA 为模板合成 RNA 的过程称为转录（transcription）。转录是 RNA 生物合成的最主要方式。RNA 的复制是以 RNA 为模板合成新的 RNA 分子的过程，此方式常见于病毒。本节主要介绍转录。

一、RNA 的转录体系

在 RNA 的生物合成中，其反应体系以 DNA 为模板，原料为 NTP，即 ATP、GTP、CTP、UTP，有 Mg^{2+}、Mn^{2+}存在下，RNA 聚合酶按 5′→3′的方向合成多核苷酸链。

（一）转录的模板

在庞大的基因组中，只有少部分基因发生转录。能转录出 RNA 的 DNA 区段称为结构基因（structural gene）。转录的这种选择性称为不对称转录，有两方面含义：其一是 DNA 双链只有一条起模板作用，称模板链，另一条链不同时作为转录模板，称编码链；其二是不同基因的转录模板并非总在同一条单链上（图 9-9）。

图 9-9 同一条染色体上不同基因转录的方向及其模板

（二）参与转录的酶

参与转录的酶主要是 RNA 聚合酶。*E. coli* 的 RNA 聚合酶，由含四个亚基的核心酶和一个 σ 因子组成全酶。其中 σ 因子具有辨认转录起始点的作用。核心酶由两个 α 亚基、一个 β 亚基和一个 β′亚基组成，可催化 NTP 按模板的指引合成 RNA。

二、RNA 的转录过程

转录过程分为起始、延长和终止三个阶段。

（一）转录起始

转录是从 DNA 分子转录起始点上游的特定部位开始的，这个部位具有特殊的核苷酸序列，称为启动子，RNA 聚合酶的 σ 因子能识别这个部位并与之结合，继之核心酶与模板结合，形成转录起始复合物，使 DNA 双链解开 12～17 个碱基对，随后，根据 DNA 模板上核苷酸的序列，按碱基互补配对原则，从转录起始点开始转录。无论是原核生物还是真核生物，新合成的头一个核苷酸多为嘌呤核苷酸 GMP 或 AMP，以 GMP 常见。

在真核生物，转录起始点除启动子外，还有其他的转录调控序列。

（二）转录延长

第一个核苷酸结合后，σ 因子从转录起始复合物上脱落，核心酶沿 DNA 模板链的 3′→5′方向不断移动，同时与 DNA 模板链碱基序列互补的 NMP 逐一进入反应体系，并与前一个核苷酸的 3′-OH 末端形成磷酸二酯键连接，使 RNA 链按 5′→3′方向不断延长。新合成的 RNA 链通过氢键与 DNA 模板链杂交。但 RNA-DNA 杂交双链之间的氢键不太牢固，随着 RNA 的延长，新合成的 RNA 链的 5′末端逐渐与模板分离，已被转录的 DNA 模板链又与编码链重新形成双螺旋结构。转录的延长如图 9-10 所示。

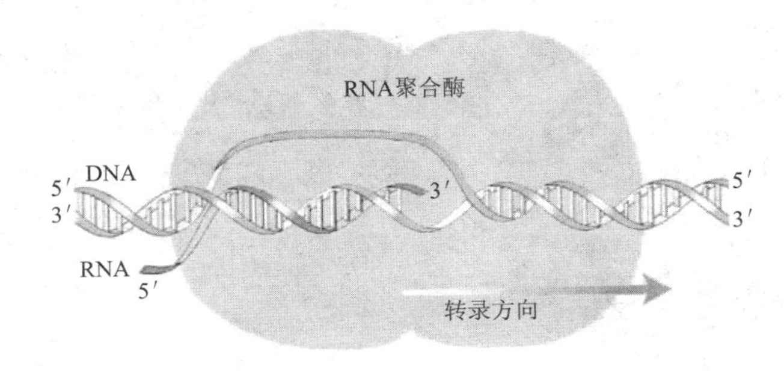

图 9-10 转录延长

（三）转录终止

转录是在 DNA 模板某一位置上停止的，当核心酶移动到 DNA 模板链的特殊部位，遇到终止信号时，便不能前进，转录产物 RNA 链从转录复合物上脱落下来，转录即终止。

转录终止后，核心酶从 DNA 模板链上脱落，与 σ 因子结合重新形成全酶，开始新的一条 RNA 链的合成。

真核生物转录生成的 RNA 只有经过加工修饰后才能成为具有生物活性的 RNA，加工过程主要包括剪切、剪接、添加和修饰等。原核细胞的 mRNA 不需要转录后加工过程。

重点：转录的概念、原料、模板及参与复制的酶类。
难点：转录的模板、原核生物转录的过程。

拓展阅读

转录组及转录组测序

转录组（transcriptome）广义上指某一生理条件下，细胞内所有转录产物的集合，包括信使 RNA、核糖体 RNA、转运 RNA 及非编码 RNA；狭义上指所有 mRNA 的集合。转录组成为研究基因表达的主要手段，转录组是连接基因组遗传信息与生物功能的蛋白质组的必然纽带，转录水平的调控是目前研究最多的，也是生物体最重要的调控方式。

转录组测序的研究对象为特定细胞在某一功能状态下所能转录出来的所有 RNA

的总和，主要包括mRNA和非编码RNA。一般是对用多聚胸腺嘧啶（oligo-dT）进行亲和纯化的RNA聚合酶Ⅱ转录生成的成熟mRNA和ncRNA进行高通量测序。全面快速地获取某一物种特定器官或组织在某一状态下的几乎所有转录本，反映出它们的表达水平。

转录组研究是基因功能及结构研究的基础和出发点，通过新一代高通量测序，能够全面快速地获得某一物种特定组织或器官在某一状态下的几乎所有转录本序列信息，已广泛应用于基础研究、临床诊断和药物研发等领域。如：①转录组谱可以提供特定条件下某些基因表达的信息，并据此推断相应未知基因的功能，揭示特定调节基因的作用机制。②通过基于基因表达谱的分子标签，不仅可以辨别细胞的表型归属，还可以用于疾病的诊断。③转录组的研究应用于临床的另一个例子是可以将表面上看似相同的病症分为多个亚型，尤其是对原发性恶性肿瘤，通过转录组差异表达谱的建立，可以详细描绘出患者的生存期以及对药物的反应等。

第四节 蛋白质的生物合成

案例导入

案例：在现实生活中，我们能不能像电影《侏罗纪公园》中描述的那样，利用恐龙的DNA，使恐龙复活呢？你认为主要需解决什么问题？

讨论：1. 使恐龙DNA上的基因表达出来，表现恐龙的特性需要解决什么问题？
2. 基因是如何指导蛋白质合成的？DNA在细胞核中，而蛋白质合成是在细胞质中进行的，两者是如何联系起来的？你能得出什么样的推论？
3. 为什么RNA适于做DNA的信使呢？
4. mRNA的信息如何用于合成蛋白质？

一、蛋白质生物合成体系

20种氨基酸是蛋白质生物合成的基本原料，mRNA、tRNA、核糖体分别是蛋白质生物合成的模板、适配器和装配机。除此之外还需要能量物质、酶类及其他的蛋白因子等。

（一）mRNA是蛋白质生物合成的直接模板

mRNA作为蛋白质生物合成的直接模板，决定蛋白质分子中的氨基酸排列顺序。mRNA分子上沿5′→3′方向，从AUG开始每三个连续的核苷酸为一组，代表一种氨基酸或其他与翻译相关的信息，称为一个遗传密码或密码子。mRNA中的四种碱基可以组成64种密码子（表9-3）。其中有3个密码子UAA、UGA、UAG不编码任何氨基酸，只作为肽链合成终止的信号，称为终止密码，又称无意义密码子；其余61个密码子编码蛋白质的20种氨基酸，称为有意义密码子。另外AUG既编码肽链中的蛋氨酸（原核生物中代表甲酰蛋氨酸），又作为肽链合成的起始信号，因此AUG称为起始密码子。

表 9-3 遗传密码表

第一位碱基（5′）	第二位				第三位碱基（3′）
	U	C	A	G	
U	UUU 苯丙氨酸	UCU 丝氨酸	UAU 酪氨酸	UGU 半胱氨酸	U
	UUC 苯丙氨酸	UCC 丝氨酸	UAA 酪氨酸	UGC 半胱氨酸	C
	UUA 亮氨酸	UCA 丝氨酸	UAA 终止密码	UGA 终止密码	A
	UUG 亮氨酸	UCG 丝氨酸	UAG 终止密码	UGG 色氨酸	G
C	CUU 亮氨酸	CCU 脯氨酸	CAU 组氨酸	CGU 精氨酸	U
	CUC 亮氨酸	CCC 脯氨酸	CAC 组氨酸	CGC 精氨酸	C
	CUA 亮氨酸	CCA 脯氨酸	CAA 谷氨酰胺	CGA 精氨酸	A
	CUG 亮氨酸	CCG 脯氨酸	CAG 谷氨酰胺	CGG 精氨酸	G
A	AUU 异亮氨酸	ACU 苏氨酸	AAU 天冬酰胺	AGU 丝氨酸	U
	AUC 异亮氨酸	ACC 苏氨酸	AAC 天冬酰胺	AGC 丝氨酸	C
	AUA 异亮氨酸	ACA 苏氨酸	AAA 赖氨酸	AGA 精氨酸	A
	AUG 蛋氨酸	ACG 苏氨酸	AAG 赖氨酸	AGG 精氨酸	G
G	GUU 缬氨酸	GCU 丙氨酸	GAU 天冬氨酸	GGU 甘氨酸	U
	GUC 缬氨酸	GCC 丙氨酸	GAC 天冬氨酸	GGC 甘氨酸	C
	GUA 缬氨酸	GCA 丙氨酸	GAA 谷氨酸	GGA 甘氨酸	A
	GUG 缬氨酸	GCG 丙氨酸	GAG 谷氨酸	GGG 甘氨酸	G

遗传密码具有如下特点：

1. 方向性 是指 RNA 分子中三联体密码子是按 5′→3′方向排列的，即翻译时读码从 mRNA 的起始密码 AUG 开始，按 5′→3′的方向逐一阅读，直至终止密码。这样 mRNA 阅读框架中 5′→3′排列的核苷酸顺序就决定了多肽链中从氨基端到羧基端的氨基酸排列顺序。

2. 连续性 两个密码子之间无任何核苷酸隔开，从 AUG 开始向 3′-端连续阅读，直至终止密码。如果在读码框中间出现碱基插入或缺失就会使此后的读码产生错译，造成移码突变，引起下游氨基酸排列的错误。

3. 简并性 除了 3 个终止密码外，还有 61 个密码代表 20 种氨基酸，因此大多氨基酸有一个以上的密码，这种多个密码子代表一种氨基酸的现象称为密码的简并性。如丙氨酸就有 GCU、GCC、GCA、GCG 四个密码子。密码子的专一性主要由前两个碱基决定，即使第三个碱基发生突变也能翻译出正确的氨基酸。遗传密码的简并性有利于保持物种的稳定性，并减少基因突变。

4. 通用性 整个生物界几乎都共用一套遗传密码，这一特征称为遗传密码的通用性。但线粒体和叶绿体所使用的遗传密码与“通用密码”有差别。例如，人线粒体中，UGA 不是终止密码，而是色氨酸的密码子，AGA、AGG 不是精氨酸的密码子，而是终止密码子，加上通用密码中的 UAA 和 UAG，线粒体中共有四组终止密码。

（二）tRNA 是氨基酸的运载工具及蛋白质生物合成的适配器

tRNA 分子氨基酸臂的 3′-端 CCA-OH 可与氨基酸分子通过共价键结合，将氨基酸由胞液转移到核糖体上；另外，tRNA 分子反密码环上的反密码子与 mRNA 分子中的密码子靠碱基配对原则而形成氢键，达到相互识别的目的，见图 9-11。

（三）核糖体是蛋白质生物合成的装配机

核糖体又称核蛋白体，是由 rRNA 和几十种蛋白质组成的复合体，其结构由大、小两个

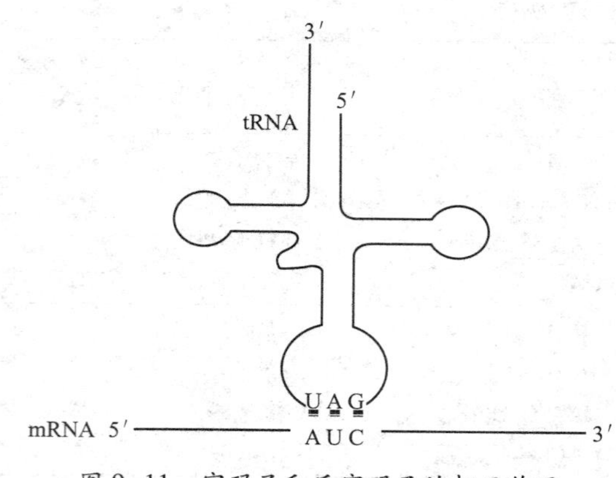

图 9-11 密码子和反密码子的相互作用

亚基构成，核糖体作为蛋白质的合成场所具有两个重要位点：结合氨基酰-tRNA 的氨基酰位（aminoacyl site）称 A 位；结合肽酰基-tRNA 并能给出肽酰基的肽酰位（peptidyl site）称 P 位，起始蛋氨酰-tRNA 也结合在此部位。

除此之外，蛋白质生物合成的需要多种酶类，如氨基酰-tRNA、转肽酶、转位酶等；在合成的各阶段需要多种蛋白因子，如起始因子、延长因子、终止因子或释放因子等；还需要能量物质 ATP 和 GTP，以及多种无机离子 Mg^{2+}和 K^{+}等。

二、蛋白质的生物合成过程

蛋白质的生物合成过程分为两个阶段：氨基酸的活化与转运、核蛋白体循环。

（一）氨基酸的活化与转运

在合成蛋白质之前，分散在胞液中的各种氨基酸分子需要活化并与 tRNA 结合，形成氨基酰-tRNA，才能运载到核蛋白体上，参与肽链的合成，此过程称为氨基酸的活化。反应式如下：

$$\text{氨基酸} + \text{tRNA} \xrightarrow[\text{ATP} \quad \text{AMP+PPi}]{\text{氨基酰-tRNA合成酶}} \text{氨基酸} + \text{tRNA}$$

一种氨基酸虽然通常可有 2~6 种对应的 tRNA 特异结合，但一种 tRNA 只能转运一种特定的氨基酸。

（二）核蛋白体循环

核蛋白体循环分为多肽链合成的起始、延伸和终止三个阶段。具体步骤在原核生物和真核生物中有所不同，现以原核生物为例分述如下：

1. 起始阶段 在起始因子、GTP 和 Mg^{2+}等参与下，核蛋白体小亚基与 mRNA 的起始部位结合；起始蛋氨酰-tRNA 借反密码 CAU 与 mRNA 的起始密码 AUG 互补结合，核蛋白体大亚基与上述小亚基复合体结合，形成起始复合体。此时，蛋氨酰-tRNA 的反密码 CAU 与 mRNA 的起始密码 AUG 互补结合，处于核蛋白体的 P 位，第二个密码暴露在核蛋白体的 A 位，为接受下一个氨基酰-tRNA 做好了准备（图 9-12）。

2. 肽链的延长阶段 起始复合体形成后，核蛋白体沿着 mRNA 分子 5′→3′方向移动，从 AUG 开始将对应的密码信息翻译成多肽链中从 N 端→C 端氨基酸的排列顺序。此阶段由进位、转肽、移位三个步骤循环进行直至肽链合成终止。见图 9-13。

（1）进位 在延长因子、GTP 等参与下，胞液中的氨基酰-tRNA 分子中的反密码通过碱基互补识别核蛋白体 A 位相对应的 mRNA 分子中的密码，并进入核蛋白体 A 位与之结合。

（2）转肽 在转肽酶催化下，P 位上起始蛋氨酰-tRNA 的蛋氨酰基或肽酰-tRNA 的肽酰基转移到 A 位，并与 A 位的氨基酰-tRNA 的 α-氨基之间形成肽键连接，此时 P 位上脱去蛋氨酰基或肽酰基的 tRNA 从核蛋白体的 P 位上脱落下来。

（3）移位 在延长因子、GTP 、Mg^{2+}等参与下，以及转位酶的催化下，核蛋白体沿

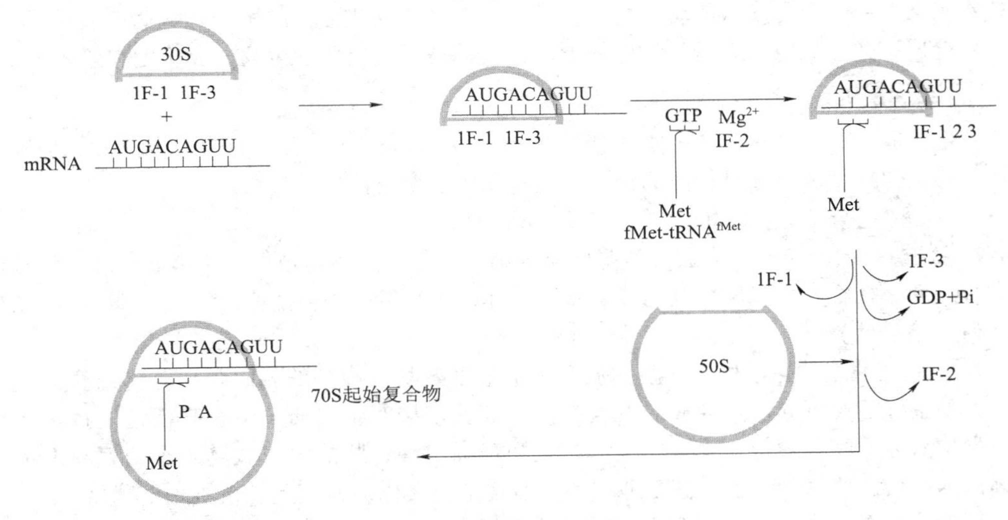

图 9-12　肽链合成的起始阶段

mRNA 的 5′→3′方向移动相当于一个密码的距离，使肽酰-tRNA 从 A 位移到 P 位。此时空出来的 A 位又对应着 mRNA 的下一个密码，依次又可进入下一个核蛋白体循环的进位、转肽、移位。每循环一次多肽链增加一个氨基酸残基。如此反复进行，多肽链按 mRNA 上密码顺序不断从 N 端向 C 端增加氨基酸，使多肽链延长。

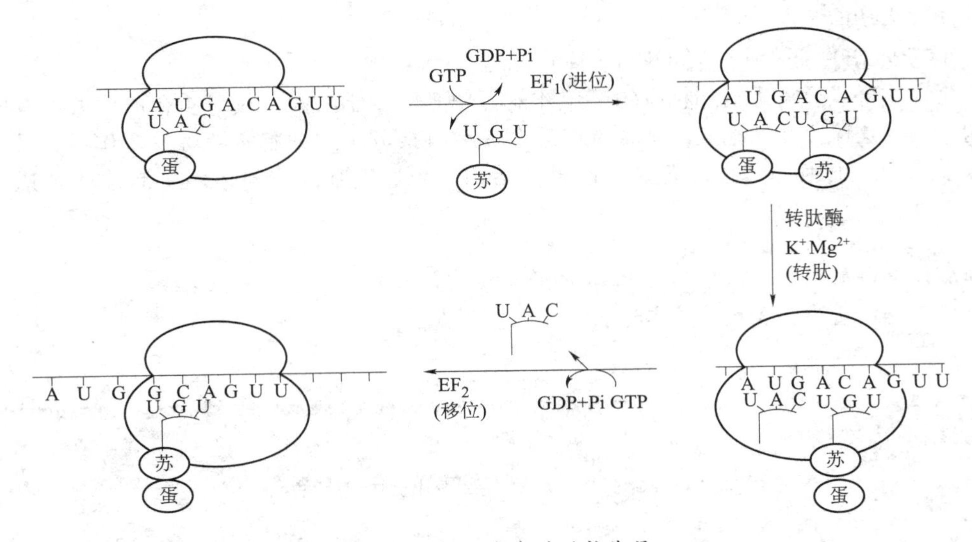

图 9-13　肽链合成的延长阶段

3. 终止阶段　核蛋白体移位后，当 mRNA 在 A 位上对应的位置出现终止密码时，终止因子与核蛋白体结合后，导致核蛋白体构象改变，转肽酶活性发生改变，使转肽酶没有转肽作用而只有水解作用，催化肽酰-tRNA 上的酯键水解断裂，多肽链从核蛋白体中释放出来，tRNA 也从 P 位脱落。此时，核蛋白体大、小亚基分开，并与 mRNA 分离。解聚后的核蛋白体大、小亚基又可在 mRNA 的起始密码端结合在一起重新形成起始复合体，进行新一条多肽链的合成。

无论原核还是真核细胞，一条 mRNA 模板往往附着多个核糖体，这些核糖体依次结合起始密码从5′→3′方向读码移动，这种mRNA与多个核糖体形成的聚合物称为多聚核糖体。依次可合成多条多肽链，多聚核糖体的形成大大提高了蛋白质的生物合成速度和效率。

三、翻译后的加工修饰

新生多肽链必须经过复杂的加工修饰才能转变为具有天然构象的功能蛋白质。翻译后的加工修饰包括肽链一级结构的修饰、空间构象的折叠与修饰等过程。

（一）一级结构的修饰

1. 肽链N-端的切除 多数天然蛋白质的第一个氨基酸不是蛋氨酸，因此在肽链的延伸中或合成后，在细胞内脱甲酰基酶或氨基肽酶作用下切除N-甲酰基、N-蛋氨酸或N-端附加序列（信号肽）。

2. 氨基酸残基的化学修饰 蛋白质分子中某些氨基酸残基的侧链存在共价结合的化学基团，是翻译后经特异加工形成的，这些修饰性氨基酸对蛋白质的生物学活性发挥重要作用。如赖氨酸、脯氨酸羟基化生成羟赖氨酸和羟脯氨酸；肽链内或肽链间半胱氨酸形成二硫键；某些蛋白质的丝氨酸、苏氨酸或酪氨酸残基磷酸化；赖氨酸、精氨酸甲基化等。

3. 水解修饰 某些无活性的蛋白质前体经蛋白酶水解生成有活性的蛋白质或多肽。如胰岛素原酶解生成胰岛素；鸦片促黑皮质素原可被水解生成促肾上腺皮质激素、β-促黑激素、内啡肽等活性物质。

（二）高级结构的修饰

多肽链合成后，除了需要正确折叠成天然构象外，还需其他空间结构的修饰。如具有四级结构的蛋白质各亚基的非共价聚合；结合蛋白质如脂蛋白、色蛋白等需结合相应的辅基才能成为功能蛋白。

（三）蛋白质合成后的靶向运输

蛋白质合成后需运输到相应的部位才能行使其生物学功能。蛋白质合成后大致有两种去向：一种是保留在细胞液，这种蛋白质合成后直接分泌到细胞液即可发挥作用；另一种是入细胞器或细胞外，这就需要通过膜性结构，经过复杂的靶向运输机制才能到达功能部位。

重点：蛋白质生物合成中三种RNA的作用；遗传密码的概念及特点。
难点：蛋白质生物合成的基本过程。

拓展阅读

抗生素的作用机制与细菌的蛋白质合成

抑制或破坏细菌蛋白质的合成是许多抗生素的作用机制。由于细菌核糖体较小，并具有不同的和较简单的互补RNA和蛋白质，有些抗生素能特异地作用于原核生物的核糖体蛋白质和RNA，因而可抑制细菌蛋白质的合成，导致细菌生长的抑制甚至死亡。如四环素类能抑制氨酰基tRNA与原核生物的核糖体结合，抑制细菌的蛋白质合成。氯霉素能与原核生物的核糖体大亚基结合，抑制转肽酶的活性，阻断翻译的延长过程；高浓度时，对真核生物的蛋白质合成也有阻断作用。嘌呤霉素是酪氨酰tRNA的类似物，通过核糖体A位参入至肽链的羧基末端位置，致使多肽在成熟前就释放，可有效抑制原核和真核生物的蛋白质合成。

第五节 药物对核酸代谢和蛋白合成的影响

许多物质可干扰肿瘤、病毒和有害细菌的DNA、RNA和蛋白质的生物合成，其中一些物质已被广泛用于疾病的治疗，特别是用作抗病毒、抗细菌及抗肿瘤的药物。

一、干扰核苷酸合成的药物

此类药物结构类似于核苷酸合成代谢底物或中间产物，主要有三类。

（一）氨基酸类似物

如重氮乙酰丝氨酸（氮丝氨酸）可干扰核苷酸合成时对谷氨酰胺的利用，因而被用作抗肿瘤药物，主要用于治疗急性白血病。

（二）叶酸类似物

四氢叶酸作为一碳单位的载体参与嘌呤核苷酸和胸腺嘧啶核苷酸的合成，叶酸类似物如甲氨蝶呤抑制二氢叶酸还原酶，从而抑制四氢叶酸的合成，导致核苷酸合成抑制，是常用的抗肿瘤药物。

（三）碱基和核苷类似物

此类药物直接抑制核苷酸合成中的有关酶类或掺入核酸分子形成异常的DNA或RNA，从而影响核酸功能。如6-巯基嘌呤、5-氟尿嘧啶、5-碘尿嘧啶、阿糖胞苷和环胞苷等常用作抗肿瘤和抗病毒药物。

二、影响核酸合成的药物

此类药物能与DNA结合，使DNA失去模板功能，从而抑制复制或转录，主要有三类。

（一）烷化剂

如氮芥、白消安、环磷酰胺、氮丙啶等，能使鸟嘌呤、腺嘌呤和胞嘧啶的N_7烷化，导致复制时的错配，甚至造成DNA链断裂。正常情况下这些烷化剂有致癌毒性。目前利用生物工程技术生产的一些烷化剂作为抗肿瘤药物，对正常细胞毒性低。

（二）嵌合剂

此类药物能嵌入DNA分子内部，形成非共价结合，影响DNA复制和转录。如某些抗生素类（多柔比星、丝裂霉素、放线菌素D、光神霉素等）都可用作抗肿瘤药物。分子生物学中用于检测DNA的荧光试剂——溴化乙锭也属于嵌合剂，是极强的致癌物质。

（三）作用于聚合酶的药物

此类药物直接作用于DNA聚合酶或RNA聚合酶，如利福霉素及其衍生物利福平能特异抑制某些细菌RNA聚合酶活性，抑制转录过程。

三、抑制蛋白质生物合成的抗生素

由某些真菌、细菌等微生物代谢产生的抗生素，可阻断细菌蛋白质合成而抑制细菌的生长和繁殖，对宿主无毒性的抗生素可用于预防和治疗人、动物和植物的感染性疾病。此类抗生素较多，如氯霉素、红霉素、土霉素、卡那霉素、链霉素等都能直接抑制蛋白质的生物合成，但作用点不同，见表9-4。

表 9-4 抗生素抑制蛋白质生物合成的机制

抗生素	作用机制
四环素族（金霉素、新霉素、土霉素）	抑制起始氨基酰-tRNA 与小亚基结合
链霉素、卡那霉素、新霉素	与小亚基结合，导致构象改变，引起读码错误，抑制起始反应
红霉素	与大亚基结合，抑制转肽酶，抑制移位，妨碍肽链延长
氯霉素、林可霉素	与大亚基结合，抑制转肽酶，抑制转肽，阻断肽链延长
梭链孢酸	与大亚基结合，与 EFG-GTP 结合，抑制肽链延长
放线菌酮	与真核大亚基结合，抑制转肽酶，阻断肽链延长
嘌呤霉素	与原核和真核生物核蛋白体结合，氨基酰-tRNA 类似物，引发未成熟肽链脱落，肽链合成提前释放

本章小结

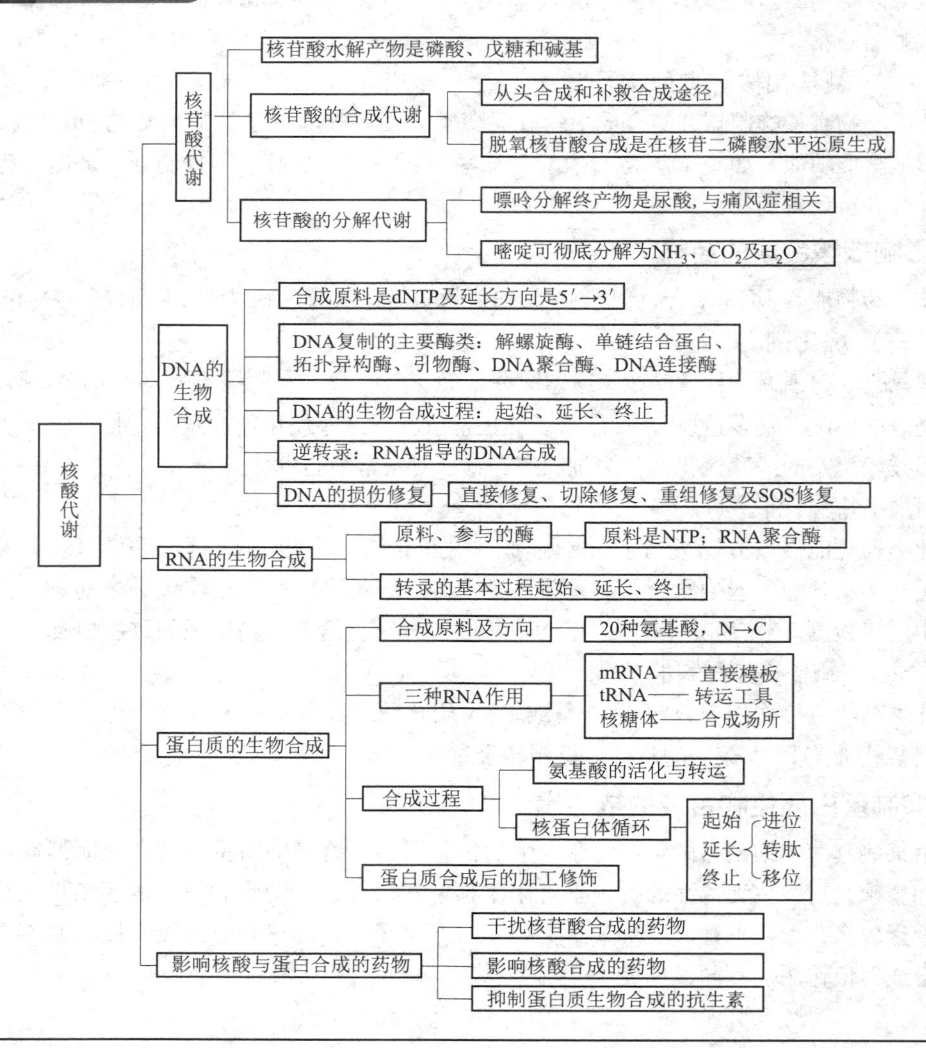

目标检测

一、单项选择题

1. 人类和灵长类嘌呤代谢的终产物是（　　）。
   A. 尿酸　　B. 尿囊素　　C. 尿囊酸　　D. 尿素
2. 某DNA片段碱基顺序为5′-ACTAGTCAG-3′，转录后RNA上相应的碱基顺序为（　　）。
   A. 5′-TGATCAGTC-3′　　B. 5′-UGAUCAGUC-3′
   C. 5′-CUGACUAGU-3′　　D. 5′-CTGACTAGT-3′
3. 参与转录的酶是（　　）。
   A. RNA聚合酶　　B. DNA聚合酶
   C. 引物酶　　D. DNA连接酶
4. tRNA的作用是（　　）。
   A. 把一个氨基酸连到另一个氨基酸上
   B. 将mRNA连到rRNA上
   C. 作为多肽链合成的模板
   D. 把氨基酸带到mRNA的特定位置上
5. 下列关于遗传密码的描述哪一项是错误的（　　）？
   A. 密码阅读有方向性　　B. 遗传密码有简并性
   C. 一种氨基酸只能有一种密码子　　D. 遗传密码有通用性
6. 需要以RNA为引物的过程是（　　）。
   A. DNA复制　　B. 转录　　C. 反转录　　D. 翻译
7. 蛋白质生物合成的方向是（　　）。
   A. 从C端到N端　　B. 从N端到C端
   C. 定点双向进行　　D. 从C端、N端同时进行
8. 叶酸类似物抗代谢药物是（　　）。
   A. 别嘌呤醇　　B. 甲氨蝶呤　　C. 阿糖胞苷　　D. 5-氟尿嘧啶
9. 下列何种药物干扰核苷酸合成（　　）？
   A. 6-巯嘌呤（6-MP）　　B. 丝裂霉素C
   C. 氯霉素　　D. 苯丁酸氮芥
10. 常用的抗肿瘤药物中直接与DNA结合并阻止复制的药物是（　　）。
    A. 放线菌素D　　B. 博来霉素
    C. 5-氟尿嘧啶　　D. 甲氨蝶呤

二、问答题

1. DNA复制与RNA转录各有何特点？试比较之。
2. 调研临床上用于抗菌及抗肿瘤的药物中哪些属于影响核酸代谢及蛋白生物合成的。

第十章

代谢调控总论

学习目标

知识要求 **1. 掌握** 物质代谢相互联系；酶活性的变构调节和化学修饰的概念及生理意义。

2. 熟悉 激素水平及整体水平调节。

3. 了解 酶含量的调节及激素与受体的作用。

技能要求 依据物质的代谢联系及调控机制，理解机体是如何适应内、外环境变化的。

物质代谢是生物体区别于非生物体的一个重要特征，也是生物体一切生命活动的能量源泉。生命体的生存与健康有赖于机体经常不断地与外界进行物质交换。体内各种物质的代谢之间也有密切的联系。物质代谢和代谢间的联系是在体内完善、精密而又复杂的调节机制作用下进行的。机体需要对物质代谢过程不断进行调节和整合，以适应环境的变化。如果物质代谢失调，就会产生疾病；一旦物质代谢停止，生命亦随之终止。

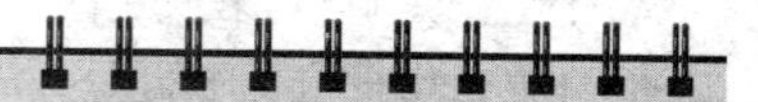

案例导入

案例：患者，男性，13周岁，因昏迷到当地医院就诊。患者身体一向健康，发病前几天感觉不明原因口渴，夜尿增多，但未引起家人重视。就诊当天出现呕吐、嗜睡、昏迷而被送医院就诊。体检：患者脱水，皮肤冰凉，叹息式呼吸，呼出气体有烂苹果味。实验室检查：血糖28mmol/L；pH 7.15；二氧化碳结合力528mmol/L；尿常规：尿糖+++，尿酮体+++。

讨论：1. 该患者可能患有何种疾病？

2. 为何患者体内会出现糖、酮体及酸碱平衡的多种紊乱？

第一节 物质代谢的相互联系

一、物质代谢与能量代谢的联系

生物体的能量来自糖、脂肪、蛋白质三大营养素在体内的分解氧化。三大营养素在体内分解氧化的代谢途径虽各不相同，但乙酰CoA是它们共同的中间代谢物，三羧酸循环和氧化磷酸化成为糖、脂、蛋白质最后分解的共同代谢途径，释出的能量均需转化为ATP的化学能。通常情况下，人体摄取的食物中糖类含量最多，人体所需要能量的50%~70%由糖提供，糖是体内的“燃烧材料”；其次是脂肪，脂肪是生物体的“储能材料”，储量大，因脂肪含水少，便于储存，当能量摄取超过利用时，多余能量主要以脂肪形式加以储存；蛋白质分解氧化提供的能量可占总能量的18%，但机体尽可能节省蛋白质的消耗，因为蛋白质是机体的“建筑材料”，其主要作用是维持组织细胞的生长、更新、修补和执行各种生命活动，而蛋白质的氧化供能可由糖、脂肪所代替。

三大营养素的氧化供能，可分为三个阶段。首先，糖原、脂肪、蛋白质分解产生各自的基本组成单位（成分）；然后，这些基本单位按各自不同的分解途径分解生成共同的中间产物——乙酰 CoA；最后，乙酰 CoA 进入三羧酸循环和氧化磷酸化彻底氧化（图 10-1）。

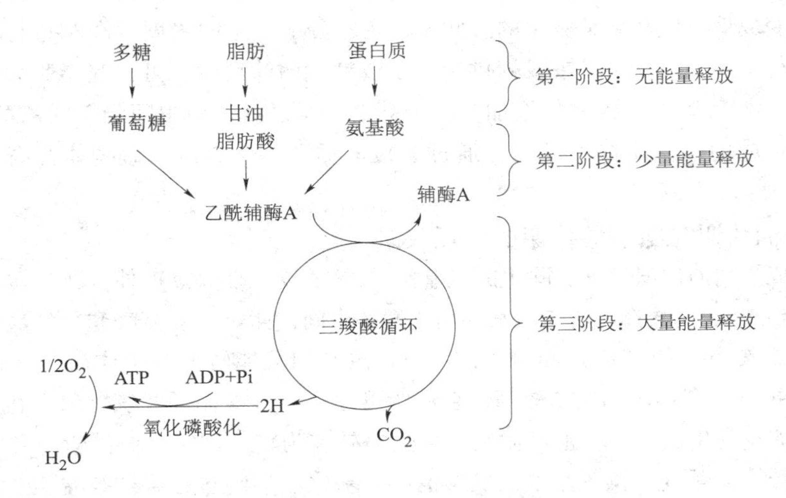

图 10-1　糖、脂肪、蛋白质氧化分解的不同阶段

由此可见，三大营养素最终都要通过三羧酸循环和氧化磷酸化的共同通路才能彻底氧化。因此，从供能角度看，三大营养素可以互相代替，并相互制约。如任一供能物质的分解代谢占优势，常能通过代谢调节来抑制和节约其他供能物质的降解。ATP 在能量物质代谢调节中是重要变构效应物，ATP 浓度作为细胞能量状态的指标。例如，脂肪分解增强、生成的 ATP 增多，ATP/ADP 比值增高，可变构抑制糖分解代谢中的限速酶——6-磷酸果糖激酶活性，从而抑制糖分解代谢。相反，若供能物质不足，体内 ATP 减少，ADP 积存增多，则可变构激活 6-磷酸果糖激酶，加速体内糖的分解代谢。又如，饥饿初期，由于血糖水平降低，胰岛素分泌减少，胰高血糖素分泌增加。这两种激素分泌的平衡改变，导致脂肪动员、蛋白质分解，而抑制糖的氧化，促进糖的异生，以维持血糖浓度相对恒定。但若长期饥饿，长期糖异生增强使蛋白质大量分解，蛋白质持续减少将威胁生命，故机体通过调节作用转向以保存蛋白质为主。此时机体通过代谢调节，各组织包括脑的代谢发生相应变化，使脂肪动员进一步加强，肾皮质的糖异生作用也加强，各组织都以脂肪酸及酮体为主要能源，而蛋白质分解减少，负氮平衡有所改善。

二、糖、脂类、蛋白质以及核酸代谢的关联

体内糖、脂、蛋白质和核酸等重要代谢过程也是相互关联的。各种物质代谢不仅同时进行，而且通过它们的共同中间代谢物、三羧酸循环和氧化磷酸化等联成整体，相互沟通联系，彼此之间可以互相转变，当一种物质代谢障碍时又可引起其他物质代谢的紊乱，如

糖尿病时糖代谢的障碍，可引起脂代谢、蛋白质代谢甚至水盐代谢的紊乱。

（一）糖代谢与脂代谢的相互联系

当机体摄入的糖超过体内能量需求时，多余的糖除合成少量的糖原储存外，其分解代谢的中间产物乙酰 CoA，是胆固醇及脂肪酸合成的主要原料，另一方面，糖分解的另一中间产物磷酸二羟丙酮又是生成甘油的原料，因此，人类或动物体过食糖类，很容易转化为脂肪及胆固醇。然而，脂肪主要部分的脂肪酸不能在体内转变为糖。这是因为丙酮酸氧化脱羧生成乙酰 CoA 的反应是不可逆过程，脂肪酸分解生成的乙酰 CoA 不能转变为丙酮酸。只有脂肪分解产物之一甘油可以在肝、肾、肠等组织中的甘油激酶的作用下转变成磷酸甘油，进而转变成糖，但其量是极少的。此外，脂肪分解代谢的强度及顺利进行，还和糖代谢的正常进行密切相关。当饥饿或糖供给不足或糖代谢障碍时，可引起脂肪大量动员，脂肪酸进入肝，β-氧化生成酮体量增加，由于糖的不足，糖代谢中间物草酰乙酸相对不足，脂肪酸分解生成的过量酮体不能及时通过三羧酸循环氧化，造成血酮体升高，产生高酮血症。

（二）糖代谢与氨基酸代谢的相互关系

体内组成蛋白质的氨基酸，除生酮氨基酸（亮氨酸、赖氨酸）外，通过转氨或脱氨作用所生成的相应 α-酮酸都可转变成某些糖代谢的中间代谢物（亮氨酸和赖氨酸分解代谢的中间产物是乙酰 CoA 和（或）乙酰乙酰 CoA，故它们只能转变为酮体而不能转变为糖），如丙酮酸、草酰乙酸、α-酮戊二酸等，它们既可通过三羧酸循环及氧化磷酸化生成 CO_2 及 H_2O 并释出能量，生成 ATP，也可循糖异生途径转变为糖。同时，糖代谢的一些中间代谢物，如丙酮酸、α-酮戊二酸、草酰乙酸等也可氨基化成某些非必需氨基酸。必需氨基酸不能由糖代谢中间物转变而来，必须由食物供给。由此可见，除亮氨酸和赖氨酸外，其他氨基酸都可以转变为糖，而糖代谢中间代谢物仅能在体内转变成 12 种非必需氨基酸，必需氨基酸则必须从食物中摄取。所以不能用糖来完全代替食物中蛋白质的供应，蛋白质在一定程度上可以代替糖。

（三）脂类代谢与氨基酸代谢的相互联系

体内无论生糖、生酮或生酮并生糖氨基酸（异亮氨酸、苯丙氨酸、色氨酸、酪氨酸和苏氨酸）分解后均生成乙酰 CoA，后者经还原缩合反应可合成脂肪酸进而合成脂肪，因此蛋白质可转变为脂肪。乙酰 CoA 也可合成类脂成分胆固醇。此外，某些氨基酸可作为合成磷脂的原料，如丝氨酸脱羧可变为胆胺，胆胺经甲基化可变为胆碱。丝氨酸、胆胺及胆碱分别是合成丝氨酸磷脂、脑磷脂及卵磷脂的原料。但脂类不能转变为氨基酸，仅脂肪的甘油部分可循糖异生途径生成糖，再转变为某些非必需氨基酸。但由于脂肪分子中甘油比例较少，所以甘油转变为氨基酸的量是很有限的。

（四）核苷酸与氨基酸代谢的相互联系

体内核苷酸的合成需要某些氨基酸作为原料，如嘌呤的合成需要谷氨酰胺、甘氨酸、天冬氨酸和某些氨基酸分解代谢产生的一碳单位；嘧啶的合成需要谷氨酰胺和天冬氨酸，胸腺嘧啶的合成除需天冬氨酸和谷氨酰胺外，还需一碳单位（图 10-2）。

此外，所有核苷酸的合成都需要磷酸戊糖途径提供的 5-磷酸核糖。除脱氧胸苷酸外，脱氧核苷酸的合成需 $NADPH+H^+$ 提供还原当量。糖、脂类、蛋白质、核苷酸代谢相互关系见图 10-2。

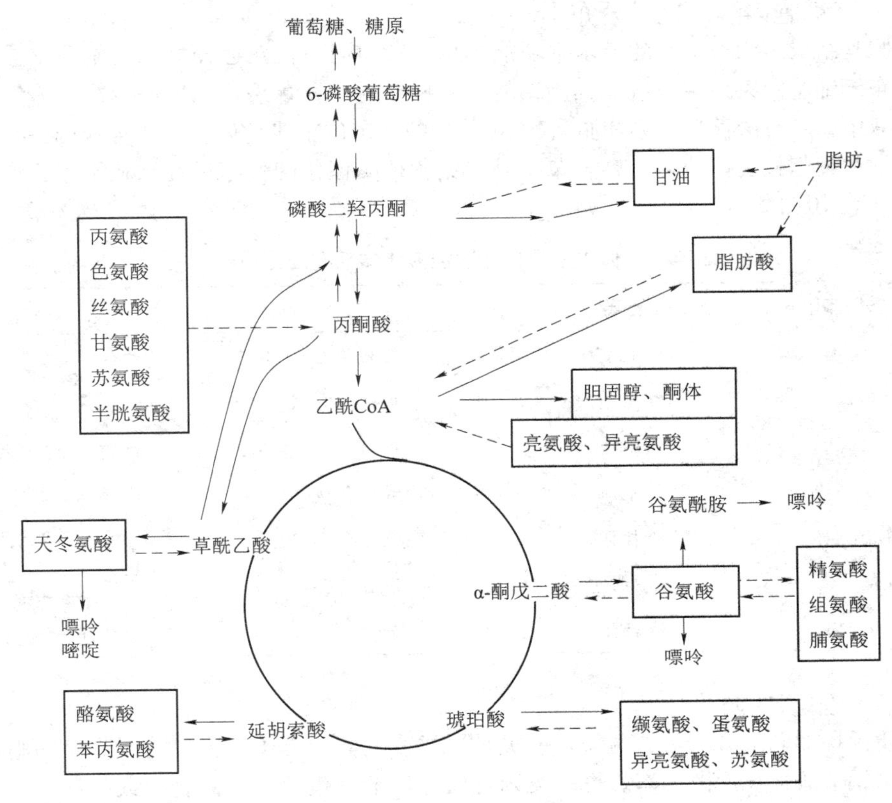

图 10-2 糖、脂类、蛋白质和核苷酸代谢的相互联系

第二节 物质代谢的调节

体内的物质代谢是由许多连续且相关的代谢途径所组成（如糖的分解代谢），而每条代谢途径又是由一系列酶促反应所组成。正常情况下，体内千变万化的物质代谢和错综复杂的代谢途径所构成的代谢网络能有条不紊地进行，并且物质代谢的强度、方向和速度能适应内外环境的不断变化，以保持机体内环境的相对恒定和动态平衡，就是因为体内存在着完善、精细、复杂的调节机制。

人体内的代谢调节可分成细胞水平的调节、激素水平的调节及神经体液水平的综合调节三个不同的层次，它们之间是层层相扣，密切关联的，即后一级水平的调节往往通过前一级水平的调节发挥作用，即细胞水平调节是基础，激素往往通过细胞水平的酶进行调节，神经系统通过下丘脑促激素释放激素、脑垂体促激素与激素等来实施整体的代谢调节。

一、细胞水平的调节

细胞水平的调节主要是通过调节关键酶活性来完成的。由于每条代谢途径都是由一系列酶促反应所组成，因此酶是影响物质代谢的关键因素。物质代谢在细胞水平的调节就是细胞内酶活性的调节，影响酶活性的因素有很多，就酶本身而言，影响因素主要包括酶的含量、分布、结构调节。酶在细胞内的分布是固定的，所以酶活性调节主要是酶的结构和酶的含量调节。

（一）细胞内酶的区域分布

细胞是组成组织及器官的最基本功能单位。参与同一代谢途径的酶类常可组成多酶体系，分布于细胞的某一区域或亚细胞结构中。例如，糖酵解酶系和糖原合成、分解酶系存在于胞液中；三羧酸循环酶系和脂肪酸β-氧化酶系定位于线粒体；核酸合成的酶系则绝大部分集中在细胞核内。酶的隔离分布可以避免各种酶催化的代谢过程互相干扰，有利于代谢调节（表10-1）。

表10-1 体内主要代谢途径多酶体系在细胞内的分布

多酶体系	分布	多酶体系	分布
糖酵解	细胞质	脂肪酸β-氧化	线粒体
糖原合成	细胞质	脂肪酸合成	细胞质
糖异生	细胞质	胆固醇合成	细胞质 内质网
磷酸戊糖途径	细胞质	磷脂合成	内质网
三羧酸循环	线粒体	尿素合成	细胞质 线粒体
呼吸链	线粒体	蛋白质合成	细胞质 内质网
氧化磷酸化	线粒体	血红素合成	细胞质 线粒体

（二）酶活性调节

对酶活性的调节方式可分两类，一类是通过改变酶的分子结构，从而改变细胞已有酶的活性来调节酶促反应的速率。另一类则是通过调节酶蛋白分子的合成或降解以改变细胞内酶的含量来调节酶促反应速率。

1. 酶结构的调节 此类又分为变构调节和化学修饰调节两种。该类调节作用较快，在数秒及数分钟内即可发生，又称为快速调节。

（1）酶的别构调节 内源或外源小分子化合物能与酶分子上的非催化部位特异地结合，引起酶蛋白分子构象发生改变，从而改变酶的活性，这种现象称为别构调节。能使酶发生变构效应的物质称为变构效应剂（详见酶章节）。代谢途径中的关键酶大多是变构酶（表10-2）。

表10-2 糖和脂肪代谢酶系中某些变构酶及其变构效应剂

代谢途径	变构酶	变构激活剂	变构抑制剂
糖分解	己糖激酶	AMP、ADP、FDP、Pi	G-6-P
	磷酸果糖激酶	FDP	ATP、柠檬酸
	丙酮酸激酶		ATP、乙酰CoA
	柠檬酸合成酶	AMP	ATP、长链脂酰CoA
糖异生	异柠檬酸脱氢酶	ADP、AMP	ATP
	果糖-1,6-二磷酸酶		AMP
	丙酮酸羧化酶	乙酰CoA、ATP	AMP
脂肪酸合成	乙酰CoA羧化酶	柠檬酸、异柠檬酸	长链脂酰CoA

变构效应剂可以是酶的底物，也可以是酶体系的终产物或其他小分子代谢物如ATP、

ADP 和 AMP 等。酶促反应的终产物常常对酶活性有抑制作用，称为反馈抑制。变构调节在生物界普遍存在，它是人体内快速、灵敏的调节酶活性的一种重要方式。

（2）酶分子化学修饰调节　酶蛋白肽链上某些残基在不同催化单向反应的酶的催化下发生可逆的共价修饰，从而引起酶活性改变，这种调节称为酶的化学修饰调节又称共价修饰调节。酶的共价修饰主要有磷酸化和脱磷酸，乙酰化和去乙酰化，腺苷化和去腺苷化，甲基化和去甲基化以及-SH 基和-S-S-基互变等，其中磷酸化和脱磷酸作用在物质代谢调节中最为常见（表 10-3）。

表 10-3　某些酶的酶促化学修饰调节

酶类	反应类型	效应
磷酸化酶 b 激酶	磷酸化/脱磷酸	激活/抑制
磷酸化酶磷酸酶	磷酸化/脱磷酸	激活/抑制
糖原合成酶	磷酸化/脱磷酸	抑制/激活
黄嘌呤氧化（脱氢）酶	腺苷化/脱腺苷	抑制/激活

绝大多数属于这类调节方式的关键酶都具无活性（或低活性）和有活性（或高活性）两种形式，分别具有不同的化学基团的共价修饰状态。两种形式之间通过两种不同转换酶的催化可以互相转变。催化互变反应的转换酶在体内又受上游调节因素如激素的控制。和变构调节不同，化学修饰中关键酶的共价键变化是酶催化的反应，迅速发生且有多级酶促级联，故有放大效应，调节效率常较变构调节高。体内关键酶的活性经变构调节与化学修饰调节两种方式，相辅相成，调节着体内正常、合适的新陈代谢速率。

2. 酶含量的调节　调节酶活性的另一重要机制是通过改变酶的合成或降解速率以调节细胞内酶的含量及总反应活性，来调节代谢的速率和强度。由于酶的合成或降解所需时间较长，消耗 ATP 量较多，这类调节一般需数小时或几天才能实现，因此称为迟缓调节。

（1）酶蛋白合成的诱导与阻遏　凡能促进酶蛋白合成的化合物称为酶的诱导剂，反之，减少酶蛋白合成的化合物称为酶的阻遏剂。酶蛋白在诱导剂作用下，合成速率加速，这样的酶称为诱导酶。诱导剂诱发酶蛋白合成的作用称为诱导作用。一旦酶被诱导合成之后，由于酶量增加，此时即使除去诱导剂，仍可保持酶活性和调节效应，直到酶蛋白降解。通常酶作用的底物、激素或药物可作为酶的诱导剂。

底物的诱导作用普遍存在于生物界，例如在动物饲料中增加蛋白质含量后，肝细胞内的精氨酸酶活性显著增高，尿素合成明显增多。

激素是高等动物体内影响酶合成的最重要的调节因素。如糖皮质激素能诱导一些氨基酸分解代谢中催化起始反应作用的酶和糖异生途径关键酶的合成；而胰岛素则能诱导糖酵解和脂肪酸合成途径中关键酶的合成。长期用糖皮质激素药物的重度慢性哮喘和慢性肾性、红斑狼疮病人，体内糖异生关键酶合成与活性就偏高，促使蛋白质转化生成糖，因此常可表现出高血糖，且骨骼疏松而容易骨折、皮肤细薄、全身抵抗力降低容易感染等。

药物可诱导肝细胞微粒体中加单氧酶或其他一些药物代谢酶的合成，加速肝的生物转化作用，从而使药物失活而产生耐药性，这对临床有一定指导意义。

此外代谢产物可作为酶的辅阻遏剂阻遏酶蛋白的合成，例如色氨酸是色氨酸操纵子表达的 5 种酶合成的产物，它可作为辅阻遏剂与色氨酸操纵子的调节蛋白结合变构后结合到该操纵子的操纵序列上，从而使该操纵子的基因关闭，使参与色氨酸合成的 5 种酶的合成受到抑制。又如 HMG-CoA 还原酶是胆固醇合成的关键酶，肝中该酶的合成可被产物胆固醇阻遏。

（2）酶蛋白分子降解的调节　酶蛋白受细胞内溶酶体中蛋白酶的催化而降解。凡能改变蛋白酶活性或蛋白酶在溶酶体内分布的因素，都可间接地影响酶蛋白的降解速率。在调节酶含量方面，酶蛋白降解远不如酶蛋白诱导和与阻遏效果明显与重要。

二、激素水平的调节

激素水平的调节是生物进化至高等生物才出现的更复杂的调节方式。激素作用的一个重要特点是具有高度的组织特异性和效应特异性。激素发挥作用，首先激素要与特定组织（靶组织）或细胞（靶细胞）膜上或胞内受体发生特异识别与结合，然后将激素的信号传入细胞内（胞质或核内），转化为一系列细胞内的化学反应，最终表现出激素的生物学效应。按激素受体在细胞的部位不同，可将激素分为两大类。

1. 膜受体激素　膜受体是存在于细胞表面质膜上的跨膜糖蛋白，有几种类型。这类激素也很多。有蛋白质类，如胰岛素、生长激素等；肽类激素，如胰高血糖素、生长因子等；及儿茶酚胺类激素。这些亲水性激素分子不能直接透过脂双层的细胞表面质膜传递信号，而是作为第一信使分子与相应的靶细胞膜受体结合后，由受体将激素的调节信号跨膜传递到细胞内。可以通过第二信使（如 cAMP）及信号蛋白的级联放大，产生显著细胞代谢效应。

2. 胞内受体激素　胞内受体存在于胞液或核内。类固醇激素、甲状腺素，$1,25(OH)_2$-维生素 D_3 及视黄酸等脂溶性激素，可透过磷脂双层细胞质膜进入细胞，与相应的胞内受体结合。在核内，两个激素受体复合物形成二聚体，并与 DNA 分子上的激素反应元件结合，促进（或抑制）相应基因的表达以调节细胞内蛋白质或酶的含量，从而实现激素对物质代谢的调节。

拓展阅读

cAMP 是激素作用的第二信使

美国科学家 E. W. Sutherland 因发现并分离出 cAMP（环化腺苷酸），以及激素调节作用的机制而获 1971 年诺贝尔生理医学奖。E. W. Sutherland 主要从事与糖代谢有关的酶和激素的研究。他发现并分离出环化腺苷酸（cAMP），确定了它的结构，并提出 cAMP 行使“第二信使”作用的途径。他的工作从分子水平阐明了激素作用的机制。目前已知，激素结合细胞触发的一系列反应称为信号转导，而这些后续的研究都以 E. W. Sutherland 发现激素的作用机制为基础。而环核苷酸研究已成为生物化学研究的专门领域。

三、神经体液的调节

高等生物不仅有内分泌腺分泌激素，而且还有复杂的神经系统。在中枢神经系统的直接作用下或间接通过激素对机体进行综合调节的方式为神经-体液性调节，也称为整体水平调节。如应激状态下交感神经兴奋，肾上腺髓质及皮质激素分泌增多，血浆胰高血糖素及生长激素水平增加，而胰岛素分泌减少，引起一系列生理、代谢改变。结果使氧摄入增多，并增加能源供应，限制能源存积。具体调节方式见图 10-3。

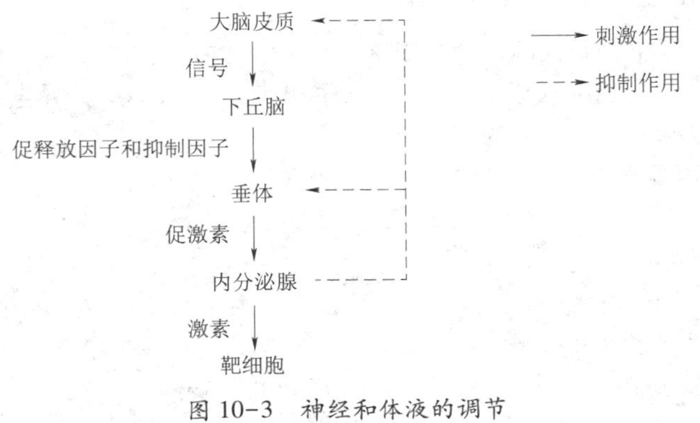

图 10-3　神经和体液的调节

本章小结

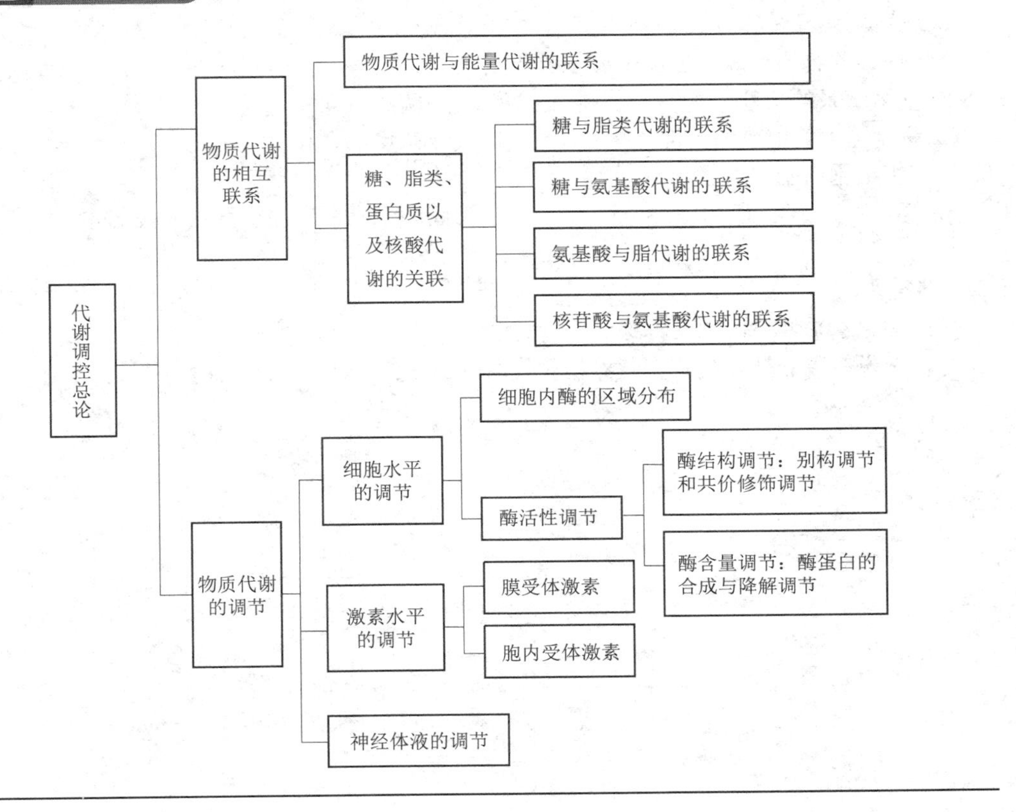

目标检测

一、单项选择题

1. 关于糖、脂、氨基酸三大营养物质代谢的错误叙述是（　　）。

   A. 乙酰 CoA 是糖、脂、氨基酸分解代谢共同的中间产物

   B. 三羧酸循环是糖、脂、氨基酸彻底氧化的最终共同途径

   C. 糖、脂不能转变为蛋白质

D. 过多摄入糖类化合物，可转变为脂肪

2. 饥饿条件下，肝脏中哪条代谢途径增强（　　）？
A. 糖酵解　B. 糖原合成　C. 磷酸戊糖途径　D. 糖异生

3. 糖、脂肪酸与氨基酸三者代谢的交叉点是（　　）。
A. 磷酸烯醇式丙酮酸　B. 丙酮酸
C. 延胡索酸　D. 乙酰 CoA

4. 磷酸二羟丙酮是哪两条代谢途径的交汇点（　　）？
A. 糖-脂肪酸　B. 糖-甘油　C. 糖-氨基酸　D. 糖-胆固醇

5. 酶促化学修饰的主要方式是（　　）
A. 酶蛋白的合成与降解　B. 磷酸化与脱磷酸
C. 甲基化与脱甲基　D. 乙酰化与脱乙酰基

6. 关于酶含量的调节，叙述错误的是（　　）
A. 酶含量调节属于细胞水平的调节　B. 酶含量调节属于快速调节的一种
C. 底物可诱导酶的合成　D. 产物往往阻遏酶的合成

7. 人体内某些物质代谢的速度主要取决于（　　）
A. 整个酶系的活性　B. 任一酶的活性
C. 该途径中关键酶的活性　D. 底物浓度的变化

8. 作用于细胞内受体的激素是（　　）
A. 肾上腺素　B. 生长因子　C. 类固醇激素　D. 蛋白质类激素

二、简答题

1. 简述细胞水平调节的主要方式。
2. 为什么说三羧酸循环是三大营养物质代谢的枢纽？

第十一章

肝脏生化

学习目标

知识要求　**1. 掌握**　生物转化概念和特点；胆汁酸的肠肝循环和生理功能。

2. 熟悉　非营养物质的来源；生物转化类型；血清胆红素与黄疸。

3. 了解　胆汁酸的生成；胆红素的生成、运输和转化。

技能要求　1. 能运用生物转化的知识，解释肝脏药物代谢中的转化结果。

2. 能根据血、尿、粪胆色素的变化，判断黄疸类型。

肝脏是人体内最大的实质性器官，也是体内最大的腺体。不但具有肝动脉和门静脉双重血液供应，及肝静脉和胆道两条输出通道，还含有丰富的血窦、细胞器和酶系；不但在糖、脂、蛋白质、维生素、激素五大物质代谢中发挥重要作用，还与非营养物质的生物转化、胆汁酸代谢和胆色素代谢密切相关，是人体内物质代谢的枢纽，对生命活动具有重要意义。

有关肝脏在糖、脂类、蛋白质等物质代谢中的作用，在前面章节已有叙述，本章仅阐述肝脏在生物转化、胆汁酸和胆色素代谢中的作用。

案例导入

案例：夜幕降临，大街小巷的酒吧、餐馆生意红红火火，猜拳劝酒声一片喧闹，一些面红耳赤的人仍在“感情深，一口闷”，“喝喝喝，脸红正喝得”。

讨论：1. 乙醇在体内是如何代谢的?

2. 喝酒为什么会脸红?

第一节　肝脏的生物转化作用

一、生物转化作用概念

生物转化（biotransformation）是机体将一些因极性或水溶性较低而不容易排泄的非营养物质进行化学转变，增加其极性或水溶性，使其容易随胆汁或尿液排出体外的过程。能够进行生物转化的器官有肝、肾、胃、肠、肺、皮肤及胎盘等，肝脏因其丰富的生物转化酶类，成为体内生物转化的重要器官。

非营养物质是指既不能构建组织细胞，也不能提供能源，甚至有些还对人体有一定生物效应或潜在的毒性作用的物质。人体内的非营养物质根据来源可分为内源性和外源性两大类。内源性非营养物质包括激素、神经递质等体内生理活性物质，以及氨、胺和胆色素等代谢终产物；外源性非营养物质包括由外界进入体内的各种异物，如药物、毒物、食品添加剂、色素及其他化学物质等。

二、生物转化的意义

非营养物质往往水溶性较差，难以排泄，特别是一些具有生物效应或潜在毒性的，更会对机体造成威胁。生物转化的意义在于通过对非营养物质进行生物转化，降低或灭活其生物学活性，增加其极性，使之容易随胆汁或尿液排出，从而保护机体的正常生命活动。生物转化是生命体适应环境、赖以生存的有效手段。

三、生物转化反应的主要类型

生物转化反应包含多种化学反应类型。肝内生物转化主要有氧化、还原、水解和结合4种反应类型。其中氧化、还原、水解反应为第一相反应，结合反应为第二相反应。

（一）第一相反应——氧化、还原、水解反应

进入体内的许多物质比如大多数的药物、毒物等在于肝细胞经过生物转化的第一相反应将其非极性基团转化为极性基团，水溶性增强，从而排出体外。

1. 氧化反应 氧化反应是生物转化第一相反应中最主要的反应类型。肝细胞的微粒体、线粒体和胞质含有多种氧化酶系或脱氢酶系，可以催化不同类型的氧化反应。

（1）加单氧酶系 加单氧酶系存在于肝细胞的微粒体，是氧化异源物最重要的酶。它催化多种药物和毒物生成羟基化合物或环氧化合物，使其水溶性增强而排泄；也参与体内许多重要物质如维生素 D_3、胆汁酸和类固醇激素的羟化过程。

$$RH+O_2+NADPH+H^+ \xrightarrow{\text{加单氧酶}} ROH+NADP^++H_2O$$

（2）单胺氧化酶系 单胺氧化酶系存在于肝细胞线粒体中，属于黄素酶类。从肠道吸收的腐败产物，如精胺、组胺、酪胺、尸胺等，体内生成的生理活性物质，如5-羟色胺、儿茶酚胺类，均可在此酶系催化下进行氧化脱氨基反应生成相应的醛，后者进一步氧化为酸。

$$RCH_2NH_2+O_2+H_2O \xrightarrow{\text{单胺氧化酶}} RCHO+NH_3+H_2O_2$$

（3）脱氢酶系 醇脱氢酶和醛脱氢酶存在于肝细胞的胞液和微粒体中，分别催化醇或醛氧化成相应的醛和酸。喝酒后的乙醇通过这种方式被分解和排泄。

$$RCH_2OH \xrightarrow[NAD^+ \to NADH+H^+]{\text{醇脱氢酶}} RCHO \xrightarrow[NAD^+,\ H_2O \to NADH+H^+]{\text{醛脱氢酶}} RCHOOH$$

2. 还原反应 肝细胞微粒体内含有硝基还原酶和偶氮还原酶，它催化硝基化合物（食品防腐剂、工业试剂等）和偶氮化合物（食品色素、化妆品、纺织与印刷工业等）还原成相应的胺类，然后可进一步生成酸。反应时需 NADPH 或 NADH 提供氢。

$$\underset{\text{硝基苯}}{C_6H_5NO_2} \xrightarrow[-H_2O]{+2H} \underset{\text{亚硝基苯}}{C_6H_5NO} \underset{-2H\ (\text{自动进行})}{\overset{+2H}{\rightleftharpoons}} \underset{\text{苯胲}}{C_6H_5NHOH} \xrightarrow[-H_2O]{+2H} \underset{\text{苯胺}}{C_6H_5NH_2}$$

3. 水解反应 肝细胞的胞液和内质网中含有酯酶、酰胺酶、糖苷酶等多种水解酶，可分别催化酯类、酰胺类和糖苷类化合物水解，以降低或消除其生物活性。例如，镇痛药物乙酰

水杨酸（阿司匹林）通过水解作用而失活。这些水解产物通常还需进一步反应，以利于排泄。

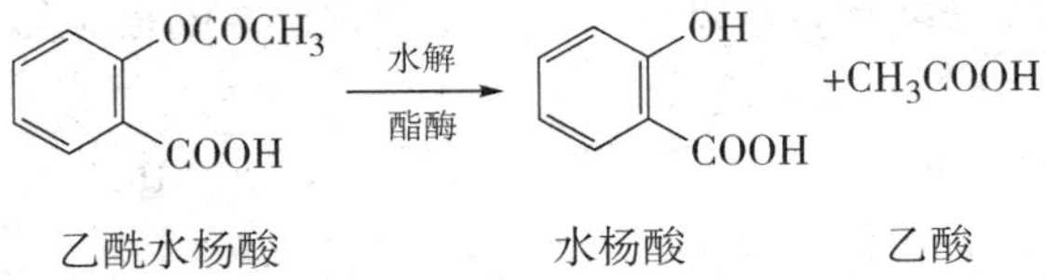

$OCOCH_3$ —水解/酯酶→ OH $+CH_3COOH$

COOH COOH

乙酰水杨酸 水杨酸 乙酸

（二）第二相反应——结合反应

许多物质经过第一相反应即可排出体外，但也有一些物质经过第一相反应后水溶性和极性改变不大，还须进行结合反应，即进一步与葡萄糖醛酸、硫酸等极性更强的物质结合以得到更大的溶解度，才能排出体外。有些则不经过第一相反应，直接进行结合反应。结合反应是体内最重要、最普遍的生物转化方式，可在肝细胞的微粒体、胞液和线粒体内进行。

凡含有羟基、巯基、氨基、羧基的激素、药物和毒物等，均可与极性较强的葡萄糖醛酸、硫酸、谷胱甘肽、甘氨酸等发生结合反应或进行酰基化和甲基化反应，一方面增强了极性有利于排泄，另一方面也可掩盖原有的功能基团，有利于解毒。其中以葡萄糖醛酸、硫酸和酰基的结合反应最为重要。

1. 葡萄糖醛酸结合反应 肝细胞微粒体中的葡萄糖醛酸基转移酶，催化尿苷二磷酸葡萄糖醛酸（UDPGA）的葡萄糖醛酸基转移到醇、酚、胺、羧酸类化合物的羟基、羧基及氨基上，生成葡萄糖醛酸苷。葡萄糖醛酸结合反应是非营养性物质最重要、最普遍的生物转化方式。苯甲酸、胆红素、类固醇激素、吗啡和苯巴比妥类药物等数千种亲脂非营养性物质均在肝与葡萄糖醛酸结合进行转化而排泄（图 11-1）。

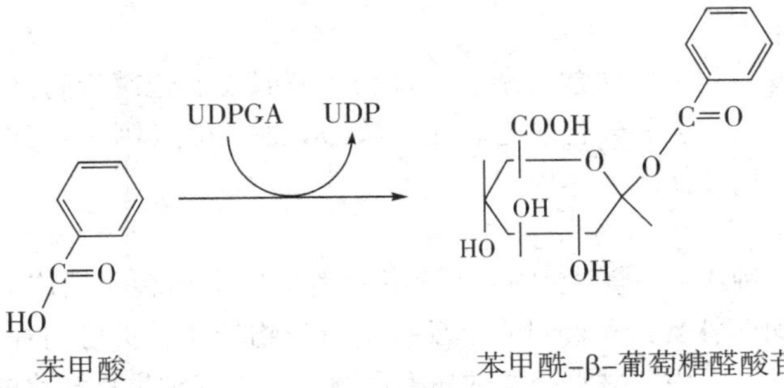

UDPGA UDP

C=O COOH C=O

HO O O

OH

HO OH

苯甲酸 苯甲酰-β-葡萄糖醛酸苷

图 11-1 苯甲酸转化为苯甲酰-β-葡萄糖醛酸苷

2. 硫酸结合反应 肝细胞的硫酸转移酶催化 3′-磷酸腺苷 5′-磷酸硫酸（PAPS）的硫酸基转移到醇、酚或芳香胺类物质上，生成硫酸酯类化合物。例如，雌酮与硫酸结合成雌酮硫酸酯而灭活（图 11-2）。

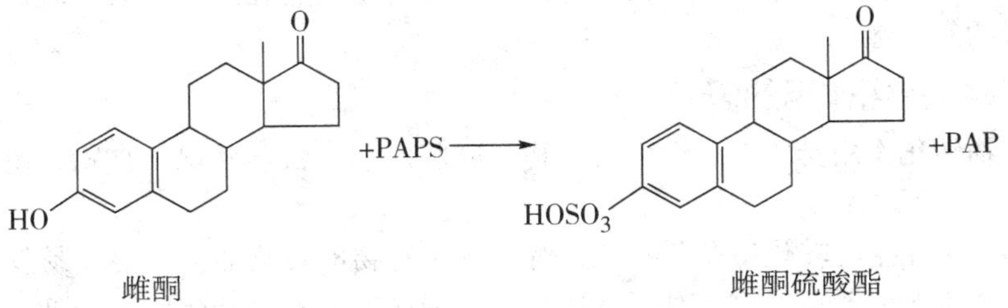

O O

+PAPS ——→ +PAP

HO $HOSO_3$

雌酮 雌酮硫酸酯

图 11-2 雌酮与硫酸结合成雌酮硫酸酯

3. 乙酰基结合反应 肝细胞内的乙酰基转移酶催化乙酰辅酶A的乙酰基转移给苯胺、磺胺类药物、抗结核药物异烟肼等芳香族胺类化合物，生成相应的乙酰化衍生物而失活（图11-3）。

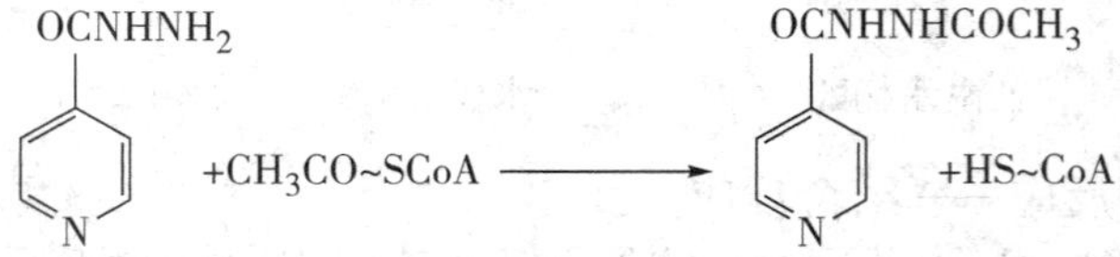

$$\text{异烟肼}(C_5H_4N\text{-}OCNHNH_2) + CH_3CO\sim SCoA \longrightarrow \text{乙酰异烟肼}(C_5H_4N\text{-}OCNHNHCOCH_3) + HS\sim CoA$$

异烟肼 乙酰辅酶A 乙酰异烟肼 辅酶A

图11-3 异烟肼生成乙酰异烟肼

4. 甲基结合反应 肝细胞的甲基转移酶，以S-腺苷蛋氨酸（SAM）为甲基供体，催化含有氨基、羟基、巯基的药物和生物活性物质的甲基化而灭活。如儿茶酚胺、5-羟色胺、组胺和尼克酰胺等通过甲基化而失去生物活性（图11-4）。

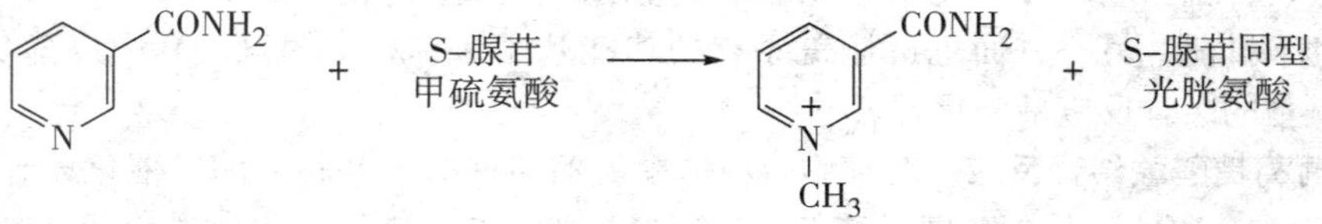

$$\text{尼克酰胺}(C_5H_4N\text{-}CONH_2) + \text{S-腺苷甲硫氨酸} \longrightarrow N\text{-甲基尼克酰胺}(CH_3\text{-}N^{+}C_5H_4\text{-}CONH_2) + \text{S-腺苷同型光胱氨酸}$$

图11-4 尼克酰胺通过甲基化生成N-甲基尼克酰胺

四、生物转化的特点

（一）连续性

许多物质的生物转化反应非常复杂。一种物质有时需要连续进行几种反应类型才能实现生物转化目的，这就是生物转化的连续性。如乙酰水杨酸（阿司匹林）被水解为水杨酸后，需要再经结合反应才能排出体外。

（二）多样性

多样性是指同一种或同一类物质可进行不同类型的生物转化反应，产生不同的产物。如乙酰水杨酸（阿司匹林）既可经过水解反应进行生物转化，又可与葡萄糖醛酸或甘氨酸进行结合反应，所以，服用乙酰水杨酸的病人尿中可出现多种生物转化的产物。

（三）解毒与致毒双重性

大多数物质经生物转化后，毒性减弱或消失，但有少数物质经生物转化后反而具有毒性或毒性增强。如香烟中所含的3,4-苯并芘无致癌作用，但经过生物转化生成的7,8-二氢二醇-9,10-环氧化物却有很强的致癌作用。因此，生物转化的结果具有解毒与致毒双重性。有些药物如环磷酰胺、水合氯醛和大黄等药物，经过生物转化后才具有药理活性。可见生物转化结果的复杂性。

五、影响生物转化作用的因素

肝的生物转化作用受年龄、性别、药物、肝脏疾病、营养状况、食物、遗传等多种因素的影响。

例如，新生儿生物转化酶发育不全，对药物及毒物的转化能力不足，易发生药物及毒素中毒等。老年人因器官退化，对氨基比林、保泰松等的药物转化能力降低，用药后药效较强，副作用较大。

例如，女性体内的醇脱氢酶活性常高于男性，女性对乙醇的代谢处理能力比男性强。氨基比林在女性体内半衰期是 10.3 小时，而男性则需要 13.4 小时，说明女性对氨基比林的转化能力比男性强。

此外，某些药物或毒物可诱导转化酶的合成，使肝脏的生物转化能力增强，称为药物代谢酶的诱导。例如，长期服用苯巴比妥，可诱导肝微粒体加单氧酶系的合成，从而使机体对苯巴比妥类催眠药产生耐药性。同时，由于加单氧酶特异性较差，可利用诱导作用增强药物代谢和解毒，如用苯巴比妥治疗地高辛中毒。苯巴比妥还可诱导肝微粒体 UDP-葡萄糖醛酸转移酶的合成，故临床上用来治疗新生儿黄疸。另一方面由于多种物质在体内转化代谢常由同一酶系催化，同时服用多种药物时，可出现竞争同一酶系而相互抑制其生物转化作用。临床用药时应加以注意，如保泰松可抑制双香豆素的代谢，同时服用时双香豆素的抗凝作用加强，易发生出血现象。

肝实质性病变时，微粒体中加单氧酶系和 UDP-葡萄糖醛酸转移酶活性显著降低，加上肝血流量的减少，病人对许多药物及毒物的摄取、转化发生障碍，易积蓄中毒，故对肝病患者用药要特别慎重。

蛋白质、抗坏血酸、核黄素、维生素 A 和维生素 E 的营养状况都可影响微粒体混合功能氧化酶的活力。在动物试验中如蛋白质供给不足，则微粒体酶活力降低。当抗坏血酸缺乏时，苯胺的羟化反应减弱。缺乏核黄素，可使偶氮类化合物还原酶活力降低，增强致癌物奶油黄的致癌作用。

遗传因素也可明显影响生物转化酶的活性。遗传变异可引起不同个体之间生物转化酶分子结构的差异或合成量的差异。

第二节　胆汁与胆汁酸的代谢

一、胆汁

胆汁（bile）是由肝细胞分泌的带有苦涩味的有色液体，可由胆道系统进入胆囊储存，并/或在饮食刺激下周期性经胆道系统流入十二指肠，帮助食物的消化和吸收。胆汁分为肝胆汁和胆囊胆汁，肝胆汁由肝细胞分泌，呈橙黄色且透明澄清；胆囊胆汁是肝胆汁进入胆囊后，由于胆囊壁分泌大量黏液物质以及对部分盐、水的重吸收，浓缩成的暗褐色不透明黏稠液。

胆汁的主要固体成分是胆汁酸盐，占总固体物质的一半以上，除此之外还有胆色素、卵磷脂、黏蛋白、脂肪酸、胆固醇、无机盐等成分，除胆汁酸盐和某些酶类与脂类的消化和吸收有关外，其余大多为排泄物。进入机体的重金属盐和药物、毒物、染料等异源物，经肝的生物转化作用后也可随胆汁排出体外。

二、胆汁酸代谢

胆汁酸是胆汁中的主要成分之一，是脂类消化吸收所必需的物质，也是胆固醇通过胆汁排泄的必需形式，正常人每天合成和排泄的胆固醇的总量约有 40% 在肝内转变为胆汁酸，并随胆汁排入肠道。其代谢包括胆汁酸合成、排泌及肠肝循环三个主要环节。

（一）胆汁酸分类

胆汁酸按来源可分为初级胆汁酸和次级胆汁酸两大类。在肝细胞内以胆固醇为原料合成的胆汁酸称为初级胆汁酸，包括胆酸和鹅脱氧胆酸。初级胆汁酸在肠道受细菌作用生成次级胆汁酸，包括脱氧胆酸和石胆酸。按结构可分为游离胆汁酸和结合胆汁酸。游离胆汁酸包括胆酸、鹅脱氧胆酸、脱氧胆酸和少量石胆酸，游离胆汁酸分别与甘氨酸或牛磺酸结合则生成结合胆汁酸，主要有甘氨胆酸、牛磺胆酸、甘氨鹅脱氧胆酸和牛磺鹅脱氧胆酸。胆汁中初级胆汁酸和次级胆汁酸均以钠盐或钾盐形式存在，称为胆汁酸盐，简称胆盐。

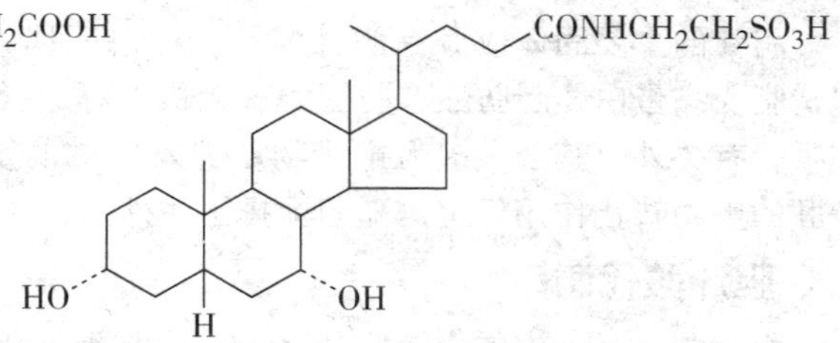

（二）胆汁酸代谢

1. 初级胆汁酸的生成 肝细胞以胆固醇为原料合成初级胆汁酸，这是胆固醇在体内的主要代谢去路。在肝细胞的微粒体和胞液中，胆固醇在胆固醇 7α-羟化酶的催化下生成 7α-羟胆固醇，然后经过氧化、还原、羟化、侧链氧化及断裂等多步反应，生成 24 碳的游离初级胆汁酸，即胆酸和鹅脱氧胆酸，后两者再与甘氨酸或牛磺酸结合生成初级结合胆汁酸，以胆汁酸钠盐或钾盐的形式随胆汁入肠。胆固醇 7α-羟化酶是胆汁酸合成的限速酶，受胆汁酸浓度负反馈调节。口服消胆胺或含纤维素多的食物能促进胆汁酸排泄，减少胆汁酸的重吸收，解除对胆固醇 7α-羟化酶的抑制，加速胆固醇转化为胆汁酸，降低血浆胆固醇。初级胆汁酸结构见图 11-5。

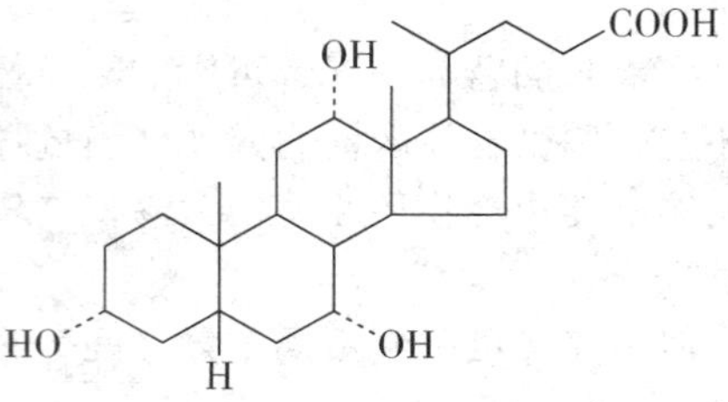

胆酸 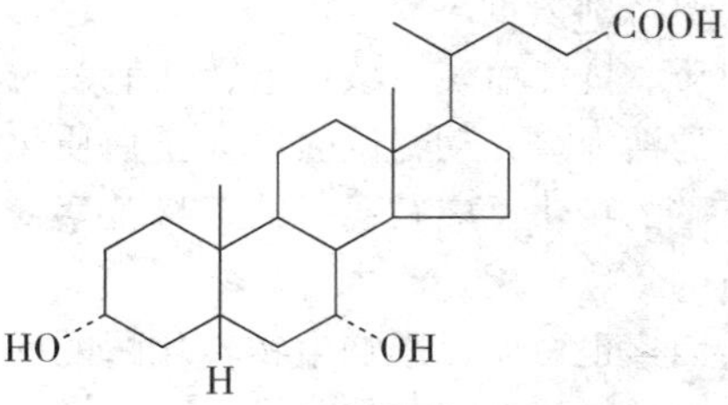　　鹅脱氧胆酸

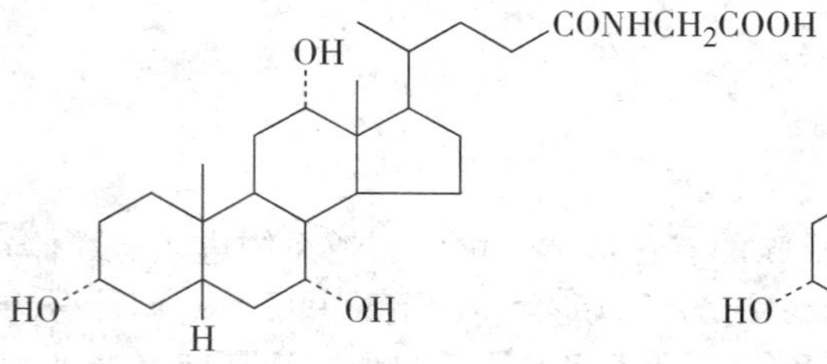

甘氨胆酸（$CONHCH_2COOH$）　　牛磺胆酸（$CONHCH_2CH_2SO_3H$）

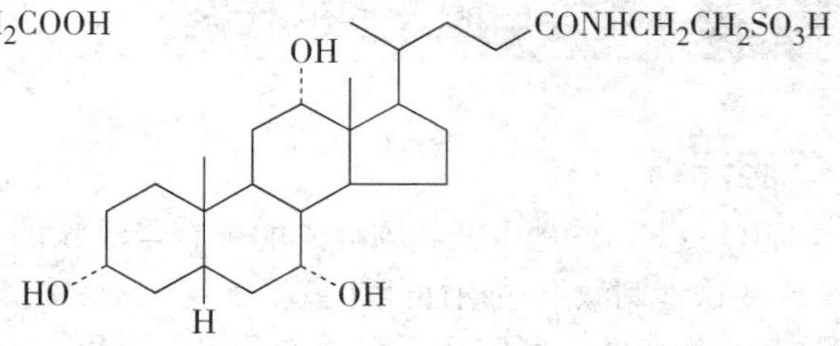

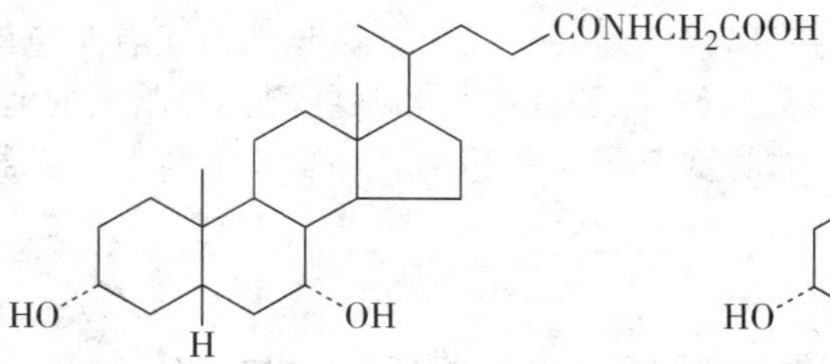

甘氨鹅脱氧胆酸（$CONHCH_2COOH$）　　牛磺鹅脱氧胆酸（$CONHCH_2CH_2SO_3H$）

图 11-5 初级胆汁酸

2. 次级胆汁酸的生成 初级胆汁酸随胆汁经胆道系统进入肠道，促进脂类物质的消化吸收后，由肠菌酶催化，脱去第 7 位羟基，使胆酸转变成脱氧胆酸，鹅脱氧胆酸转变成

石胆酸，成为次级游离胆汁酸。肠道中脱氧胆酸被重吸收回到肝脏，在肝脏脱氧胆酸与甘氨酸或牛磺酸结合生成次级结合胆汁酸，即甘氨脱氧胆酸和牛磺脱氧胆酸。而肠道中的石胆酸由于溶解度小，一般不被重吸收，直接随粪便排出体外。

次级胆汁酸的结构见图 11-6。

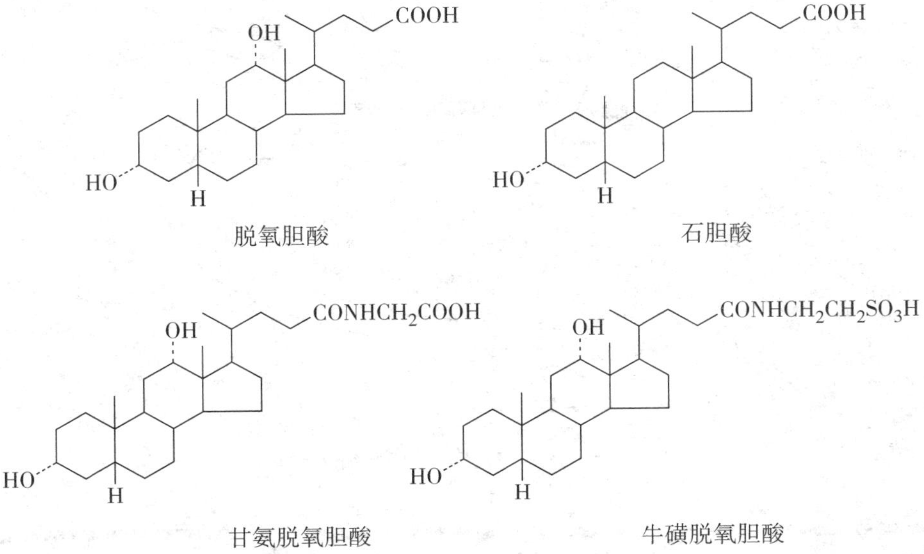

脱氧胆酸　　石胆酸

甘氨脱氧胆酸　　牛磺脱氧胆酸

图 11-6　次级胆汁酸

3. 胆汁酸的肠肝循环　进入肠道的各种胆汁酸（包括初级、次级、结合型和游离型）中约 95% 以上可被肠道重吸收，其余的随粪便排出。由肠道重吸收的胆汁酸经门静脉重新入肝，在肝细胞内，游离胆汁酸与甘氨酸或牛磺酸重新结合成结合型胆汁酸，与重吸收及新合成的结合胆汁酸一起随胆汁再次排入肠道。这种胆汁酸在肝和肠之间的不断循环过程称为胆汁酸的“肠肝循环”，见图 11-7。

胆汁酸的肠肝循环具有重要的生理意义。尽管肝脏每天合成胆汁酸的量仅有 0.4~0.6g，但是每天可进行 6~12 次肠肝循环，从肠道吸收的胆汁酸总量达 12~32g，即可满足每天乳化脂类所需要 16~32g 胆汁酸的量。此外，胆汁酸的重吸收，使胆汁中的胆汁酸盐与胆固醇比例恒定，不易形成胆固醇结石。

三、胆汁酸的生理功能

（一）促进脂类的消化和吸收

胆汁酸分子内部既含有亲水性的羟基、羧基、磺酸基等，又含有疏水性的甲基和烃核。在立体构型上两类基团恰好位于环戊烷多氢菲核的两侧，构成亲水性和疏水性的两个侧面，能降低油和水两相之间的表面张力，使脂类乳化成 3~10μm 的细小微团，增大了脂肪酶和脂类的接触面积，促进脂类的消化吸收。

（二）抑制胆固醇结石形成

由于胆固醇难溶于水，胆汁在胆囊浓缩后胆固醇较易沉淀析出，形成胆固醇结石。胆汁酸和磷脂可使胆固醇等脂溶性物质以混合微团形式溶解于胆汁中，不致在胆汁中沉淀析出而形成结石。若肝合成胆汁酸的能力下降，消化道丢失胆汁酸过多或肠肝循环中摄取胆汁酸过少，以及排入胆汁中的胆固醇过多（高胆固醇血症病人），均可造成胆汁中胆汁酸、卵磷脂与胆固醇的比值下降（小于 10：1），易引起胆固醇析出沉淀，形成结石。

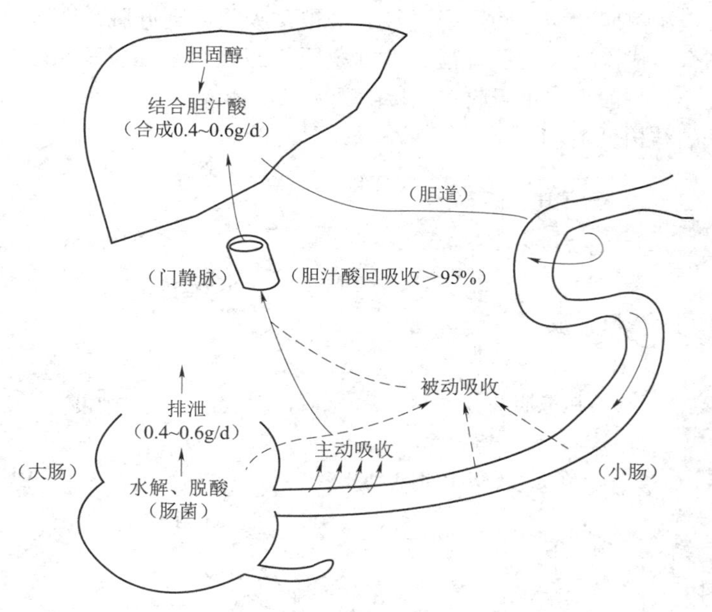

图 11-7 胆汁酸的肠肝循环

拓展阅读

熊　胆

熊胆主要成分为胆汁酸盐，具有清热解毒、息风止痉、清肝明目、利胆溶石、抗脂肪肝、抗动脉硬化和降低胆固醇等多种药用价值。其中约20%的牛磺脱氧胆酸，是熊胆主要有效成分，被水解生成牛磺酸与熊脱氧胆酸，后者具有较强的解痉作用及可有效治疗肝病。

从传统医学的角度来看，熊胆曾经是一种较为罕见的动物性药材。但它的作用并不是无可取代的。研究表明，熊胆完全可以用更便宜有效的人工药品和更容易采集的草药来替代。

第三节　胆色素的代谢

案例导入

案例：患儿，男，2个月。患儿因生后25天起排白陶土样大便，35天发现全身皮肤黄染，近2天出现咳嗽症状，于出生后40天时以肺炎、黄疸待查住院治疗。病后无发热，无呼吸困难。

讨论：1. 该患儿为何会排白陶土样大便？

2. 何谓黄疸？

胆色素是含铁卟啉类化合物在体内分解代谢的主要产物，包括胆红素、胆绿素、胆素原和胆素等化合物。除胆素原无色外，其他均有颜色，因其主要随胆汁排泄故统称为胆色素。熟悉胆色素的代谢对于临床上伴有黄疸症状的疾病诊断和鉴别诊断黄疸类型具有重要意义。

一、胆红素的生成

胆红素主要来源于衰老红细胞中血红蛋白的分解，占 70%～80%，其余则来自肌红蛋白、细胞色素、过氧化氢酶和过氧化物酶等。

红细胞的平均寿命约 120 天。衰老的红细胞在肝、脾、骨髓被单核吞噬系统细胞识别并吞噬破坏，释放出血红蛋白。血红蛋白继续分解为珠蛋白和血红素。珠蛋白可降解为氨基酸再利用，血红素则在微粒体的血红素加氧酶催化下生成胆绿素。胆绿素在胞液中被胆绿素还原酶还原成胆红素。见图 11-8。

在肝、脾、骨髓中生成的胆红素称为游离胆红素，具有疏水亲脂性质，极易透过生物膜，当透过血脑屏障与神经核团结合时，引起胆红素脑病。故游离胆红素是人体内一种内源性毒物。

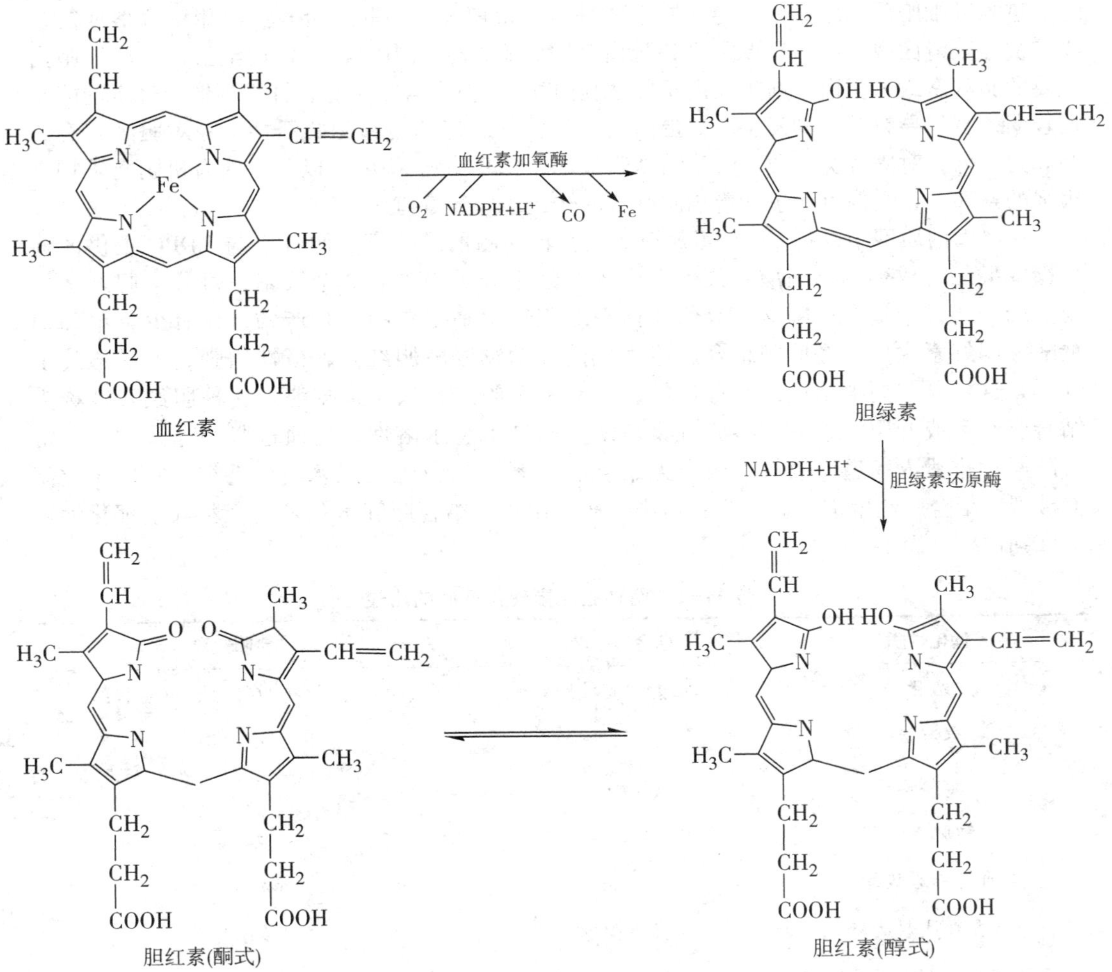

血红素 —血红素加氧酶（O_2，NADPH+H⁺ → CO，Fe）→ 胆绿素 —胆绿素还原酶（NADPH+H⁺）→ 胆红素(醇式) ⇌ 胆红素(酮式)

图 11-8 胆红素的生成

二、胆红素在血液中的运输

游离胆红素进入血液后，在血浆内主要以胆红素-清蛋白复合体的形式存在和运输。除清蛋白外，α_1-球蛋白也可与胆红素结合。亲水复合体的形成既增加了游离胆红素的溶解度便于运输，又限制了游离胆红素自由通过各种生物膜的能力，不致有大量游离胆红素进入组织细胞而产生毒性作用。某些有机阴离子如磺胺药、抗生素、利尿剂等可竞争地与清蛋白结合，干扰游离胆红素与清蛋白结合，故有黄疸倾向的病人或新生儿要慎用此类药物。因此，胆红素与清蛋白的结合仅起到暂时性的解毒作用，真正解毒还需入肝进行葡萄糖醛酸结合反应。

血液中的清蛋白-胆红素，因未进入肝脏进行结合反应，故称为未结合胆红素或血胆红素或游离胆红素或间接胆红素。清蛋白-胆红素呈水溶性，分子量大，不能经肾小球滤过，故正常状态下尿中无清蛋白-胆红素。

三、胆红素在肝内的转变

清蛋白-胆红素随血液运输到肝脏，在通过肝血窦时，胆红素与血窦表面肝细胞膜上的特异性受体结合，清蛋白与胆红素分离，胆红素被阴离子载体转运入肝细胞内。

进入肝细胞后的胆红素，与胞质中两种载体蛋白——Y 蛋白和 Z 蛋白相结合形成复合物，被运至滑面内质网。Y 蛋白比 Z 蛋白对胆红素的亲和力强，且含量丰富，是肝细胞内主要的胆红素载体蛋白。新生儿由于肝细胞内 Y、Z 蛋白含量不足，肝脏摄取胆红素的能力比较弱，容易导致黄疸的发生。Y 蛋白具有谷胱甘肽巯基转移酶的活性，除对胆红素有高亲和力以外，对固醇类物质、四溴酚酞磺酸钠（BSP）、某些染料以及一些有机阴离子均有很强的亲和力，它们可竞争性影响胆红素的转运，导致黄疸发生。

在滑面内质网中，在 UDP-葡萄糖醛酸基转移酶的催化下，胆红素与 UDPG 提供的葡萄糖醛酸结合成葡萄糖醛酸胆红素。由于胆红素分子中含有 2 个羧基，每分子胆红素可至多结合 2 分子葡萄糖醛酸。双葡萄糖醛酸胆红素是主要的结合产物，仅有少量单葡萄糖醛酸胆红素生成。经肝脏结合反应生成的葡萄糖醛酸胆红素，极性增强，不易透过生物膜，这样既起到根本性的解毒作用，又有利于胆红素从胆道排泄。这种胆红素被称为结合胆红素或肝胆红素或直接胆红素。结合胆红素呈水溶性，能通过肾小球滤过，正常时随胆汁排泄入肠道，故血、尿中无结合胆红素。但当胆道阻塞时，毛细胆管内压过高而破裂，结合胆红素进入血液，在血中、尿中出现。结合胆红素和未结合胆红素理化性质的区别比较见表 11-1。

表 11-1　两种胆红素理化性质的比较

理化性质	结合胆红素	未结合胆红素
名称	肝胆红素、直接胆红素	血胆红素、间接胆红素、游离胆红素
水溶性	大	小
脂溶性	小	大
细胞毒性	小	大
与葡萄糖醛酸结合	结合	未结合
与重氮试剂反应	直接阳性	间接阳性
能否透过肾小球随尿排出	能	不能

UDP-葡萄糖醛酸基转移酶是诱导酶，可被许多药物如苯巴比妥等诱导，以加快胆红素的生物转化而解毒。因此，临床上可用苯巴比妥消除新生儿生理性黄疸。

四、胆红素在肠中的转变

结合胆红素随胆汁排泄入肠道后，在回肠下段和结肠的肠菌作用下，脱去葡萄糖醛酸基，并逐步被还原成 d-尿胆素原和中胆素原，后者可进一步还原成粪胆素原，这些物质统称为胆素原。胆素原无色，大部分随粪便排出体外，称为粪胆素原，在肠道下段接触空气后氧化成黄褐色的胆素，这是粪便颜色的主要来源。进入粪便的胆素原经空气氧化成棕黄色粪胆素。正常人每天从粪便排出的粪胆素原为 50 ~250mg。当胆道完全阻塞时，胆红素不能排入肠道形成胆素原及胆素，因此粪便呈现灰白色或白陶土色。新生儿肠菌稀少，胆红素不能分解呈蛋汤样粪便。

肠道中生成的胆素原有 10%~20% 被肠黏膜细胞重吸收经门静脉入肝，其中大部分再随胆汁排入肠道，形成胆素原的肠肝循环。只有小部分胆素原进入体循环入肾并随尿排出，进入尿液中的胆素原称为尿胆素原，尿胆素原接触空气后被氧化成黄色的尿胆素，是尿液颜色的主要来源。临床上将尿胆素原、尿胆素和尿胆红素合称为尿三胆，是鉴别诊断黄疸类型的常用指标。

胆色素代谢过程见图 11-9。

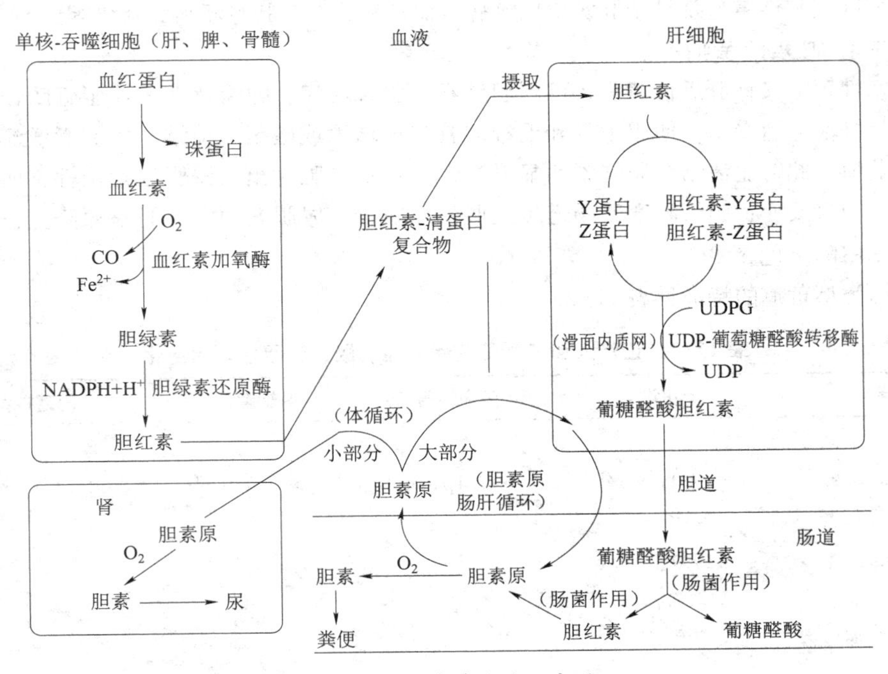

图 11-9　胆色素代谢示意图

五、血清胆红素与黄疸

正常人血清胆红素总量为 3.4~17.1μmol/L，其中 80% 为未结合胆红素，其余为结合胆红素。未结合胆红素是有毒的脂溶性物质，具有细胞毒性，容易与富含脂类的脑部基底核结合，造成胆红素脑病或核黄疸。胆红素为橙黄色物质，且对弹性蛋白具有较强的亲和力，所以当血清中胆红素含量过高时，可出现巩膜、皮肤及黏膜等组织（弹性蛋白含量较多）黄染，临床上称为黄疸。黄疸的程度与血清胆红素的浓度密切相关，当血清胆红素浓度 ≥34.2μmol/L，肉眼巩膜、皮肤及黏膜等组织明显黄染，临床上称为显性黄疸。若血清胆红素浓度<34.2μmol/L，肉眼观察不到皮肤、巩膜等黄染现象，称为隐性黄疸。

临床上根据黄疸的发病原因不同，将黄疸分为三类。

（一）溶血性黄疸

溶血性黄疸又称肝前性黄疸，因蚕豆病、输血不当、某些药物、毒物及某些疾病（如恶性疟疾、过敏等）导致红细胞大量破坏，生成的胆红素过多，超过肝细胞摄取、转化和排泄能力而引起的黄疸。其特征为血清未结合胆红素明显增加，结合胆红素变化不大；尿胆红素阴性，尿胆素原尿胆素增加，粪胆素原粪胆素也增加，粪便和尿的颜色加深。

（二）肝细胞性黄疸

肝细胞性黄疸又称肝源性黄疸，是由于肝细胞功能受损，其摄取、转化和排泄胆红素能力降低所致的黄疸。一方面肝细胞不能将未结合胆红素完全摄取、转化为结合胆红素，造成血中未结合胆红素增多；另一方面由于肝细胞肿胀，压迫毛细胆管或以致阻塞，而毛细胆管与肝血窦直接相通，引起部分结合胆红素反流入血，使血中结合胆红素增加。血中结合胆红素经肾小球滤过，引起尿胆红素阳性。肠道重吸收胆素原因肝细胞受损程度不同，引起尿胆素原变化也不一定。因结合胆红素进入肠道减少，而引起粪胆素原减少，粪便颜色变浅。肝细胞性黄疸常见于肝实质性疾病，如各种肝炎、肝肿瘤和肝硬化等。

（三）阻塞性黄疸

阻塞性黄疸又称肝后性黄疸，可因胆结石、胆管炎症、肿瘤及先天性胆管闭锁等疾病引起胆汁排泄通道受阻，使胆小管和毛细胆管内压增大或破裂，使结合胆红素逆流入血而引起的黄疸。此时血清结合胆红素明显升高，并可从肾脏排出，尿胆红素阳性，而未结合胆红素无明显改变；胆管阻塞使肠道生成胆素原减少，尿胆素原和粪胆素原降低，完全阻塞可出现白陶土色粪便。

三种类型黄疸的特征见表 11-2。

表 11-2　正常人和三类黄疸病人血、尿、粪胆色素的变化

指标	正常	溶血性黄疸	肝细胞性黄疸	阻塞性黄疸
血清胆红素				
总量	<17.1μmol/L	>17.1μmol/L	>17.1μmol/L	>17.1μmol/L
直接胆红素	极少		↑	↑↑
间接胆红素	<17.1μmol/L	↑↑	↑	
尿三胆				
尿胆红素	–	–	++	++
尿胆素原	少量	↑	不一定	↓
尿胆素	少量	↑	不一定	↓
粪便				
粪胆素原	40~280mg/24h	↑	↓或正常	↓或–
粪便颜色	正常	深	变浅或正常	变浅或白陶土色

本章小结

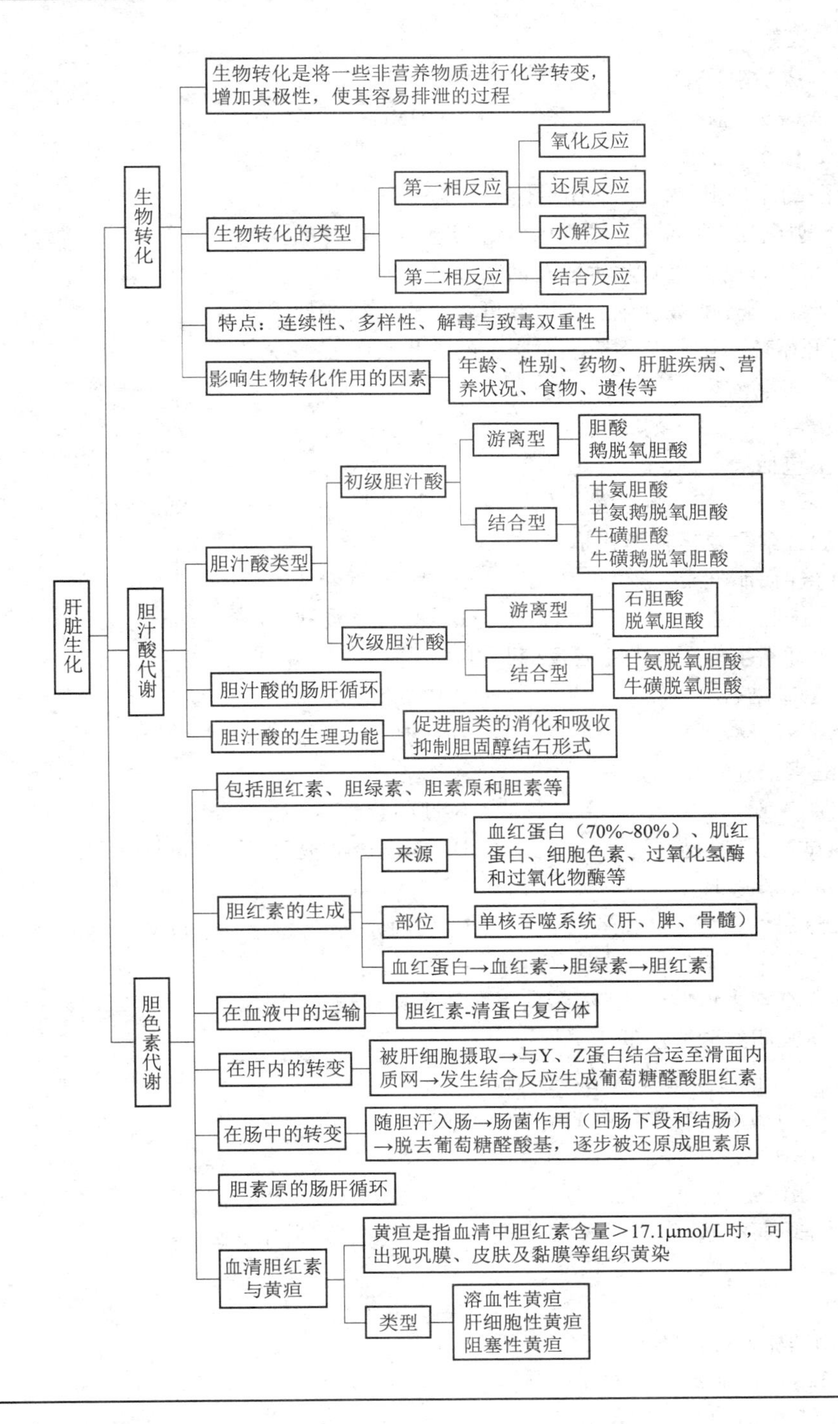
肝脏生化
生物转化
生物转化是将一些非营养物质进行化学转变，增加其极性，使其容易排泄的过程
生物转化的类型
第一相反应
氧化反应
还原反应
水解反应
第二相反应
结合反应
特点：连续性、多样性、解毒与致毒双重性
影响生物转化作用的因素
年龄、性别、药物、肝脏疾病、营养状况、食物、遗传等
胆汁酸代谢
胆汁酸类型
初级胆汁酸
游离型
胆酸
鹅脱氧胆酸
结合型
甘氨胆酸
甘氨鹅脱氧胆酸
牛磺胆酸
牛磺鹅脱氧胆酸
次级胆汁酸
游离型
石胆酸
脱氧胆酸
结合型
甘氨脱氧胆酸
牛磺脱氧胆酸
胆汁酸的肠肝循环
胆汁酸的生理功能
促进脂类的消化和吸收
抑制胆固醇结石形式
胆色素代谢
包括胆红素、胆绿素、胆素原和胆素等
胆红素的生成
来源
血红蛋白（70%~80%）、肌红蛋白、细胞色素、过氧化氢酶和过氧化物酶等
部位
单核吞噬系统（肝、脾、骨髓）
血红蛋白→血红素→胆绿素→胆红素
在血液中的运输
胆红素-清蛋白复合体
在肝内的转变
被肝细胞摄取→与Y、Z蛋白结合运至滑面内质网→发生结合反应生成葡萄糖醛酸胆红素
在肠中的转变
随胆汁入肠→肠菌作用（回肠下段和结肠）→脱去葡萄糖醛酸基，逐步被还原成胆素原
胆素原的肠肝循环
血清胆红素与黄疸
黄疸是指血清中胆红素含量>17.1μmol/L时，可出现巩膜、皮肤及黏膜等组织黄染
类型
溶血性黄疸
肝细胞性黄疸
阻塞性黄疸

目标检测

一、单项选择题

1. 胆汁酸合成的限速酶（　　）
   A. 胆固醇 7α-羟化酶　　B. HMG-CoA 还原酶
   C. HMG-CoA 合成酶　　D. HMG-CoA 氧化酶
2. 对胆汁酸的“肠肝循环”描述错误的是（　　）
   A. 结合型胆汁酸在回肠和结肠中水解为游离型胆汁酸
   B. 结合型胆汁酸的重吸收主要在回肠部
   C. 重吸收的胆汁酸被肝细胞摄取并可转化成为结合型胆汁酸
   D. “肠肝循环”障碍并不影响对脂类的消化吸收
3. 初级胆汁酸不包括（　　）
   A. 胆酸　　B. 鹅脱氧胆酸　　C. 甘氨胆酸　　D. 石胆酸
4. 胆色素不包括（　　）
   A. 胆红素　　B. 胆绿素　　C. 胆素原　　D. 细胞色素
5. 血液中胆红素主要运输形式是（　　）
   A. 血红蛋白-胆红素　　B. Y-胆红素
   C. 清蛋白-胆红素　　D. 葡萄醛酸-胆红素
6. 在肝脏胆红素生物转化的主要反应是（　　）
   A. 与乙酰基结合　　B. 与硫酸结合
   C. 与葡萄糖醛酸结合　　D. 与甲基结合
7. 结合胆红素描述错误的是（　　）
   A. 直接胆红素　　B. 肝胆红素
   C. 重氮试剂反应直接阳性　　D. 能通透细胞膜对脑有毒性作用
8. 胆红素主要来源于（　　）
   A. 肌红蛋白　　B. 血红蛋白　　C. 细胞色素　　D. 过氧化物酶
9. 胆红素代谢中，描述错误的是（　　）
   A. 血中胆红素多以胆红素-清蛋白复合体形式运输
   B. 女性血浆胆红素浓度低于男性
   C. Z-蛋白具有葡萄糖醛酸基转移酶活性
   D. 磺胺类药物可竞争性影响胆红素的转运
10. 尿中可出现的胆红素是（　　）
   A. 游离胆红素　　B. Y 蛋白-胆红素
   C. 清蛋白-胆红素　　D. 葡糖醛酸-胆红素

二、简答题

1. 何谓生物转化？有何特点？如何实现？
2. 何谓胆汁酸的肠肝循环？有何生理意义？
3. 何谓胆色素？简述其代谢过程。
4. 三种黄疸患者血、尿、粪胆色素有何不同？

实训项目

实训　血清胆红素测定技术——改良 J-G 法

一、实训目的

通过实训，进一步明确改良 J-G 法测定血清胆红素浓度的原理，学会血清胆红素浓度的测定技术；学会移液管和可见光分光光度计的正确使用操作。

二、实训内容

（一）实训原理

血清中的结合胆红素可以直接与重氮试剂反应，生成偶氮胆红素。而未结合胆红素不能直接与重氮试剂反应，要在加速剂咖啡因-苯甲酸钠-醋酸钠的作用下，破坏分子内的氢键才能反应生成偶氮胆红素。重氮反应体系的 pH 为 6.5，生成的偶氮胆红素为红色，在 530nm 处有最大吸收峰。当加入碱性酒石酸钠调节 pH 后，偶氮胆红素由红色转变成蓝绿色，它的最大吸收峰也变化为 600nm。此时，蓝绿色的深浅与血清胆红素浓度成正比，用 600nm 波长比色测定，即可求得血清胆红素浓度。

（二）试剂和器材

1. 试剂

（1）咖啡因-苯甲酸钠试剂　称取无水醋酸钠 56g，苯甲酸钠 56g，乙二胺四乙酸二钠（EDTA-Na_2）1.0g，溶于约 700ml 去离子水中，再加入咖啡因 37.5g，搅拌使溶解（加入咖啡因后不能加热溶解），用去离子水补足至 1L，混匀。滤纸过滤，置棕色瓶，室温保存。

（2）碱性酒石酸钠溶液　称取氢氧化钠 75.0g，酒石酸钠（$Na_2C_4H_4O_6 \cdot 2H_2O$）320g，用去离子水溶解并补足至 1L，混匀。置塑料瓶中，室温保存。

（3）5g/L 亚硝酸钠溶液　称取亚硝酸钠 5.0g，用去离子水溶解并定容至 100ml，混匀，置棕色瓶，冰箱保存，稳定期不少于 3 个月。作 10 倍稀释成 5g/L，冰箱保存，稳定期不少于 2 周。

（4）5g/L 对氨基苯磺酸溶液　称取对氨基苯磺酸（$NH_2C_6H_4SO_3H \cdot H_2O$）5.0g，溶于 800ml 去离子水中，加入浓盐酸 15ml，用去离子水补足至 1L。

（5）重氮试剂　临用前取上述亚硝酸钠溶液 0.5ml 和对氨基苯磺酸溶液 20ml，混匀即成。

（6）5.0g/L 叠氮钠溶液　称取叠氮钠 0.5g，以蒸馏水溶解并稀释至 100ml。

（7）胆红素标准液

①稀释用血清配制　收集无溶血、无黄疸、无脂浊的新鲜血清，混合，必要时可用滤菌器过滤。取过滤后的血清 1ml，加入新鲜 0.154mmol/L NaCl 溶液 24ml，混合。在 414nm 波长，1cm 光径，以 0.154mmol/L NaCl 溶液调零点，其吸光度应小于 0.100；在 460nm 的吸光度应小于 0.04。

②胆红素标准贮存液（171μmol/L）　准确称取胆红素 10mg，加入二甲亚砜 1ml，用玻璃棒搅拌，使成混悬液。加入 0.05mol/L 碳酸钠溶液 2ml，待胆红素完全溶解后，移入 100ml 容量瓶中，以稀释用血清洗涤数次并入容量瓶中，缓慢加入 0.1mol/L 盐酸 2ml，边加边摇（轻轻摇动，以免产生气泡）。最后以稀释用血清定容。配制过程中应尽量避光，贮存容器用黑纸包裹，置 4℃冰箱 3 天内有效，但要求配后尽快作标准曲线。

2. 器材 试管 1.5cm×15cm，试管架；移液器 1ml、2ml、5ml；可见光分光光度计。

三、实训方法和步骤

样品的测定：操作方法按表 11-3 操作。

表 11-3 改良 J-G 法测定胆红素

加入物（ml）	测定管	标准管	对照管
血清	0.20	—	0.20
标准血清	—	0.20	—
咖啡因苯甲酸钠试剂	1.6	1.6	1.6
对氨基苯磺酸溶液	—	—	0.40
重氮试剂	0.40	0.40	—
每加一种试剂后立即混匀，加重氮试剂后室温放置 10min			
碱性酒石酸钠溶液	1.2	1.2	1.2

混匀后，波长 600nm，对照管调零，读取吸光度。

四、结果计算

总胆红素（μmol/L）$= A_{测定管}/A_{标准管} \times C_{标准管}$

血清总胆红素：3.4～17.1μmol/L。

五、温馨提示

1. 血液标本和标准液应避免阳光直照，防止胆红素的光氧化。胆红素对光的敏感度与温度有关，血标本应避光置冰箱保存。标本置冰箱保存可稳定 3 天，-70℃暗处保存，稳定 3 个月。叠氮钠能破坏重氮试剂，终止偶氮反应。凡用叠氮钠作防腐剂的质控血清，可引起偶氮反应不完全，甚至不呈色。

2. 轻度溶血对本法无影响，但严重溶血时可使测定结果偏低。其原因是血红蛋白与重氮试剂反应形成的产物可破坏偶氮胆红素，还可被亚硝酸氧化为高铁血红蛋白而干扰吸光度的测定。血脂及脂溶色素对测定有干扰，应尽量取空腹血。

3. 本法测定血清总胆红素，在 10～37℃条件下不受温度变化的影响。呈色在 2 小时内非常稳定。

4. 胆红素大于 342μmol/L 的标本可减少标本用量，或用 0.154mmol/L NaCl 溶液稀释血清后重测。

六、实训评价

1. 线性范围 手工操作线性上限虽可做到 1.7 吸光度。但胆红素超过 171μmol/L 时，吸光度已达 0.8，应减量操作。分析仪检测性上限可达 342μmol/L。但本法需多次加试剂，一般无法在全自动生化分析仪中使用。

2. 精密度 正常浓度时精密度较差，特别是批间 *CV*，据报道为 14%～20%；而胆红素 342μmol/L 时，精密度佳，批内 *CV* 为 0.95%，批间 *CV* 为 5%～10%。

3. 重氮反应法测定胆红素 也可用甲醇（M-E 法）或二甲亚砜等作加速剂，可做成单一试剂，反应 pH 和显色 pH 都在酸性，560nm 波长比色，易于自动化。

4. 灵敏度 分析仪检测灵敏度高，最低吸光度可测至 0.02，且可避免其他有色物质的干扰，是测定血清总胆红素的参考方法，但不易自动化分析。现有些商品试剂盒称咖啡因法或J-G法，但不加碱性酒石酸，即不在碱性条件下显色，其灵敏度和特异性不如上述方法。

七、实训思考

1. 胆红素标本为何要进行避光保存？
2. 对稀释用的混合血清有什么具体要求？

第十二章

生物化学技术

学习目标

知识要求 **1. 掌握** 膜分离技术、层析技术、电泳技术和光谱技术的基本概念、原理和方法。

2. 熟悉 常用的透析、超滤、层析技术（分配层析、凝胶层析、亲和层析、离子交换层析）、区带电泳、紫外可见分光光度等技术。

3. 了解 各类生物化学技术在药学领域中的应用。

技能要求 会运用生物化学技术对生化物质进行分离、纯化、分析和鉴定。

生物化学是生命科学的重要组成部分，生物化学技术是研究生物化学基本理论最重要的方法。通过生物化学技术可以了解生化物质的本质，掌握其变化规律，并可以进一步对其进行深刻分析和研究。另外，通过生物化学技术还可以对生化物质进行分离、纯化，为将来从事药学及制药工作奠定基础。

第一节 膜分离技术

案例导入

案例：人工肾是一种替代肾脏功能的装置，是目前临床广泛应用、疗效显著的一种人工器官，主要用于治疗肾功能衰竭和尿毒症。工作原理为将血液引出体外，利用透析、过滤、吸附、膜分离等原理排除体内过剩的含氮化合物、新陈代谢产物或逾量药物等，调节电解质平衡，然后再将净化的血液引回体内。亦有利用人体的生物膜（如腹膜）进行血液净化。

讨论：1. 人工肾的工作原理是什么？

2. 膜分离技术有哪些，在日常生活中还有哪些应用？

膜分离技术（membrane seperating method）是指用特制的膜作为选择障碍层，允许某些组分透过而保留混合物中其他组分，从而达到分离目的的技术。膜分离技术是生物大分子分离技术中一个重要的组成部分，尤其是在生物大分子的工业生产中具有独特的作用。它不仅广泛用于生化药物的分离和制备，而且在废水处理、海水淡化、人工肾研究等方面都发挥越来越重要的作用。

膜分离技术方法主要有透析、超滤、微孔膜过滤、反渗透等。这些膜分离技术具有以下特点：高效；节能；分离装置简单，操作方便；分离系数大，应用范围广；适合热敏物质的分离；工艺适应性强；无污染。

现代制膜技术是20世纪70年代开始的，各种新型的人工膜和膜分离装置不断涌现。

膜可以是均相的或非均相的、对称型的或非对称型的、固态或液态的、中性或带电荷的；膜的厚度不等。

一、透析

透析（dialysis）是利用半透膜将大分子溶液中的离子和小分子物质去掉的一种方法。

（一）原理

透析是将分子大小不同的混合物水溶液装入由半透膜制成的透析袋内，然后将透析袋口扎紧，浸入含有大量低离子强度的缓冲液或双蒸水中，依靠可透过物质浓度差的推动，使小分子物质自由地扩散透过半透膜孔进入透析外液中，大分子物质不能扩散透过膜孔而留在透析袋内，从而使混合溶液中不同大小的物质达到分离的目的。

（二）透析膜

用于透析的半透膜通常有禽类嗉囊、兽类的膀胱、玻璃纸、硝酸纤维薄膜等。人工制作的透析膜多以纤维的衍生物作为材料，目前最常用的是赛珞玢透析膜，有平膜和管状膜两种，后者使用方便。

商品透析管膜常涂甘油以防破裂，并含有极其微量的硫化物、重金属和一些具有紫外吸收的杂质，这些物质对蛋白质和其他生物活性物质有害，使用前必须除去。

（三）透析方法

将已处理或检查过的透析袋用棉线或尼龙丝扎紧底端，然后将待透析液转移到袋内，但不能装满，常留一半的空间。然后将袋上端用同样的方式捆紧，悬于装有大量的溶剂（蒸馏水或缓冲溶液）的大容器中进行透析。当袋内的小分子与袋外小分子趋于平衡时，更换新鲜溶剂，如此重复几次，可提高透析效率。

（四）应用

透析常用于大分子溶液的脱盐和稀样品溶液的浓缩，也用于去除或分离小分子物质。

二、超滤

超滤（ultrafiltration）是在一定压力下，使用一种特制半透膜对混合溶液中不同溶质分子进行选择性滤过的分离方法。

（一）原理

超滤是一种筛分过程，超滤膜表面分布有一定大小和形状的孔，在一定压力作用下，含有大、小分子溶质的溶液流过超滤膜表面时，溶剂和小分子溶质透过膜，而大分子溶质被膜截留，从而使大小不同的分子达到分离的目的。

（二）超滤膜

1. 超滤膜的构造 目前常用的超滤膜为“各向异性膜”，这类膜的正反两面结构不一致，分为两层。一层为“功能层”，是具有一定孔径的多孔的“皮肤层”，厚度为0.1~1μm；另一层为空隙较大的“海绵层”或“支持层”，厚度约为0.1mm。“功能层”决定了膜的选择透过性，“海绵层”增大了膜的机械强度。各向异性膜不易堵塞，流速要比各向同性膜快数十倍。

根据使用要求，超滤膜可制成不同的形状和组合件，如平面膜、中空纤维膜、螺旋卷膜、组合式板膜、管状膜等。

2. 超滤膜的制造 制造超滤膜的材料有纤维素硝酸酯（或醋酸酯）、芳香酰胺纤维（尼龙）、芳香聚砜、丙烯腈-氯乙烯共聚物。可用于水溶性物质的分离。

制造膜的方法主要有入水凝冻法、喷涂法或浮贴功能薄膜在微孔基膜上。若膜质为无机材料，可用烧结或黏结法与多孔膜基结合成复合膜。

3. 超滤膜的选择 商品超滤膜的选择必须注意以下几点：

（1）截留相对分子质量 超滤膜的孔径一般为1.0～10nm，分子截留值是指阻留率达90%以上的最小被截留物质的相对分子质量。它表示了每种超滤膜所额定的截留溶质分子量的范围，大于这个范围的溶质分子绝大多数不能通过该超滤膜。

（2）流动速率 通常用在一定压力下每分钟通过单位面积膜的液体量来表示。常用ml/（cm^2·min）表示。膜的流速和孔径大小以及膜的结构类别有关，各向异性膜流动速率快。

（3）其他因素 使用超滤技术时除考虑分子截留值和流速外，还应具有良好的机械性能，对化学试剂和热有一定的稳定性，在静压力的作用下，膜的通透性受溶质类型及浓度影响较小，抗污染能力强等。

（三）常见的超滤器

根据不同的使用目的，目前生产的超滤器可分为实验用超滤器和工业用超滤器。市售的大致有四种类型：管式、中空纤维式、螺旋卷式和组合板式。其中组合板式装置由于结构简单、适应性强、压力损失小、透过量大、清洗安装方便，目前较其他类型应用得广泛。但无论何种类型的膜装置，应具备的条件是：①具有尽可能大的有效过滤面积；②尽可能清除或减弱浓差极化现象；③为膜提供可靠的支撑装置；④密封情况下提供引出滤过液的路径；⑤操作方便，容易拆洗。

（四）影响超滤速度的因素

1. 浓差极化 在超滤过程中，外加压力迫使相对分子质量较小的溶质通过薄膜，而相对分子质量较大的溶质截留于膜表面形成凝胶层，产生阻塞作用，使超滤速度减慢，这种现象就称为浓差极化。它是超滤速度的限速因素，克服浓差极化的主要措施有震动、搅拌、错流等，需根据实际情况灵活掌握。

2. 压力 超滤时应控制合适的压力，同时增大流速，这样可减小浓差极化层厚度，使溶质系数增大，而且通量也增大。

3. 膜的吸附 各种超滤膜对溶质分子均有不同程度的吸附能力。当溶质分子吸附在孔道壁上时，会影响孔道的有效直径，使截留率增大。此外，超滤时某些介质也可能影响膜的吸附能力，有时会使膜的吸附作用增大（如磷酸缓冲液）。

4. 超滤装置和操作条件 超滤装置包括膜或组合膜的构造、超滤器的结构及操作压力等，主要考虑有效过滤面积、防止极化的措施、操作压力和压力损失以及设备对物料黏度的限制等。

操作条件主要控制液体物料的温度、黏度、pH、离子强度等。通常升高温度可降低溶液黏度及减少凝胶的形成，溶质的溶解度也增加，因此可提高流率。另在pH和离子强度等方面，凡能降低膜的吸附或减少凝胶的形成倾向的，均能增加超滤的流率。

（五）超滤技术的应用

1. 浓缩和脱盐 用超滤方法对生物大分子进行浓缩或脱盐是最常见的应用，其优点是不消耗试剂、无相转移、可在低温下进行、操作简便。浓缩的效果随具体样品而异。蛋白质最终浓度可达40%～50%。

2. 分级分离与纯化 根据被分离物质相对分子质量的大小不同，选择不同截留量的滤膜进行多次渗滤，可以将各组分分离和纯化，类似于分子筛。

课堂互动

透析和超滤有何异同点？

三、微孔膜过滤技术

微孔膜过滤技术（microporous membrane filtration）简称微滤，又称“精密过滤”，主要用于分离亚微米级颗粒，是目前应用最广泛的一种分离分析微细颗粒和超净除菌的手段，也可用于超滤的预处理过程。

微孔膜过滤的优点：设备简单，只需微孔滤膜和一般过滤装置即可；操作简单、快速，可同时处理多个样品；分离效率高，重现性好；可选择具有结合生物大分子的特殊能力的微孔膜，建立相应的结合度分析方法，已应用于基因工程等多个领域。

（一）原理

微孔膜过滤是以静压力为推动力，利用膜的筛分作用进行分离的过程，其分离机制与普通过滤类似，但其过滤精度较高，可截留 0.03~15μm 的微粒或有机大分子。

（二）微孔滤膜

1. 微孔滤膜的种类 微孔滤膜的种类主要有再生纤维素膜、纤维素酯膜、聚四氟乙烯膜、聚氯乙烯膜、超细玻璃纤维滤膜等。其中超细玻璃纤维滤膜的流速比一般微孔滤膜大，对颗粒的截留量也比微孔滤膜大，常用于制药车间、手术室等地方的空气净化。

2. 微孔滤膜的制造 微孔滤膜的制造方法与其他超滤器的方法相似：先以适当的溶剂及添加剂将膜基材料制成溶胶液，然后铺成薄膜，最终移去溶剂（转移相）形成多孔的固体滤膜。因为相转移的方法不同，可分为自然蒸发凝结法和急速凝结法两类。

（三）微孔滤膜过滤设备及操作

1. 设备 设备主要由滤器和其他附件组成，滤器是关键设备，它是由滤膜及其他附件构成的膜组件，如注射式滤器、平板滤器等。

注射式滤器有丢弃式与可拆式之分，主要用于实验室中少量样液的除菌及除尘的超净处理。平板滤器由输入输出端、圆形垫圈、滤膜及多孔支持网等组成，两端借螺丝固定，可用于生理盐水、葡萄糖注射液及营养液等的除菌、除微粒，属工业用滤器，可处理 20~100L 的样液。

2. 操作及注意事项

（1）滤膜的支持和滤器的密封　操作过程中应保持环境清洁，滤膜前后要密封，防止高压差下短路或泄漏，要避免负压时因外界空气进入而引起污染。滤膜很薄，应选用软垫密封。滤膜强度差，应有特别支持体，如普通转孔板、金属细网等。另应选用边缘能平整密合的滤膜。

（2）过滤系统严密性的检查　严密性是保证过滤质量的关键操作，可用气泡点法（气泡-压力法）进行检查。

（3）滤膜的润湿　必须保证滤膜始终是润湿的，未润湿的滤膜会影响有效过滤面积及检测试验的准确性。

（4）过滤速度　微孔滤膜属于筛网型滤膜，模孔易被直径与孔径大小相近的颗粒阻塞。为防止阻塞，一般需经过预滤或其他预处理。另外，滤膜的有效面积、膜两侧压力差、孔径大小与均匀性、孔隙率、料液黏度、温度等因素对流速均有影响。

（5）过滤系统的清洗和消毒　凡是与滤液接触之处以及设备接口处皆应拆除清洗，清洗后必须消毒。

（6）串滤技术　又称叠滤技术，液体通过孔径自大至小相串接滤膜的过程称为串滤。第一层可用超细玻璃纤维滤膜，然后依次放置不同孔径的微孔滤膜，在两层微孔滤膜之间可放分布层。

（四）微孔膜过滤的应用

1. 在生物化学中的应用

（1）绝对过滤收集沉淀　不同孔径的微孔滤膜可用于过滤收集沉淀，可应用于溶液的澄清和酶活力测定等。

（2）结合测定　在一定条件下硝酸纤维素酯滤膜及MF-（混合）纤维素酯滤膜能结合蛋白质和单链DNA，但滤膜对蛋白质的结合与离子强度无关，而结合单链DNA与离子强度有关。

（3）其他应用　可用于蛋白质含量测定、核酸的测定、放射性标记物的超净。

2. 在制药工业中的应用　根据膜的性能，可进行药液中微粒及细菌的滤除、抗生素的无菌检验等应用，进行无菌检验比常规采样容量大、简便、灵敏度高，并可避免抗生素本身的抑菌作用。

四、其他膜分离技术

（一）反渗透

反渗透是在常压和环境温度下，溶剂在一定压力下［10～100atm（$1atm = 1.01 \times 10^5 Pa$）］通过一个多孔膜，收集渗透液，使溶液中的一个或几个组分在原液中富集的一种分离方法。

目前，反渗透技术应用于料液的分离、纯化和浓缩，纯化水的制备，海水的淡化等。

（二）纳滤

纳滤是指以孔径为纳米级的滤膜实现的过滤。其孔径介于反渗透膜和超滤膜之间，能够截留分子量为几百的物质。

纳滤适合于分离多价离子和相对分子质量在500～2000的微小有机或无机溶质。纳滤膜可用于多种抗生素的浓缩和纯化。

重点：掌握透析操作的注意事项、知道各项异性膜的优点。
难点：知道如何克服影响超滤速度的因素、掌握微滤器的使用及注意事项。

第二节　层析技术

层析技术亦称色谱技术或层析分离技术等。层析分离技术是目前广泛应用于物质的分离纯化、分析鉴定最重要的方法之一，已经成为分离无机化合物、有机化合物及生物大分子等不可缺少的重要手段。

层析的分类非常多，按层析的分离机制可以分为常用的吸附层析、分配层析、凝胶层析（排阻层析）、离子交换层析、亲和层析等。

一、分配层析

分配层析（partition chromatography）也称分配色谱。被分离组分在固定相和流动相中不断发生吸附和解吸附的作用，在移动的过程中物质在两相之间进行分配。是利用被分离物质在两相中分配系数的差异而进行分离的一种方法。

拓展阅读

分配系数

分配系数（K）是指分配平衡后，组分在固定相与流动相中的浓度之比。K与组分、固定相、流动相及温度有关。K值越大的组分随展开剂移动的速度越慢。若组分固定，则展开剂的极性越强，K值越小，即极性强的展开剂的洗脱能力越强，推进组分向前移动的速度越快。

分配层析常用的载体有纸、硅胶、硅藻土、硅镁型吸附剂与纤维素粉等。

纸层析是典型的分配层析，系统简单，操作方便。另外还有薄层层析、气相层析和液相层析等技术。

（一）纸层析

1. 原理 纸层析是以纸为载体，以纸上所含水分或其他物质为固定相，用展开剂进行展开的分配层析法。

2. 仪器与材料

（1）展开容器 通常为具有磨口玻璃盖的圆形或长方形玻璃缸，能密闭。用于下行法时，盖上有孔，可插入分液漏斗，用于加入展开剂。

（2）点样器 常用具支架的微量注射器或定量毛细管。

（3）层析滤纸 质地均匀平整，具有一定的机械强度，不含影响展开效果的杂质，也不与显色剂起作用。

3. 操作

（1）下行法 将供试品溶解于适宜的溶剂中制成一定浓度的溶液。用微量注射器或定量毛细管吸取溶液，点样于点样基线上，一次点样不超过10μl。点样量过大时，溶液宜分次点加，每次点加后待其自然干燥或温热气流吹干，样点直径2~4mm，点间距为1.5~2.0cm。

将点样后的层析滤纸的点样端放入溶剂槽内并用玻璃压住。展开前，展缸内用各规定的溶剂的蒸汽使之饱和。然后小心添加展开剂至溶剂槽内，使层析滤纸的上端浸没在展开剂中。展开剂经毛细管作用沿层析滤纸移动进行展开，展开过程中避免层析滤纸受强光照射，展开至规定的距离后，取出层析滤纸，标明展开剂前沿位置，待展开剂挥发后，按规定方法检测层析斑点。

（2）上行法 点样方法同下行法。展开缸内加入展开剂适量，放置待展开剂蒸汽饱和后，再下降悬钩，使层析滤纸浸入展开剂约1cm，展开剂经毛细管作用沿层析滤纸上升，除另规定外，一般展开15cm后，取出晾干，按规定方法检测。

（二）薄层层析

薄层层析是将供试品溶液点于薄层板上，在展开容器内用展开剂展开，使供试品所含成分分离，所得色谱图与标准物质按相同方法所得的色谱图对比，也可用薄层色谱扫描仪进行扫描，用于鉴别、检查和含量测定。

1. 仪器和材料

（1）薄层板 按支持物质的材料可分为玻璃板、塑料板或铝板等；按固定相种类可分为硅胶薄层板、键合硅胶板、微晶纤维素薄层板、聚酰胺薄层板、氧化铝薄层板等。固定相中可加入黏合剂、荧光剂。固定相颗粒大小一般要求粒径为10~40μm。玻板应光滑、平整，洗净后不附水珠。

（2）点样器　一般采用微升毛细管或手动、半自动、全自动点样器材。

（3）展开容器　适合于薄层板大小的专用平底或双槽展开缸，展开时需能密闭。

（4）显色装置　用玻璃喷雾瓶或专用喷雾器进行喷雾显色。

（5）检视装置　装有可见光或紫外光光源及相应滤光片的暗箱，可附加摄像设备。

（6）薄层色谱扫描仪　用于扫描层析后的图谱，可用于物质的定性或定量分析。

2. 操作

（1）制板　将1份固定相和3份水在研钵中向一方向研磨混合，去除表面的气泡后，倒入涂布器中，在玻板上平稳地移动涂布器进行涂布（厚度为0.2~0.3mm），取下涂好薄层的玻板，置水平台上于室温下晾干，然后在110℃烘30分钟活化，立即置于干燥器中备用。使用前应检查其均匀度，表面应均匀、平整、光滑，并且无麻点、无气泡、无破损及污染。

（2）点样　在洁净干燥的环境下，用专用毛细管或半自动、全自动点样器点样于薄层板上。一般为圆点状或窄细的条带状，点样基线距底边10~15mm，高效板一般基线距底边8~10mm。点样时注意勿损伤薄层表面。条带状宽一般为5~10mm，高效板条带宽度一般为4~8mm，点间距可视斑点扩散情况以相邻斑点互不干扰为宜，一般不少于8mm，高效板供试品间隔不少于5mm。

（3）展开　展开缸需预先用展开剂饱和，可在缸中加入适量的展开剂，密闭，保持15~30分钟。溶剂蒸汽预平衡后，应迅速放入载有供试品的薄层板，立即密闭，展开。薄层板浸入展开剂的深度以距离圆点5mm为宜。除特殊规定外，一般上行展开8~15cm，高效薄层板上行展开5~8cm。溶剂前沿达到规定的展距，取出薄层板，晾干，待检测。

（4）显色与检视　有颜色的物质可在可见光下直接检视，无色物质可用喷雾法或浸渍法以适宜的显色剂显色，或加热显色，在可见光下检视。

（5）记录　图像一般可用摄像设备拍摄，以光学照片或电子图像的形式保存。也可用薄层色谱扫描仪扫描或其他适宜的方式记录相应的色谱图。

二、凝胶层析

凝胶层析（gel chromatography）是指混合物随流动相流经装有凝胶作为固定相的层析柱时，混合物因分子大小不同而被分离的技术。因整个层析过程与过滤相似也称凝胶过滤，又由于物质在分离过程中的阻滞减速现象，也称排阻层析。凝胶的每个颗粒的细微结构就如同一个筛子，小的分子可以进入凝胶网孔，而大的分子被排阻于凝胶颗粒之外，因而也称分子筛层析。

凝胶层析的特点：设备简单、操作方便；分离效果好，重复性高；分离条件缓和；应用广泛等。

（一）原理

凝胶层析介质是一种在球内部具有大孔网状结构的凝胶微粒，当含有各种物质的样品溶液缓慢流经凝胶层析柱时，各物质在柱内同时进行着两种不同的运动：垂直向下的移动和无定向的扩散运动。每种物质的分子大小和形状各不相同，在合适的凝胶柱中，大分子物质由于直径较大，不易进入凝胶颗粒的网孔，而只能分布于凝胶颗粒间隙，所以向下移动的速度较快，先被分离出；小分子物质除了可以在凝胶颗粒间隙中扩散之外，还可以进入凝胶孔内，故向下移动的速度较慢，后分离出。这样样品中分子大小不同的物质按顺序流出柱外而得到分离，其原理如图 12-1。

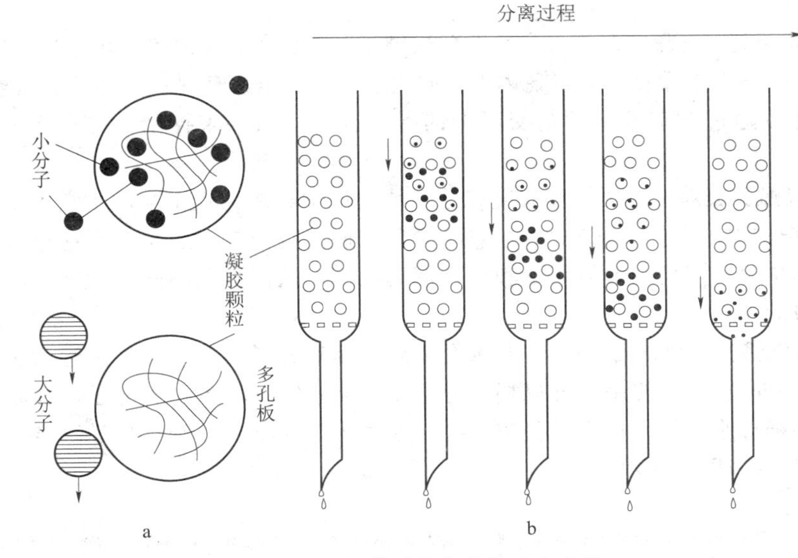

图 12-1 凝胶层析分离原理示意图

a. 表示球形分子和凝胶颗粒网状结构；b. 分子在凝胶层析柱内的分离过程

（二）凝胶层析的几个物理学概念

1. 排阻极限 排阻极限又称排阻限，是指不能扩散进入凝胶颗粒内部的最小溶质分子的相对分子质量，即能有效地分离一定形状样品物质分子相对分子质量的最大极限，一种物质分子若其相对分子质量大于排阻极限而不能进入网孔内部，则不能有效地分离。

2. 分级分离范围 分级分离范围是指某种凝胶容许溶质相对分子质量在多大范围内能得到线性分离。

3. 得水率 得水率是指 1g 干凝胶吸收水分的克数。凝胶层析所用凝胶多以干燥方式保存，故使用前需吸水膨胀。每种凝胶由于结构和性质不同，其得水率也不同。

4. 床体积 床体积为 1g 干胶吸水膨胀后所得的最后体积。

除了上述几个概念外，层析用凝胶的颗粒大小和形状以及外水体积（V_0）、内水体积（V）等均在凝胶商品出厂时标明，它们与凝胶层析的分离效果有直接的关系。

拓展阅读

Sephadex G-50

Sephadex G-50 的排阻限为 3.0×10^4，凡相对分子质量超过 3.0×10^4 的样品物质都不能进入凝胶网孔内部，只能从凝胶颗粒之间的空隙流出柱外；分级分离范围为 $1.5\times10^3\sim3.0\times10^4$，表明相对分子质量在这一范围的物质，可在这种凝胶中得到理想分离；得水率为（5.0 ±0.3）g，表示 1g 干胶膨胀时能吸收（5.0 ±0.3）g 水；床体积为 9~11ml/1g 干胶。

（三）凝胶层析介质的种类

目前，常用的凝胶层析介质主要有葡聚糖凝胶、琼脂糖凝胶、聚丙烯酰胺凝胶和多孔玻璃微球等。

1. 葡聚糖凝胶 葡聚糖凝胶又称交联葡聚糖凝胶，也是目前凝胶层析中最常用的凝胶。葡聚糖凝胶是由多聚葡聚糖与环氧氯丙烷交联而成，是一类具有网状结构的珠状凝胶颗粒。其孔径大小可以通过调节葡聚糖与交联剂的配比及反应条件来控制，交联度越大，孔径越小。

2. 聚丙烯酰胺凝胶 聚丙烯酰胺凝胶是一种全化学合成的人工凝胶，它由单体丙烯酰胺合成线状多聚物，再与交联剂次甲基双丙烯酰胺通过自由基引发聚合反应形成聚丙烯酰胺，聚合过程中可适当控制单体用量和交联剂的比例，从而得到不同类型和不同特征的聚丙烯酰胺凝胶。

3. 琼脂糖凝胶 琼脂糖凝胶是一种大孔凝胶，相对分子质量分离范围远大于葡聚糖凝胶和聚丙烯酰胺凝胶，主要用于分离相对分子质量400以上的生物大分子。琼脂糖凝胶是来源于海藻多糖琼脂，是一种天然凝胶，在交联时无需化学交联剂，化学稳定性较差，一般只能在pH4~9范围内使用。

拓展阅读

超　胶

超胶即琼脂糖-聚丙烯酰胺凝胶，是由琼脂糖和聚丙烯酰胺按不同比例制成的混合凝胶，此类凝胶化学稳定性好，强度也高，可在pH3~10范围内使用，但对热的稳定没有改变。

4. 多孔玻璃微球 常见的有钠玻璃、硼玻璃和铅玻璃等。多孔玻璃微球的优点是化学稳定性高、强度大，能在高压下操作，并获得好的流速，重复性好。缺点是因有大量的硅羟基存在，对糖类、蛋白质等物质有吸附作用。常用聚乙烯二醇浸泡加以钝化后使用。

（四）凝胶层析的操作

1. 凝胶的选择和预处理 凝胶层析效果的好坏，关键性的因素是根据样品的性质和种类选择合适的凝胶。凝胶在使用前必须溶胀，使干凝胶充分吸收溶剂介质，并达到平衡，体积不再涨大为止。

2. 凝胶柱的装填 装柱是凝胶层析中极为关键的一个操作步骤。避免装柱过程中产生气流、形成界面以及装填不均匀等现象。一般应将层析柱垂直安装，在柱底部出口和各接口处事先通入洗脱剂去除气泡，而后将配制成适当黏稠度的凝胶悬浮液一次倾入层析柱内，开启柱下面的出口开关，流出液体，使凝胶自然下沉。在进胶过程中，要控制流速稳定，胶下沉须连续、均匀。

3. 加样 凝胶层析的上样量与床体积有关，分级分离时上样量一般为床体积的1%~5%，组别分离时样品用量可以增加。加样时通常采用直接法，样品加完后，打开出口，让样品慢慢渗入凝胶内，距床面1mm时，关闭下出口，用少量相同洗脱液清洗表面几次，使样品尽可能全部进入凝胶内（尽可能不稀释样品），之后接通恒压洗脱瓶开始层析。

4. 洗脱与收集 洗脱时要控制适当的流速。洗脱液应与平衡液一致，否则会使凝胶体积发生改变，影响分离效果。洗脱液的收集多采用部分收集器，并用记录仪观察和分析流出物的分离情况，得到洗脱图谱。

5. 凝胶柱的再生 凝胶柱在合理使用的情况下一般无需再生即可多次重复使用。凝胶柱如遇到长期使用而板结或被不溶物污染及发生严重吸附时则需要再生。对板结凝胶柱，最简单的处理方法是反冲。不溶物和严重吸附的凝胶柱，必须使凝胶出柱，反复漂洗后再用烯酸、稀碱或其他溶剂浸泡处理。

三、离子交换层析

离子交换层析（ion exchange chromatography）是根据溶液中各种带电颗粒与离子交换剂之间结合力的差异而进行分离的技术。离子交换层析是吸附、吸收、穿透、扩散、离子交换、离子亲合力等物理化学过程综合作用的结果。

（一）原理

当溶液中存在A、B两种或两种以上的离子，并通过离子交换层析柱时，原来吸附在离子交换介质上的离子与溶液中高浓度的A、B离子发生交换作用，脱离离子交换介质，游离在流动相中，并随流动相流出。A、B两种离子在同一溶液中溶解度不同、所带电荷不同，因此在层析柱内洗脱时的迁移速度就不同，从起始原点至A、B两离子的层析峰间的距离逐渐加大，最终完全分离。

（二）离子交换剂

离子交换剂主要由惰性的不溶性载体、功能基团和平衡离子组成。

载体是由高分子化合物聚合而成的球形颗粒或多糖类化合物交联而成的球形颗粒。一般应具有良好的亲水性、水不溶性、较好的化学稳定性或较多的容易被活化剂活化的基团。

平衡离子带正电荷的为阳离子交换剂，平衡离子带负电荷的为阴离子交换剂，离子交换剂是一类具有活性基团的荷电固相颗粒。

阴（阳）离子交换现象可用下式表示：

阳离子交换反应：

$$R—SO_3^-X^+ + Y^+ \rightleftharpoons R—SO_3^-X^+ + X^+$$

阴离子交换反应：

$$R—\underset{CH_3}{\overset{CH_3}{N}}—H^+A^- + B^- \rightleftharpoons R—\underset{CH_3}{\overset{CH_3}{N}}—H^+B^- + A^-$$

式中R表示阴（阳）离子交换剂中大分子聚合物的主体结构（载体），$—SO_3^-$、$—N(CH_3)_2H^+$ 为离子交换剂中的功能基团，X^+、A^-为平衡离子，Y^+、B^-为交换离子。平衡离子和样品中的交换离子间的作用是由静电引力而产生的，是一个可逆的反应过程。当此反应达到动态平衡时，其平衡点随着pH、温度、溶剂的组成及交换剂本身性质的改变而变化。

（三）离子交换层析操作

1. 离子交换剂的选择 离子交换剂种类很多，实际应用中，应根据具体情况考虑下列一些因素：被分离物质带电性质；相对分子质量大小；被分离物质所处的环境，即环境中是否有其他离子存在；被分离物质的物理化学性质等。一般情况下，酸性物质用阴离子交换剂分离；碱性物质用阳离子交换剂分离。

2. 装柱及加样

（1）柱的装填及平衡 选择合适的层析柱，若用碱式（或酸式）滴定管代替，管底部应先用玻璃纤维填塞。将溶胀或已转型的离子交换剂与起始缓冲液混合成浆状物均匀装柱。

装填过程中为防止产生气泡和分层，装柱时可先加 1/3（V/V）的水，而后靠水的浮力加入树脂或其他交换剂，使其均匀缓慢地沉降。装柱完毕后，用水或缓冲液平衡到所需条件，如特定的 pH、离子强度等，进一步对着光检查，观察填充是否均匀，若均匀即可上样。

（2）加样　被分离物质的分离效果好坏与加样量及样品浓度有关，样品用量又取决于所选离子交换剂的交换容量。一般控制样品用量为交换容量的 10%～20%，可获得较好的分辨率。

（3）洗脱与收集　加样后，用足够量的起始缓冲液洗柱，以除去未吸附的物质，而后再进行洗脱。离子交换层析的洗脱方式多采用梯度洗脱和阶段洗脱。洗脱液常用部分收集器收集，根据实验目的每管收集相同毫升数，并用记录仪观察和分析流出物的分离情况，得到洗脱图谱。

（4）树脂的再生　对使用后的树脂首先要去杂，即用大量水冲洗，以去除树脂表面和孔隙内部物理吸附的各种杂质。然后再用酸、碱处理除去与功能基团结合的杂质，使其恢复原有的静电吸附能力。树脂去杂后，为了发挥其交换性能，还要对树脂进行转型，即按照使用要求赋予平衡离子的过程。

四、亲和层析

亲和层析（affinity chromatography）是根据流动相中的生物大分子与固定相表面偶联的特异性配基发生亲和作用，有选择吸附溶液中的溶质而进行的层析分离方法。与其他类型的层析技术有所不同，它是在一种特制的具有专一性吸附能力的吸附剂上进行的层析。

在生物体内许多生物大分子具有与其结构相对应的专一分子可逆结合的特性，如酶与底物或抑制剂、抗体与抗原、激素与其受体、RNA 与其互补的 DNA 等。这种结合往往是专一的，而且是可逆的，生物分子间的这种结合能力称为亲和力。亲和层析方法就是利用分子间这种亲和吸附和解析的原理建立和发展起来的。

由于亲和层析中使用的亲和吸附剂亲和力大、专一性强，因此只要通过较简单的步骤，即可达到预期的分离效果。

（一）原理

利用亲和层析技术分离某一生物大分子时，首先必须寻找能被该分子识别和可逆结合的生物专一性物质，此物质称为配基。其次要把配基结合到层析介质，此层析介质称为载体。最后把固定化配基填充在层析柱内做成亲和柱，使欲分离的物质混合物流经亲和柱。混合物中只有能与配基专一性结合形成络合物的分子被吸附，不能被结合的杂质则直接流出，通过更换洗脱液的方法，促使被吸附物从配基上解吸下柱，从而获得亲和物。亲和层析的基本过程如图 12-2。

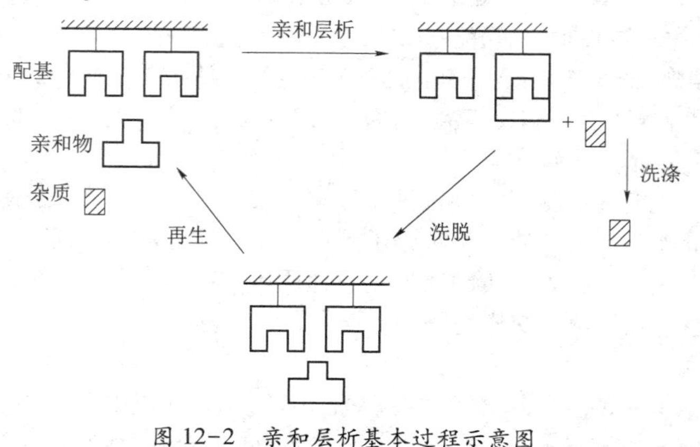

图 12-2　亲和层析基本过程示意图

（二）亲和介质的制备

1. 配基的选择 在亲和层析中，分离生物大分子的配基必须具备下列条件。

（1）配基必须有适当的化学基团能与活化剂的活化基团发生偶联作用，以便使载体得到较高的偶联率，偶联后不致影响配基和被分离生物大分子的专一结合特性。

（2）配基必须与被分离物质容易发生亲和作用，且专一性要强，以便更有效地分离目标产物。

（3）配基与生物大分子结合后，在一定条件下能够被解吸附，且不破坏生物大分子的生物活性和理化性质。

（4）若分离物质是生物分子，尽量选择相对分子质量较大的化合物作为配基，以减少在分离过程中的空间阻碍。

常用的配基有：①有机小分子类，主要有苯基类、烷基类、氨基酸类、核苷酸类等。②生物大分子类，主要有酶类、抑制剂类、蛋白质类、抗原抗体类等。③染料，主要有蓝色葡聚糖、荧光染料等。

课堂互动

分离纯化酶、激素、核酸、抗原或抗体、细胞等类物质时可选择什么样的配基来进行亲和层析？

2. 载体的选择 亲和层析的载体一般是凝胶类层析介质。一般比较理想的亲和层析介质的载体应具备以下特性。

（1）载体应是惰性的，尽量减少物理吸咐和离子交换等非专一性吸附。

（2）载体上必须有足够数量的可活化的化学基团，这些可活化的基团应能在较温和的条件下与大量配基偶联。

（3）具有多孔的立体网状结构，能使被亲和吸附的大分子自由通过。

（4）具有较好的物理和化学稳定性，在一般的亲和层析条件下，载体的结构不会被破坏。

（5）具有良好的机械性能，并且颗粒均匀，保持层析过程中流速稳定。

常用的载体有：琼脂糖凝胶、葡聚糖凝胶、聚丙烯酰胺凝胶、多孔玻璃珠等。

（三）亲和层析的操作

同其他层析技术相同，亲和层析一般也采用柱层析的操作方式。所选平衡缓冲液应具有合适的 pH 和离子强度以利于亲和吸附物的形成。上样时要在低温（4℃）下进行，流速要尽可能慢。应根据被分离物质与配基之间亲和力的大小，选择不同的洗脱方法。

1. 亲和层析的洗脱

（1）非专一性洗脱 非专一性洗脱是最常用的洗脱方法。它主要靠改变缓冲液的 pH、离子强度、介电常数或温度等方法，使固定在配基上的亲和物的构象发生改变，降低其亲和力，将被亲和物从配基上洗脱下来，达到纯化的目的。

（2）专一性洗脱 当所用配基带有电荷或配基本身对几种生物大分子都具有亲和力时，非专一性洗脱就难以奏效。因为配基上带有电荷，会使待分离的生物大分子和被吸附的杂蛋白同时被洗脱下来。但选用专一性的洗脱剂，可以只解吸待分离的生物大分子。

2. 亲和吸附剂的再生 已使用过的亲和吸附剂必须经过再生处理，除去非专一性吸附的杂质才能重复使用。通常，每次层析之后应用2~6mol/L尿素溶液洗涤层析柱。有时也加入适量的二甲基甲酰胺、链霉蛋白酶以恢复亲和吸附剂的吸附容量。如果每次层析以后，都对层析柱经过适当的再生处理，则可使层析柱的寿命大大延长。

重点：知道凝胶层析的原理、离子交换剂的三个组成部分、亲和层析的原理。
难点：会正确进行凝胶柱的填装、会进行配基和载体的选择。

第三节　电泳技术

电泳是指溶解或悬浮于电解液中带电荷的蛋白质、胶体、大分子或其他粒子，在电流作用下向其自身所带电荷相反的电极方向迁移。电泳法是指利用溶液中带有不同量电荷的离子，在外加电场中使供试品组分以不同的迁移速度向对应的电极移动，实现分离并通过适宜的检测方法记录或计算，达到测定目的的分析方法。

电泳技术已经成为生物化学、分子生物学、医学、药学等多种学科进行分析鉴定必不可少的一门技术。

一、区带电泳

区带电泳（zone electrophoresis）是指含有支持介质的电泳，带电荷的供试品在惰性支持介质中，在电场作用下，向其相反的电极方向按各自的速度进行泳动，使组分分离成狭窄的区带。

区带电泳法可选用不同的支持介质，并用适宜的检测方法记录供试品组分电泳区带图谱，以计算其含量（%）。

按支持介质的不同可分为：纸电泳法、醋酸纤维素薄膜电泳法、琼脂糖凝胶电泳法和聚丙烯酰胺凝胶电泳法等。

（一）纸电泳法

纸电泳法是以层析滤纸为支持介质，介质孔径大，没有分子筛效应，主要凭借被分离组分中各组分所带电荷的差异进行分离，适用于检测核苷酸等性质相似的物质。

1. 仪器装置　纸电泳仪包括：直流电源和电泳槽两部分。常压电泳一般为100~500V，分离时间长，从数小时到数天，多用于分离大分子物质；高压电泳一般为500~10000V，电泳时间短，有时只需几分钟，多用于分离小分子物质。常用的为水平式电泳槽。

2. 操作方法

（1）电泳缓冲液　根据待测样品的理化性质选择pH和离子强度合适的缓冲液。电泳时加入两槽中缓冲液应一致，保持两槽的水平液面相同。

（2）滤纸　滤纸要求纸质均匀，吸附力小，否则会造成电场强度不均匀，区带不整齐。将选择好的滤纸根据实验要求和电泳槽大小，裁成适当长度的条状或长方形。条状滤纸一般每条点一个样品；长方形滤纸，根据其宽度可点若干样品，点样间距为2.5~3cm。

（3）点样　有湿法和干法两种点样方法。

湿法点样是将裁好的滤纸全部放入电泳缓冲液润湿后，用镊子取出，用滤纸吸干多余的缓冲液，置电泳槽架上，使起始线靠近负极端，将滤纸两端浸入缓冲液中，然后用微量注射器精密点加供试品溶液，每点10μl，共3点，并留2个空白位置。

干法点样是将样品直接点在滤纸上，吹干，再点，反复数次，直至点完规定量的供试品溶液，然后将电泳缓冲液用喷雾器喷湿滤纸，点样处最后喷湿，本法适用于浓度低的供试品。

（4）电泳　于电泳槽中加入适量电泳缓冲液，浸没铂电极，接通稳压电源，电压梯度调整为18~20V/cm，电泳约1小时45分钟，取出，立即吹干，置紫外灯下检视，用铅笔画出紫色斑点的位置。

（5）含量测定　剪下供试品斑点以及斑点位置面积相近的空白滤纸，剪成细条，分别置试管中，各精密加入0.01mol/L盐酸5ml，摇匀放置1小时，滤过取滤液或上清液，按规定测定滤液或上清液的吸光度，并计算含量。

（二）醋酸纤维素薄膜电泳

醋酸纤维素薄膜电泳法是以醋酸纤维素薄膜为支持介质的，介质孔径大，没有分子筛效应，主要凭借被分离组分中各组分所带电荷的差异进行分离，适用于血清蛋白、免疫球蛋白、脂蛋白、糖蛋白、类固醇激素及同工酶等的检测。

1. 仪器装置　醋酸纤维素薄膜电泳装置见图12-3，其电泳槽和直流电源与纸电泳相同。

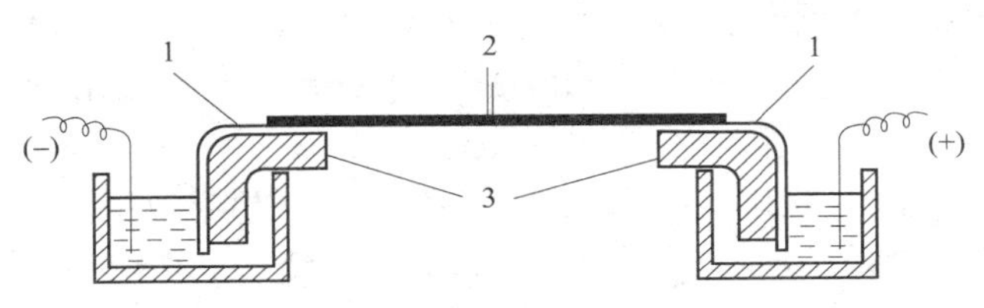

图12-3　醋酸纤维薄膜电泳装置示意图

1-滤纸桥；2-醋酸纤维薄膜；3-电泳槽支架

2. 操作方法

（1）醋酸纤维素薄膜　将醋酸纤维素薄膜裁好（一般为2cm×8cm），把无光泽面朝下，浸入巴比妥缓冲液中，待完全浸透，取出夹于滤纸中，轻轻吸去多余的缓冲液，将膜条无光泽面向上，置电泳槽架上，经滤纸桥浸入巴比妥缓冲液中。

（2）点样　于膜条上距负极端2cm处点样。点样量不宜过大，且用条状点样法（醋酸纤维素薄膜吸水性较差）。条状点样的好坏是获得清晰区带的电泳图谱的重要环节。

（3）电泳　点样后立即盖好电泳槽盖，打开电源，调节电压和电流强度，至区带的展开距离为4~5cm，停止电泳。

（4）染色　电泳后，取出膜条浸于氨基黑或丽春红染色液中，2~3分钟后，用脱色液浸洗数次，直至脱去底色。

（5）透明　将漂洗干净的薄膜吹干，浸入透明液中浸泡10~15分钟，取出平铺在洁净的玻璃板上，干后即成透明的薄膜，可用于相对含量、纯度测量和做标本长期保存。

（6）含量测定　未经透明处理的醋酸纤维素薄膜电泳图可按各项下规定的方法测定，一般采用洗脱法或扫描法。

（三）琼脂糖凝胶电泳法

琼脂糖凝胶电泳法是以琼脂糖凝胶为支持介质的。除电荷效应外，还有分子筛效应，可根据被分离物质的形状和大小不同进行分离，大大提高了分辨率。本法适用于免疫复合物、核酸和核蛋白等的分离、鉴定与纯化。

1. 仪器装置　其电泳槽和直流电源与纸电泳法相同。

2. 操作方法

（1）制胶　根据所需的琼脂糖凝胶的浓度，称取适量，先加少量水或缓冲液，迅速加热使琼脂糖溶胀完全，趁热将胶液涂布于玻板（2.5cm×7.5cm 或 4cm×9cm）上，厚度约3mm，静置，待胶液凝固成无气泡的均匀薄层，即得。

（2）点样与电泳　将制好的胶板通过滤纸桥与缓冲液相连，或将琼脂糖凝胶板放入电泳槽中，加入浸过胶面约 1mm 的电泳缓冲液，在胶板负极端点样约 1μl。立即接通电源，在电压梯度为 30V/cm、电流强度 1~2mA/cm 的条件下，电泳约 20 分钟，关闭电源。

（3）染色与脱色　取下胶板，根据样品的性质选择不同的染色剂进行染色。用水洗去多余的染色液至背景无色为止。

（四）聚丙烯酰胺凝胶电泳法

聚丙烯酰胺凝胶电泳法（PAGE）是以聚丙烯酰胺凝胶作为支持介质，生物大分子保持天然状态，其迁移速率不仅取决于电荷密度，还取决于分子大小和形状，可用来研究生物大分子的特性，如电荷、分子量、等电点等。根据仪器装置的不同可分为水平平板电泳、垂直平板电泳和盘状电泳。根据制胶方式不同又可分为连续电泳和不连续电泳。

1. 仪器装置　通常由稳流电泳仪和圆盘电泳槽或垂直平板电泳槽组成。其电泳室有上、下两槽，每个槽中都有固定的铂电极，铂电极经隔离电线接于电泳仪稳流档上。使用垂直平板电泳槽的测定方法参见 SDS-聚丙烯酰胺凝胶电泳法。使用圆盘电泳槽方法如下。

2. 操作方法

（1）制胶　均匀制成的胶液，立即用装有长针头的注射器或细滴管将胶液沿管壁加至底端有橡皮塞的小玻璃管（10cm×0.5cm）内，使胶层高度达 6~7cm，然后徐徐滴加水少量，使覆盖胶面，管底气泡赶走，静置约 30 分钟，待出现明显界面时即聚合完毕，吸去水层。

（2）加样及电泳　将已制好的凝胶玻璃管装入圆盘电泳槽内，每管加供试品溶液 50~100μl，为防止扩散可加入甘油或 40% 蔗糖溶液 1~2 滴及 0.04% 溴酚蓝指示液 1 滴。玻璃管的上部用电极缓冲液充满，上端接负极，下端接正极。调节电流使每管为 1mA，数分钟后，加大电流使每管为 2~3mA，当溴酚蓝指示液移至距玻璃管底部 1cm 处，关闭电源。

（3）染色和脱色　电泳完毕，用装有长针头并吸满水的注射器，自胶管底部沿胶管壁将水压入，胶条即从管内滑出，将胶条浸入稀染色液 10~12 小时或用染色液浸泡 10~30 分钟，用水漂洗干净，再用脱色液脱色至无蛋白区带凝胶的底色透明为止。

（五）SDS-聚丙烯酰胺凝胶电泳法

SDS-聚丙烯酰胺凝胶电泳法是一种变性的聚丙烯酰胺凝胶电泳法。其分离蛋白质的原理是根据大多数蛋白质都能与阴离子表面活性剂十二烷基硫酸钠（SDS）按重量比结合成复合物，使蛋白质分子所带的负电荷远远超过天然蛋白质分子的净电荷，消除了不同蛋白质分子的电荷效应，使蛋白质按分子大小分离。

1. 仪器装置　恒压或恒流电源、垂直板或圆盘电泳槽和制胶模具。

2. 操作方法

（1）制备分离胶溶液　根据不同分子量的需求，制成不同的分离胶溶液，灌入模具内至一定的高度，加水封顶，室温下聚合（室温不同，聚合时间不同）。

（2）制备浓缩胶溶液　待分离胶溶液聚合后，用滤纸吸去上面的水层，再灌入浓缩胶溶液，插入样品梳，注意避免气泡出现。

（3）加样　待浓缩胶溶液聚合后小心拔出样品梳，将电极缓冲液注满电泳槽前后槽，在加样孔加入供试品溶液。

（4）电泳　垂直板电泳：恒压电泳，初始电压为 80V，进入分离胶时调至 150~200V，当溴酚蓝迁移至胶底，停止电泳。

（5）固定与染色　电泳完毕，取出胶条，置固定液中30分钟，取出胶条，置染色液中1~2小时，用脱色液脱色至凝胶背景透明后保存在保存液中。

二、其他电泳

（一）毛细管电泳法

毛细管电泳法又称高效毛细管电泳法（high performance capillary electrophoresis，HPCE），是指以弹性石英毛细管为分离通道，以高压直流电场为驱动力，根据供试品各组分淌度（单位电场强度下的迁移速度）和（或）分配行为的差异而实现分离的一种分析方法。它兼有CE的高速、高分辨率和HPLC的高效率，广泛应用于离子型生物大分子的分析、DNA序列和DNA合成中产物纯度的测定、单个细胞和病毒的分析、中性化合物的分析等。

HPCE具有高效、快速、分离模式多，选择自由度大、分析对象广，以及具有“万能”分析功能、自动化程度高、样品用量少、无污染等优点。主要缺点为制备能力低、要求检测器灵敏度高、填充柱需要专门的技术、管壁对样品的作用容易被放大、需控制电渗现象等。

（二）等电聚焦电泳法

等电聚焦（isoelectric focusing，IEF）电泳法是一种高分辨率的蛋白质分离和分析技术。它是利用蛋白质分子或其他两性电解质分子具有不同的等电点，从而在一个稳定、连续、线性的pH梯度中得到分离。

等电聚焦电泳法分辨率高、重复性好、样品容量大，只需要一般电泳设备，操作简单快捷，应用较广泛。

重点：会正确制胶。

附1　光谱技术——紫外-可见分光光度法

光谱法（spectrometry）是基于物质与电磁辐射作用时，测量由物质内部发生量子化的能级之间的跃迁而产生的发射、吸收或散射辐射的波长和强度进行分析的方法。

分光光度法是光谱法的重要组成部分，是通过测定被测物质在特定波长处或一定波长范围内的吸光度或发光强度，对该物质进行定性和定量分析的一种方法。常用的技术包括紫外-可见分光光度法、红外分光光度法、荧光分光光度法和原子吸收分光光度法等。在生化上常用紫外-可见分光光度法。

紫外-可见分光光度法是在190~800nm波长范围内测定物质的吸光度，用于鉴别、杂质检查和定量测定的方法。

紫外-可见分光光度计由5个部件组成：辐射源、单色器、试样容器、检测器、显示装置等。仪器类型则有单波长单光束直读式分光光度计、单波长双光束自动记录式分光光度计和双波长双光束分光光度计等。

（一）基本原理

当光穿过被测物质溶液时，物质对光的吸收程度随光的波长不同而变化。因此，通过测定物质在不同波长处的吸光度，并绘制其吸光度与波长的关系图即得被测物质的吸收光谱。从吸收光谱中，可以确定最大吸收波长λ_{max}和最小吸收波长λ_{min}。物质的吸收光谱具有与其结构相关的特征性。因此，可通过特定波长范围内样品的光谱与对照光谱或对照品光谱的比较，或通过确定最大吸收波长，或通过测量两个特定波长处的吸收比值而鉴别物质。

用于定量时，在最大吸收波长处测量一定浓度样品溶液的吸光度，并与一定浓度的对照溶液的吸光度进行比较或采用吸收系数法求算出样品溶液的浓度。

（二）操作方法

1. 仪器校正和检定

（1）波长　由于环境因素对机械部分的影响，仪器的波长经常会略有变动，因此除应定期对所用的仪器进行全面校正检定外，还应于测定前校正测定波长。仪器波长的允许误差为：紫外光区±1nm，500nm 附近±2nm。

（2）吸光度的准确度　可用重铬酸钾的硫酸溶液检定。取在 120℃ 干燥至恒重的基准重铬酸钾约 60mg，精密称定，用 0.005mol/L 硫酸溶液溶解并稀释至 1000ml，在规定的波长处测定并计算其吸收系数，与规定的吸收系数比较，应符合规定。

（3）杂散光的检查　可按规定的试剂和浓度配制成水溶液，置 1cm 石英吸收池中，在规定的波长处检测透光率，应符合规定。

2. 对溶剂的要求　含有杂原子的有机溶剂，通常均具有很强的末端吸收。因此，当作溶剂使用时，它们的使用范围均不能小于截止使用波长。另外，当溶剂不纯时，也可能增加干扰吸收。因此，在测定供试品前，应先检查所用的溶剂在供试品所用的波长附近是否符合要求，即将溶剂置 1cm 石英吸收池中，以空气为空白（即空白光路中不置任何物质）测定其吸光度。溶剂和吸收池的吸光度，在 220~240nm 范围内不得超过 0.40，在 241~250nm 范围内不得超过 0.20，在 251~300nm 范围内不得超过 0.10，在 300nm 以上时不得超过 0.05。

3. 测定法　测定时，除另有规定外，应以配制供试品溶液的同批溶剂为空白对照，采用 1cm 的石英吸收池，在规定的吸收峰波长±2nm 以内测试几个点的吸光度，或由仪器在规定波长附近自动扫描测定，以核对供试品的吸收峰波长位置是否正确。除另有规定外，吸收峰波长应在该品种项下规定的波长±2nm 以内，并以吸光度最大的波长作为测定波长。一般供试品溶液的吸光度读数，以在 0.3~0.7 之间为宜。仪器的狭缝波带宽度宜小于供试品吸收带的半高宽度的十分之一，否则测得的吸光度会偏低；狭缝宽度的选择，应以减小狭缝宽度时供试品的吸光度不再增大为准。由于吸收池和溶剂本身可能有空白吸收，因此测定供试品的吸光度后应减去空白读数，或由仪器自动扣除空白读数后再计算含量。当溶液的 pH 对测定结果有影响时，应将供试品溶液的 pH 和对照品溶液的 pH 调成一致。

（1）鉴别和检查　分别按各品种项下的方法进行。

（2）含量测定　一般有以下几种。①对照品比较法：按各品种项下的方法，分别配制供试品溶液和对照品溶液，对照品溶液中所含被测成分的量应为供试品溶液中被测成分规定量的 100%±10%，所用溶剂也应完全一致，在规定的波长测定供试品溶液和对照品溶液的吸光度后，按公式计算出供试品中被测溶液的浓度。②吸收系数法：按各品种项下的方法配制供试品溶液，在规定的波长处测定其吸光度，再以该品种在规定条件下的吸收系数计算含量。用本法测定时，吸收系数通常应大于 100，并注意仪器的校正和检定。③比色法：供试品溶液加入适量显色剂后测定吸光度以测定其含量的方法为比色法。用比色法测定时，由于显色时影响显色深浅的因素较多，应取供试品与对照品或标准品同时操作。除另有规定外，比色法所用的空白系指用同体积的溶剂代替对照品或供试品溶液，然后依次加入等量的相应试剂，并用同样的方法处理。在规定的波长处测定对照品和供试品溶液的吸光度后，按公式计算供试品浓度。

附2　移液器的使用

1. 设定移液体积　从大量程调节至小量程为正常调节方法，逆时针旋转刻度即可。从小量程调节至大量程时，应先顺时针旋转刻度旋钮调至超过设定体积刻度，再回调至设定体积，这样可以保证移液器的精确度。在此过程中切不可将按钮旋出量程，否则会卡住内部机械装置而毁坏移液器。

2. 装配移液枪头　将移液枪垂直插入吸头，稍微用力左右旋转半圈，上紧即可。枪头卡紧的标志是略微超过O型环，并可以看到连接部分形成清晰的密封圈。

3. 移液方法　移液前，要保证移液器、枪头和液体处于相同温度。吸取液体时，移液器应垂直，吸头尖端浸入液面3mm以下。吸液前可以先吸放几次液体润湿枪头（尤其是要吸取黏稠或密度与水不同的液体时）。

移液可采用两种移液方法。①前进移液法：用大拇指将按钮按下至第一停点，然后慢慢松开按钮回到原点；接着将按钮按至第一停点排出液体，稍停片刻继续按按钮至第二停点吹出残余液体；最后松开按钮。②反向移液法：此法一般用于转移高黏液体、生物活性液体、易起泡液体或极微量的液体，其原理是吸入多余设置移液体积量的液体，转移液体的时候不用吹出残余的液体。先按下按钮至第二停点，慢慢松开按钮至原点；接着将按钮按至第一停点排出设置好移液体积的液体，继续保持按住按钮位于第一停点（千万别往下按），取下有残留液体的枪头，弃之。

4. 移液器的正确放置　使用完毕，可以将其垂直挂在移液器架上，但要小心别掉下来。

普通移液器的结构，见图12-4。

【注意事项】

1. 可用分析天平称量所取纯水的重量并进行计算的方法，来校正取液器，1ml蒸馏水20℃时重0.9982g。

2. 在设置量程时，请注意旋转到所需量程数字清清楚楚在显示窗中，所设量程在移液器量程范围内不要将按钮旋出量程，否则会卡住机械装置，损坏移液器。

3. 吸取液体时一定要缓慢平稳地松开拇指，绝不允许突然松开，以防将溶液吸入过快而冲入取液器内腐蚀柱塞而造成漏气。

4. 为获得较高的精度，吸头需预先吸取一次样品溶液，然后再正式移液，因为吸取血清蛋白质溶液或有机溶剂时，吸头内壁会残留一层“液膜”，造成排液量偏小而产生误差。

5. 浓度和黏度大的液体，会产生误差，为消除其误差的补偿量，可由试验确定，补偿量可用调节旋钮改变读数窗的读数来进行设定。

6. 吸有液体的移液枪不应平放，枪头内的液体很容易污染枪内部而可能导致枪

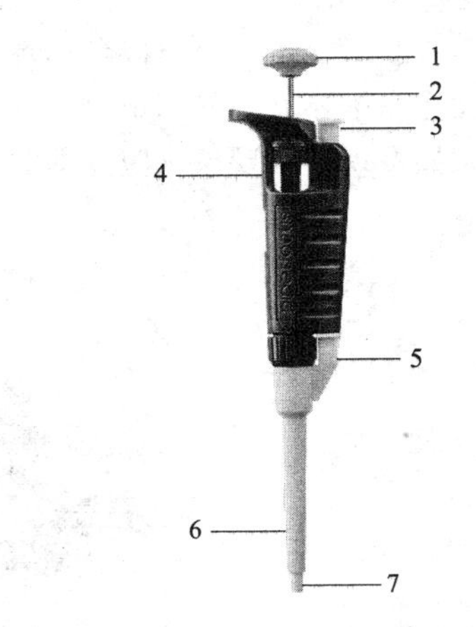

图12-4　普通移液器结构

1. 推动按钮；2. 推动杆；3. 卸枪头按钮；4. 调节轮；5. 卸枪头器；6. 吸液杆；7. 一次性洗液枪头连接处

的弹簧生锈。

7. 移液器严禁吸取有强挥发性、强腐蚀性的液体（如浓酸、浓碱、有机物等）。

8. 严禁使用移液器吹打混匀液体。

9. 不要用大量程的移液器移取小体积的液体，以免影响准确度。同时，如果需要移取量程范围以外较大量的液体，请使用移液管进行操作。

10. 移液枪在每次实验后应将刻度调至最大，让弹簧回复原型以延长移液枪的使用寿命。

11. 如液体不小心进入活塞室应及时清理污染物。定期清洁移液器外壁。

附3 离心机的使用

1. 离心机应放置在坚固的水平地面或平台上，并使离心机处于水平位置，以免离心时造成机器震动。

2. 打开电源，按要求装上所需的转头（普通离心机可省略此步骤），将预先用托盘天平平衡好的样品放置于转头样品架上（离心筒必须与样品同时平衡），要对称放置，关闭机盖。

3. 按功能选择键，设置各项要求：温度、速度、时间、加速度及减速度，带电脑控制的机器还需要按储存键，以便记忆输入的各项信息。（普通离心机只需设定转速和时间）

4. 按启动键，离心机将按设定的参数自动运行，至预定时间自动关机。（此过程人员不得离开，如有异常，立即停机）

【注意事项】

1. 机体始终处于水平位置，外接电源系统的电压要匹配，并要求有良好的接地线。

2. 开机前应检查转头安装是否牢固，机腔有无异物掉入。

3. 样品应预先平衡，使用离心筒时，离心筒与样品应同时平衡，并对称放置。

4. 对挥发性或腐蚀性液体进行离心时，应使用带盖的离心管，并确保液体不外漏，以免腐蚀机腔或造成事故。

5. 擦拭离心腔时动作要轻，以免损坏机腔内温度感应器。

6. 每次操作完毕要做好使用记录，并定期对仪器进行检修。

7. 离心时如发现异常现象，应立即关闭电源，并报有关技术人员进行检查和维修。

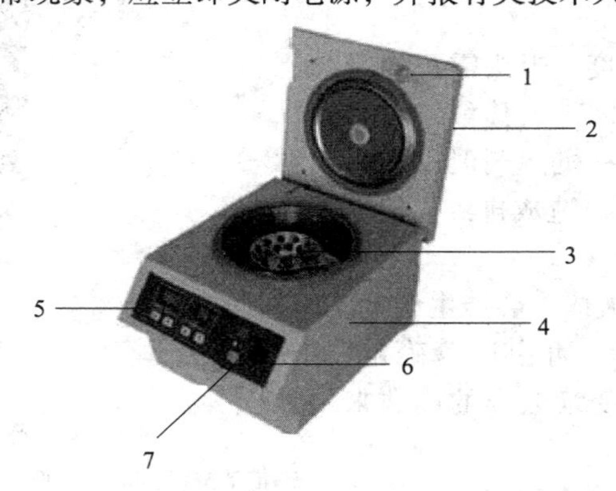

图 12-5 普通台式离心机结构图

1. 锁舌；2. 盖板；3. 转盘；4. 机壳；5. 控制面板；6. 电源开关；7. 应急门保护开关

本章小结

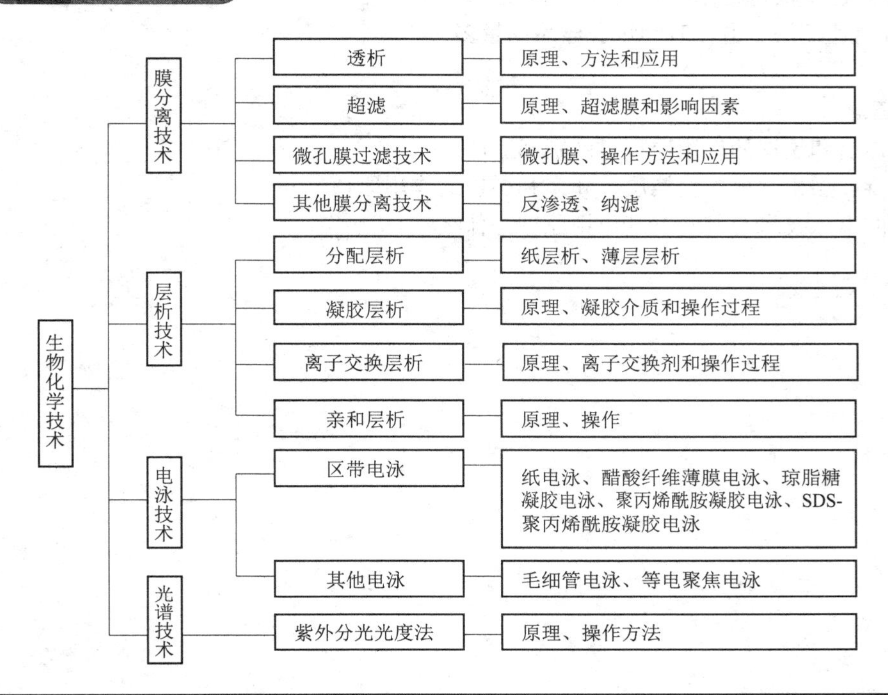

目标检测

一、单项选择题

1. 关于膜分离技术说法正确的是（　　）。
   A. 膜分离技术是利用膜的孔径大小以及膜表面的特性来进行分离的技术
   B. 膜分离技术仅以膜孔径大小为通用指标
   C. 膜分离技术只有透析和超滤两种类型
   D. 膜分离技术只能分离一定范围相对分子质量的分子
2. 根据被分离物在固定相和流动相中不断的吸附和解吸附，在两相中的分配系数差异来进行分离的层析技术是（　　）。
   A. 凝胶层析　B. 分配层析　C. 亲和层析　D. 离子交换层析
3. 通过专一性吸附能力进行层析的技术是（　　）。
   A. 凝胶层析　B. 分配层析　C. 亲和层析　D. 离子交换层析
4. 电泳时 pH、颗粒所带电荷和电泳速度的关系，下列描述正确的是（　　）。
   A. pH 离等电点越远，颗粒所带电荷越多，电泳速度也越慢
   B. pH 离等电点越近，颗粒所带电荷越多，电泳速度也越快
   C. pH 离等电点越远，颗粒所带电荷越少，电泳速度也越快
   D. pH 离等电点越远，颗粒所带电荷越多，电泳速度也越快
5. 醋酸纤维素薄膜电泳的特点是（　　）。
   A. 分离速度慢、电泳时间短、样品用量少

B. 分离速度快、电泳时间长、样品用量少
C. 分离速度快、电泳时间短、样品用量少
D. 分离速度快、电泳时间短、样品用量多

二、简答题

1. 简述透析和超滤的作用原理、区别和应用。
2. 简述凝胶层析、离子交换层析和亲和层析的作用原理。
3. 常用的电泳技术有哪些？其作用原理是什么？

参考文献

[1] 王镜岩．生物化学［M］. 第 3 版．北京：高等教育出版社，2002
[2] 黄纯．生物化学［M］. 第 2 版．北京：科学出版社，2009
[3] 查锡良．生物化学［M］. 第 7 版．北京：人民卫生出版社，2009
[4] 吴梧桐．生物化学［M］. 第 6 版．北京：人民卫生出版社，2010
[5] 贾弘禔．生物化学［M］. 第 3 版．北京：人民卫生出版社，2007
[6] 陈电容．生物化学与生化药品［M］. 郑州：河南科学技术出版社，2007
[7] 周爱儒．生物化学［M］. 第 6 版．北京：人民卫生出版社，2004
[8] 王易振．生物化学［M］. 北京：人民卫生出版社，2009
[9] 张景海．生物化学实验［M］. 北京：中国医药科技出版社，2006
[10] 陈辉．生物化学基础［M］. 北京：高等教育出版社，2010
[11] 周克元，罗德生．生物化学［M］. 第 2 版．北京：科学出版社，2010
[12] 金丽琴．生物化学［M］. 杭州：浙江大学出版社，2007
[13] 陈明雄．生物化学［M］. 北京：中国医药科技出版社，2009
[14] 许激扬．生物化学实验与指导［M］. 北京：中国医药科技出版社，2009
[15] 姚文兵．生物化学［M］. 北京：人民卫生出版社，2011
[16] 张洪渊，万海清．生物化学［M］. 北京：化学工业出版社，2006
[17] 周先碗，胡晓倩．生物化学仪器分析与实验技术［M］. 北京：化学工业出版社，2003
[18] 盛龙生，何丽一．药物分析［M］. 北京：化学工业出版社，2003
[19] 郝乾坤，郑里翔．生物化学［M］. 西安：第四军医大学出版社，2011
[20] 陈芬，徐固华．生物化学与技术［M］. 武汉：华中科技大学出版社，2010
[21] 解军，侯筱宇．生物化学［M］. 北京：高等教育出版社，2014
[22] 金丽琴．生物化学［M］. 北京：高等教育出版社，2013
[23] 吴梧桐．生物制药工艺学［M］. 北京：中国医药科技出版社，2015
[24] 陈电容，朱照静．生物制药工艺学［M］. 北京：人民卫生出版社，2013
[25] 国家药典委员会．中华人民共和国药典［M］. 北京：中国医药科技出版社，2015

目标检测参考答案

第一章

一、单项选择题

1. C　2. A　3. B　4. D　5. D

第二章

一、单项选择题

1. D　2. C　3. A　4. A　5. A　6. A　7. B　8. B　9. D　10. B

第三章

一、单项选择题

1. C　2. B　3. B　4. B　5. C

第四章

一、单项选择题

1. C　2. D　3. C　4. C　5. C　6. B　7. C　8. D　9. B　10. C

第五章

一、单项选择题

1. D　2. B　3. D　4. A　5. D　6. A　7. C　8. D　9. A

二、配伍选择题

1. E　2. A　3. C　4. B　5. D　6. C　7. E　8. C

三、多项选择题

1. ACD　2. CDE

第六章

一、单项选择题

1. D　2. C　3. D　4. D　5. B　6. D　7. B　8. A　9. D　10. C

第七章

一、单项选择题

1. B　2. A　3. C　4. B　5. A　6. A　7. C　8. D　9. B　10. D

第八章

一、单项选择题

1. C　2. D　3. D　4. B　5. C　6. B

第九章

一、单项选择题

1. A　2. C　3. A　4. D　5. C　6. A　7. B　8. B　9. A　10. A

第十章

一、单项选择题

1. C　2. D　3. D　4. B　5. B　6. B　7. C　8. C

第十一章

一、单项选择题

1. A　2. D　3. D　4. D　5. C　6. C　7. D　8. B　9. C　10. D

第十二章

一、单项选择题

1. A　2. B　3. C　4. D　5. C

教学大纲

（供药学类、药品制造类、食品药品管理类、食品类专业用）

一、课程任务

《生物化学》是高职高专院校药学类、药品制造类、食品药品管理类、食品类专业一门重要的专业基础课程。本课程的主要内容是介绍构成生物体（主要是人体）物质的组成、结构、理化性质、生理功能、代谢与调控，以及生物化学技术在医药行业中的具体应用与常见的生物药物等。本课程的任务是使学生掌握生物化学基础理论、知识和实验实训技能，为学习专业课程奠定良好的基础。

二、课程目标

通过本课程的学习，学生可以掌握生物化学基本理论，学会生物化学常用技术，熟悉生物化学在职业领域中的应用，为后续课程学习和今后工作实践夯实基础，有利于学生的可持续发展，以及应对行业和企业对高端技能型人才知识、能力和素质的需求。

（一）知识目标

通过理论知识学习，掌握生物体物质的组成、结构、功能、性质及代谢与调控；掌握与专业关联的知识点，如疾病发生和治疗与结构、代谢的关系；掌握常用的生物化学技术及其在药品的生产、检测中的应用；掌握基于生化原理的基础上研究和开发的新药（酶的抑制剂、抗代谢物等）的作用机制。熟悉常见的生物药物；熟悉生化药品的储存养护特殊要求。了解生物化学在日常卫生保健和健康发展、食疗和化妆品中的知识点和应用。

（二）能力目标

能熟练进行生化物质分离纯化、临床生化指标的检测的操作，具备分析问题、解决技术难点的能力；懂得生化物质的制备流程及标准操作要求；具有对生化药品进行质量鉴定和纯度测量的能力；具有计算和配制各种试剂的能力；学会各种仪器、设备的规范操作和日常维护；能够严格按照标准完成任务，并撰写报告。

（三）素质目标

具有药品质量第一意识，重视药品质量安全，为人类健康负责；具有环境保护意识；具有以人为本，严谨求实的工作态度；具有尊重理解和宽容他人的团结合作精神、沟通能力。

说明：以下教学时间分配和教学内容与要求，主要供药学类、药品制造类、食品药品管理类、食品类专业使用，其他专业可以此为参照适当删减。

三、教学时间分配

教学内容	学时数		
	理论	实践	合计
一、绪论	2		
二、蛋白质的化学	8	6	14
三、核酸的化学	4	2	8
四、酶	4	6	10

续表

教学内容	学时数		
	理论	实践	合计
五、维生素	4		4
六、糖类的化学与代谢	8	4	12
七、脂类的化学与代谢	4	2	6
八、蛋白质的分解代谢	4		4
九、核酸代谢与蛋白质的生物合成	6		6
十、代谢调控总论	2		2
十一、肝脏生化	2	2	4
十二、生物化学技术	2		2
合　　计	50	22	72

四、教学内容与要求

单元	教学内容	教学要求	参考学时		教学活动建议
			理论	实践	
一、绪论	（一）生物化学的研究内容	掌握	2		理论讲授于一体化教室进行多媒体演示、讲授、分组讨论
	（二）生物化学在药学和药品制造中的地位与作用	熟悉			
	（三）生物药物的研究内容	了解			
二、蛋白质的化学	（一）蛋白质的化学组成	掌握	2		理论讲授于一体化教室进行多媒体演示、讲授、分组讨论等；实践技能于实训室演示并分组实训和讨论
	1. 元素组成				
	2. 结构单位——氨基酸				
	（二）蛋白质的分子结构	熟悉	2		
	1. 一级结构				
	2. 空间结构				
	3. 结构和功能的关系				
	（三）蛋白质的理化性质	掌握	2		
	1. 两性				
	2. 胶体性质				
	3. 变性和复性				
	4. 沉淀				
	5. 紫外吸收				
	6. 呈色反应				

续表

单元	教学内容	教学要求	参考学时		教学活动建议
			理论	实践	
二、蛋白质的化学	（四）蛋白质的功能和分类	了解	2		理论讲授于一体化教室进行多媒体演示、讲授、分组讨论等； 实践技能于实训室演示并分组实训和讨论
	（五）蛋白质的分离纯化和含量测定	熟悉			
	（六）多肽和蛋白质类药物	了解			
	实训一　蛋白质含量的测定技术——紫外吸收法	学会		2	
	实训二　氨基酸的分离鉴定技术——纸层析法或薄层层析法			2	
	实训三　血清蛋白质的分离——醋酸纤维薄膜电泳法			2	
三、核酸的化学	（一）核酸的化学组成				理论讲授于一体化教室进行多媒体演示、讲授、分组讨论等； 实践技能于实训室演示并分组实训和讨论
	1. 元素组成	掌握	1		
	2. 结构单位——单核苷酸				
	3. 重要的核苷酸衍生物	熟悉			
	（二）核酸的分子结构				
	1. 一级结构	掌握	1		
	2. 空间结构	熟悉			
	（三）核酸的理化性质				
	1. 一般性质	掌握	1		
	2. 紫外吸收				
	3. 变性、复性和杂交				
	（四）核酸的分离纯化和含量测定	熟悉	1		
	（五）碱基、核苷酸和核酸类药物	了解			
	实训　动物肝脏 DNA 的提取与检测	学会		2	
四、酶	（一）概述		1		理论讲授于一体化教室进行多媒体演示、讲授、分组讨论等； 实践技能于实训室演示并分组实训和讨论
	1. 概念	掌握			
	2. 命名和分类	了解			
	3. 特性	掌握			
	（二）酶的化学组成				
	1. 单纯酶	了解			
	2. 结合酶	掌握			

续表

<table>
<tr><th rowspan="2">单元</th><th rowspan="2">教学内容</th><th rowspan="2">教学要求</th><th colspan="2">参考学时</th><th rowspan="2">教学活动建议</th></tr>
<tr><th>理论</th><th>实践</th></tr>
<tr><td rowspan="17">四、酶</td><td>（三）酶的分子结构与催化机制</td><td></td><td rowspan="4">1</td><td rowspan="4"></td><td rowspan="17">理论讲授于一体化教室进行多媒体演示、讲授、分组讨论等；
实践技能于实训室演示并分组实训和讨论</td></tr>
<tr><td>1. 酶的分子结构</td><td rowspan="2">掌握</td></tr>
<tr><td>2. 酶原与酶原的激活</td></tr>
<tr><td>3. 酶的催化作用机制</td><td>熟悉</td></tr>
<tr><td>（四）酶促反应动力学</td><td></td><td rowspan="7">1</td><td rowspan="7"></td></tr>
<tr><td>1. 底物浓度对酶促反应速度的影响</td><td>熟悉</td></tr>
<tr><td>2. 酶浓度对酶促反应速度的影响</td><td>掌握</td></tr>
<tr><td>3. pH 对酶促反应速度的影响</td><td>掌握</td></tr>
<tr><td>4. 温度对酶促反应速度的影响</td><td>掌握</td></tr>
<tr><td>5. 激活剂对酶促反应速度的影响</td><td>掌握</td></tr>
<tr><td>6. 抑制剂对酶促反应速度的影响</td><td>掌握</td></tr>
<tr><td>（五）酶的其他形式</td><td rowspan="2">了解</td><td rowspan="2">1</td><td rowspan="2"></td></tr>
<tr><td>（六）酶类药物</td></tr>
<tr><td>实训一　酶特性的检验</td><td rowspan="3">学会</td><td rowspan="3"></td><td>2</td></tr>
<tr><td>实训二　溶菌酶的结晶和活力测定</td><td>2</td></tr>
<tr><td>实训三　血清丙氨酸氨基转移酶活力测定</td><td>2</td></tr>
<tr><td colspan="0" style="display:none"></td></tr>
<tr><td rowspan="6">五、维生素</td><td>（一）概述</td><td></td><td></td><td rowspan="6"></td><td rowspan="6">理论讲授于一体化教室进行多媒体演示、讲授、分组讨论</td></tr>
<tr><td>1. 概念与分类</td><td>了解</td><td rowspan="2">1</td></tr>
<tr><td>2. 维生素缺乏症的原因</td><td>熟悉</td></tr>
<tr><td>（二）脂溶性维生素</td><td>熟悉</td><td>1</td></tr>
<tr><td>（三）水溶性维生素及其与辅助因子的关系</td><td>掌握</td><td rowspan="2">2</td></tr>
<tr><td>（四）维生素类药物</td><td>了解</td></tr>
<tr><td rowspan="6">六、糖类的化学与代谢</td><td>（一）糖类的化学</td><td></td><td></td><td rowspan="6"></td><td rowspan="6">理论讲授于一体化教室进行多媒体演示、讲授、分组讨论等；
实践技能于实训室演示并分组实训和讨论</td></tr>
<tr><td>1. 概念和分类</td><td>了解</td><td rowspan="4">2</td></tr>
<tr><td>2. 生物学功能</td><td>掌握</td></tr>
<tr><td>3. 消化与吸收</td><td>了解</td></tr>
<tr><td>4. 体内的代谢概况</td><td>掌握</td></tr>
<tr><td>（二）糖的分解代谢</td><td></td><td></td></tr>
</table>

续表

单元	教学内容	教学要求	参考学时		教学活动建议
			理论	实践	
六、糖类的化学与代谢	1. 糖的无氧分解				理论讲授于一体化教室进行多媒体演示、讲授、分组讨论等；实践技能于实训室演示并分组实训和讨论
	（1）反应过程	熟悉	2		
	（2）生理意义	掌握			
	2. 能量的生成、储存和利用	掌握			
	3. 糖的有氧氧化				
	（1）反应过程	了解	2		
	（2）三羧酸循环的特点	掌握			
	（3）生理意义	掌握			
	4. 磷酸戊糖途径				
	（1）反应过程	了解	0.5		
	（2）生理意义	掌握			
	（三）糖原的代谢				
	1. 糖原的合成	熟悉	0.5		
	2. 糖原的分解	熟悉			
	3. 糖原合成与分解的生理意义	掌握			
	（四）糖异生作用				
	1. 概念	熟悉	0.5		
	2. 生理意义	掌握			
	（五）血糖				
	1. 血糖的来源和去路	掌握	0.5		
	2. 血糖浓度的调节	了解			
	3. 糖代谢紊乱及常用降血糖药物	了解			
	（六）糖类药物	了解			
	实训一　银耳多糖的制备及一般鉴定	学会		2	
	实训二　胰岛素和肾上腺素对血糖浓度的影响			2	
七、脂类的化学与代谢	（一）脂类的化学				理论讲授于一体化教室进行多媒体演示、讲授、分组讨论等；实践技能于实训室演示并分组实训和讨论
	1. 概念、分类	掌握	2		
	2. 生物学功能	掌握			
	3. 脂肪的消化和吸收	了解			
	4. 血浆脂蛋白	掌握			

续表

单元	教学内容	教学要求	参考学时		教学活动建议
			理论	实践	
七、脂类的化学与代谢	（二）脂肪的代谢				理论讲授于一体化教室进行多媒体演示、讲授、分组讨论等；实践技能于实训室演示并分组实训和讨论
	1. 脂肪的分解代谢	掌握	1		
	2. 酮体的生成和利用	掌握			
	3. 脂肪的合成代谢	了解			
	（三）类脂的代谢				
	1. 磷脂的代谢	了解	0.5		
	2. 胆固醇的代谢	掌握			
	（四）脂类药物和调血脂药物	了解	0.5		
	实训　血清胆固醇含量测定技术	学会		2	
八、蛋白质的分解代谢	（一）蛋白质的营养作用				理论讲授于一体化教室进行多媒体演示、讲授、分组讨论等
	1. 食物蛋白质的生理功能	掌握	2		
	2. 氮平衡				
	3. 食物蛋白质的营养作用				
	4. 氨基酸的代谢概况				
	（二）氨基酸的一般代谢				
	1. 氨基酸的脱氨基作用	掌握	1.5		
	2. 氨的代谢				
	3. α-酮酸的代谢	了解			
	（三）个别氨基酸的代谢				
	1. 氨基酸的脱羧基作用	掌握	0.5		
	2. 一碳单位的代谢				
	3. 含硫氨基酸的代谢	了解			
	4. 芳香族氨基酸的代谢	掌握			
九、核酸代谢与蛋白质的生物合成	（一）核苷酸代谢				理论讲授于一体化教室进行多媒体演示、讲授、分组讨论等
	1. 核苷酸的分解代谢	熟悉	1		
	2. 核苷酸的合成代谢	了解			
	（二）DNA 的生物合成				
	1. DNA 的复制	掌握	2		
	2. 反转录				
	3. DNA 损伤的修复				
	（三）RNA 的生物合成				

续表

单元	教学内容	教学要求	参考学时		教学活动建议
			理论	实践	
九、核酸代谢与蛋白质的生物合成	1. RNA的转录体系	熟悉	1		理论讲授于一体化教室进行多媒体演示、讲授、分组讨论等
	2. RNA转录过程				
	（四）蛋白质的生物合成				
	1. 蛋白质生物合成体系	熟悉	1.5		
	2. 蛋白质的生物合成过程				
	3. 翻译后的加工修饰				
	（五）药物对核酸代谢和蛋白合成的影响	了解	0.5		
十、代谢调控总论	（一）物质代谢的相互联系	熟悉	2		理论讲授于一体化教室进行多媒体演示、讲授、分组讨论等
	（二）物质代谢的调节	了解			
十一、肝脏生化	（一）肝脏的生物转化作用	掌握	1		理论讲授于一体化教室进行多媒体演示、讲授、分组讨论等；实践技能于实训室演示并分组实训和讨论
	1. 生物转化作用概念				
	2. 生物转化的意义				
	3. 生物转化反应的主要类型				
	4. 生物转化的特点				
	（二）胆汁与胆汁酸的代谢	熟悉	1		
	1. 胆汁				
	2. 胆汁酸代谢				
	（三）胆色素的代谢	熟悉			
	实训　血清胆红素测定技术——改良J-G法	学会		2	
十二、生物化学技术	（一）膜分离技术	掌握	2		理论讲授于一体化教室进行多媒体演示、讲授、分组讨论等
	（二）层析技术	掌握			
	（三）电泳技术	掌握			

五、大纲说明

（一）适应专业及参考学时

本教学大纲主要供药学类、药品制造类、食品药品管理类、食品类专业教学使用。参考总学时为72学时，其中理论教学为50学时，实践教学22学时。

（二）教学要求

1. 理论教学部分具体要求分为三个层次，分别是：掌握，要求在掌握基本概念、理论和规律的基础上，通过分析、归纳、比较等方法解决所遇到的实际问题，做到学以致用，融会贯通。熟悉，要求学生能够领会概念的基本含义，能够运用上述概念解释学习和工作中遇到的问题等。了解，要求学生知道所学过的知识要点，并能够查阅文献或根据其他具体情况加以灵活运用。

2. 实践教学部分具体要求为能够熟练运用所学会的技术、技能，合理应用理论知识，独立进行专业技能操作和实训操作，并能够全面分析实验结果和操作要点，独立写出实验报告或见习报告。

（三）教学建议

1. 本大纲遵循了职业教育的特点，降低了理论难度，突出了技能实践的特点，并强化与专业课和工作实际的联系。

2. 教学内容上要注意生物化学的基本知识、生物化学技术以及技能与专业实践相结合，要十分重视理论联系实际，要有重点的讲解生物化学基本知识和基本技能在现代医药卫生、日常生活和工作实际中的应用。

3. 教学方法上要充分把握生物化学的学科特点和学生的认知特点，建议采用“教学做一体化”教学模式。在教学项目的引领下，完成相关理论和实践教学任务。以氨基酸的鉴定——纸层析技术为例说明。通过教师设定任务目标，学生制定任务计划，教师示范指导，组织学生实施，完成任务检查，评价总结反馈等六个步骤，以达到实现教学目标的目的。

在一体化教学模式下，综合运用多种教学方法和手段，采用角色扮演、案例分析、现场教学、小组讨论法、课堂互动沟通法、兴趣小组自主学习，让传统的教具模型和现代教育技术［PT课件、视频、三维动画、仿真素材库、网络授课（微课、慕课、共享课程等）和实训报告、案例分析电子化等］段紧密结合，有效调动学生学习的积极性，激发学生的学习兴趣，提高教学效果。

4. 考核方法可采用知识考核与技能考核，集中考核与日常考核相结合的方法，具体可采用：考试、提问、作业、测验、讨论、实验、实践、综合评定等多种方法。